"十四五"普通高等教育本科部委级规划教材

纺织科学与工程一流学科建设教材

非织造材料与工程一流本科专业建设教材

非织造材料与工程学

上册

刘亚　康卫民　主编

中国纺织出版社有限公司

内 容 提 要

本书从基础理论着手，系统介绍了干法非织造工艺、湿法非织造工艺和聚合物直接成网法非织造工艺适用的原料、生产工艺流程及设备等基础知识，包括非织造材料的分类、发展、成网及固网工艺参数设定及其与产品结构和性能之间的关系、产品的应用领域等。根据所用原料的不同，本书分为上、下两册，上册详细介绍了以纤维为原料的干法和湿法非织造工艺，下册详细介绍了以聚合物为原料的聚合物直接成网法非织造工艺。

本书既可作为高等院校非织造材料与工程专业的教材，也可作为非织造材料、纺织、高分子材料及其成品加工相关领域的培训教材，还可供研究人员、工程技术人员、营销人员参考。

图书在版编目（CIP）数据

非织造材料与工程学. 上册／刘亚，康卫民主编. -- 北京：中国纺织出版社有限公司，2023.11
"十四五"普通高等教育本科部委级规划教材　纺织科学与工程一流学科建设教材　非织造材料与工程一流本科专业建设教材
ISBN 978-7-5229-1051-2

Ⅰ. ①非… Ⅱ. ①刘… ②康… Ⅲ. ①非织造织物－高等学校－教材　Ⅳ. ①TS17

中国国家版本馆 CIP 数据核字（2023）第 184779 号

责任编辑：孔会云　朱利锋　　特约编辑：贺　蓉
责任校对：高　涵　　责任印制：王艳丽

中国纺织出版社有限公司出版发行
地址：北京市朝阳区百子湾东里 A407 号楼　邮政编码：100124
销售电话：010—67004422　传真：010—87155801
http://www.c-textilep.com
中国纺织出版社天猫旗舰店
官方微博 http://weibo.com/2119887771
三河市宏盛印务有限公司印刷　各地新华书店经销
2023 年 11 月第 1 版第 1 次印刷
开本：787×1092　1/16　印张：17.75
字数：380 千字　定价：65.00 元

序

随着人类生活水平的改善，人们对生活品质的要求越来越高，非织造材料以其原料来源广、生产工艺简单、生产效率高、产品应用广泛等特点进入了人们生活的方方面面。虽然我国非织造行业起步比较晚，但是在改革开放以来，随着社会主义市场经济体制的建立和完善，国内非织造材料的发展速度大大超过了纺织工业的平均发展速度，成为发展非常快的一个细分行业。非织造材料及其产品的"功能拓展、无限替代"特性使其进入各行各业和千家万户。尤其是非典、甲流和新型冠状病毒感染等公共卫生事件的暴发，严重危及人类健康与生命安全，纺粘非织造覆膜材料已成为防护服的首选材料，熔喷非织造材料是生产高效防护口罩等个体防护材料的关键芯材，水刺非织造材料成为各种消毒湿巾的最佳材料。此外，土工非织造材料成为"一带一路"基础建设的优选材料。现代工业的发展，如微电子、制药工业、医院、食品行业、化妆品行业、核工业及军事领域等，对工艺环境的空气洁净度也提出了更高的要求，为非织造材料的应用提供了广阔的发展空间。因此，开发非织造高效过滤材料关乎环境质量、民生健康，势在必行。

非织造生产技术的研发起源于20世纪初，于20世纪40年代形成了干法非织造材料产业化，70年代实现了聚合物直接成网法非织造材料的产业化，90年代水刺非织造材料得到大规模快速发展，非织造产业成为纺织工业中非常有发展前途的"朝阳工业"，具有无限的发展前景。非织造技术综合了纺织、化工、塑料、化纤、造纸、染整等工业技术，充分利用现代物理学、化学、力学等学科的有关理论和基础知识。"十三五"期间提出了非织造材料应用"无限替代"的概念，"十四五"期间继续加快传统非织造材料差异化、功能化、系列化发展，并大力推广环境友好型非织造材料技术及产品。因此，非织造材料工业既面临着难得的发展机遇，也存在着许多挑战。

2010年7月，由郭秉臣教授主编出版了《非织造材料与工程学》，当时受到了非织造行业的一致好评。为了反映非织造技术十多年的快速发展，本书在2010年出版的教材的基础上进行了技术更新和内容调整，分上、下两册出版，新编书稿由程博闻教授统稿，郭秉臣教授指导，刘亚、康卫民等行业内的专家、学者共同编写完成。此外，本书兼顾理论基础和生产实际，总结了非织造生产技术及产品的最新进展，介绍了制备工艺及应用领域，对推动非织造行业的结构调整及技术进步具有积极的意义。

中国工程院院士 孙晋良

2022年9月

前　言

2010 年 7 月，由郭秉臣教授主编出版了普通高等教育"十一五"国家级规划教材（本科）《非织造材料与工程学》，受到了相关高校的师生以及工程技术人员的关注和支持，被相关高校作为教材使用，同时也是非织造领域工程技术人员的重要参考资料。该教材可使学生系统地了解非织造材料的工艺与设备原理，掌握非织造材料的加工方法，为培养学生的综合素质及开发创新意识打下了坚实的基础。

为了紧跟非织造技术发展的步伐，我们重新策划，完善了 2010 年出版的《非织造材料与工程学》，分上、下两册出版。新版教材增加了思政内容和最新的非织造理论与技术，结构上也做了适当调整，根据所用原料的不同，将教材分为上、下两册，但仍保留了原版教材的主要特点：融工艺原理与设备原理为一体，融理论与实践为一体，融常规产品与新产品为一体。修订后的教材既有一定的学术水平，又有一定的实用价值，在全面性、系统性和规范性方面都有一定的提升。

本书由程博闻教授策划和统稿，郭秉臣教授指导，刘亚、康卫民任主编。参加编写人员如下：绪论由程博闻编写；第一篇第一章、第二章由郝景标、单明景编写，第三章、第四章由康卫民、鞠敬鸽编写，第五章、第七章由刘亚编写，第六章由刘亚、郝景标编写，第八章由郝景标、王闻宇编写，第九章由冯勋旺编写；第二篇由杨硕、任元林、赵义侠编写；第三篇第一章至第四章由刘亚编写，第五章由康卫民、郝景标编写，第六章第一节由夏磊编写，第二节由刘雍、郝景标编写，第三节由庄旭品编写。全书由程博闻和刘亚策划、组织、统稿、定稿，由康卫民、庄旭品协助；编写提纲由中国工程院院士孙晋良审核；全书内容由李陵申主审。

本书在编写过程中得到了中国纺织工程学会伏广伟理事长、中国产业用纺织品行业协会李桂梅会长和中国纺织出版社有限公司的大力支持与帮助。作者在编写过程中参考了大量书刊文献，在此对被参考的文献作者和帮助过本书编写、出版的同志们表示真诚的敬意和衷心的感谢！

非织造工业是一个正在不断前进、发展的新兴工业，非织造技术及所用原料在不断更新，非织造产品的应用领域也在不断扩展，编者希望本书能对我国非织造行业在人才培养、企业产品开发和生产技术提升起到积极的促进作用。

在编写过程中，本书尽可能反映当前非织造领域的最新理论、研究进展及应用领域，但因作者水平所限，且非织造技术的发展日新月异，书中难免存在一些错误、遗漏及不确切之处，敬请行业内专家和广大读者批评指正，以便于将来再版时修改，不胜感激。

编者

2022 年 7 月于天津

🖐 课程设置指导

本课程设置意义　本课程可帮助学生比较系统地了解非织造材料的加工及原理，掌握各种非织造材料的加工方法等，为培养学生的综合素质及开发创新意识打下深厚的基础。

本课程教学建议　"非织造材料与工程学"课程作为非织造材料与工程专业的主干课程，建议理论授课 105 学时，每课时讲授字数建议控制在 5000 字以内，教学内容包括本书全部内容。

本课程教学目的　通过本课程的学习，学生应达到以下要求：

1. 掌握干法非织造材料的各种成网方法、加固方法及产品加工的基本原理，能进行简单的工艺设计、产品设计，并了解有关新设备、新产品、新工艺、新材料。

2. 掌握湿法非织造材料生产的基本原理及方法、湿法非织造材料与造纸的区别、湿法非织造生产原料及工艺过程、产品特性及应用领域，对湿法非织造材料有整体的认识。

3. 掌握聚合物直接成网法的生产工艺流程，以及纺丝、铺网的基本原理和生产工艺；了解聚合物成网法非织造产品的主要特性及其应用领域。

4. 能利用数学、自然科学、工程科学基础知识来解决非织造工艺参数的设定、生产工艺的计算等，能够识别、判断非织造工程问题的关键环节和参数；能运用专业知识对非织造复杂工程问题的解决方案进行综合分析与设计；能够运用非织造原理分析加工中设备、工艺过程、产品设计等方面的问题；能够运用非织造原理，确定解决非织造材料与工程领域特定工程任务的科学方法；能够根据客户来样分析确定原料、成网和固网等工艺流程和所涉及的关键工艺方案；能基于专业理论，根据产品特征，选择原料并研究工艺路线，设计可行的制备方案。

目　录

第二篇　湿法非织造工艺原理

绪 论

纺织工业是我国国民经济的传统支柱产业和重要的民生产业,是高新技术和时尚创意经济发展的重要产业,也是国际竞争优势明显的产业。在繁荣市场、吸纳社会就业、增加农民收入、促进区域经济发展等方面发挥着重要作用。改革开放40多年来,我国纺织工业始终以供给侧结构性改革为主线,自主创新能力、技术装备水平和产品开发能力整体大幅提升,产业结构调整取得成效,产业升级步伐明显加快;坚持加强技术进步和自主品牌建设,积极开拓和利用国际国内两个市场,以"一带一路"倡议等为契机,形成了全面开放的发展新格局。面对新的国际形势,纺织工业正朝着创新驱动的科技产业、文化引领的时尚产业和责任导向的绿色产业方向发展,在人类命运共同体建设中发挥着日渐重要的作用。

产业用纺织品也称作技术纺织品,是指经过专门设计,具有特定功能,应用于工业、医疗卫生、环境保护、土工及建筑、交通运输、航空航天、新能源、农林渔业等领域的纺织品。与劳动密集、技术含量较低的传统纺织业不同,产业用纺织品行业具有资本密集、技术含量高、用工量少、劳动力素质要求高等特征。随着产业用纺织品行业生产技术和工艺的不断发展,其应用范围愈发广泛,市场潜力巨大,是未来纺织行业发展的技术制高点,是纺织行业新的经济增长点,是跨越纺织和新材料的战略新兴产业的重要组成部分。加快发展产业用纺织品行业是我国纺织工业由大国向强国转变的战略选择,它为航空航天、新能源、环保、医疗卫生等领域提供不可或缺的关键材料,其发展水平已成为衡量一个国家纺织工业综合竞争力的重要标志之一。

我国产业用纺织品兴起于20世纪50年代,经过半个世纪的发展,产业用纺织品行业已经成为我国纺织品的三大支柱行业之一。2011~2020年,规模以上产业用纺织品企业的主营业务收入由1950.6亿元增长到3198亿元,利润总额由103.1亿元增长到365亿元,年均增长分别达到5.65%和15.08%。2010年我国产业用纺织品的纤维加工量为822万吨,2021年加工量翻倍达到1916万吨,年均增速近9%。产业用纺织品的纤维加工量占纺织纤维加工总量的比重由20%提升到33%。非织造材料产量由2010年的280万吨提高至2020年的846万吨,年均增速达到了11.69%。我国成为当前全球最大的产业用纺织品生产国。

非织造技术是产业用纺织品的重要加工手段之一,占产业用纺织品加工量的70%以上,非织造生产技术正由传统的短纤维梳理成网技术朝着生产高速化、大型化(宽幅)、技术组合与集成的非织造技术方向发展,为非织造材料在产业用纺织品领域的应用提供了新的发展机遇,尤其是在医疗卫生领域。

医卫防护材料是应对疫情、灾害的重要战略物资和民生健康产业急需的关键材料,也是产业用纺织品中量大面广、最具发展前景的品类,全球市场规模高达每年1200亿美元。2019年底突如其来的新冠肺炎疫情,严重危及人类的生命和健康,尤其对参与抢救的医务人员造成了严重的威胁,口罩和医用防护服一时间成为市场上异常紧缺的物资。熔喷非织造材料被称作口罩的"心脏",其质量决定口罩的质量,是生产医用、KN95、KN99口罩的关键材料,名副其实地成为抗击新冠病毒的盾牌;纺粘非织造覆膜与涂层材料已成为防护服的首选材料,当医护人员接触病人的血液和体液时,防止其中携带的病毒引起医患之间的交叉感染。据防护服市场调研报告显示,2021年全球防护服市场规模达到654.34亿元(人民币),中国防护服市场规模达179.94亿元。报告预测,至2027年,全球防护服市场规模将达到943.6亿元,年均复合增长率为6.3%。

新冠病毒还改变了人们的生活方式,非织造擦拭材料、消毒湿巾也成为人们外出消毒必备用品,对有效切断通过手部接触而引起的交叉感染环节、降低交叉感染率具有非常重要的意义。水刺非织造材料则是制备擦拭材料和消毒湿巾的最佳基材,2020年受新冠肺炎疫情催化,社会卫生防护意识加强,湿巾市场规模同比增长23.6%,达到109亿元,是增长最快的产业。后疫情时代我国湿巾行业发展前景更为明朗,年均增长率将达到12%左右,预计2026年市场规模有望达到220亿元。

一、非织造材料的定义

非织造材料即非织造布(nonwovens),是指一种不经过传统的织布方法,而是用有方向性的或杂乱的纤维网制造成的布状材料,它是应用纤维间的摩擦力或自身的黏合力,或外加黏合剂的黏着力,或两种以上的力而使纤维结合在一起的方法,即通过摩擦加固、抱合加固或黏合加固的方法制成的纤维制品。

非织造布又称非织布、非织造织物、无纺织物或无纺布,是一种崭新的纤维制品,也是纺织工业中最年轻而又最有发展前途的材料。非织造布工业被人们誉为纺织工业中的"朝阳工业",它综合了纺织、化工、塑料、化纤、造纸、染整等工业技术,充分利用了现代物理学、化学、力学等学科的有关理论与基础知识,成为从纺织工业中派生出来的一门新兴的边缘学科。根据最终产品的使用要求,经过科学的、合理的结构设计和工艺设计,能生产出服装用、装饰用和产业用的各种非织造产品,并逐步替代传统的纺织品。其产品的多功能拓展,以及在各领域的替代,体现了巨大的发展前景,其发展速度大大超过纺织工业的平均速度,大有后起之秀争艳、方兴未艾之势。

二、非织造材料的起源与发展简史

(一)起源

中国古代社会,比机织物和编织物的发展历史还要早的是毡制品。古代的游牧民族在长期的实践中发现和利用了动物纤维的缩绒性,掌握了制毡技术,他们用羊毛、骆驼毛等动物的毛,加一些如热水、尿或乳精等一类的"化学助剂",通过脚踩或棍棒打击等机械作用,使纤维互相纠结,制成用于鞋、帽和床垫等的毡制品(图1)。这种毡制品制造技术的延伸与发展,便成为现在的针刺法非织造材料。

早在7000年以前,中国就已能将野蚕驯养和纯化成家蚕,抽丝制帛(图2),用于制作服饰和服装,这是利用蚕吐丝直接成网所制成的丝质非织造材料,在原理上启示了今日的纺粘法非

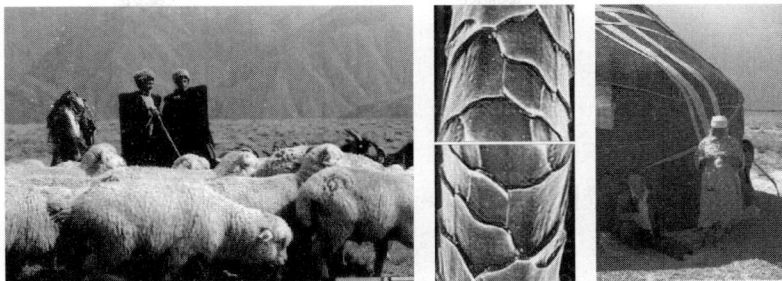

图1 古代游牧民族的毡棚及原料

织造技术的诞生。马端临(公元1254~1323年)撰写的《文献通考》中曾记载:"宋太祖开宝七年(公元974年)五月,开封府封丘县民程铎家,发蚕簇,有茧联属自成被。"宋代也曾记载过"万蚕同结",即蚕在一平板上吐丝结网成为板茧。在清代文献《西吴蚕略》中曾详细地介绍了平板董的制作方法:"蚕老,不登簇,置平案上,即不成茧,吐丝满案,光明如砥。吴人效其法,以制团扇,胜于纨素。即古之茧纸也。"

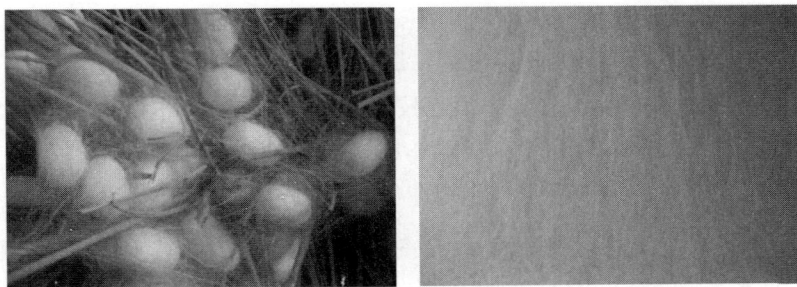

图2 抽丝制帛

经考古学家考证,早在公元前二世纪,我们的祖先受漂絮的启发发明了大麻纤维纸。漂絮是古代用丝制绵时,在衬垫的竹垫上留下的一层薄薄的丝絮。这种漂絮造纸的原理则与湿法非织造材料的生产原理十分相似(图3)。

图3 漂絮和造纸

(二)发展简史

非织造材料的工业化生产是近一百多年的事情。1870 年,英国一家公司首先设计制造了一台针刺法非织造样机;1892 年,有人在美国申请了气流成网机的设计专利;1900 年,美国 James Hunter 公司开始开发非织造材料;1942 年,美国一家公司正式生产了数千码的黏合法非织造材料,并首次使用了非织造材料这个术语。

真正的非织造材料工业现代化生产是在第二次世界大战后开始的。随着战争的结束,全球各行业百废待兴,各种纺织品的需求量越来越大。在此情况下,非织造材料获得了迅速发展,迄今大致经历了以下四个阶段。

第一阶段从 20 世纪 40 年代初至 50 年代中期,是现代非织造材料的萌芽期。由于人民生活和工业生产对纺织品需求量的增大,人们利用粗纱头机和废纺梳理机将纺织厂的下脚原料和再生纤维等低级原料生产纤维网,并将印染厂的浸轧机改为黏合剂浸渍机对纤维网进行固结,这就是黏合法非织造材料。与此同时,针刺法、缝编法、湿法等非织造技术正处于研究试验或小规模应用中。在此期间,非织造材料的产量微乎其微,只有美国、德国和英国等少数国家在研究与生产非织造材料,其产品以粗厚的絮垫类非织造材料为主。

第二阶段从 20 世纪 50 年代末至 60 年代末,这是非织造材料的成长期,非织造技术迅速转化为商业化生产。由于化学纤维工业的快速发展,聚酰胺纤维和聚酯纤维实现了工业化生产,化纤产量快速增长,从而有力地促进了非织造技术的推广应用,使非织造工业在全球范围内作为纺织工业的新分支地位被确定下来。全球非织造材料产量从 1961 年的 4 万吨发展到 1970 年的 20 万吨,10 年间产量增加了 5 倍。非织造生产原料也开始从以天然纤维为主转向以化学纤维为主,其中使用量最大的是黏胶纤维。干法的化学黏合法、针刺法和缝编法及湿法非织造技术日趋成熟,而聚合物纺丝成网非织造技术也在少数非织造大公司实现商业化生产,其中体现高难度的闪蒸技术也在此期间实现了工业化生产,一些非织造生产专用设备投入工业化生产,不仅提高了非织造材料的产量,而且非织造产品品种也迅速扩大。

第三阶段从 20 世纪 70 年代初至 80 年代末,这是非织造技术的迅速发展期。在这 20 年间,在非织造产量继续高速增长的基础上,非织造技术同时取得了许多实质性的进展,引起世人瞩目,非织造材料生产地域也迅速扩大。至此,在全球已形成非织造产量达到 152 万吨、产值超过 50 亿美元的新兴工业,这是建立在石油化工、塑料化工、精细化工、造纸工业及纺织工业等部门大协作基础上的新兴行业,被誉为纺织工业中的"朝阳工业"一点也不为过,其产品在国民经济各部门得到了广泛的应用。在此期间,纺丝成网、熔喷法非织造技术在生产中得到迅速推广应用,机械制造厂也纷纷向市场推出成套的纺丝成网、熔喷法非织造生产线。干法非织造技术在这一时期也有了重要的进展,水刺法非织造技术投入了商业化生产,泡沫浸渍黏合、热轧黏合等技术得到推广应用。非织造生产使用的专用合成纤维,如低熔点纤维、热熔黏结纤维、双组分纤维等先后面世,使非织造产品的应用领域进一步扩大,其生产不再限于北美、西欧、日本等地区,而是扩大至东亚、南美、东南亚地区。

第四阶段从 20 世纪 90 年代初开始至今,仍在延续中,这是非织造技术的高速发展期。这一时期非织造技术发展的特点是:非织造工业得到进步的巨大发展,发达国家的非织造材料的产量继续稳步增长,而发展中国家非织造工业的迅速崛起则更推动了全球非织造工业的持续发展。许多跨国公司都转向发展中国家投资生产非织造材料,发达国家则兼并、联合、重组趋势加强,生产垄断化趋势明显,非织造新技术的开发应用加快。在非织造生产地位得到加强的基础上,随着高新技术的进步、化学纤维工业的进步以及环保意识的增强,出现了许多非织造新技术、新工艺、新设备、新原料和新产品,如水刺法非织造技术实现了商品化生产,不同类型的水刺、针刺生产线相继投入使用;SMS 复合生产技术迅速推广应用,双模头和双组分纺丝成网生产线推广应用;干法造纸非织造技术迅速推广,有超过湿法非织造技术的趋势;速度高达 3000 次/min 的针刺机、生产速度大于 600m/min 的纺丝成网生产线、定量达 400g/m² 的水刺法非织造生产线等新设备的投入使用,大大提高了非织造材料的产量、质量,并扩大其品种。

(三)发展现状

非织造材料以其原料广泛、工艺流程短、产品应用广、成本低等特点引起世界各国的高度重视,其中发展较快的主要有北美的美国,西欧的德国和法国,亚洲的日本和中国。

其中,美国是世界上非织造技术开发实践早、发展速度快、产量高的国家,其非织造工业发展从设备、工艺技术、产品质量、效益等方面都处于世界领先地位,著名的公司有 Berry Plastics (贝里塑料)、DuPont(杜邦)、Kimberly-Clark(金佰利)、Nordson(诺信)、Johns Manville(佳斯迈威)等。

西欧各国非织造技术的发展也比较早,是技术较先进的地区。德国 Spinnbau(斯宾宝)的梳理机、Küsters(库斯特)的热轧生产线、Dilo(迪罗)的针刺生产线、Fleissner(福来司拿)的水刺线、Reifenhause(莱芬豪斯)的纺粘线和熔喷线,法国 Thibeau(帝博)的梳理机、Perforjet(帕弗杰特)的水刺线,奥地利 Fehrer(费勒尔)的针刺机等干法梳理设备、纺粘和熔喷设备等在世界范围内都具有很大影响力。近年来,欧美国家开展了复合非织造材料生产装备和技术的开发,如熔喷木浆复合非织造装备和技术开发、纺粘木浆复合水刺非织造装备和技术开发取得了较大进展,实现了工业化生产。这一地区的生产设备和生产技术都比较先进,产品品种也很丰富,是世界上非织造材料的重要生产基地。

亚洲的非织造材料生产大国当属日本,虽然非织造工业起步较晚,但发展速度很快,且自行研究设计和开发了不少非织造设备,尤其是聚合物直接成网设备,如纺粘法生产线、闪蒸法生产线等,并具有很多前沿专利技术,它生产的非织造产品档次较高。

随着非织造生产技术的日益成熟和不断革新,非织造产业将进入一个以超细、纳米纤维技术为代表的新发展时期。1934 年,Anton Formhals 发明的静电纺丝方法是目前纳米纤维非织造材料最为主要手段。2004 年,捷克利贝雷茨技术大学正式宣告该大学与爱勒马公司合作生产的纳米纤维纺丝机"纳米蜘蛛"问世,推动了纳米纤维工业化生产。目前工业化成熟电纺装备以捷克 Elmarco(艾尔玛克)的线性电极电纺装备最为典型。

中国非织造工业起步较晚,从 1958 年才开始研究,20 世纪 60 年代略有进展,但发展缓慢,到 70 年代末才走上规模化发展道路,之后发展较为迅速,尤其是广东、江苏、浙江、福建、上海、湖南、山东等地,发展规模较大,北部和西部地区发展较为缓慢。经过多年的摸索和发展,中国的部分非织造企业和产品在国际上有较强的竞争力,2022 年世界非织造布生产商 40 强中中国占有五席,金三发集团以世界排名第 15 名稳居国内之首。近年来,随着下游消费升级意识的提升,一次性非造织材料如婴儿纸尿裤、成人失禁用品及女性卫生用品等品类应用量增大,成为非织造行业发展的主要推动力。

中国非织造市场竞争激烈,在众多非织造企业中,浙江金三发、大连瑞光、俊富集团、兴泰无纺、北京大源、欣龙控股、天鼎丰控股、广东必得福、恒天嘉华、华昊无纺、金春股份、华峰超纤等企业在生产能力和规模上在国内位列前茅。根据 2021 年中国产业用纺织品行业协会发布的"2020/2021 年中国非织造布行业 10 强企业"中 8 家公开披露的相关产能数据显示,排名前 4 的企业产能集中度为 5.1%,8 家产能集中度为 7.9%,这表明国内非织造行业的生产能力较为分散,产能集中度较低。

近年来,我国在纳米纤维非织造材料制备技术与装备的开发取得了较快发展,形成了一批新型的电纺技术,如东华大学的塔式电纺、气泡电纺,天津工业大学的螺纹电纺、实心针电纺、溶喷电纺,北京化工大学微分熔体电纺等。国内先后涌现出了永康乐业、佛山轻子、上海云同等多家电纺装备制造企业和江西先材、张家港博裕、中山诺斯贝尔等多家纳米纤维非织造产品生产企业。

近年来,我国涌现出了一批优秀的抗疫物资生产企业,如天津泰达股份有限公司旗下的天津泰达洁净材料有限公司,拥有的 5 条熔喷生产线,日产熔喷非织造材料 10t,缓解了口罩核心材料——熔喷非织造材料供应不足的问题。作为聚合物直接成网原料供应商的中国石化集团,在新冠肺炎疫情发生之初口罩供应紧张、一罩难求,熔喷非织造材料供应紧张、价格持续上涨的情况下,积极响应党中央和国务院号召,迎难而上,实施"跨界"行动,打通"聚丙烯专用料—熔喷料—熔喷布—口罩"产业链,汇集各方资源,积极转产增产增供医用物资和原料,全力服务抗击疫情大局。

纺织类高校积极发挥自身特长,通过科技赋能积极投入到抗疫中。作为国内首家成立非织造材料与工程专业的天津工业大学,在新冠肺炎疫情期间充分发挥自身科研优势,与多家企业合作,利用先进的非织造技术,开发出各种功能性非织造材料,为防护服、口罩、干湿擦巾等医疗防护物资生产提供了有力技术支持。东华大学非织系科研团队,协助企业研究分析口罩防病毒的关键材料——纺熔材料的特性,重新设定关键工艺参数,为缓解口罩短缺的难题争分夺秒,同时在腾讯新闻等平台宣传防护知识。浙江理工大学的科研团队开发出一种新型的口罩和防护用品基材,该材料将本身具有抗菌抑菌作用的光催化剂附载在纤维体上,不仅能提高其附载能力,也能通过增强活性将病毒分解,起到了主动抗防护的作用。

我国的非织造材料生产企业及研究单位面对突发疫情都充分发挥了自己的专业优势,众志成城,生产和开发出大量的抗疫防护产品,使我国成为当之无愧的抗疫物资的生产供应大国,为世界的防疫工作做出了重大贡献。

尽管我国非织造工业得到高速发展,取得很大成绩,产量已居世界首位,但仍存在一些问题,主要体现在以下几个方面:

(1)企业生产规模小、技术落后、科研投入少,竞争力不足;

(2)专业人才紧缺,创新能力不足;

(3)技术创新公共服务平台缺乏,制约行业水平提升;

（4）产需衔接不足,产业结构矛盾突出;

（5）高品质化纤原料品质差,不能满足高端非织造材料的生产需要,如医用纺织品;

（6）国产生产设备加工精度不够,只能生产中低档产品,且关键部件需要进口,高质量发展受限;

（7）非织造材料与技术标准与检测系统建设不足,影响品牌建设。

随着新技术的不断涌现,非织造材料的功能将不断得到完善,应用领域将进一步拓展,我国非织造行业正加快创新脚步,适时淘汰落后装备,非织造材料正向功能化、差别化、多元化的方向快速发展,我国的非织造产业必将从生产大国成为世界一流智造强国。

三、非织造材料的分类

根据产业用纺织品分类标准委员会多次研讨和国际上分类标准,非织造材料可以根据不同的方法来进行分类,具体分类方法如下。

（一）按定量分类

按照定量不同,非织造材料可以分为三大类。一般平方米克重<70g/m² 的称为薄型非织造材料,平方米克重≥120g/m² 的称为厚型非织造材料,70g/m² ≤平方米克重<120g/m² 的称为中厚型非织造材料。该分类方法一般在企业界和商业上使用。

（二）按产品形态分类

按照产品形态的不同,非织造材料可以分为两大类,即布状材料和非布状材料(如过滤筒等)。目前,该分类方法一般很少使用。

（三）按使用寿命分类

非织造材料的最早分类是按使用寿命来分的,可分为一次性产品(用即弃)和耐久性产品两大类,如图4所示。该分类方法一般在商业上使用。

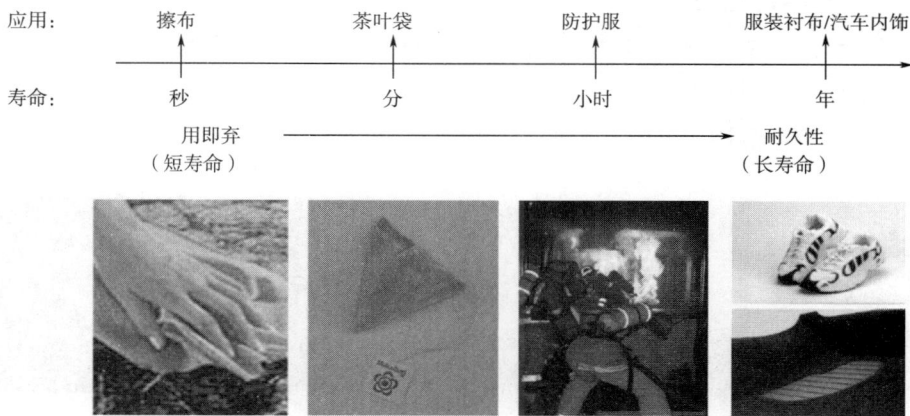

图4 非织造材料按使用寿命分类

（四）按用途分类

按用途不同,非织造材料可以分为服用非织造材料、装饰用非织造材料、产业用非织造材料三大类,其中前两类占比较少,产业用领域应用最多。

服用非织造材料有衬布、絮片、鞋材、面料等,如图5所示。

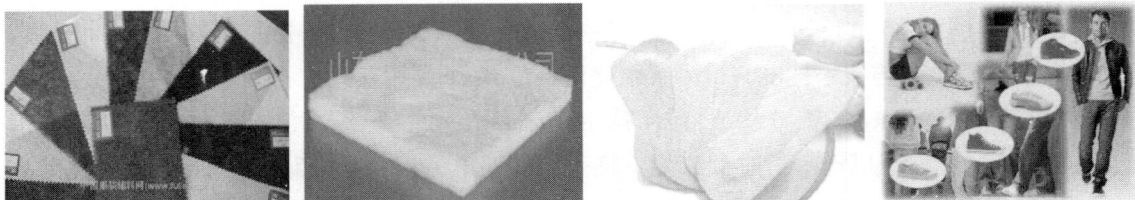

图5 服用非织造材料

装饰用非织造材料有地毯、壁毡、贴墙布、沙发靠巾及其填充物、窗帘、床单等,如图6所示。

图6 装饰用非织造材料

产业用非织造材料包括医疗卫生、保健用品,这一类产品主要为一次性用品;工业用非织造材料,如造纸毛毯、过滤材料、绝缘材料、抛光材料、防护材料、工业用毡、吸附材料、传送带、增强材料等;土木建筑用非织造材料,如土工布、土工膜、屋顶防水材料等;农业园艺用非织造材料,如地膜、保温材料、遮光材料、人造草坪、护坡草坪、无土栽培基、植物包根袋等;汽车工业用非织造材料,如汽车顶棚及侧面的装饰材料、地毯车底防震材料、汽车用滤芯等;军事国防用非织造材料,如飞机、导弹、火箭中应用的耐高温、高强度材料、军用防护材料等;还有其他用途的非织造材料,如油画布、书写纸、书写毡、熨衣垫、钢琴呢、香烟滤嘴、钞票纸、邮件包装材料、商标、标签、茶叶袋等。部分产业用非织造材料如图7所示。

图 7　产业用非织造材料

（五）按加工方法分类

按加工方法不同，非织造材料可以分为干法、湿法和聚合物直接成网法三大类，如图 8 所示。

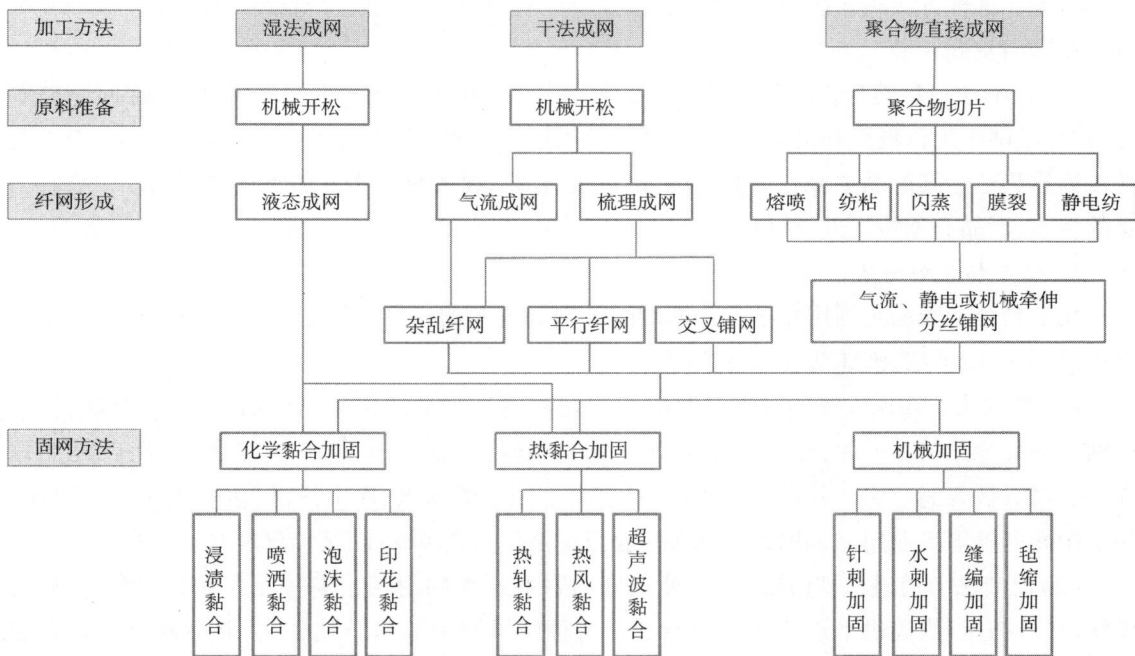

图 8　按加工方法分类

在非织造材料的加工方法中，干法非织造材料占 70% 左右，所以它是非织造材料最重要的一种加工方法。干法是短纤维梳理成网的方法。尽管近年来聚合物直接成网法的比例正在增长，有的国家已增长到 50% 左右，但干法非织造材料仍然被各国所重视，因为在非织造工业所有的 10 余种加工工艺中，干法占绝大多数，其产品品种多、应用范围广。干法非织造材料按其加固方法又可分为以下三种。

1. 机械加固法

利用机械力使纤维网进行缠结从而加固成布的方法称为机械加固,主要包括针刺法、水刺法、缝编法和毡缩法等。

(1)针刺法。用刺针穿刺纤维网,使纤网中的纤维互相纠结或联结在一起,从而达到加固纤网的目的。经加固后形成了不同厚度、不同密度、不同蓬松度的针刺非织造材料。其代表性产品有针刺棉、针刺地毯、针刺土工布、针刺合成革基布等。目前这种生产线占比例较大,产品适用范围广、成本低、见效快。

(2)水刺法。也称射流喷网法,即用高压高速极细的水流(也叫水针)来喷射纤维网,利用水流的机械力使纤维网中的纤维相互纠结,从而形成各种不同结构的布状水刺非织造材料。水刺法的成网方法属于机械梳理成网,不同于湿法;其加固属于机械力加固,所以应当属于干法。水刺法的代表性产品有卫生材料、纱布、擦布和合成革基布等。水刺法是近年来发展较快的生产方法,前景较好。随着人民生活水平的提高,水刺产品在医疗卫生领域的应用越来越广。

(3)缝编法。它是在经编基础上发展起来的,是利用缝编机上的钩针用纱线、长丝或纤网本身对纤网钩编的一种方法,其加固方式也属机械加固。其产品主要用于装饰产品、鞋材、滤材和衬料等。这种方法工艺简单、产量高、花色品种多,而最大特点是外观酷似纺织品。这种方法目前在国内发展较慢。

(4)毡缩法。毡是最古老的一种非织造材料,它是利用动物纤维的缩绒性,即定向摩擦效应,在纤维网中加以湿热和助剂,通过机械力的揉搓摩擦使纤维相互纠结而得以加固,这种工艺通常称作弊毡。其产品主要有工业用毡、密封垫、礼帽、抛光材料等。由于这种加工方法具有一定的特点,产品有独特之处,所以至今仍被广泛应用。

2. 化学黏合加固法

化学黏合加固法是利用化学黏合剂加固纤网而成布的一种方法,是较早的方法之一,主要包括喷洒法、浸渍法、泡沫法和印花法等。

(1)喷洒法。在比较厚的纤维网两面均匀地喷洒一定量的化学黏合剂,然后再烘燥,使纤维网中的纤维黏结在一起,并得以加固,形成蓬松型絮状产品。这种方法加工流程简单,适用性强,成本低,被普遍应用。其产品主要是喷胶棉,常用于防寒服、床上用品,也可用于空气过滤、加工抛光材料等工业用品。用针刺基布喷胶可以制作人造革基布、装饰材料等。

(2)浸渍法。通过梳理(或附加气流成网)成网,纤维网由网帘夹持浸入黏合剂液槽,从槽中输出,经挤压、烘筒烘干形成非织造材料。这种纤维网一般呈杂乱形式,并由黏合剂黏合加固,所以各向同性、均匀性、强度均较好。大部分用作衬布、底布、防水材料、音箱布、过滤布等。

(3)泡沫法。利用发泡剂使黏合剂形成气泡而施加于纤网或针刺基布上。这种方法所用黏合剂较少,分布均匀。利用此法可以加工合成革基布、墙布等。

(4)印花法。利用印花的方法把黏合剂施加在纤网上,再经烘燥,使纤网得以加固而形成非织造材料。

3. 热黏合加固法

热黏合加固法是干法非织造材料中应用最广而且相对产量比较高的一种,主要包括热轧黏合法、热风黏合法和超声波黏合法等。

(1)热轧黏合法。是利用合成纤维的热塑性,使纤网(短纤维)通过一对加热轧辊时受力,并在一定压力下热熔、加固在一起而成非织造材料。采用这种方法生产的产品主要用于用即弃类卫生巾、餐巾及衬布基布等,这种方法也可以用于长丝成网热轧。

(2)热风黏合法。其加固的基本原理同热轧黏合法,只不过不施加压力,仅用热风黏合使一部分纤维熔融而得以加固。其薄型的热风非织造材料常用于口罩、卫生巾等,厚型热熔棉及热熔垫材可用于保暖材料、防寒服、床上用品及各种床垫、沙发垫、坐垫等。热风黏合法不用化学黏合剂,卫生性好,用途广。

(3)超声波黏合法。超声波黏合是利用频率高、能量大、被介质吸收时能产生显著热效应的超声波,使含热塑性纤维的被黏合材料在经过超声波黏合设备后,立刻在黏结点处产生熔融,并获得足够的黏合强度,而不需要进行冷却处理的一种黏合加固方式。其产品可用于工业过滤材料、医疗卫生用品、建筑材料等领域,同样适合于热塑性短纤维和长丝成网产品。

四、非织造材料的结构特点、发展趋势及工艺特点

(一)结构特点

非织造材料从其结构特点来说是介于传统纺织品、塑料/膜、皮革和纸四种系统之间的一种新材料系统,如图9所示。这种材料不管其生产技术源自四个系统中的哪一个,都是为了得到一种新型的纤维制品。以前将非织造材料说成是一种新型纺织材料,这是不够确切的,因为有的非织造材料从"亲缘关系"说更接近纸,或更接近塑料、皮革,在加工过程中与传统纺织工艺无任何联系。因此,现在国外许多学者将非织造材料与纺织品、塑料/膜、纸、皮革同列为柔性材料系统。

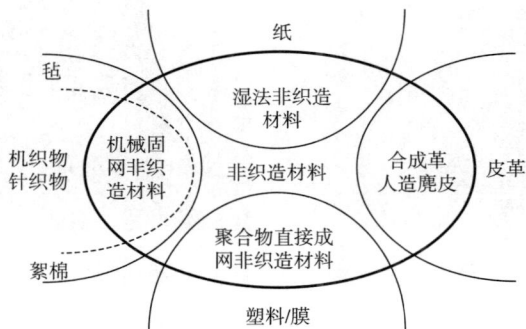

图9 非织造材料与纺织品、塑料/膜、皮革、纸的关系结构模型

非织造材料制备所采用的原料、加工手段及工艺变化的多样性,决定了非织造材料的外观、结构也存在着多样化。从外观上看,非织造材料有毡状、布状、网状、纸状等;从结构上看,大多数非织造材料以纤网状结构为主,有纤维基本呈二维排列的单层薄网几何结构,有纤维呈三维

排列的网络几何结构,也有由单层薄网结构叠合,或与其他纱线集合体(纱线层或交织、编织的纱线几何结构)相结合的几何结构。纤网经过不同方法加固后,比较简单的纤网几何结构又变成复杂的网络结构,有的是纤维与纤维缠绕而形成的纤维网架结构,有的是纤维与纤维之间在交接点相黏合的结构,有的是由化学黏合剂将纤维交接点予以固定的纤维网架结构,还有的是由纤维集合体(纱线或化纤长丝)形成的几何结构与纤网结构共同形成的复杂几何结构等。

非织造材料的使用范围是很广泛的,从服装面料到衬里,从外观酷似兽皮的人造毛皮到几乎可以乱真的人造麂皮,从地毯到窗帘,从土木工程用的土工布到航天飞机上使用的耐高温复合材料,从一次性使用的尿布到外科手术罩衣等。但是,这里必须指出,目前在服装及装饰用途方面,有些非织造材料是无法与传统纺织品相比的。因为这些非织造材料的结构特点决定了它们的外观缺少艺术感,没有机织物和针织物那种吸引人的织纹,而且在某些性能指标方面(例如悬垂性、弹性回复、不透明度、质感等)也同服装用布的要求有距离。非织造材料中只有部分缝编、水刺和针刺非织造材料具有类似传统纺织品的外观与性能,所以非织造材料不能也不应该用来完全取代传统纺织品。我们应该充分地考虑非织造材料自身的特点,利用纤维的性能、结构的多样性、多材料的复合和纤维材料的功能化等优势,扩大其使用范围,提高其使用价值。

1. 非织造材料与机织物、针织物的区别

机织物和针织物都是以纤维集合体(纱线或长丝)为基本材料,经过交织或编织而形成一种有规则的几何结构(图10)。根据统计,$100g/m^2$ 的机织物,约含有 100 万根纤维。机织物和针织物几何结构的稳定,完全依靠纤维与纤维之间的抱合力、纱线与纱线之间的摩擦力。在机织物中经纱与纬纱相互交织,经纱与纬纱相互挤压,阻止了织物受外力作用时的变形,所以机织物的结构一般都很稳定,但缺少弹性。在针织物中,纱线形成的圈状结构相互联结,织物受到外力作用时,组成线圈的纱线相互之间有一定程度的转移,因此针织物具有良好的弹性。

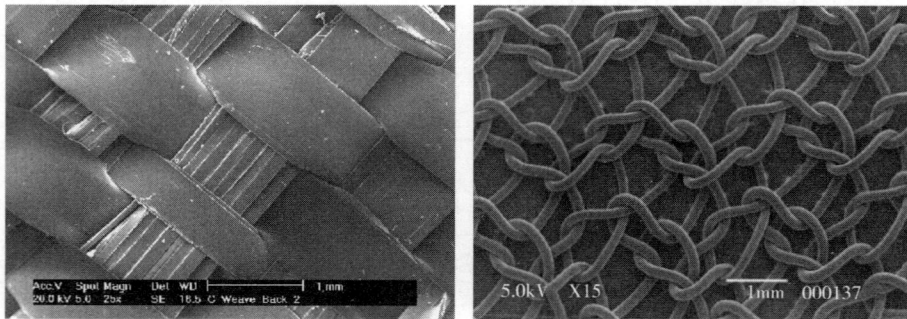

图 10　机织物(左)和针织物(右)的结构

非织造材料与机织物或针织物不同,非织造工艺的基本要求是力求避免或减少将纤维形成纱线集合体,而将纱线组合成一定的几何结构。典型的非织造材料都是由纤维组成的网络状结构形成的(图11)。为了达到结构稳定,纤网必须通过施加黏合剂、热黏合作用、纤维与纤维的缠结、外加纱线几何结构等方式予以加固。因此,大多数非织造材料是由纤网与加固系统形成它的基本结构。

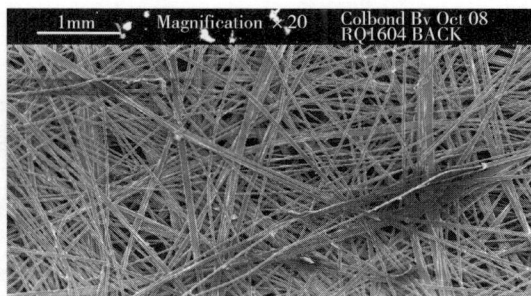

图 11　非织造材料结构

2. 非织造材料的典型结构

非织造材料由于纤网形成方法及加固方法不同,在结构上也有多种形式。纤网结构基本可分成纤维平行纵向排列、纤维横向排列及纤维杂乱排列三种。但是,纵向排列、横向排列及杂乱排列只是说明纤网中大多数纤维在纤网结构中取向的趋势,并非全部是这样排列。下面按纤网加固方法对以下三种典型的非织造材料结构进行介绍。

(1)纤网由部分纤维得到加固的结构。

①由纤维的缠结得到加固。这种结构的非织造材料都是采取机械加固法,如针刺法、射流喷网法(水刺法)等。其特点是纤网依靠自身纤维进行加固,加固系由纤维之间的相互缠结而达到。纤维大多以纤维束的形态进行缠结,有人将这种缠结称为"纤维交织"。从水刺法非织造材料的结构图(图 12)上可以看到,纤网在针刺或水刺发生的区域被针钩刺带住的或被水流带下的纤维束垂直嵌于纤网结构中,部分纤维在垂直方向、水平方向相互缠结,使纤网结构得到加固、稳定。

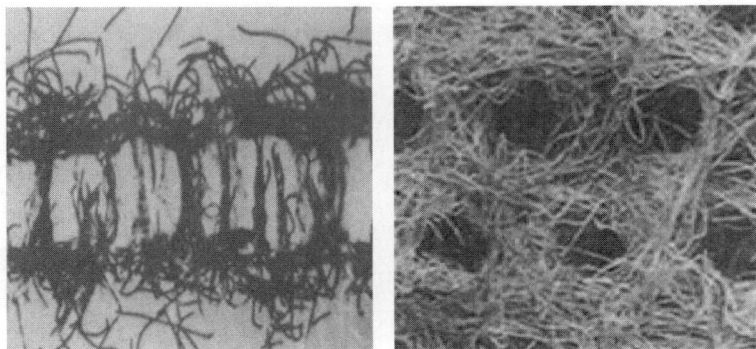

图 12　针刺非织造材料(左)和水刺非织造材料(右)结构图

②由纤维形成线圈结构得到加固。这种结构的非织造材料是采取基于机械加固原理的缝编方法制成的。这种方法是缝编法非织造技术中发展较晚的一种,它利用槽针在缝编过程中从纤网中抽取部分纤维束,用它编结成规则的线圈状几何结构,使纤网得到加固,纤网中未参加编结的那部分纤维被线圈结构所稳定。这种非织造材料的正面,在外观上很难与针织物区别开来

（图13）。

图13 缝编非织造材料的结构图

（2）纤网由外加纱线得到加固的结构。横向折叠的多层纤网喂入缝编机后，经过缝编机件的作用被另外喂入的纱线（也可以是化纤长丝）所形成的经编线圈结构所加固。这种纱线加固形式中，线圈结构与纤网结构有明显的分界，由线圈形成的几何结构将纤网稳定。被每只线圈所包络的纤维根数越多，线圈对纤网的紧压力越大，单位面积的线圈只数越多，这种非织造材料结构越稳定。

（3）纤网由黏合作用得到加固的结构。

①由黏合剂加固。这种结构曾在非织造材料中占有相当大比重，可以说是非织造材料的一种典型结构。根据黏合剂不同的类型、不同的施加方法，这种类型的非织造材料结构可分为点黏合结构[图14（左）]、片膜状黏合结构、团块状黏合结构及局部黏合结构等。

点黏合结构在黏合剂黏合法非织造工艺中是较难达到的。这种结构可以说是黏合法非织造材料中最好的一种结构，因为它使用的黏合剂最少而纤维的黏合效果和非织造材料的力学性能最佳。如果在这种结构中再结合螺旋型卷曲的化纤，则可以得到弹性与手感良好的理想黏合结构[图14（右）]。

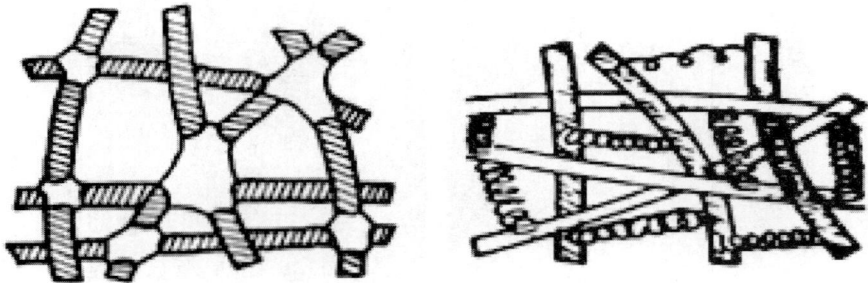

图14 点黏合结构（左）和理想黏合结构（右）

片膜状黏合结构是黏合法非织造材料中最常见的，用浸渍黏合法、喷洒黏合法所制成的非织造材料大多为这种结构形式。在这种结构中，黏合剂在纤维的相交处或相邻处形成片膜结构，常常一个黏合区域有数根纤维被黏住。在这种结构中，通常纤维的总表面积中有50%～60%被黏合剂所包覆（图15）。

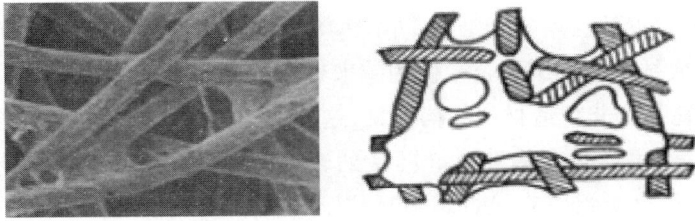

图 15　片膜状黏合结构

团块状黏合结构也是较常见的黏合法非织造结构,这种非织造材料大多数是采用粉状黏合剂或溶剂型、分散液状型黏合剂并经电解凝聚黏合。在这种结构中,黏合剂不均匀地以团块状分布在纤网中。有的黏合区只有一二根纤维,因此这些地方的黏合剂并未起到使纤维相互黏结的作用(图 16)。

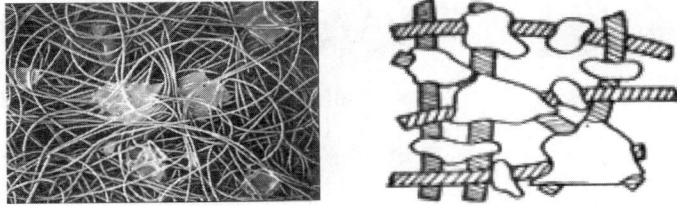

图 16　团块状黏合结构

局部黏合结构,实际上是人们为了克服片膜状黏合结构与团块状黏合结构的缺点而采用的一种结构。这种结构系对纤网进行有规律的、黏合区可以控制的黏合而得到,大多数采用印花方式将黏合剂按设计要求而局部施加到纤网上。严格地说,这种结构从纤网印花黏合区域来看仍旧是以片膜状黏合结构为主(图 17)。

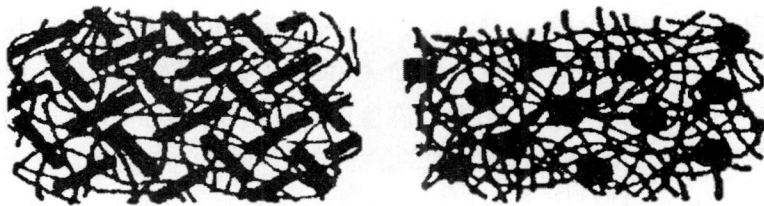

图 17　局部黏合结构

②由热黏合作用加固。这种由热熔纤维产生黏合加固的非织造材料结构与前述的黏合剂加固所得的结构基本一样,也可分为点黏合、团块状黏合、局部黏合等,但没有片膜状黏合结构,因为热熔纤维即使在熔融态时也不像液状黏合剂具有那样大的流动性。在热风黏合工艺中,采用双组分纤维极易得到点黏合结构,如图 18(a)所示。从图 18(a)可清楚看到,黏合作用只发生在纤维交叉点。因此,这种非织造材料具有良好的弹性、蓬松度。

热熔团块状黏合非织造材料结构是采用普通纤维与热熔纤维混合成网,然后经热风或超声波黏合而得,是一种常见的热熔黏合结构。由图18(b)可见,这种结构不如前一种结构好,这就是为什么双组分合成纤维在热熔黏合中使用越来越多的原因。

由图18(c)热轧黏合非织造材料结构可见,这种结构中纤维的黏合只发生在纤网受到热与压力作用的局部区域,也就是在热轧时纤网受到轧点或轧纹压力作用并有热熔纤维的那些区域。在这些热黏合区,热熔纤维在接近熔融时被压成扁平状,通过这些局部黏合区使纤网得到加固,形成非织造材料结构。局部黏合区可以是点状、线状或各种几何图案(例如方格、菱形等),而热轧的面黏合(光辊—光辊)热黏合区则发生在存在热熔纤维的局部区域。

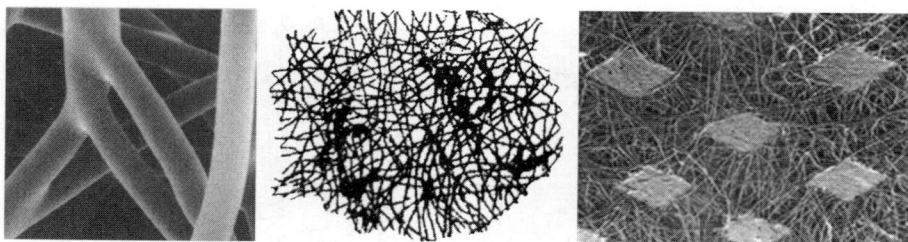

（a）双组分纤维热熔黏合结构　　（b）热熔团块状黏合结构　　（c）热轧黏合结构

图18　热黏合结构

（二）发展特点

回顾纺织工业发展的历史,由手工纺织发展到机械化纺织,经历了漫长的岁月,基本上满足了人们对纺织品的需求。但是时至今日,传统的纺织工业尚存在诸多问题,而非织造材料利用其加工流程短、成本低等优势,异军突起,获得高速发展,大有方兴未艾之势,成为"朝阳工业",这是由多方面的因素促成的,而这些因素又常常相互结合在一起发生作用。非织造工艺技术的发展特点如下。

（1）化学纤维工业的迅速发展,不仅为非织造材料提供了丰富的原料,增加其产品品种,提高质量,扩大应用领域,尤其聚合物成网非织造材料完全是在化学纤维工业的基础上发展起来,而且非织造材料大量使用化纤原料和技术又进一步促进了化学纤维工业的发展。

（2）全世界纺织工业具有相当大的规模,在生产大量纺织产品的同时,也产生了大量的下脚原料,如不有效地加以利用,不仅造成资源的浪费和生产成本的提高,而且会污染环境。而非织造材料可以利用这些下脚原料生产有用的产品,并可提高产品的附加值,使非织造材料成为低成本高回报的产业。

（3）随着科学技术的发展与纺织工业的进步,特别是高新技术的应用,使纺织工艺与设备越来越复杂,从而使传统的纺织生产成本不断上升,而非织造产品可以部分替代传统纺织品在各种领域的应用,且非织造材料的生产工艺、技术要求和设备比较简单,这就为非织造材料的发展提供了广阔的发展空间。

（4）在全球纺织工业生产成本中,人工成本占的比例越来越高,投资越来越大,而非织造材料生产不仅用人很少,而且工艺流程短、设备台数少、成本较低,为非织造材料在市场竞争中赢得了优势。

（5）根据价值工程的理论，在保证产品具有同样功能的情况下，成本越低越好，这样可以提高产品的市场竞争力。传统的纺织品生产中，在大多数情况下，其物理性能的大多数指标往往都超过使用要求或具有使用所不需要的性能，而一些主要使用性能却又满足不了要求。如一双鞋子，鞋面和鞋底并非同时损坏，这在医用卫生材料、过滤材料、绝缘材料等方面更为突出。对于非织造产品而言，可以根据最终产品的用途，合理地选用纤维原料、加工方法和工艺，充分地发挥纤维在非织造材料结构中的作用，这样可提高价值工程系数，在保证产品性能符合要求的情况下，尽量降低其生产成本。

（6）静电纺纳米纤维膜是非织造材料的重要发展方向之一，属高附加值产品，由纳米纤维堆积而成的具有三维立体多孔结构的纳米纤维膜具有孔径小、孔隙率高、连通性好、堆积密度可控等优点，是空气过滤领域不可或缺的核心材料，是预防生物病菌空气传播不可或缺的核心过滤材料。高性能纳米纤维隔膜也是实现我国新能源汽车国产化突破的关键材料，可以作为纳米科学和技术的基本构筑基元，可以广泛应用于环境、国家安全、能源、生物医学、信息等领域。纳米纤维非织造材料产业化制备势在必行。

（7）随着高新技术的迅猛发展，高新技术产业对新材料的需求十分强烈，如电子计算机需要的软盘内衬、电子线路板的复合材料、航空航天工业的耐高温复合材料、环保工业需要的耐高温耐腐蚀的高效过滤材料、汽车轻量化需要的新型内装饰材料等，使用传统的纺织品很难适应这些使用要求，而非织造材料完全可以满足高新科技发展对新材料的要求。

（三）工艺特点

非织造材料的迅速发展是与上述这些因素密切相关，是这些因素为非织造材料的发展创造了条件，并促进和推动了非织造材料的发展。总体来说，非织造工艺技术有下列一些特点。

（1）原料范围广，产品品种多。几乎已知的每一种纺织纤维原料都可应用于非织造材料的生产。无论是天然纤维和化学纤维及其下脚料、没有纺织价值的原料和各种再生纤维，还是难以用传统纺织方法加工的石棉纤维、玻璃纤维、碳纤维、石墨纤维、金属纤维等，都可以通过非织造的方法加工成各种工业用产品。

一些差别化、功能型、高性能化学纤维（如超细纤维、异形纤维、复合纤维、芳纶、涂硅中空聚酯纤维、碳纤维、抗菌纤维、高强纤维、高模量纤维等）都可以用于非织造工业，而且纤维的长度、细度在非织造材料加工中都不受限制。

（2）工艺过程短而简单，生产率高。与传统的纺织生产相比，非织造材料的工艺过程短，一般可在一条连续生产线上进行，这样有利于实现生产过程的连续化、自动化和生产全过程的自动控制。目前，许多干法、湿法和聚合物直接成网法非织造生产线已安装了微型电子计算机，实现了半自动化或全自动化生产。利用计算机可以随时将生产过程中的有关工艺参数显示并记录下来，操作人员可以根据预定的工艺参数不断地进行在线调整，以保证生产的正常进行并得到质量符合要求的非织造材料，为无人化工厂的发展奠定了基础。

非织造材料生产过程的简短，大大缩短了其生产周期，提高了劳动生产率。例如黏合法非织造材料的生产过程，从原料到成品一般由混棉、开清棉、梳理成网、黏合、烘燥、焙烘、切边、卷绕等工序组成,比传统的纺织品生产省去了纺纱、纱线准备、织造及复杂的后加工工序,极大地减少了生产工艺的准备时间,缩短了生产周期。直接成网法非织造材料实现了从聚合物到非织造材料的连续化生产,工艺过程更短,劳动生产率更高。来自化工厂的聚合物切片投入进料仓后,只要数小时就可以得到非织造成品。随着科学技术的进步,劳动生产率有望进一步提高。

（3）生产速度快,产量高。这是非织造技术有目共睹的一大特点,也是传统纺织品生产所无法比拟的。现将非织造材料的生产速度和产量与传统的纺织生产进行比较,见表1。由表1中数据可看出,非织造材料的生产速度是传统的纺织生产所望尘莫及的,当然,速度高就意味着产量高,二者的关系是一致的。

表1　各种生产方法的生产速度对比

生产方法	机型	最高速度（m/min）
机织	自动有梭织机	0.08
	无梭织机	0.3~0.5
针织	纬编大圆机	1.5~2.5
	高速经编	1.5~1.8
非织造	缝编	2~4
	针刺	30
	聚合物直接成网	800~1000
	湿法	300~500

（4）工艺变化多,产品用途广。通过将纤维原料、成网方式、固网方法、后整理方法进行适当的选择与组合,可以得到变化无穷的非织加工工艺,制成各种产品,如利用热塑性的聚氨酯（TPU）代替传统的聚丙烯（PP）为原料,制备的熔喷非织造材料强度高、弹性好,可以用于创可贴、弹性绷带等;聚乳酸（PLA）熔喷与木浆复合,可以制备亲水亲油的擦拭材料,废弃物可以降解;双组分纺粘和水刺结合,可以替代传统的纺织品用于服装制作;纺粘非织造材料热黏合后进行印花后整理,可以制备无缝的精美墙布,替代原来有接缝的墙纸,延长使用寿命等。这都源于非织造工艺的柔性组合,延伸出不同风格的产品,应用于不同的领域。

思考题

1. 什么是非织造材料?

2. 按不同的方式非织造材料分别可以分为哪几类? 对应产品可应用在什么领域?

3. 非织造工艺有什么特点?

第一篇　干法非织造工艺原理

第一章　概　述

一、干法非织造材料用纤维

绝大多数干法非织造材料通过梳理成网，因此，纤维应满足梳理要求，即对纤维的长度、强力、模量、卷曲等性能有一定要求。干法非织造材料生产使用的原料都是短纤维，长度一般在25~100mm，气流成网纤维长度可以是十几毫米，浆粕气流成网甚至可以达几毫米。纤维线密度一般为1.65~110dtex，具有一定的柔韧性和强度，大多要求纤维有一定的卷曲性和卷曲弹性。一些特殊用途的非织造材料则应使用高性能和功能性纤维，如高强纤维、热熔纤维、耐高温纤维、抗菌纤维等。

干法成网方法较多，因此可加工纤维范围广泛，各种天然纤维、合成纤维、再生纤维、无机纤维等都可以使用，甚至传统纺织行业不能使用的纤维也能使用。

二、干法非织造材料及其技术特点

干法非织造材料的生产通常包括成网、铺网、加固三个阶段，每个阶段都赋予产品一定的特点。

绝大多数干法非织造材料的成网通过梳理完成，这一点与纺织工艺类似，但是二者对梳理后的纤维要求不同。纺织工艺中，梳理后的纤网要求其中的纤维尽量平行顺直，以便形成高质量的纱线。干法技术形成的纤网中要求纤维杂乱，以便产品各方向性能更加接近，所以很多梳理设备配置了杂乱辊实现纤维杂乱效果，有的设备还有气流杂乱。

有的干法非织造材料产品厚重，需要铺网，一方面能增加产品厚度，另一方面也可提高均匀度。若采用交叉铺网，纤网中纤维基本沿横向排列，使最终产品的横向强力大于纵向强力。而薄型产品，特别是热轧及一些饱和浸渍法非织造材料则不需要铺网。

非织造材料的加固方法很多，几乎所有的加固方法都适用于干法成网技术，这为干法非织造材料的开发提供了广阔的前景。干法非织造材料的应用领域十分广阔，薄型、厚型，用即弃的、耐久型的，蓬松型、密实型。在应用领域上，服装用、装饰用及工业、农业、国防各个领域用的干法非织造材料产品应有尽有。

三、干法非织造材料的技术发展

2019年我国非织造材料产量为621.3万吨，2020年为878.8万吨，受新冠肺炎疫情影响，纺粘和熔喷布的产量激增,降低了干法非织造材料占比,但是干法非织造材料仍占41%。2019年以前,干法非织造材料产量约占48%,其中针刺占比约23%、水刺占比10%、热黏合占比6%、化学黏合占比7%、气流成网占比3%。

从干法非织造材料的生产来讲,其原料来源广,产品品种多,发展领域广泛,技术含量相对高,所以对其发展必须给予足够重视。干法非织造技术的特点主要表现为以下四点。

(一)原料选用多元化

随着合成纤维、材料科学的发展,干法非织造材料使用的原料不断增加,尤其是一些功能型纤维的开发为干法非织造材料的发展提供了基础。所以干法非织造材料的生产应尽可能选用不同类型、不同功能、不同性能的纤维,增加产品花色,拓宽应用领域。

(二)工艺技术化

干法非织造技术,虽然工艺流程简单,但工艺性很强,工艺变换多,绝对不是粗糙工艺,应有更多的技术投入,要用好设备,使工艺更细、更精,使产品外观及内在质量提高,高技术才能出高质量、高水平的产品。

(三)设备制度化

加强引进设备的消化吸收,尽快实现国产化,使国产非织造设备质量提高一个层次;生产设备管理规范化、制度化,定期保全、保养、维修;设备的正常运转依赖于管理制度化,而工艺的合理性、稳定性则靠设备的正常化做保证;国产设备应向高速、高产、高技术及自动化的方向发展。

(四)产品创新化

产品品种多,才能适应市场需求,这就要求企业必须在产品上不断创新,开发新产品。只有创新,才能赢得市场;只有创新,才能赢得效益。

总之,干法非织造材料必须有可靠的技术基础,才能稳步前进,不断发展。

思考题

1. 干法非织造材料使用的纤维原料有哪些?
2. 干法非织造技术的特点是什么?

第二章　梳理前准备工程

干法梳理成网工艺流程为:纤维原料→准备工程→梳理→成网→铺网。短纤维在梳理成网之前需要对纤维进行一系列的准备工序,才能实现良好的梳理,这就是梳理前的准备工程,包括纤维选配、原料喂入、开松、混合、除杂、加油水几个方面。目前非织造生产用合成纤维居多,这类纤维杂质较少,所以不用专门的除杂工艺,因此除杂不做专门讲述。

第一节　开松混合工艺

一、纤维原料的选配与喂入

(一)纤维原料的选配

纤维的选配是指原料的选择和搭配,选择是根据产品和生产的要求选择纤维原料,搭配是指按比例使用纤维。

原料的选择主要包括品种、规格、性能的选择。最早生产非织造材料时,没有原料搭配这一工序,但有些产品通过多种原料搭配使用,生产出来的纤网质量比用单一原料更好。由于纤维特性对非织造材料性能有直接影响,所以应根据产品的用途来合理选配纤维原料。

纤维原料的选择和配比的目的是赋予产品某些性能、增加产品的花色品种、保持产品质量和生产工艺的相对稳定、合理使用原料和降低成本等。原料因批号和生产厂家不同而千差万别,采用单一原料进行生产,当一批原料用完后,必须用另一批原料来接替使用,这种调换势必造成生产和质量的波动。采用多种原料混合使用,只要搭配得当,就能保证混合料性质相对稳定,从而使生产过程和产品质量稳定。

各种原料的价格差异较大,在不影响产品质量的前提下,在价格相对较高的原料中混入部分廉价的纤维,或者混入一定比例的回用料、再生料,可达到降低产品成本的目的。混入高收缩纤维、热熔纤维等,可以使产品性能更优越,同时增加产出。例如,采用热熔黏合工艺生产非织造材料时,必须混入低熔点的热熔纤维,如 ES 纤维、PP 纤维等。

在纤维原料的选配过程中,还应注意以下三个问题:

(1)根据产品的质量要求选择纤维。好的原料用于较高档次的产品,避免因原料性能差异而引起产品质量问题。

(2)纤维原料的选配应考虑实际生产的工艺条件。非织造生产的成网过程与纺织厂的生产条件相似,如混料应加油、车间温湿度有一定要求等,否则成网困难,破网、掉网严重。如果生产车间没有空调设备,如果当地气候干燥,生产就很难进行,此时可在混料中加入部分吸湿性纤维,或增加对混料的喷湿以改善生产条件。

（3）混配纤维的特征数差异不可太大。混料中各种纤维的长度、细度、密度等特征平均数差异不能太大，以免成网过程中产生新的不匀。

（二）纤维原料的抓取与喂入

抓棉的主要作用是从纤维包抓取原料输送至下道机台，同时抓棉过程具有开松和混合作用。抓棉机械利用肋条压住纤维包，抓棉打手对纤维层进行撕扯、抓取，实现对纤维的开松。在满足产量要求的前提下，抓取纤维块应尽量小些，以增强开松和混合效果。影响开松效果的因素有打手刀片伸出肋条的距离、打手转速、打手间歇下降的距离、抓棉小车的移动速度、打手刀片的形式、数量和分布等。根据生产线的产量，可以进行人工铺层抓棉，也可以进行机械抓棉。

1. 人工铺层喂入

一般根据原料的成分和混合总量分批混铺，每层厚度20cm左右为宜，铺层越多，后续混合的效果越好，每层的重量均匀度越好，铺层后一般垂直喂入下道工序。这种方法适合产量较小的生产线，对大型生产线不适用，一般非织造企业已经不再使用。

2. 机械抓取喂入

根据生产场地和产量的大小不同，可利用机械抓棉机来完成纤维的抓取与喂入。在抓棉机械的行进轨迹上排列着纤维包，这些纤维是根据纤维选配方案和比例来确定的排列数量和方式。抓棉打手依次在各纤维包上部抓取一层纤维，抓棉小车走完一个行程后，就按照设计的比例抓取各成分纤维，实现了不同纤维原料的混合。"勤抓少抓"既能提高开松效果也能改善混合效果，是抓棉设备运行的原则。目前常用的主要有圆盘式抓棉机、往复式抓棉机和门架式抓棉机三种，其排布方式如图1-2-1所示。

| 圆盘式抓棉机 | 往复式抓棉机 | 门架式抓棉机 |

图1-2-1　机械式抓棉机纤维包排布示意图

（1）圆盘式抓棉机。如果场地较小，可使用圆盘式抓包机，纤维包按圆盘状排布，抓取头呈圆周运动，接触纤维堆的时候抓取纤维，最多可混合三种纤维原料。圆盘式抓包机结构如图1-2-2所示。抓棉小车以中心轴为圆心按圆形轨迹运动。纤维包按配棉方案和比例排列在抓棉小车的运行轨迹上。

抓棉打手由装在打手轴上的31片锯齿刀盘组成，抓棉打手两侧有肋条，锯齿刀盘伸出肋条以下2.5~7.5mm。抓棉时由肋条压紧纤维层，锯齿刀盘回转抓取肋条压住的纤维。被抓取的纤维被抛入抓棉打手上方的罩盖，即输棉管道的进口，原料在前方机台凝棉器风机的作用下通过输棉管道进入下一机台。

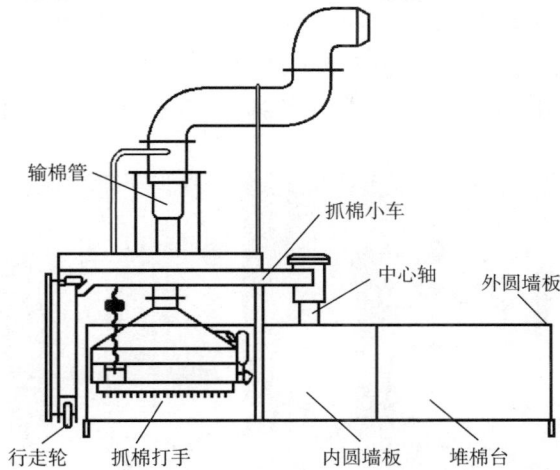

图 1-2-2 圆盘式抓棉机结构

（2）往复式抓棉机。往复式抓棉机的运行轨迹为直线，可往复抓棉。轨道两侧都可摆放纤维包。一侧抓棉时，可在另一侧摆放新纤维包。转塔相对小车转 180° 就可在另一侧继续抓棉，FA006 系列往复抓棉机结构如图 1-2-3 所示。

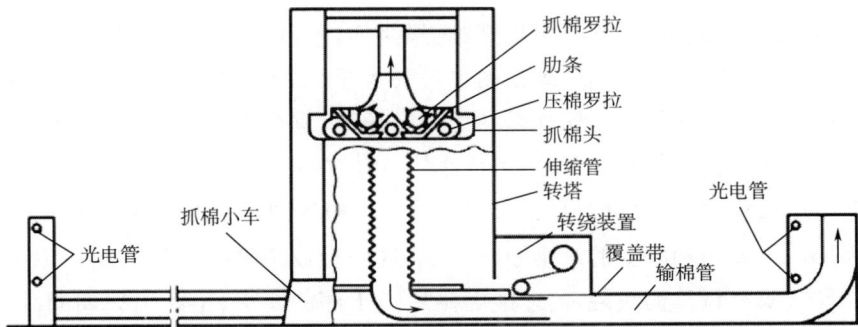

图 1-2-3 FA006 系列往复抓棉机结构

该抓棉机有两个抓棉打手、两组肋条和三个压棉罗拉。两只抓棉打手的转向相反。肋条装在抓棉打手下方，抓棉打手的盘片伸出肋条。两组肋条左右错开，肋条和压棉罗拉压住纤维，打手盘片相继抓取纤维包表层纤维，并把纤维抛进罩盖内，由负压气流经输送管输出。

国产设备常用的是往复式抓包机，适合棉纤维及纤维长度为 76mm 以下的化纤或棉与化纤混纺，产量达 1000kg/h，有效抓取宽度为 1720mm，最大抓取高度为 1700mm，打手形式为锯齿刀片双打手，堆包长度基本型为 21m 和 9m，可根据需要递增或递减，FA006 系列往复抓棉设备如图 1-2-4 所示。

图 1-2-4 FA006 系列往复抓棉设备

（3）门架式抓棉机。随着非织造产量的提高，德国特吕茨勒公司新开发了门架式抓棉机，如图 1-2-5 所示，幅宽较大，最大幅宽为 3.5m，产量达 3000kg/h，轨道最长可达 75m，最多纺三个品种，混合均匀效果提升 25%～40%，采用单侧排包，占地面积小，操作简单。

图 1-2-5　门架式抓棉机

二、纤维原料的开松混合

纤维原料的开松混合过程是整个干法过程中最开始、最基本的工序，对产品质量起决定性作用。

（一）开松混合的作用

由化纤厂生产的各种合成纤维或再生纤维，经过切断变成短纤维，切断过程中短纤维易产生集束，而且大多是块状，包括天然纤维在内也是块状纤维，因此必须将纤维开松、撕扯，将其变得松散，才能进一步梳理。因此，开松就是利用带有角钉、锯齿、刀片或梳针的机件对纤维进行撕扯、打击、分割等作用，使纤维由大块松解成小块、束状的过程。

在非织造生产过程中，需根据产品的最终性能及价格等因素来选择纤维原料。一般非织造生产过程中采用两种或两种以上的纤维原料组成，这两种或两种以上的原料可以是不同规格、颜色、品种的纤维，只有将其彻底混合，才能满足后道工序的要求，生产出预期的高性能合格产品。因此，混合就是将已开松的纤维经纤维仓储存并经多仓混合，使不同性能的纤维得以充分混合，制成质量、色泽均匀的纤维层，供梳理机梳理。

综上所述，开松是为了使纤维更好地混合，把密实的纤维块分解成小块或疏松的纤维，使纤维混合均匀，而混合均匀则是为了提高产品质量和产品均匀。在生产过程中，开松和混合往往是同步进行的，边开松、边混合，这样开松混合的效果才会更好。如开松效果不好，则会出现大块云斑。

（二）开松机械

开松机械一般是由一对喂入辊或喂入罗拉及一个开松锡林组成，开松锡林上装有锯齿、铁片、角钉或梳针。为实现更好的开松，有的开松锡林上还装有工作辊和剥取辊。不同结构的开松机械开松、混合和除杂效果有很大的差异。非织造工业中使用的开松机械主要有以下三种。

1. B261 型和毛机

B261 型和毛机为毛纺行业的开松机，其结构如图 1-2-6 所示。通常由人工将原料定时定量放到喂入帘上，通过压辊将纤维压实，喂进喂入罗拉。喂入罗拉由两只罗拉组成，表面镶嵌角钉，上、下两罗拉相向回转将纤维喂入。喂入的纤维受到喂入罗拉及锡林的作用，由于喂入罗拉速度慢,锡林速度快而将纤维撕扯分开,锡林带着纤维再与工作辊、剥毛辊作用,再将纤维进一步撕扯松解,工作辊和剥毛辊通常配置几对,纤维经过多次撕扯松解后由打手输出,土杂可通过尘格漏下。

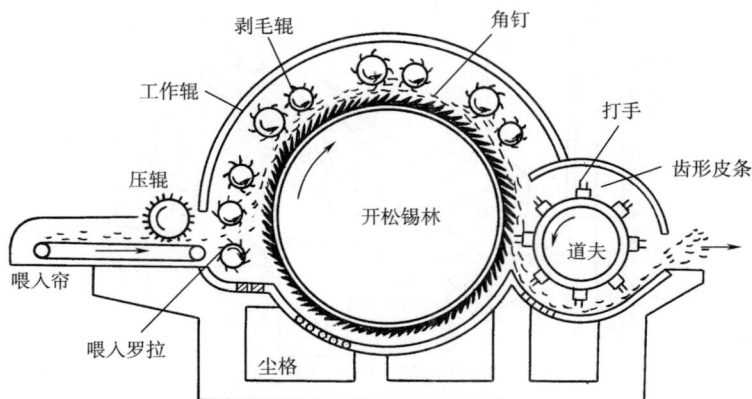

图 1-2-6 B261 型和毛机结构示意图

这种 B261 型和毛机适用于毛纤维,合成纤维也可用。其台时产量较高,可供 2~3 条干法生产线用。

2. FA106 型豪猪式开棉机

图 1-2-7 为 FA106 型豪猪式开棉机,纤维由储棉箱进入小罗拉,再由小罗拉喂给给棉罗拉,通过给棉罗拉和开棉锡林实现握持式开松。锡林上装有很多铁片,也称刀片,这种锡林俗称豪猪打手。豪猪打手周围排列着尘棒,纤维在豪猪打手和尘棒组成的空间内继续接受豪猪打手的自由打击式开松,开松后的纤维从出棉口出机。这种设备适合棉纤维的开松,也可用于棉型的化学纤维开松。

目前,国内外五辊开松机、六辊开松机也是常见的开松机类型。图 1-2-8 为常用的 FA104 型六辊式开松机结构,六个开松辊的线速度递增,可高效完成纤维撕扯松解的任务,且松解程度越来越好。

3. 非织造专用开松机

由于干法非织造生产线大多加工

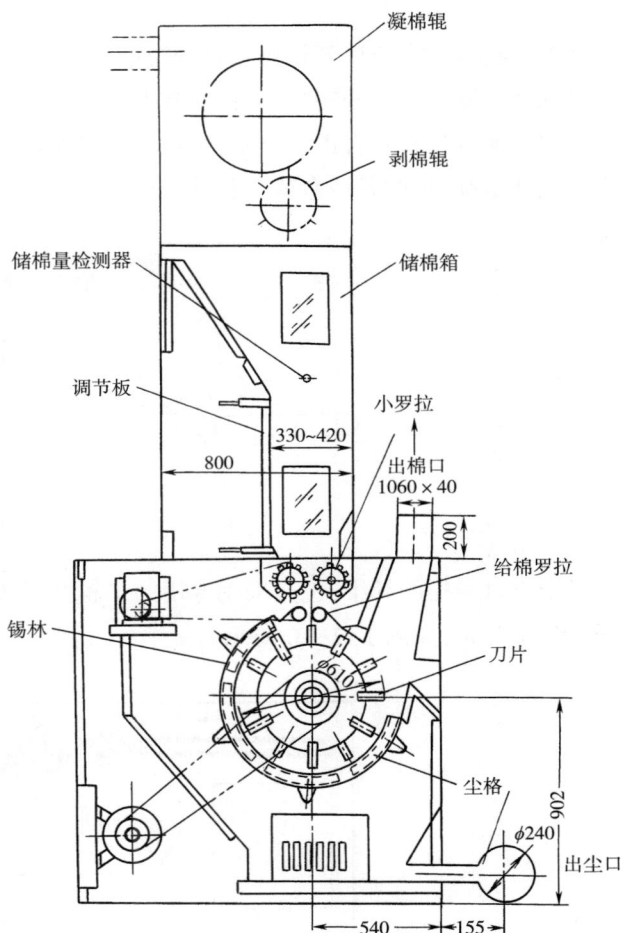

图 1-2-7 FA106 型豪猪式开棉机

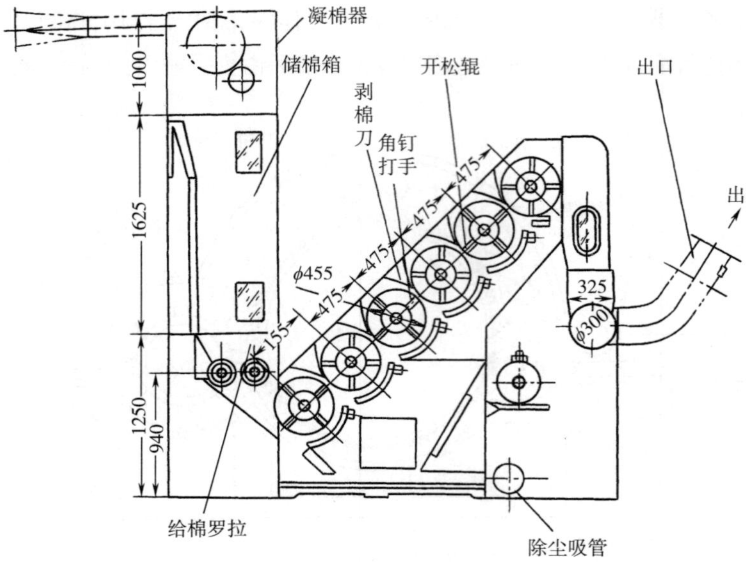

图 1-2-8　FA104 型六辊式开松机

合成纤维、再生纤维,所以开松机一般较简单,其结构如图 1-2-9 所示。纤维由喂入帘喂入,经压辊进入喂入罗拉和开松锡林,开松锡林上螺旋式安装几排豪猪式刀片或包缠锯齿,通过喂入罗拉与锡林实现握持式打击或分割,实现松解纤维的目的。一般一条生产线配一台开松机,如果生产线产量高,可配备两台或三台开松机。

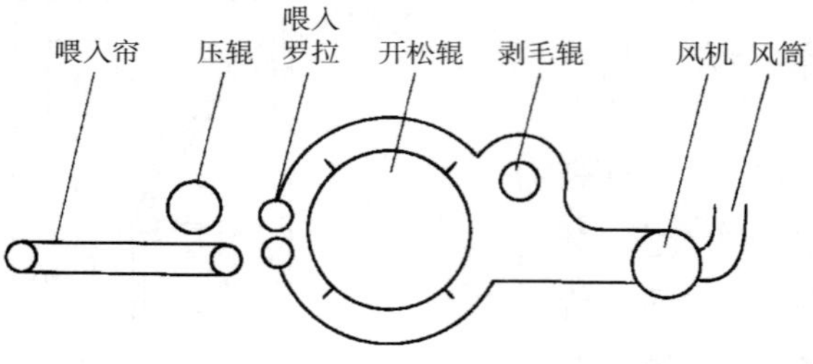

图 1-2-9　非织造专用开松机

对于难以开松的纤维,也有采用专用的多辊开松机的,开松机上的角钉或针布可根据纤维的开松状态分布,如图 1-2-10 所示。

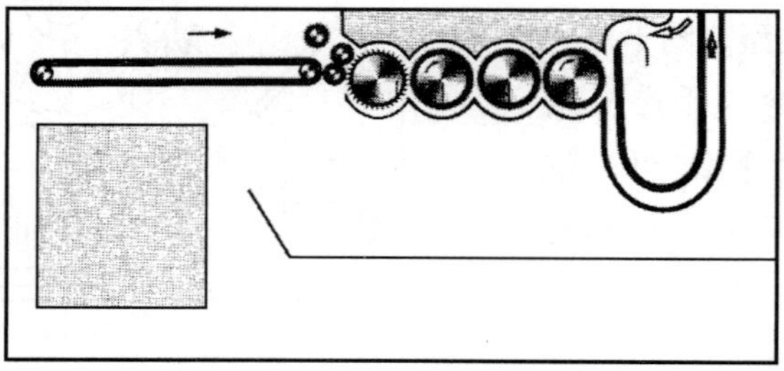

图 1-2-10　非织造专用的多辊开松机

(三)混合机械

在使用开松机的过程中兼具一定的混合作用,但是这种混合的效果并不大。为了使原料色泽均匀或使几种原料均匀混合,往往开松之后要再经过专用的混合机械进行混合,才能达到梳理要求及最终产品的质量指标。根据生产要求的不同,配置的混合机械也各不相同,目前的混合机械主要有以下几种形式。

1. 混棉箱

图1-2-11是非织造专用的混棉箱及后续开松装置示意图。混棉箱通过角钉斜帘和均棉罗拉的相互作用,对束纤维进行柔和的开松。变化斜帘的速度以及与均棉罗拉的隔距,可调节产量和纤维束的大小,连续而均匀的喂入可保证混棉箱原料供应的稳定性,并使束纤维得到均匀的混合。束纤维落入称重毛斗进行称量,达到一定重量后各组分纤维同时落到喂入长帘上,并随喂入长帘前进一个预定的距离,然后角钉斜帘重新向称重毛斗中填充纤维,再重复上述步骤。喂入长帘再将混合纤维送往三翼梳针打手开松机进行混合粗开松,从而完成纤维原料的均匀混合。

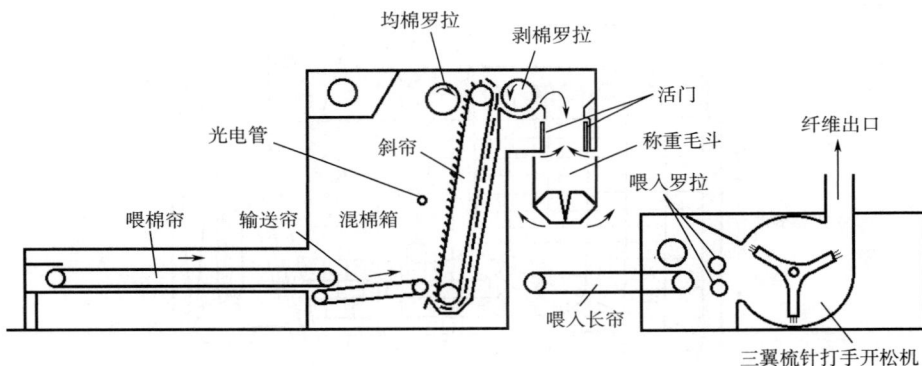

图1-2-11 非织专用混棉箱示意图

2. FA022多仓混棉机

图1-2-12为FA022型多仓混棉机。这种混合设备主要由输棉风机和储棉仓组成,一般有6~10个储棉仓,仓内前后隔板的上半部分有网眼孔,除第一仓外,各仓上部都有进料活门,且都有给棉罗拉、开松打手和气动系统。这种多仓混棉机是依靠输棉风机产生的气流,将粗开松的纤维原料输送到输棉管道,在不同时间喂入棉仓,然后下落到给棉罗拉,再经开松打手,在混棉道中相混并同一时间输出,实现时差混合。即同一时间喂入棉箱中的纤维将在不同的时间输出,同一时间从斜帘输出的纤维是不同时刻喂入的,各种纤维到达斜帘的时间不同,从而实现纤维的混合。

3. Unimix多仓混棉机

图1-2-13为瑞士立达(Lieter)公司的Unimix多仓混棉机示意图。气流将纤维送入六个直立储棉槽中,纤维柱被机械及气流所压缩,经90°转向而成水平纤维层。六个纤维层因在机器内的喂入途径远近不同而达到纤维均匀混合的目的。水平前进的纤维层被倾斜的针帘抓取,进入储棉箱再经锡林开松,最后输入开松、梳理机。

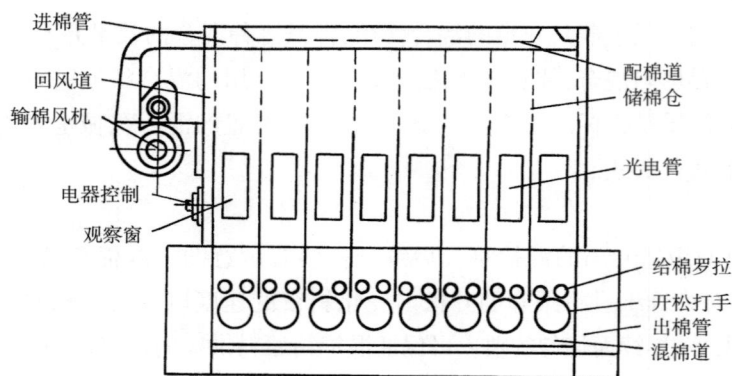

图 1-2-12　FA022 型多仓混棉机示意图

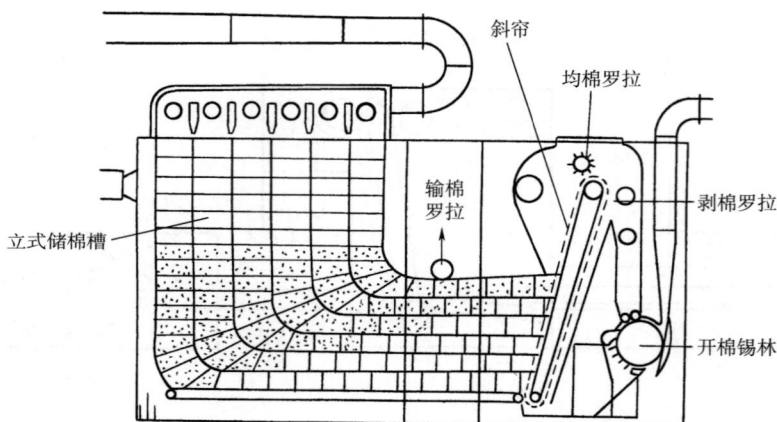

图 1-2-13　Unimix 多仓混棉机示意图

这种同时喂入的纤维原料,由于到达输出位置的路程不一样,在输出端不能同时输出,从而实现了原料的混合,这种混合方式称为路程差混合。Unimix 多仓混棉机因具有多仓混棉机和铺层混毛仓的双重功效,适合用于长度为 65mm 以内的各类纤维的加工,作为以工艺流程为特点的非织造生产机械式混合是非常理想的。

(四)开松混合工艺

开松混合是准备工程的重要工序,也是梳理的基础工作,开松混合的效果越好,梳理的纤网质量就越好,因此要根据产品的要求确定开松混合方法、开松程度或开松遍数、混合均匀度及混合遍数、方法等。

1. 开松混合方式

开松与混合可以同时进行,也可开松后再混合,或者先混合再开松。非织造常用的开松混合主要方式如图 1-2-14 所示。

（a）先混合再开松

（b）两开松式

（c）两开松带混合式

（d）三称重两开松带混合式

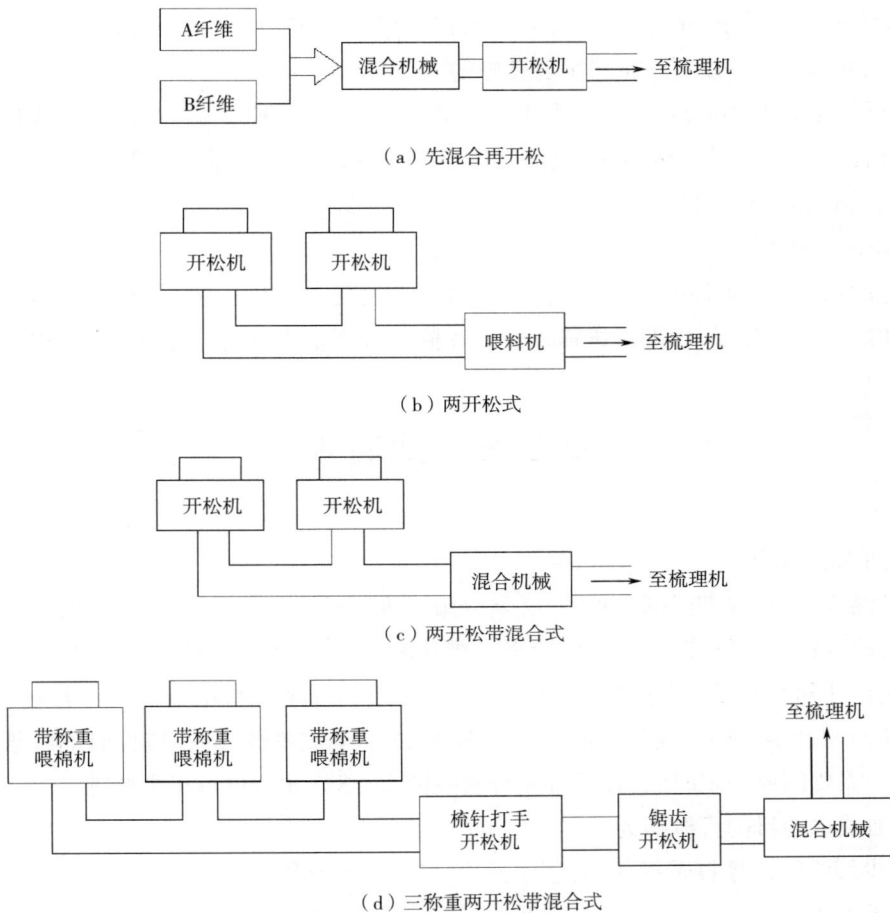

图 1-2-14　几种典型的非织造开松混合方式

随着非织造技术的发展,目前国内的开松混合设备的质量越来越高,技术进度越来越快,因此为了节约成本,生产厂家配置设备时一般都采用国内的开松混合设备,再进口梳理设备,实现了设备的性价比最大化。

2. 开松混合遍数

开松要兼顾开松效果和纤维受损两方面,因此开松混合的遍数一般根据原料状态及产品的质量要求而定。开松遍数越多,开混效果越好,但纤维受损程度越大。混合的遍数一般为一次,但也可进行两次或三次混合。

在混合过程中,如果几种纤维的比例差异较大,则要想混合均匀,必须采用"假和"的方法:即先将小比例的几种原料经一次或分两次混合在一起,成为一种新原料,然后将假和成的新原料与比例大的原料再进行混合。假和的目的是使纤维混合均匀,一般生产中有两种情况,特举例说明。

例1:有 A、B、C、D 四种原料,其中 A 原料占 50%,B 原料占 12%,C 原料占 8%,D 原料占

30%。假和时,可先将 B 和 C 原料混合,因 B 和 C 原料占比相差不大,容易形成良好的混合,B 和 C 混合后的原料总占比可达 20%,与 D 原料占比接近,再与 D 原料混合,混合后的原料总占比可达 50%,再与 A 原料混合,能够实现良好的混合。

例 2:若有 A、B 两种原料,其中 A 原料占 80%,B 原料占 20%。假和时,可将 A 原料分成两份,其中一份占比 60%,另一份占比 20%,将占比 20% 的部分与 B 原料混合,混合后的原料总占比可达 40%,再与 60% 部分混合。

3. 开松混合速度

开松速度高,生产效率并不一定越高。一般喂入速度决定产量,在喂入速度一定的前提下,输出速度才决定开松效果,也即纤维输入速度和输出速度差值越大,开松和撕扯的作用才越大。

第二节　加油水

一、加油水的目的

纤维在混合开松、梳理成网过程中,必须克服纤维与纤维之间的摩擦力,同时必须克服纤维与机件之间的摩擦力。摩擦力太大,可能将纤维拉断。为了减少摩擦和加工中的静电现象,增加纤维的抱合性和柔软度,更好地进行梳理加工,必须在纤维原料中加入一定量的油剂(包括油和水),从而使纤维保持一定的含油量及回潮率,减小摩擦系数,减小梳理时的纤维损伤。加入油水之后,需要闷放一定时间,让纤维充分吸收油水,然后才能进行正常梳理。

因此,加油水的目的可概括为:

(1)减少纤维间的摩擦及损伤,有利于开松,尤其是毛纤维;

(2)和毛油中有水分,水分能使纤维保持一定的回潮率,从而减少静电,这样便于梳理,避免纤网破裂、纤维断头,还可减少纤维的飞花、落毛;

(3)使纤维具有较好的柔软性和韧性,受力后不易拉断。

二、和毛油成分

在非织造生产中,所加的油称为和毛油,是一种润滑剂。加油只是为了生产过程顺利进行,最终还要将油剂从成品上洗掉,因此一般采用价格便宜的锭子油。对于不同的纤维,应加不同的和毛油。

和毛油必须经过乳化,变成小颗粒后均匀分布在水中,制成乳液后再均匀喷洒在纤维中。其组成一般为油、水、乳化剂、助剂(润滑剂、加柔剂、抗静电剂等)。

在非织造生产过程中,常用的油剂配方如下。

涤纶 1 号油剂配方:油酸 16%,三乙醇胺 8%,羊毛脂 2%,甘油 3%,白油 71%,涤纶短纤维适用。

涤纶 73 号油剂配方:烷基醚硫酸钠 20%,平平加(15)30%,平平加(16)10%,十二烷基磷酸钾盐 40%,涤纶短纤维适用。

丙纶油剂配方:十六烷基磷酸钾盐 55%,聚氧乙烯油酸酯 11%,二甲基硅油剂 1%,抹香鲸油 23%,丙纶短纤维适用。

锦纶 1 号油剂配方:油酸丁酯硫酸盐 6%,甘油 30%,乳化剂 OP 4%,柔软剂 SG 1%,水 86%,锦纶短纤维适用。

三、施加方法及施加量

合成纤维一般在纺丝时已添加了油剂,但考虑到在纤维储存、运输及开清和成网过程中油剂会有所损失,因此在开松之前,一般先把油剂稀释(纯油量控制成 0.3%~1.5%),以雾点状均匀地喷洒到纤维堆(层)中,再闷放 8~24h,称为闷毛,其目的是使油和水能浸入纤维内部,起到良好的作用,使纤维上油均匀,达到润滑、柔和的效果。

闷毛也是一个重要工艺,闷毛时间要根据原料、地区、气温、季节有所区别。施加一定的油剂是使生产正常运转的保证,有条件的企业可以根据不同原料及合理的上机回潮率来探讨所加油剂、水的量。表 1-2-1 是常用的纤维含湿量及最佳油剂附着量。

表 1-2-1　常用纤维原有的含湿量及最佳油剂附着量

纤维	纤维含湿量(%)	对纤维重量的最佳油剂附着量(%)
羊毛	16	0.5~0.7
黏胶纤维	12~14	0.2~0.9
涤纶	0.4~0.5	0.2~0.4
丙纶	0	0.2~0.3
锦纶	3.5~5.0	0.3~0.7
维纶	5.0	0.3~0.7
腈纶	2.0~2.2	0.4~0.5

四、加油水的计算

加油水的量关系到生产是否顺利进行,企业中一般根据经验来确定。为了便于掌握和较全面地说明加油水量的计算,特举例说明。

例:有羊毛纤维 1000kg,其实际回潮率为 15%,含油率为 0.6%,要求上机回潮率达 25%,含油率达 2%,求需加的纯油量、油水量及水量。

分析:根据已知条件,1000kg 羊毛纤维中,

油剂含量:$1000 \times 0.6\% = 6\text{kg}$;

水重:$1000 \times \left(1 - \dfrac{1}{1+\text{回潮率}}\right) \times 100\% = 1000 \times \left(1 - \dfrac{1}{1+15\%}\right) \times 100\% = 1000 \times 13\% = 130\text{kg}$;

羊毛干重:$1000 - 6 - 130 = 864\text{kg}$;

当回潮率为 25% 时,864kg 干羊毛中应含水:$864 \times 25\% = 216\text{kg}$;

设含油为 x kg,则由 $\dfrac{x}{864+216+x} \times 100\% = 2\%$,可得 $x = 22\text{kg}$;

即含油量达 2%时还需加油量为:22−6＝16kg。

若油水比为 1:4,则 16kg 油中含水量:16×4＝64kg;

需加乳化液的量为:64+16＝80kg;

当回潮率为 25%时,需加水量为:216−130−64＝22kg;

因此可以得出:需加纯油 16kg,油水量 80kg,水 22kg。

思考题

1. 成网前准备工序的任务是什么?
2. 纤维原料选配的目的是什么?
3. 原料的抓取与喂入方式有哪几种?
4. 什么是假和? 如何利用假和的方法处理几种纤维的混合?
5. 混合的方式有哪两种?
6. 加油水的计算。

第三章 梳理工程

经过开松、混合、闷放的散纤维混料,可连续通过管道喂给梳理机,对纤维混料进行进一步加工。在干法非织造材料生产过程中梳理工程是关键工序,梳理工序的工艺质量直接影响后续产品的质量。梳理工程的主要任务是:

(1)进一步开松纤维并去土杂。

(2)将纤维原料进一步混合均匀。

(3)将块状纤维梳理成束状,再梳理成单根纤维状。

(4)将纤维梳理成网,双道夫梳理机还能起到将双层纤网重叠均匀的作用。

(5)带有杂乱机构的梳理机还能使纤网的纤维杂乱排列,减小产品纵横向的强度差异。梳理工序的任务因梳理机的选型不同而有所区别。

第一节 梳理机

一、梳理机的结构及工艺过程

为了完成梳理工序的任务,在不同的生产领域中梳理机的组成结构不尽相同,但其基本结构原理是相同的。现以国产梳理机为例来说明梳理机的基本结构,图1-3-1所示为罗拉式梳理机。

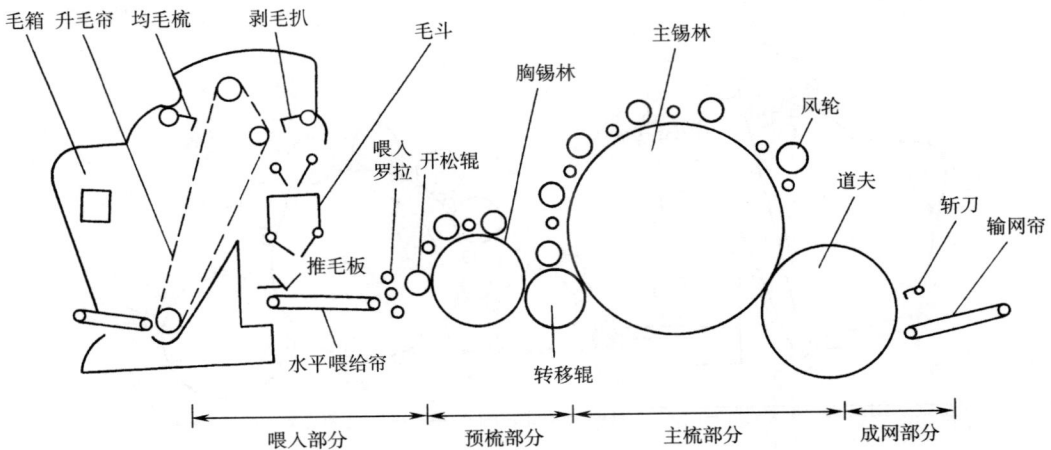

图 1-3-1 罗拉式梳理机

喂入部分由自动喂给机定时定量均匀喂给。它的工艺过程是由人工或管道将开混后的原料喂入毛箱,通过升毛帘、均毛梳将一定量的纤维带上去,经剥毛扒把纤维剥下,落入毛斗中,通过机械或电器控制可使升毛帘定时起动和停止,并可定量控制毛斗中纤维的多少,达到预定重量时,升毛帘停止转动,毛斗自动打开,完成一次喂给过程。喂下的一斗纤维落在水平喂给帘上,水平喂给帘不断地运动,这样一斗斗的纤维排在水平喂给帘上。当每斗纤维落下后都由推毛板推向前方,并喂入喂给罗拉及梳理机内。由于毛斗定时打开和关闭,所以每喂入一次的时间间隔是一定的,又因为每斗纤维的重量都有控制,所以就实现了定时定量均匀喂给的目的。但这种毛斗式喂入机构生产效率较低,现在用得很少。

进入梳理机的纤维先由开松辊进行开松,再由胸锡林及三对工作辊、剥取辊进行预梳理,使块状纤维变成束状。束状纤维通过转移辊转移给主锡林便进入了主梳理部分。四对或五对工作辊、剥取辊对主锡林上的纤维进行梳理,实现纤维的单根化。用风轮将主锡林上的纤维提升,然后再转移给道夫,并由斩刀剥下形成纤维网,纤维网通过输网帘输走,完成了成网的任务。

二、梳理机的类型

用于非织造材料工业的梳理机主要有三大类,即罗拉式梳理机(毛纺用的梳毛机)、盖板式梳理机(棉纺用的梳棉机)及非织造材料专用梳理机。一般说来,梳毛机适用于 50~100mm 长的纤维,尤其适用于加工含草杂的羊毛纤维。梳棉机适用于 30mm 左右的短纤维,但经工艺调整也能加工普通化学纤维,所以被用于非织造材料工业上。

(一) 梳毛机

主要有精纺梳毛机 B271、B272、B272A、BC272 等类型,这类梳毛机适宜加工草杂多及较长的羊毛纤维。此外还有粗纺梳毛机 BC272、BC274 等型,粗纺梳毛机又分单联、双联(两个主体梳理机)及三联式,其加工的纤维长度范围较大。一般单联式粗纺梳毛机只可用于非织造材料的生产。不管是精纺梳毛机还是粗纺梳毛机,其基本结构与图 1-3-1 所示的梳理机基本相似,罗拉梳毛机如图 1-3-2 所示。

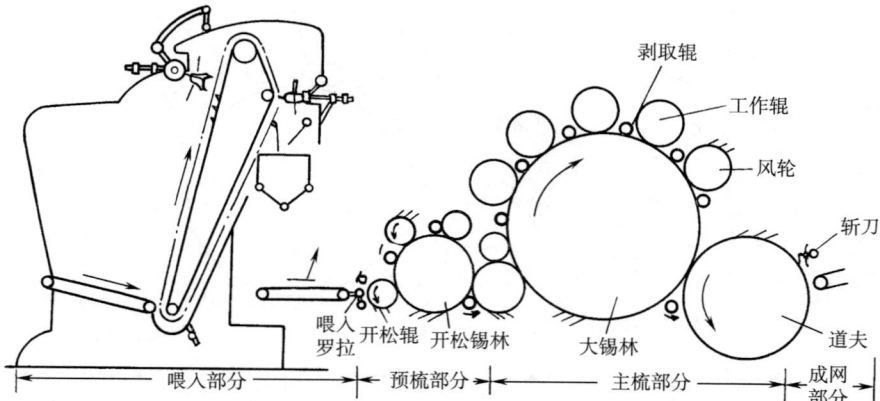

图 1-3-2　罗拉梳毛机

(二) 梳棉机

主要有 A181 型、A186 型,这类梳棉机的结构组成如图 1-3-3 所示。

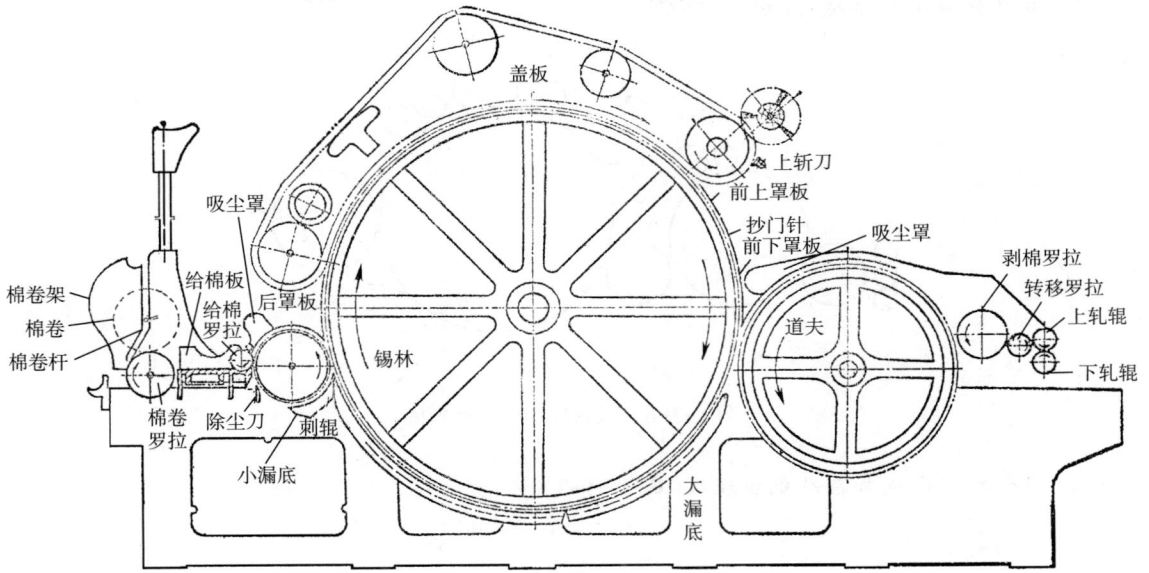

图 1-3-3 盖板式梳棉机

这种梳棉机用一个环形针带(盖板)替代罗拉辊与锡林进行梳理加工,加工纤维偏短,甚至可加工 20mm 以下的棉短绒,普遍用于浸渍法非织造材料的生产中。

(三)非织造材料专用梳理机

非织造工业用梳理机都是罗拉式的,但由于要求不同,梳理机的类型又可分为多种。

1. 单锡林单道夫梳理机(图 1-3-4)

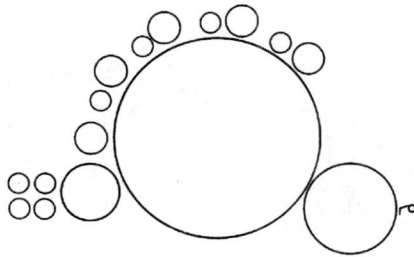

图 1-3-4 单锡林单道夫梳理机

2. 双锡林单道夫梳理机(图 1-3-5)

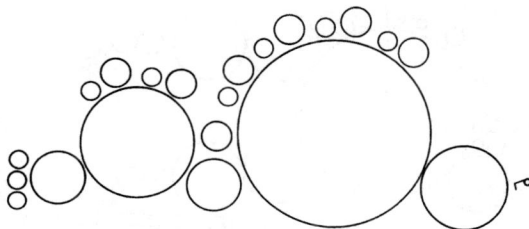

图 1-3-5 双锡林单道夫梳理机

3. 双锡林双道夫梳理机（图 **1-3-6**）

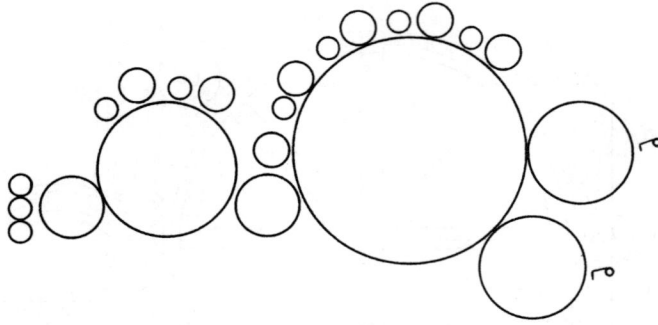

图 1-3-6　双锡林双道夫梳理机

4. 双锡林双道夫带杂乱辊梳理机（图 **1-3-7**）

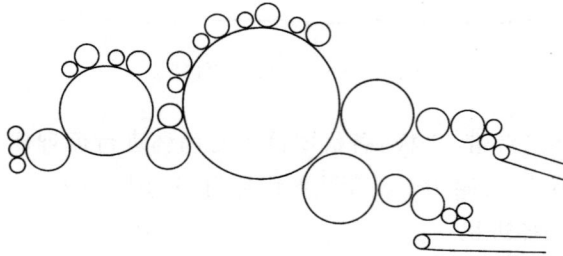

图 1-3-7　双锡林双道夫带杂乱辊梳理机

5. 分梳辊式梳理机（图 **1-3-8**）

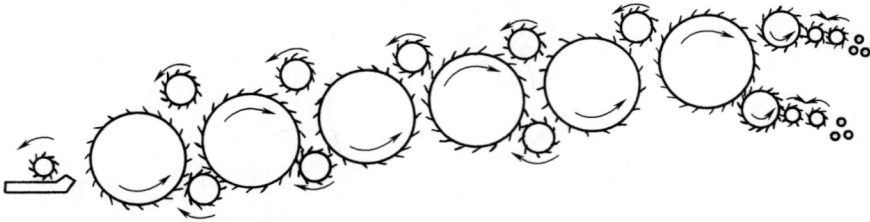

图 1-3-8　分梳辊式梳理机

6. 国产 BG231 型梳理机（图 **1-3-9**）

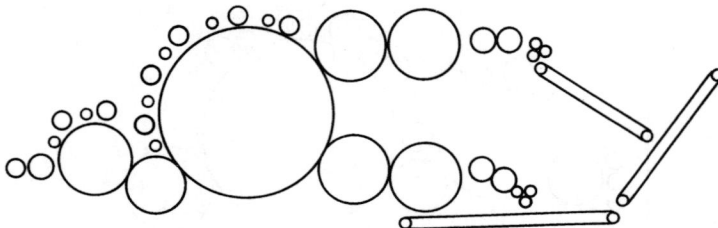

图 1-3-9　BG231 型梳理机

7. 国外非织造用梳理机

国外非织造材料生产中用的梳理机目前已走向系列化,将梳理机中的各种元件如锡林、工作辊制作好后,可根据用户的要求、所加工的纤维及加工产品的要求进行组合。法国 THIBEAU 公司生产的非织造材料专用梳理机就可以组合成 CA10、CA11 系列机型。德国近年还设计出双道夫三网、四网式复合式梳理机,如图 1-3-10 所示。

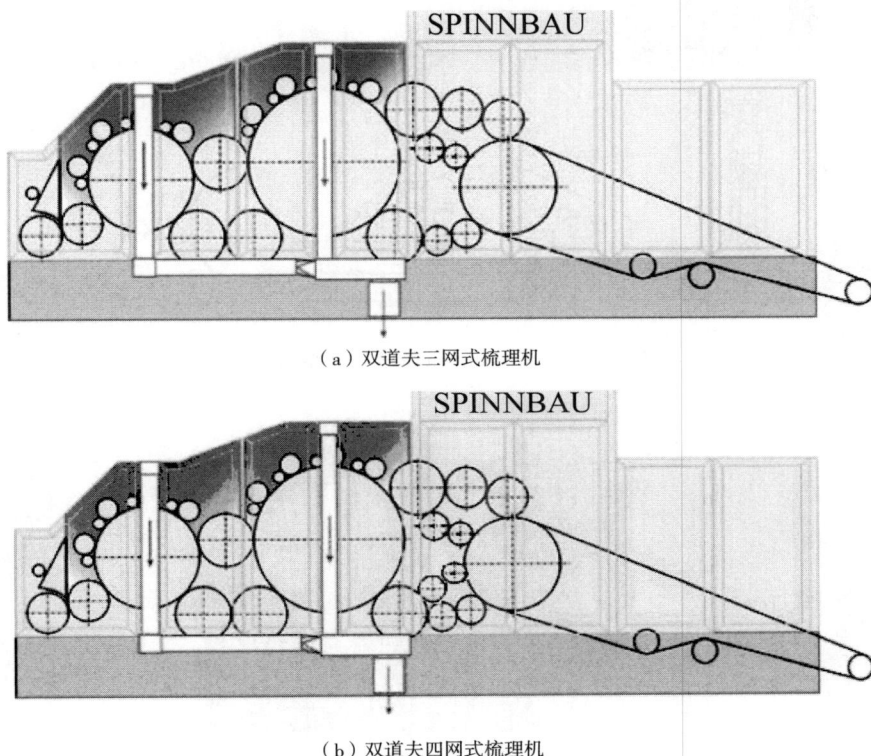

（a）双道夫三网式梳理机

（b）双道夫四网式梳理机

图 1-3-10　SPINNBAU 的双道夫三网、四网式复合式梳理机

欧瑞康纽马格(Oerlikon Neumag)公司以高产、优质为目的设计了 Webmaster WM 2+2 型梳理机,如图 1-3-11 所示,两个锡林间采用双道夫外加两个转移辊,与传统梳理机相比梳理能力有显著提高,日产量可达 12t。此外,出网区的每个道夫各配一个杂乱辊,可快速转换成旋转梳理辊,因而可在同一台梳理机上根据原料的规格生产出无取向纤维网和平行纤维网。

此外,欧瑞康纽马格公司还推出了梳理区由锡林、工作辊和罩板(替代剥取辊)构成的喷射梳理机,通过主锡林快速转动、工作辊慢速转动运动,锡林与工作辊起分梳作用,罩板与工作辊狭缝负压气流与工作辊起剥取作用,如图 1-3-12 所示。

该设备配置了转动较慢、包裹针布的工作辊,取消了剥取辊,在剥取辊位置安装罩板来形成压差式的射流功能,形成射流梳理机。在主锡林上方的工作辊之间配有的罩板,有利于减少纤维的损伤,改善纤维网的稳定性。由于锡林高速运转在其周边形成负压,工作辊与罩板之间的狭缝就会有大量空气形成一股气流冲向主锡林,这股"射流"就会使工作辊上带住的纤维重新

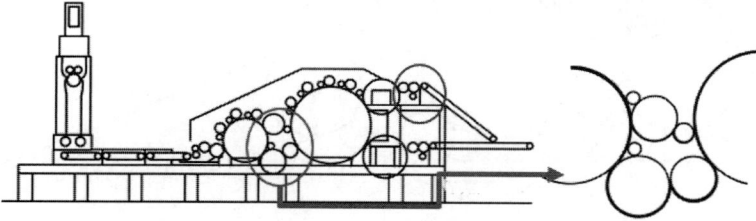

图 1-3-11 Webmaster WM 2+2 型梳理机

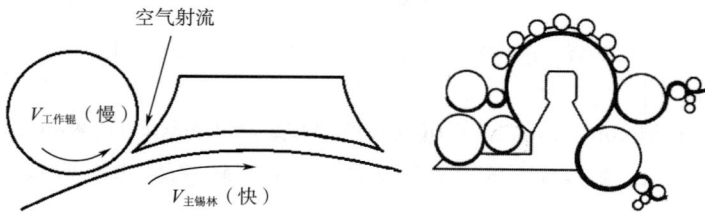

空气射流

$V_{工作辊}$（慢）

$V_{主锡林}$（快）

图 1-3-12 喷射梳理机

返回到主锡林上,从而取代了传统的剥取辊。采用喷射梳理方式,取代了使用工作辊和剥离辊的传统机械梳理原理,使纤维通过特殊形式的装置所产生的气动作用从工作辊上剥离,从而避免了传统梳理机上剥取辊加在纤维上的机械应力。喷射梳理机具有多重特点:

（1）梳理发生在两个凸面的切点处,梳理十分柔和;

（2）抓取纤维不通过工作辊和剥取辊,因而使纤维经过的路径达到最短,减小了加在纤维上的机械应力和热应力,从而大大减少了纤维纠缠、断裂;

（3）整个纤维路径完全在梳理机内部,减少了离心力产生的不良影响,能够以最大速度运转主锡林,可以提高成网质量和速度,日产量可达 30t。

　　法国蒂博公司的 IsoWebTT 梳理机内腔处于负压状态,如图 1-3-13 所示,内腔壁采用高强非金属材质,表面涂覆专用膜,在生产速度高达 300m/min 工况条件下,飞花纤维既不黏附又不会散到机外,大大改善了生产管理环境,该梳理机产能可达 500kg/h 以上。该设备部件拆卸灵活,大大降低了劳动强度,缩短维修保养时间,进一步提高了生产线的有效生产率。

图 1-3-13　IsoWebTT 梳理机

　　NSC 非织造(NSC Nonwoven)公司开发了 Excelle® 梳理机(图 1-3-14),将所有梳理清洁附属系统置于驱动系统之内,省去了梳理清洁的麻烦;完全密封的气流系统和透明设计让整个梳理过程清晰可见,同时该梳理机既适用于直铺又适用于交叉铺网;进一步提高纤网质量、产量和生产效率,降低保养成本和缩短停台时间,提高安全性和操作简便性。

图 1-3-14　Excelle® 梳理机

　　NSC 非织造公司还开发了 Thibeau® CA21 梳理机。该梳理机可与任何新型的或现有的交叉铺网机或直接铺网生产线整合,其梳理工作幅宽为 2.5m,与交叉铺网机联合使用时的传输速度为 90m/min;与直接铺网机联合使用时,其梳理传输速度为 100m/min。

　　意大利 Bematic 的 HI91-2T 型梳理机如图 1-3-15 所示,该梳理机幅宽 3000mm,采用 Volumetric 容量式给供棉箱,梳理机的每个锡林外边及出料锡林的全幅宽都附有抽风装置,飞纤会被吸附并重新喂到开棉机。

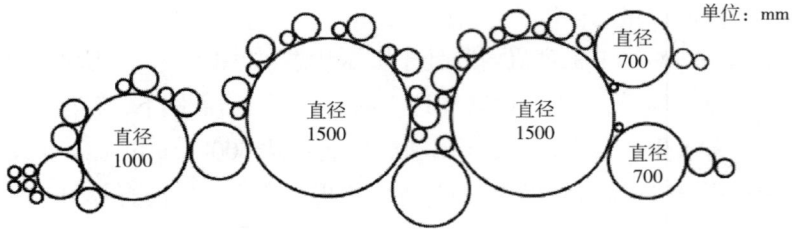

图 1-3-15　HI91-2T 型梳理机

　　此外,大多数厂商为客户提供灵活的服务,客户可以从不同的选项中进行选择。例如,法国 NSC Assenlin-Thibeau 公司的各种道夫系统(图 1-3-16)以及比利时 Houget Duesberg Bosson (HDB)公司 Booster 梳理机上灵活的输出设备(图 1-3-17)。灵活的选择性使设备易于改进,这样就可以生产各种不同的产品。

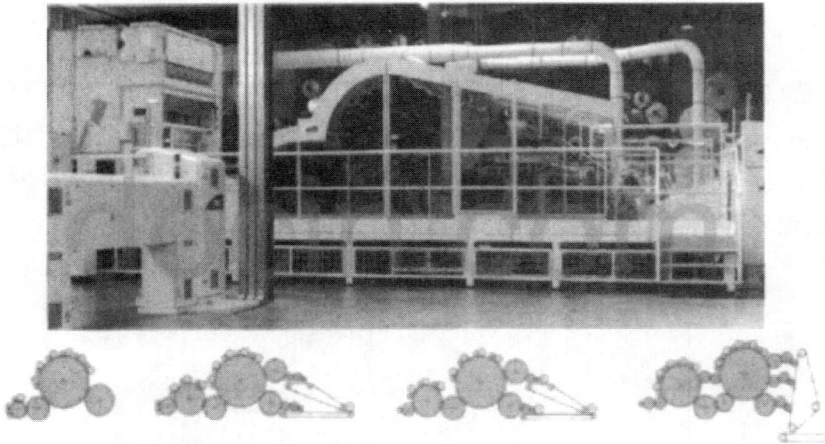

图 1-3-16　灵活的道夫系统(配有 1、2 或 3 个道夫或道夫斩刀)(NSC)

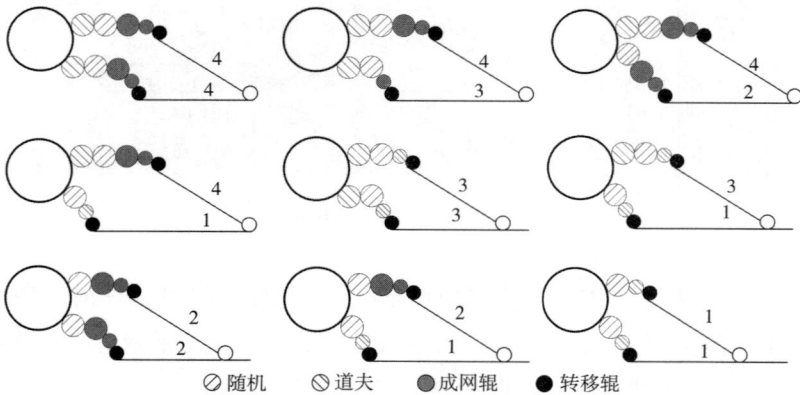

⊘随机　　◎道夫　　●成网辊　　●转移辊

图 1-3-17　Booster 梳理机上灵活的输出设备(HDB)

1—纤维通常沿长度方向取向:平行纤网　　2—纤维沿长度方向取向并聚集:压缩纤网

3—纤维无规律分布:随机纤网　　4—纤维无规律分布,但聚集:聚集的随机纤网

HDB 展示了一款基于高速梳理机 HPR-d2c2-HS 设计的新型 Booster 梳理设备。它具有较高的产能并提高了混合和梳理的性能。为实现高效、高质量的梳理，该设备采用了一个配有四对工作辊剥棉辊的大预梳锡林。为了转移预梳锡林和主锡林之间的纤网，采用一个底部转移罗拉和一套新开发的两步法转移系统，如图 1-3-18 所示。

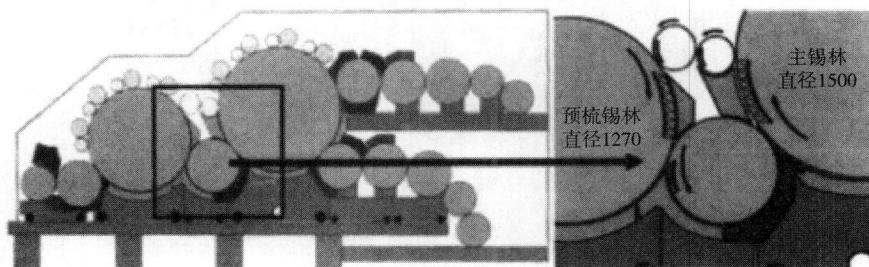

图 1-3-18　Booster 梳理机上的新型纤维转移系统（HDB）

两步法转移系统由一直径 260mm 的预道夫（作为转移的上接触点）和一直径 219mm 的可将开松好的纤维送到主锡林处的转移罗拉组成。底部罗拉（直径 647mm）将所有残留纤维收集并转移到主锡林上，这样预梳锡林在该点处就完全空出，并为新的纤维留出空间，能将新的纤维从第一个转移罗拉处带走而不会出现"过载"现象。当加工临界纤维时，这就体现了混合产能上的优势。

德国 Dilo 公司展示了一条新的 AlPha 生产线，包括 AlPhaFeed、AlPhaCard（图 1-3-19）、AlPhaLayer 以及 AlPhaLoom 设备。新型 AlPhaCard 拥有两根输出辊，因此它能加工面密度为 10~100g/m² 的非织造毡，其生产速度为 80m/min，工作宽度为 2.5m，且主锡林周围固定着 5 对工作辊/剥取辊。

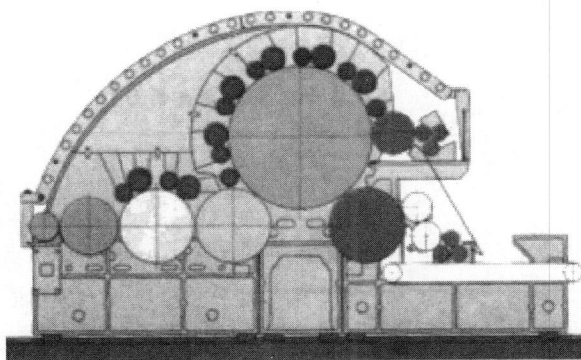

图 1-3-19　AlphaCard 梳理机（Dilo）

特吕茨施勒非织造公司为生产速度高达 300m/min（卷绕机处）的水刺线专门设计了新型 NCT 梳理机，如图 1-3-20 所示，生产线转移区域的锡林经过优化设计，即使达到最大过纤量，纤网质量也不会降低。

图 1-3-20 特吕茨施勒 NCT 梳理机

此外,随着非织造产业的快速发展,目前新型的非织造梳理机的电气控制系统充分利用了先进的自动化控制技术,采用 PLC、伺服驱动等技术对梳理机进行智能化控制,克服了传统控制系统接线复杂、高故障率等缺点,使非织造梳理机智能化水平大幅提高。高速非织造梳理机通常采用西门子 S7 300 的 PLC,能在 0.1~0.6s 内快速的处理指令,系统内集成操作,方便的人机界面服务,智能化的 CPU 诊断系统,可以连续监控系统的功能是否正常。整台梳理机的电动机采用变频电动机与伺服电动机相结合的方式,对转体部件进行有效驱动。其中主锡林与胸锡林采用西门子的低压交流电动机,配合变频器,从而达到变速、节能的目的。其余部件均采用伺服电动机驱动,伺服系统具有稳定、快速、准确等特点,可以实现跟踪指令的快速响应,对外界的干扰,经过短暂的调节即可恢复原先状态,从而实现精确的控制。此外,梳理机工作辊与剥取辊的传动均为同步带传动,提高了传动精度并降低噪声;并采用了电磁刹车,可实现急停,以保障设备和人身安全。

第二节 梳理原理

一、分梳、剥取、起出作用

梳理机上有大大小小的辊筒,如罗拉、剥取辊、锡林、道夫等,这些辊上都包覆着针布,这样才能起到梳理作用。包缠了针布的各辊彼此之间相互接近时(形成隔距)便形成了作用区。在作用区内,由于两辊的针向不同、转向(或速度方向)不同、速度不同,便构成了不同的作用性质,这就是三大作用,即分梳作用、剥取作用、起出作用。

(一)三大作用

三大作用的示意图如图 1-3-21 所示。变换针向、速度方向、速度大小这三个因素,可排列组合出 20 多种作用形式,但其作用性质仍然是三种作用。

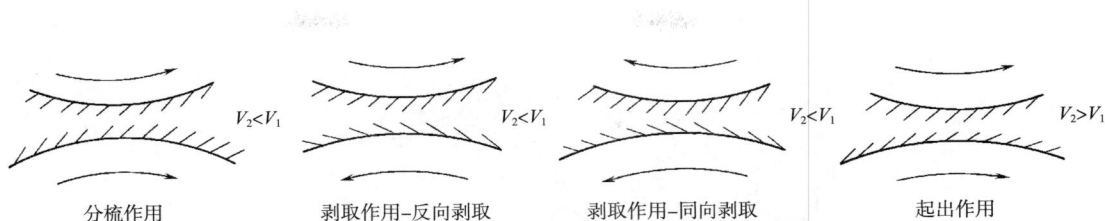

分梳作用　　　　剥取作用-反向剥取　　　剥取作用-同向剥取　　　起出作用

图 1-3-21　三大作用示意图

(二)三大作用判断

在梳理机上,各辊之间形成作用区后,其辊上的针向、速度大小及方向就已确定,在相对运动状态下可判断其作用的性质。判断时必须在其相对运动情况下掌握以下三点:

(1)针尖对针尖为分梳作用。

(2)针尖对针背为剥取作用。

(3)针背对针背为起出(提升)作用。

三大作用的判断是建立在受力分析的基础之上的,图 1-3-22 所示为三大作用的受力分析。

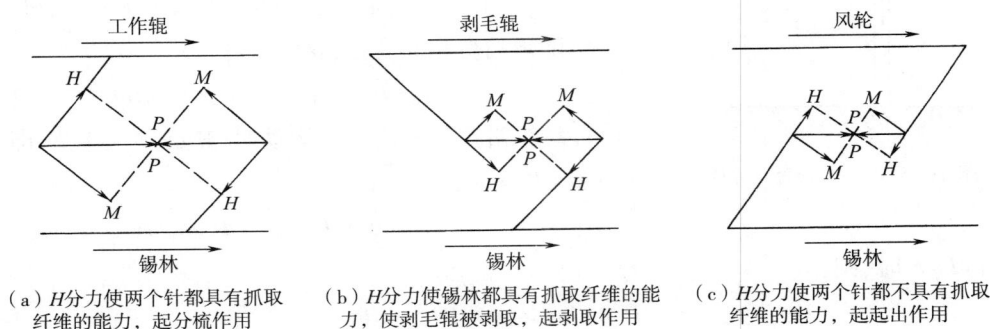

(a) H 分力使两个针都有抓取　　(b) H 分力使锡林都具有抓取纤维的能　　(c) H 分力使两个针都不具有抓取
纤维的能力,起分梳作用　　　力,使剥毛辊被剥取,起剥取作用　　　纤维的能力,起起出作用

图 1-3-22　三大作用的受力分析

(三)梳理机上三大作用分布

整台梳理机上各辊之间的作用性质都是确定的,其分布如图 1-3-23 所示。从图中可知,工作辊与锡林、道夫与锡林间均为分梳作用,运输辊与胸锡林、大锡林间,剥毛辊与锡林、工作辊间均为剥取作用,风轮与锡林(包覆弹性针布)间为起出作用。

二、纤维的沿针运动和绕针运动

在梳理过程中,由于针布的作用使纤维受到力的作用,这些作用力可归纳为梳理力、挤压力、反弹力、离心力及摩擦力等,最主要的是梳理力。梳理力就是针布作用于纤维的力。当两个针作用于纤维时,纤维受到张力被拉直,这个张力也就是梳理力,如图 1-3-24 中的力 P。正是由于这个力的作用使纤维被撕开、分梳、转移,也正是由于梳理力的存在才使纤维产生了沿钢针向上或向下的运动及绕针运动。

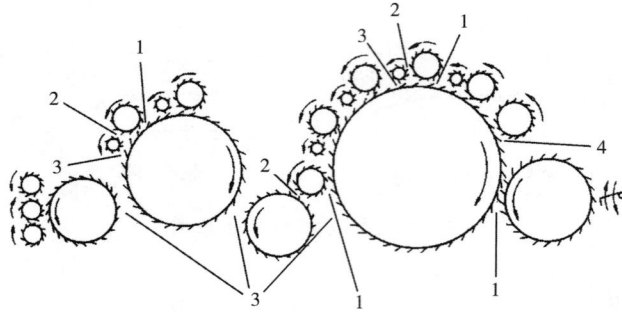

图 1-3-23　三大作用分布示意图

1—分梳作用　2—剥取作用(反向剥取)　3—剥取作用(同向剥取)　4—起出(提升)作用

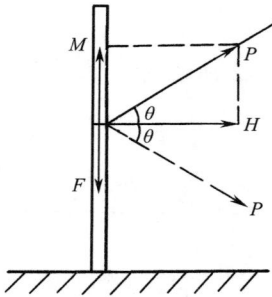

图 1-3-24　纤维受力分析

(一) 纤维沿针运动

当钢针挂住纤维后,纤维的受力如图 1-3-24 所示。

纤维受到的梳理力 P 可以分解成两个分力 H 及 M,当纤维沿针向上(针尖)运动时又同时受到向下的摩擦力 F。

当 P 与水平方向分力 H 间的夹角力为 θ 时,M、H 的大小将随角的变化而变化,这时有:

$$M = P \times \sin\theta, \ H = P \times \cos\theta \qquad (1-3-1)$$

纤维沿针的方向向上运动时,M 必须大于 F,即 $M>F$。因 $M=P\times\sin\theta$,则:

$$F = \mu \times H = \mu \times P \times \cos\theta \qquad (1-3-2)$$

当 $M=F$ 时,则:

$$P \times \sin\theta = \mu \times P \times \cos\theta \qquad (1-3-3)$$

$$\mu = P \times \sin\theta/(P \times \cos\theta) = \tan\theta \qquad (1-3-4)$$

已知摩擦系数为 μ,当纤维与钢针摩擦时,μ 在 0.20~0.25,即 θ 在 11°~14°。设 $\theta=13°$。由 $M>F$ 可得,$\mu<\tan\theta$ 即 $\theta>13°$ 时,纤维即可向上运动。

θ 称摩擦角,而 2θ 称自制范围或自制角。也就是说,梳理力 P 处于 2θ 的范围内,无论 P 大还是小都不会使纤维产生沿针的上下运动(图 1-3-25)。

综上所述,纤维沿钢针向针根运动即是抓取纤维,而纤维沿钢针向针尖方向运动即是剥取。所以说沿针运动是剥取的基础,或者说是转移的基础,没有沿针运动便不会有剥取,没有剥取便不会有转移。

(二) 纤维绕针运动

为了进一步说明问题,把梳理力 P 向钢针根方向的夹角称为梳理角或称作用角,用 α 表示(图 1-3-25),那么,当 $\alpha<77°$ 时纤维就会向针根运动,当 $\alpha>103°$ 时纤维就

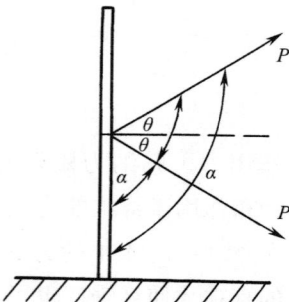

图 1-3-25　纤维自制范围示意图

会向针尖运动。当 77°<α<103°时纤维既不向上(针尖)运动,也不向下(针根)运动,处于自制状态。在自制范围内纤维不会沿针运动,但纤维仍然在受力,于是便产生了绕针运动。

纤维在绕针运动中多半是若干根纤维或一束纤维作绕针运动。纤维束从针布的针隙被拉出也属于绕针运动。为了分析绕针运动,先从一束纤维绕一根钢针运动来分析,如图 1-3-26 所示。

若纤维束绕过钢针后两端受力分别为 P_0、P_1,纤维束对钢针的包围弧所对的角为 θ_1,那么

$$P_1 = P_0 \times e^{f\theta_1} \qquad (1-3-5)$$

式中:P_0——左端受力,N;

$\quad P_1$——右端受力,N;

$\quad f$——纤维与钢针间的摩擦系数;

$\quad \theta_1$——纤维对钢针的包围弧所对的角;

$\quad e$——自然对数的底。

图 1-3-26　纤维绕一根钢针运动示意图

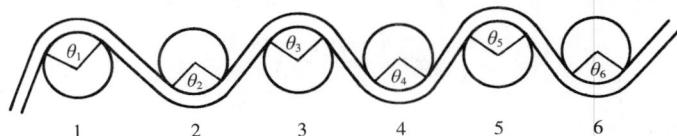

一束纤维绕多根钢针运动的示意图如图 1-3-27 所示。

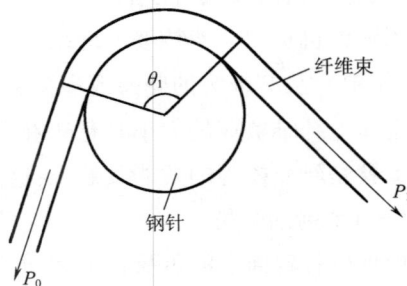

图 1-3-27　纤维绕多根钢针运动示意图

根据前式即可得:

$$P_1 = P_0 \times e^{f\theta_1} \qquad (1-3-6)$$

$$P_2 = P_1 \times e^{f\theta_2} = P_0 \times e^{f\theta_1} \times e^{f\theta_2} = P_0 \times e^{f(\theta_1+\theta_2)} \qquad (1-3-7)$$

$$P_n = P_0 \times e^{f\sum\theta_1} \qquad (1-3-8)$$

上式说明一束纤维要想从钢针针隙中拉出,所受到的总阻力为 P_n,如果纤维是一大束又分为若干小束的话,这一大束纤维所受的总阻力为 P,则:

$$P = \sum P_n = \sum \left(P_0 \times e^{f\sum\theta_1} \right) \qquad (1-3-9)$$

如果每一小束纤维间的抱合力为 F,那么,当 $F>P_n$ 时,这一小束纤维便向前滑移而被梳理。当 $F<P_n$ 时,这一小束纤维便被分撕成两部分。

综上可得,对纤维束的梳理决定因素在于:

(1)纤维束分成小束的数量;

(2)每一小束所围绕针的数目及包围角的大小;

(3)纤维与钢针之间的摩擦系数;

(4)纤维之间的抱合力。

然而,纤维被梳理的先决条件乃是绕针运动,而绕针运动的前提条件是纤维与钢针之间的

角度必须在自制范围内。

三、纤维负荷及负荷分配

当喂给机从喂入罗拉喂入纤维后,在梳理机大小滚筒上都带有了纤维。但是各个辊(如锡林、工作辊)上,其纤维的厚薄或多少是不同的。辊上单位面积的纤维量(g/m²)叫作纤维负荷。各个辊筒上纤维负荷的大小既意味着纤维的多少又涉及梳理效能。因此,研究纤维负荷及分配实质上就是研究梳理的效能及效果,这是最根本的目的。

(一)负荷的分类

梳理机各辊筒上的负荷各不相同,数量不一,大小不等。此处以弹性针布为例来说明负荷的类型。

一般纤维负荷分为两种,其一是参与梳理的负荷,其二是不参与梳理的负荷。不参与梳理的负荷分布在大锡林针布的最深层,它不参与梳理,被称为抄车负荷。参与梳理的负荷主要有喂入负荷、剥取负荷及返回负荷,但是在各个辊上,有的可能只有某种负荷,因为使用的针布不同,负荷也会不同,在大锡林上使用弹性针布存在抄车负荷,而金属针布不存在抄车负荷。在喂入罗拉上、开毛辊上只有喂入负荷,喂入负荷是最基本的负荷,其他负荷都是由喂入负荷派生出来的。喂入负荷是喂入纤维分布在辊筒单位面积上的纤维重量,可用式(1-3-10)计算。

$$a = \frac{n \cdot q(1-\eta)}{v \cdot b} \tag{1-3-10}$$

式中:a——喂入负荷,g/m²;

$\quad\quad n$——称纤斗每分钟喂给次数;

$\quad\quad q$——每斗料的重量,g;

$\quad\quad v$——滚筒的表面速度,m/min;

$\quad\quad b$——滚筒上纤维层的宽度,m;

$\quad\quad \eta$——损耗率,%。

喂入负荷的大小影响产品的质量,一般喂入负荷大,产量就高。但喂入负荷过大会加重梳理机的负担,影响梳理效果和纤维网质量。

(二)大锡林上负荷的形成及分布

如图1-3-28所示,当喂入的纤维由运输辊 S 转移给大锡林 C 后,大锡林表面便存在喂入负荷。刚开车阶段,由于挤压力等因素使一部分纤维沉积在整个锡林针布的最底层,形成了抄针负荷,其余便都是参与梳理的负荷,这些参与梳理的负荷遇到道夫 D 后,一部分由道夫转移输出机外,锡林表面仍留下一小部分参与梳理的负荷。这样在 Ⅰ 区内存在抄车负荷及返回负荷,而 Ⅱ 区内除了有抄车负荷、返回负荷,还有喂入负荷。当碰到第一个工作辊 W₁ 后锡林上的纤维会交给第一工作辊一部分,这部分纤维又被运输辊剥走并又交回给大锡林,所以在 Ⅱ 区内又增加了一个剥取负荷。大锡林带着这四种负荷继续运转,由于遇第一工作辊便交出一部分负荷,所以,这部分负荷叫交工作辊负荷,它表示锡林每平方米交给工作辊的负荷量。因此,在 Ⅲ区内少了一个交工作辊负荷,交工作辊负荷等于剥取负荷,所以在 Ⅲ 区内存在抄车负荷、返回负荷、喂入负荷。当锡林碰到剥取辊 S_1 后又增加一个剥取负荷,即锡林每平方米从剥取辊接收的负荷重量。

在其他区间,则 $II_1 = II_2 = II_3 = II_4 = II$; $III_1 = III_2 = III_3 = III_4 = III$。

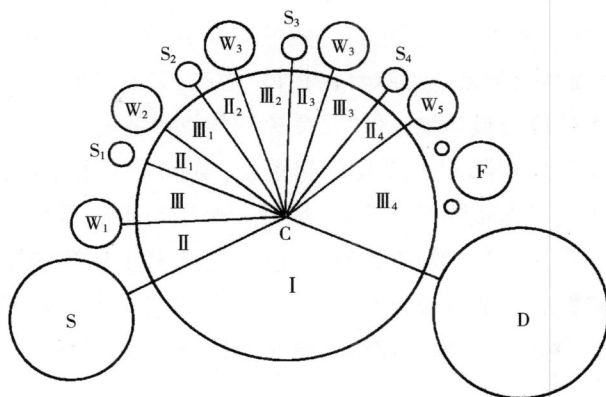

图 1-3-28　锡林上负荷分布示意图

C—锡林　$W_1 \sim W_5$—工作辊　S—运输辊　$S_1 \sim S_4$—剥取辊　F—风轮　D—道夫

(三) 负荷的分配及分配系数

从上述大锡林上负荷的形成过程可知,在分梳作用区间内即锡林与工作辊间、锡林与道夫间,因为作用的性质是分梳作用,也就是两辊彼此都有分梳和抓取纤维的能力,所以必须有从锡林向工作辊(或道夫)转移纤维的现象,这就是负荷的分配。负荷分配的多少也就是交工作辊负荷的大小。为了定量地说明这个问题,把交工作辊的负荷与锡林上参与梳理的负荷的比值称为工作辊分配系数,即:

$$K_W = \frac{\beta}{a_1 + \beta + a_3} \qquad (1-3-11)$$

式中: K_W——工作辊分配系数,%;

a_1——喂给负荷,g/m^2;

β——交工作辊负荷(即剥取负荷),g/m^2;

a_3——返回负荷,g/m^2。

同理,道夫分配系数为:

$$K_D = \frac{a_2}{a_1 + a_3} \qquad (1-3-12)$$

式中: K_D——道夫分配系数,%;

a_1——喂给负荷,g/m^2;

a_2——交道夫负荷,g/m^2;

a_3——返回负荷;g/m^2。

如果粗略地说 $a_1 \approx a_2$,那么式(1-3-12)又可写成:

$$K_D = \frac{a_2}{a_2 + a_3} \qquad (1-3-13)$$

a_2又称出机负荷,它的大小影响梳理质量,也影响产量。

分配系数大小的控制主要是改变隔距与速比。隔距、速比的变化会引起分配系数的改变,纤网质量就会改变。分配系数与纤网质量有一定的内在联系,一般情况下,提高分配系数有利于提高纤网质量。因为提高分配系数意味着锡林每平方米交工作辊或道夫的纤维量增加,锡林返回负荷减少,工作辊上的纤维量增加,纤维接受梳理的机会就增多。锡林返回负荷减少,针隙清晰,有利于梳理。减小工作辊隔距可提高分配系数,但必须合理布置隔距,才能提高纤网质量。隔距分布原则是:第一工作辊隔距应放大,最后一个工作辊应尽量小。道夫的速比同样会影响分配系数及纤网质量。一般来说,工作辊速比大,意味着工作辊变慢,工作辊挂毛机会多,同时单位时间内锡林梳理增多,梳理效果会变好;但工作辊速比太大,纤网质量也会变差,应与隔距统筹考虑才能提高纤网质量。对于用弹性针布的梳理机,风轮的速度及扫弧的长度也会影响分配系数。

第三节　针布

梳理机之所以能够加工梳理纤维是因为各辊上都包覆着针布。针布的钢针或针齿将一定的力施于纤维,才能使纤维受到开松、撕扯、梳理的作用,因此针布的类型、规格及质量是影响梳理的重要因素。针布分为弹性针布和金属针布两类。

一、弹性针布

弹性针布是由钢针和底布组成的,钢针多用55号钢及65号锰钢制成U形,穿过底布而构成。针布为条状或带状,宽26.4~59mm不等。底布由棉织物及毛毡组成。弹性针布的构造及规格如图1-3-29及表1-3-1所示。

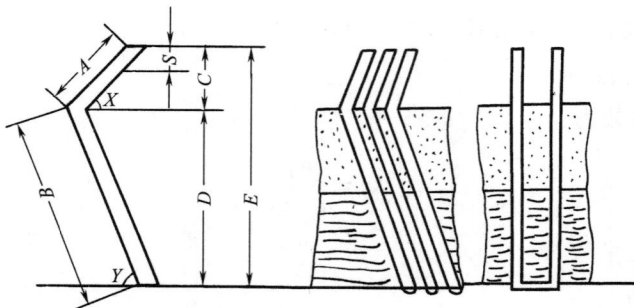

图 1-3-29　弹性针布的构造

A—钢针上部长　*B*—钢针下部长　*C*—钢针上部高　*D*—钢针下部高

E—钢针总高　*S*—侧磨长度　*X*—作用角　*Y*—植针角

表 1-3-1 弹性针布的规格

符号	尺寸名称	大锡林、道夫及运输辊针布的钢针尺寸	剥毛辊、工作辊针布的钢针尺寸
A	钢针上部长(mm)	$3.8^{+0.2}_{-0}$	$3.8^{+0.2}_{-0}$
B	钢针下部长(mm)	8.4 ± 0.2	6.5 ± 0.2
C	钢针上部高(mm)	$3.5^{+0.2}_{-0}$	$3.5^{+0.2}_{-0}$
D	钢针下部高(mm)	$8.0^{+0.2}_{-0}$	$6.1^{+0.2}_{-0}$
E	钢针总高(mm)	11.9 ± 0.5	9.6 ± 0.5
S	侧磨长(mm)	$2.5\sim3$	$2.5\sim3$
X	作用角(°)	68 ± 2	65 ± 2
Y	植针角(°)	70 ± 2	70 ± 2

底布名称	层次排列	厚度(mm)	伸长率(%)	pH 值
七层全毡	FCCCCCCC	8 ± 0.2	15	7 ± 0.5
六层半毡	fCCCCCC	6 ± 0.2	15	7 ± 0.5
六层橡皮面	VCLCCCC	3 ± 0.2	15	7 ± 0.5

注　F 为全毛毡,C 为$\frac{2}{2}$棉斜纹布,f 为半毛毡,V 为硫化橡胶,L 为$\frac{2}{2}$破斜纹麻棉布。

弹性针布一般用针布号数及钢针号数表示,针布号数表示针布的宽度及单位面积上的针尖数。钢针号数是指一定的号数对应一定的直径,直径小,号数则高,二者之关系为:

$$钢针号数=\frac{针布号数}{2}+21$$

常用的针布及钢针号数见表 1-3-2。

表 1-3-2 常用针布及钢针号数

针布号数		钢针号数及直径		
公制	英制	号数	直径	
			mm	英寸
8	40	25	0.53	0.021
10	50	26	0.43	0.019
12	60	27	0.43	0.017
14	70	28	0.40	0.016
16	80	29	0.38	0.015
18	90	30	0.035	0.014
20	100	31	0.33	0.013
22	110	32	0.30	0.012
24	120	33	0.28	0.011

续表

针布号数		钢针号数及直径		
公制	英制	号数	直径	
			mm	英寸
26	130	34	0.25	0.010
28	140	35	0.23	0.009
30	150	36	0.20	0.008

针布常以英文字母代表针布型号,即:C 为锡林针布,E 为道夫针布,F 为运输辊针布,G 为工作辊针布,K 为剥取辊针布,L 为风辊针布(弯脚),M 为风轮针布(直脚)。

针布选用应根据梳理机的不同部位、不同辊及所加工的原料而定。锡林常用 C31~C35,工作辊常用 G29~G36,道夫常用 E31~E36,剥取辊常用 K29~K34,风轮常用 L31~L36。通常购买针布时,生产厂家都已按惯例搭配好了。梳理机后车的喂入罗拉、开松辊等大都用金属针布。在非织造材料工业中,除了加工天然纤维絮片类产品用弹性针布外,其他生产线大都采用金属针布。

二、金属针布

金属针布是将 2mm 直径的中碳钢丝(含碳 0.45%~0.5%)压制成一定厚度和宽度的薄片,然后再用金属针布机轧压出齿形,再冲齿,并将齿尖淬火、抛光处理制得。金属针布基部宽大,能承受较大的梳理力,不变形,齿的外形尺寸准确。齿尖硬度 HRC≥50,齿根硬度 HRC≤18,在包卷过程中不会产生裂缝,使用寿命长,产量高,有利于梳理及纤网质量的提高,因此金属针布的应用越来越多。

(一)普通金属针布

普通金属针布的规格如图 1-3-30 所示。金属针布各部位的尺寸决定了它的功能,最重要的是齿面工作角 α,它直接影响到梳理过程中纤维的受力和运动,影响齿的斜度。一般工作辊、

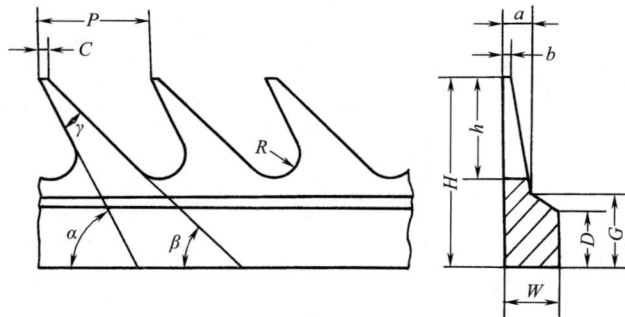

图 1-3-30 金属针布的规格

α—齿面工作角 β—齿背角 γ—齿顶角(α-β=γ) P—齿距 C—齿顶长 R—齿基半径 H—齿总高
h—齿深 D—齿根高 W—齿根厚度 a—齿壁宽 b—齿顶厚 G—齿根高+齿根斜面垂直高度

道夫用针布的 α 角小于锡林针布的 α 角,这样有利于工作辊及道夫抓取纤维。锡林针布的 α 角一般在 75°~83°,工作辊的 α 角在 55°~65°,道夫的 α 角可更小一些。

在图 1-3-31 中,沿金属针布齿面弧各点做切线与水平线相交形成 α_1、α_2、α_3。在图中 $r-t$、$t-y$、$y-z$ 三个区间,纤维呈现出三种不同状态,$r-t$ 区间纤维向下滑,$t-y$ 区间纤维自制,$y-z$ 区间纤维向上运动。在 $y-z$ 区间任选一点 w 做受力分析,如图 1-3-32 所示。

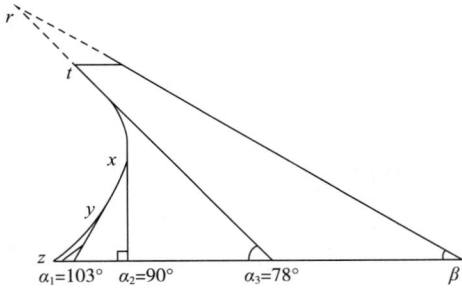

图 1-3-31　纤维沿齿面运动图示

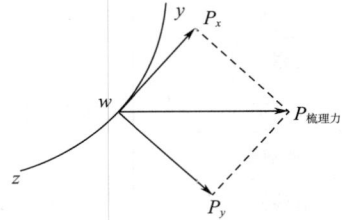

图 1-3-32　w 处纤维受力图

因为纤维始终受到一个向上的分力 P_x,因而纤维不易沉积在针布底部,所以金属针布不易形成抄车负荷。在 $t-y$ 区间上各点的工作角在 77°~103°,纤维不易上滑也不易下沉而处于自制,这是梳理的前提,也是金属针布设计的基本要求。普通型金属针布选用实例见表 1-3-3。

表 1-3-3　金属针布的选用

机件名称	带齿直径（mm）	金属针布的型号及主要规格						每只辊子用量（kg）
		型号	齿根厚度 W（mm）	齿总高 H（mm）	齿距 P（mm）	齿面工作角 α（°）	针尖数[针/(25.4mm)²]	
喂入罗拉	87	ST-E	1.5	5	10.8	70	—	1.6
第一胸锡林	608	SBT-7	1.5	5.5	5.35~7.15	70	—	31
除草辊	407	SBB-3	0.85	3.5	2.8~3.4	35	—	35
第二胸锡林	608	SBT-4	1.8	5	3.73~4.73	60	—	55
第一~第三转移辊	224	SBT-5	1.2	4.2	4.23	65	—	7
第一~第三工作辊	178	SBT-5						
第一~第三剥毛辊	138	SBT-5						
分梳辊	409	SRW-101	1.2	4.5	2.54	65	212	33
第四转移辊	224	SRW-102						18
大锡林	1287.6	SRC-102	1.0	4.5	2.1	65	307	18
第四~第六工作辊	224	SRW-102	1.0	4.5	2.1	65	307	18
第七~第九工作辊	224	SRW-104	1.0	4.5	1.82	65	355	18
第四~第九剥毛辊	129.6	SRT-108	1.2	3.6	3.17	60	170	9

续表

机件名称	带齿直径(mm)	金属针布的型号及主要规格						每只辊子用量(kg)
		型号	齿根厚度 W(mm)	齿总高 H(mm)	齿距 P(mm)	齿面工作角 α(°)	针尖数[针/(25.4mm)²]	
道夫	809	SRD-102	0.9	4.2	1.82	60	395	68
喂入罗拉	后86	ST-E	1.5	5	10.18	70	1.6	1.6
	前66							
开毛辊	422	ST-D	1.5	5	8.5	70	—	—
开毛锯条辊	96	ST-F	1.5	5.1	8.5	83	—	—
除草辊	322	(配备两种规格的齿条,即稀齿与密齿相间)						
后运输辊	224	SRW-101	1.2	4.5	2.54	65	212	20
后锡林	1012.2	SRC-101	1.2	4.0	2.54	78	212	83
第一~第三工作辊	224	SRW-102	1.0	4.5	2.1	65	307	18
第四~第五工作辊	224	SRW-102	1.0	4.5	2.1	65	307	18
第六~第八工作辊	224	SRW-104	1.0	4.5	1.82	65	355	18
第一~第八剥毛辊	98	SRT-103	1.2	4.5	2.1	60	170	7
后道夫	611.2	SRD-101	1.2	4.5	2.1	60	257	53
前运输辊	159	SRW-102	1.0	4.5	2.1	65	207	18
前锡林	1292	SRC-102	1.0	3.8	1.82	78	355	104
前道夫	711.2	SRD-102	0.9	4.2	1.82	60	395	68

(二) 自锁针布

在金属针布使用的过程中,人们发现在包缠针布时,针布与针布之间没有互相制约,针布易松动引起张力不均,影响锡林、道夫等工作部件的表面平整度,从而影响梳理效果。因此,河南光山纺织器材研究所研制的自锁金属针布,进一步提高了金属针布的技术水平。这种自锁针布有三种型号,即 V 型、E 型、D 型,如图 1-3-33 所示。

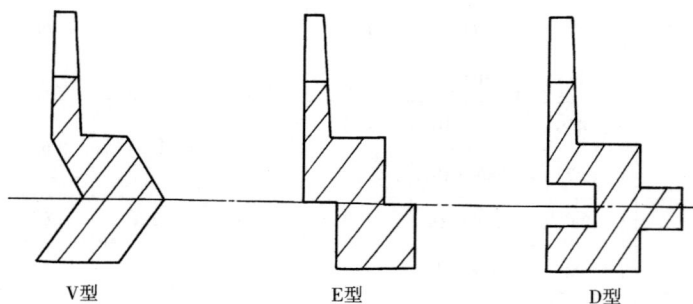

V型　　　　　E型　　　　　D型

图 1-3-33　自锁金属针布

自锁金属针布的选用及配置见表 1-3-4 和表 1-3-5。

表 1-3-4 自锁金属针布的选用及配置(一)

序号	标准型号	对照型号	齿型	单件重量(kg)	总高 h_1(mm)	工作角 δ(°)	齿距 P(mm)	基部宽 b_1(mm)	齿尖数 N[齿/$(25.4mm)^2$]
A	GFV5513×6330	GFV-404		40	5.50	77	6.30	3.00	34
B	GFV5513×6330	GFV-404		14.5	5.50	77	6.30	3.00	34
C	GFV5530×7530	GFV-405		14.5	5.50	60	7.50	3.00	28
D	GFV4740×3618	GFV-406		33	4.70	50	3.60	1.80	99
E	GFV4720×3618	GFV-407		83	4.70	70	3.60	1.80	99
F	GFV4720×3618	GFV-407		19	4.70	70	3.60	1.80	99
G	GFV4730×3618	GFV-409		72	4.70	60	3.60	1.80	99
H	GFV4740×2510	GFV-410		32	4.70	50	2.50	1.00	258
I	GFV3815×3013	GFV-414		164	3.80	75	3.00	1.30	165
J	GFV3815×3013	GFV-414		18	3.80	75	3.00	1.30	165
K	GFV4235×2512	GFV-416		143	4.20	55	2.50	1.20	215

表 1-3-5 自锁金属针布的选用及配置(二)

序号	名称	标准型号	齿型	对照型号	重量(kg)	总高 h_1(mm)	工作角 δ(°)	齿距 P(mm)	基部宽 b_1(mm)	齿尖数 N[齿/$(25.4mm)^2$]
A	喂入辊	GFV5530×7530		GFV-405	14	5.50	60	7.50	3.00	28
B	第一胸工作辊	GFV4740×3618		GFV-406	33	4.70	50	3.60	1.80	99
C	第一胸剥取辊	GFV4720×3618		GFV-407	19	4.70	70	3.60	1.80	99
D	第一胸锡林	GFV4720×3618		GFV-407	83	4.70	70	3.60	1.80	99
E	转移辊	GFV4730×3618		GFV-409	72	4.70	60	3.60	1.80	99
F	主锡林工作辊	GFV4730×2510		GFV-410	32	4.70	50	2.50	1.00	258
G	主锡林剥取辊	GFV3815×3013		GFV-414	18	3.80	75	3.00	1.30	165
H	主锡林	GFV3815×3013		GFV-414	164	3.80	75	3.00	1.30	165
I	道夫	GFV4235×2512		GFV-146	143	4.20	55	2.50	1.20	215
A	工作辊	GFV5020×3113		GFV-H5020	40	5.00	70	3.15	1.30	157

续表

序号	名称	标准型号	齿型	对照型号	重量 （kg）	总高 h_1(mm)	工作角 δ(°)	齿距 P （mm）	基部宽 b_1(mm)	齿尖数 N[齿/ (25.4mm)²]
B	第二转移辊	GFV5000×3113		GFV- H5010	21	5.00	80	3.15	1.30	157
C	主锡林第一转 移辊	GFV5010×6318		GFV- D5010	90	5.00	80	6.30	1.80	56
D	喂入辊	GFV50(-10)× 6325		GFV- D6010	32	5.00	100	6.30	2.50	40

第四节　梳理机作用分析

一、喂给作用分析

　　梳理喂给作用是靠自动喂给机构实现的,它的主要作用是定时定量均匀地喂入纤维原料,均匀喂给是保证成网质量的前提。喂给机构有以下几种。

（一）机械称重式喂给机构

　　机械称重式也称纤斗式,毛纺工业称自动喂毛机,其基本结构如图 1-3-34 所示。自动喂给的定时喂给靠喂给凸轮及一套连杆机构来控制升毛帘轴的转与停,升毛帘轴转动即升毛喂入毛斗,升毛帘停,意味着称毛斗内已满。喂给凸轮每转一转打开称毛斗一次,喂入水平喂毛帘,每斗原料的定重靠一个秤杆来控制。

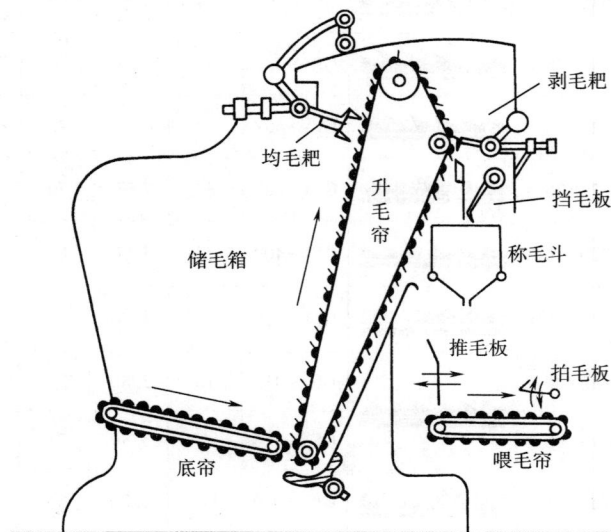

图 1-3-34　称重式自动喂毛机

当人工或气流管道将原料送入储毛箱内后,靠底帘的转动将原料送进升毛帘,升毛帘带着纤维上升,多余的原料由均毛耙剥下,再由剥毛耙将原料剥下,落入称毛斗内。每斗原料再一斗斗落入水平喂毛帘上,由推毛板推向前边,再由压毛辊或拍毛板压平,然后再喂入喂给罗拉。

这种机械称重式喂给机构虽然已陈旧,但目前不少梳理机上仍然在沿用。喂给量 W 的大小由喂入的每斗毛重量 G 及每分钟喂毛次数 N 来决定,即:

$$W = G \times N = G \times \frac{60}{T} \qquad (1-3-14)$$

式中:W——喂入量,g/min;

  G——每斗毛重量,g;

  N——每分钟喂给次数;

  T——喂毛周期,s。

其中每斗毛重量 G 由秤杆移动来实现,喂毛周期 T(两次喂给的时间间隔)由每分钟喂毛次数 N 决定,喂毛次数 N 即喂给凸轮每分钟转数,可通过传动图的传动来计算。计算喂入量时,一般应与产量相平衡,即:

$$喂入量-消耗量=产量$$

$$G \times \frac{60}{T(1-\eta)} = g \times V_D \times b \qquad (1-3-15)$$

式中:η——消耗率;

  g——纤网重,g/m^2;

  V_D——道夫速度,m/min;

  b——道夫上纤网有效宽度,m。

其中消耗率不同,原料差异较大。天然羊毛纤维 $\eta = 10\% \sim 25\%$,化学纤维 $\eta = 2\% \sim 4\%$,通常根据经验确定。为了实现喂入均匀,常对毛斗的每斗原料连续测 20 次,并用卓来尔公式计算不匀率。现在一般利用求 CV 值的方法求不匀率。

喂入的均匀与否关系到产品的质量,所以人们对这种机械称重式喂给机械进行了很多改进。采用双箱喂给、二次称重式喂给,升毛帘轴采用电磁离合控制、水银开关、光电开关等,使喂给不匀率降到 3% 以下。有的国家还采用了自调匀整装置,控制喂毛量的大小及喂入罗拉的速度,实现均匀喂入,使喂给不匀率降到 1.0% 以下。

(二)棉卷喂入

这种喂给方式是棉纺工业一贯采用的方法,经过开松、除杂,打成棉卷,力求使棉卷的厚度、长度一致,以保证喂入梳理机的均匀度,这种喂入形式能实现生产过程中的质量要求。在非织造材料工业中也有采用这种方式的,但较少。

(三)容积式喂入机构

借鉴于棉卷喂入,可把毛斗称重式机械喂入改进为容积式喂入机构,如图 1-3-35 所示。纤维由升毛帘剥下后落在容量箱内,当喂入高度超过光电管后,喂入自动停止以保证箱内纤维的高度重量稳定,这样才能确保由输出罗拉输出的筵棉厚度一致、重量均匀,然后再由水平输出帘输出喂给梳理机。如果要增大或减小纤维喂入量可调节容量箱的左挡板,以调节容积的大小使筵棉改变厚薄。这种方式组合了毛斗称重与棉纺成卷喂入的方法,既简单易行,又能保证喂入的均匀度。

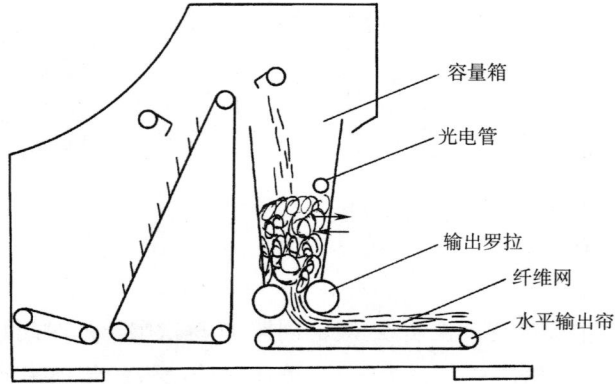

图 1-3-35　容积式喂入机构

国外喂入机构的形式也很多,从国内引进设备来看,新型喂给机构增加了除尘开松等功能,典型的形式如图 1-3-36 所示。

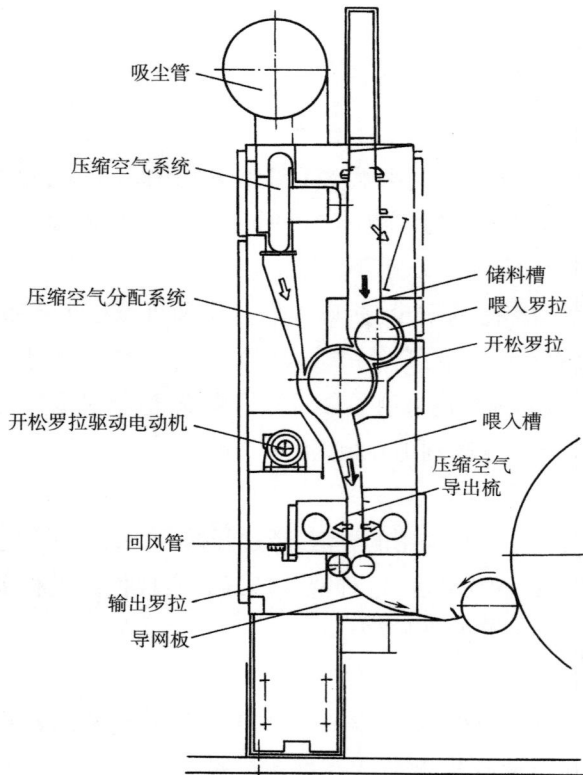

图 1-3-36　FBK533 型喂棉机

其他几种喂给机构的形式如图1-3-37所示。德国 Dilo 公司 Spinbao 梳理喂棉系统如图1-3-38所示。

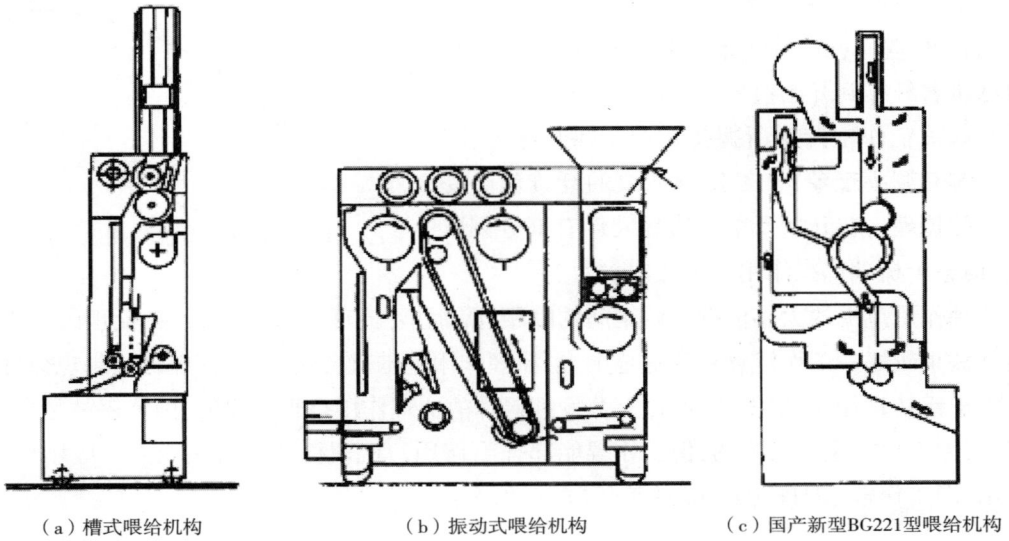

（a）槽式喂给机构 （b）振动式喂给机构 （c）国产新型BG221型喂给机构

图1-3-37 几种喂给机构的形式

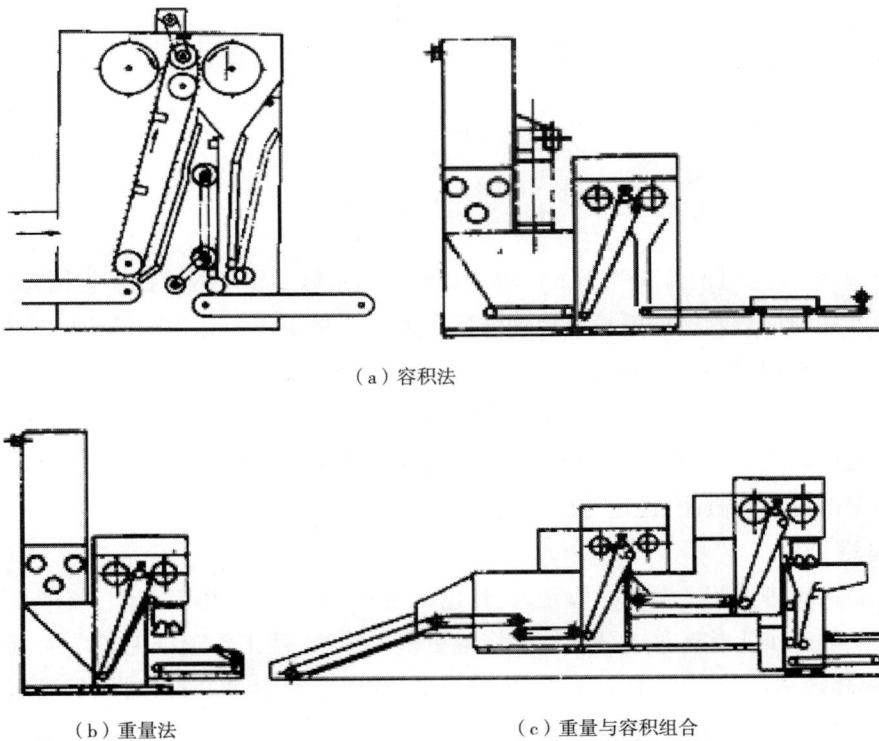

（a）容积法

（b）重量法 （c）重量与容积组合

图1-3-38 德国 Dilo 公司 Spinbao 梳理喂棉系统

二、分梳作用区作用分析

在梳理机上分梳作用区主要表现在工作辊与锡林、道夫与锡林之间。分梳作用在梳理机的分梳区域如图 1-3-39 所示。分梳作用区的作用范围为 $abcd$ 所围的空间,ab 为开始边界,cd 为结束边界。当锡林带着纤维到开始边界 ab 处时,锡林上部分纤维的头端被工作辊针布所握持。由于锡林速度快,有的纤维有调头现象,被工作辊抓取的纤维就会受到锡林的梳理。在开始及结束边界处伴有部分剥取作用,但整个梳理都在作用范围之内发生。

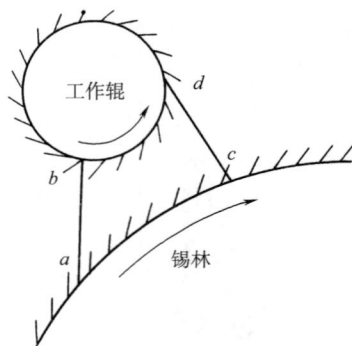

图 1-3-39　分梳作用区分析

梳理作用范围的大小依赖于两辊间的隔距,隔距小,梳理作用范围大,被梳理的纤维多,相对梳理效果较好。工作辊直径变化范围大,梳理作用范围就会变大,相应梳理效果也会好转。

由于锡林直径大、速度快,所以充分发挥锡林的梳理作用是很重要的,因为锡林是主要的梳理部件,而工作辊是第二位的,但工作辊能起挂毛作用。梳理机件的梳理能力一般用梳理弧长来表示,即工作辊 t 时间走过 bd 的弧长(L_1),那么:

$$L_1 = V_1 \times t \tag{1-3-16}$$

式中:V_1——工作辊的速度,m/min。

如锡林走过的弧长为 L_2,则:

$$L_2 = V_2 \times t \tag{1-3-17}$$

式中:V_2——锡林速度,m/min。

因为

$$t = \frac{L_1}{V_1}$$

所以

$$L_2 = V_2 \times \frac{L_1}{V_1} = L_1 \times \frac{V_2}{V_1} \tag{1-3-18}$$

这就是说,锡林走过的弧长等于工作辊走过的弧长乘以工作辊的速比。把锡林或工作辊在分梳作用区作用时间内走过的弧长或梳理纤维的弧长分别叫作锡林梳理弧长(L_2)和工作辊梳理弧长(L_1)。可知,L_2 远远大于 L_1,即锡林的梳理作用是主要的。从式(1-3-18)还可知,L_2 与 V_1 呈反比,与 V_2 呈正比。因为 V_2 一般不变,所以 V_1 变小,即工作辊速度变慢,L_2 就增大,同时也使工作辊挂毛的机会增加,挂毛量变大,被梳理的纤维增多,梳理效果变好。综上可知,分梳作用区梳理效果的好坏与隔距、速比等因素有关。

(一)隔距

隔距是指两辊表面间的距离。隔距大,作用区变小;隔距小作用区变大,梳理弧长变大,作用效果变好。隔距小锡林转移或分配给工作辊更多的纤维,使工作辊挂毛量增大,提高了梳理效果;同时锡林转移走纤维后,针隙清晰,梳理效果会更好。隔距小,使纤维间的挤压力增大,工作辊、锡林抓取纤维的能力增强,也会增强梳理作用。所以,一般小隔距会提高梳理效果。但是如果喂入量较大,作用区内纤维量大,在工作辊上纤维够多的情况下,不宜缩小隔距,而只有在喂入量不大的情况下才可以缩小隔距。隔距也并不是越小越好,隔距太小,梳理力大,纤维损伤会增加,也容易损坏针布,使针齿变形,影响梳理。通常隔距的设计原则是从后向前由大变小,尤其大锡林上最后一个工作辊隔距应放大,最前一个应放小。因为随着梳理点的增多,纤维被梳理得顺直了,所以到最前第五个工作辊时隔距小一些也不会损伤纤维。隔距的大小还应根据纤维的长短、粗细而定,长纤维、细纤维的隔距可放大一点。

(二)速比

速比是锡林速度与工作辊或道夫速度之比,即表面速度或线速度之比。工作辊速比大,工作辊的速度就小,锡林梳理弧长越大,锡林交工作辊的纤维量也就越多。因为工作辊负荷为工作辊单位面积上的纤维重量($\alpha_{\text{工}}$):

$$\alpha_{\text{工}} = \frac{g}{V_1} \times b \tag{1-3-19}$$

而工作辊工作的纤维量是锡林转移或交给工作辊的负荷β,即:

$$\beta = \frac{g}{V_2} \times b \tag{1-3-20}$$

所以:

$$\alpha_{\text{工}} = \beta \times \frac{V_2}{V_1} \tag{1-3-21}$$

式中:$\alpha_{\text{工}}$——工作辊负荷,g/m^2;

　　b——纤维宽,m;

　　V_2——锡林速度,m/min;

　　V_1——工作辊速度,m/min;

　　g——工作辊上的纤维量,g;

　　β——交给工作辊负荷(或剥取负荷),g/m^2。

从公式(1-3-21)中可以看出,工作辊上的纤维量与工作辊速比呈正比。当β不变的情况下,速比越大,即工作辊速度V_1越小,$\alpha_{\text{工}}$越大。在某种程度上,工作辊速比越大,锡林梳理弧长越大,梳理作用越强,但$\alpha_{\text{工}}$过大也会造成梳理不透。工作辊速比大小原则上由后向前逐渐变大。在生产实践中,一般要视最前工作辊上纤维量的厚薄而变化,即应根据喂入量的大小来确定,也可根据原料的开松程度通过试验来确定速比。

(三)喂入负荷

喂入负荷的大小影响分梳作用的梳理效果,也涉及产量的高低。在产量不大的情况下,适当加大喂入负荷,可提高工作辊的分配系数,有利于提高梳理质量。但并不是说喂入负荷越大越好,喂入负荷增大,梳理机各辊上的负荷增大,这对梳理不利,纤网质量会恶化。可根据纤维的品质增减喂入负荷,并要与隔距、速比相适应。

(四)锡林速度

锡林是主要梳理机件,它的速度一般是不变的。在喂入量不变的情况下,锡林速度增大意味着喂入负荷下降。若锡林喂入负荷不变,那么锡林速度增大产量会提高,因为:

$$\alpha_{\text{喂}} = g \times b \times \frac{V_{\text{道}}}{V_{\text{锡}} \times b} \tag{1-3-22}$$

式中：$\alpha_{\text{喂}}$——大锡林喂入负荷，g/m^2；

　　　g——纤网定量，g/m^2；

　　　b——纤网有效宽度，m；

　　　$V_{\text{道}}$——道夫速度，m/min；

　　　$V_{\text{锡}}$——锡林速度，m/min。

若 $\alpha_{\text{喂}}$ 不变，$V_{\text{锡}}$ 增大，$V_{\text{道}}$ 也增大，出网重量必须增大，但这是短时的。$V_{\text{锡}}$ 增大也提高了锡林梳理弧长，可提高梳理效果。但锡林速度增大，意味着速差变大，梳理时冲击力变大，易损伤纤维，尤其对开松不好的纤维损伤更严重，所以胸锡林速度应较低。而且锡林速度太高，也会增大落毛，使消耗增大，制成率降低。

（五）针布状态

针布的锐利程度，有无弯针、倒针、断针以及抄车负荷、风轮的工艺参数、工作辊和道夫的直径等都对分梳作用区的梳理效能有一定影响。

弹性针布必须磨针，而金属针布一般不磨，在特殊情况下，可轻磨，以增大锐度。

三、起出作用分析

在大锡林上包覆弹性针布的情况下，向道夫转移纤维时，由于纤维被挤压，纤维在锡林针隙深层不易转移，而是依靠风轮的作用使纤维移向锡林针布的上部，以便于转移给道夫。风轮使锡林上的纤维提升到针布上部的作用叫作起出作用。

大锡林和风轮上包覆的针布不同，大锡林针布一般选 34 号钢针，而风轮针布钢针号比大锡林的钢针号大 1~2 号，即选 36 号，以便于插入锡林针内。在起出作用发生后，大锡林针布的工作角为 87°，而风轮工作角为 90°。根据它们的针向、速度方向及速度大小判断其是否为起出作用。大锡林与风轮间为负隔距，即风轮针布插入大锡林针布内，风轮钢针插入的深度及大小决定起出作用的效果。

图 1-3-40 所示为风轮钢针插入大锡林针布的状态。$ACBD$ 所围的空间称为作用范围或起出作用区，与两中心连线 O_1O_2 相交的 CD 长度为插入深度。ACB 弧长为接触弧长，也叫扫弧长度。CD 越深，扫弧长度 ACB 越长。图中 E 为 AB 连线与 CD 交点。其关系计算如下：

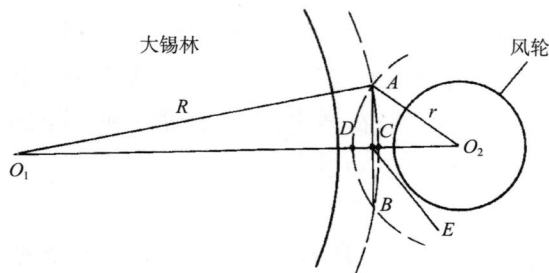

图 1-3-40　风轮插入深度

$$CD = EC + ED = O_1C - O_1E + O_2D - O_2E$$

$$= \left(R - \sqrt{R^2 - \left(\frac{AB}{2}\right)^2} \right) + \left(r - \sqrt{r^2 - \left(\frac{AB}{2}\right)^2} \right)$$

$$= \frac{R^2 - R^2 + \left(\frac{AB}{2}\right)^2}{R + \sqrt{R^2 - \left(\frac{AB}{2}\right)^2}} + \frac{r - r^2 - \left(\frac{AB}{2}\right)^2}{r + \sqrt{r^2 - \left(\frac{AB}{2}\right)^2}} \qquad (1\text{-}3\text{-}23)$$

$$= \frac{\left(\frac{AB}{2}\right)^2}{R + \sqrt{R^2 - \left(\frac{AB}{2}\right)^2}} + \frac{r - \sqrt{r^2 - \left(\frac{AB}{2}\right)^2}}{r + \sqrt{r^2 - \left(\frac{AB}{2}\right)^2}}$$

因为 $AB \ll r \ll R$，可以粗略认为：

$$\left. \begin{array}{l} R^2 - \left(\frac{AB}{2}\right)^2 \approx \sqrt{R^2} = R \\[2mm] r^2 - \left(\frac{AB}{2}\right)^2 \approx \sqrt{r^2} = r \end{array} \right\} \qquad (1\text{-}3\text{-}24)$$

所以

$$CD = \frac{\left(\frac{AB}{2}\right)^2}{2R} + \frac{\left(\frac{AB}{2}\right)^2}{2r} = \frac{\left(\frac{AB}{2}\right)^2}{D} + \frac{\left(\frac{AB}{2}\right)^2}{d} = \frac{AB^2}{4}\left(\frac{1}{D} + \frac{1}{d}\right) = \frac{AB^2}{1088} \qquad (1\text{-}3\text{-}25)$$

式中：D——大锡林直径，$D = 1252\text{mm}$；

d——风轮直径，$d = 348\text{mm}$；

AB——扫弧长度（$AB \approx ABC$）；

CD——插入深度。

于是得出不同扫弧长度对应不同的插入深度，见表 1-3-6。

表 1-3-6 扫弧长度与插入深度的对应关系

$AB(\text{mm})$	10	15	20	25	30	35	40
$CD(\text{mm})$	0.092	0.207	0.368	0.575	0.827	1.127	1.470

因为插入深度不易测定，所以一般靠调整扫弧长度来确定插入深度。扫弧长度一般在 20～40mm，常用的在 25～35mm。原料纤维长、卷曲大，扫弧长度大，反之扫弧长度小些。扫弧长度是影响起出作用的主要因素之一。

在图 1-3-40 中起出作用区从 A 到 B 点，但从理论推算可知，在 A 点，根据纤维受力及作用角的大小是属于分梳作用，而起出作用的开始点是在 AB 线与中心连线交点 E 以上几毫米的位置，这个起始点越向上，起出作用区越大。实践证明，起出作用的大小与风轮速比有直接关系，风轮速比越大起始点越往上。据计算，风轮速比在 1.1～1.5，速比越大，起出作用越强烈，常用的风轮速比为 1.2～1.4。

风轮的扫弧长度与速比是相互关联的,在生产中应合理选用。一般来说,速比较大时,扫弧长度可小一点,速比较小时,扫弧长度可大一点。

当大锡林包覆金属针布时,一般不用风轮。这是因为金属针布针齿浅,角度设计合理,纤维不易沉积在底部,也不会形成抄车负荷,且没有返回负荷。特殊情况下,如气流成网前为了把梳理机锡林上的纤维全部剥下,也用风轮。

四、道夫锡林间作用分析

从道夫与锡林间的针向速度及转向来看,它们也属分梳作用,但是道夫分梳作用区不同于工作辊分梳作用区。其分梳作用在原理上同工作辊,但由于道夫直径大(甚至等于大锡林直径)、针布工作角较小、速比大、作用区大,所在这个分梳作用区内存在着纤维的凝聚作用。正是由于道夫的凝聚作用,才把大锡林上经过多次梳理并达到要求的纤维凝聚在道夫上而输出机外。采用双道夫除了可均匀纤网外,还可把大锡林上梳理好的纤维完全凝聚下来,从而提高产量。

五、凝聚辊作用分析

梳理机上配置凝聚辊(通常上下各两个)是为了增加纤网横强及蓬松度,如图1-3-41所示。在梳理机工作过程中,凝聚辊承接由道夫"推"送过来的纤网,纤网在相对慢速的第一凝聚和第二凝聚辊上经过两次堆积折叠,再转移至剥网辊。在这个过程中,纤维方向从纵向转向各向同性纤维方向,最终,成品强力更均匀。

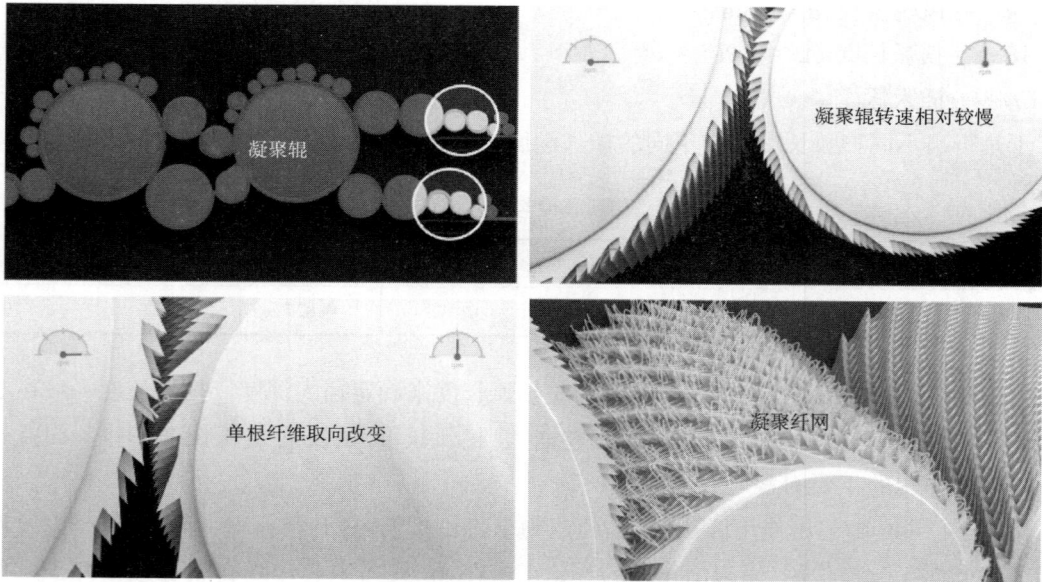

图1-3-41　凝聚辊

然而,如果凝聚辊针布不能正确发挥作用,并产生严重的纤维缠辊现象,导致频繁的停机清洁,不仅耗时耗工,还严重影响生产连续性及产品的稳定性,已然成为业界的普遍困扰,尤其在生产大比例黏胶、天丝或莫代尔等纤维时,工厂不得已每隔短短数小时就得停机清理,严重影响生产效率。

为解决这一问题,一些工厂被迫拆掉凝聚辊,而这严重降低了纤维的横向排列,一些工厂在第二凝聚辊上采用抓取力很强的针布,由它强行拉下第一凝聚上的纤维,不仅损伤纤维,还破坏了已形成的均匀纤网,都是令人痛惜的做法。

特吕茨施勒经过潜心研发而制造出的干净的凝聚辊(clean condensor,CC)凝聚针布,如图1-3-42所示,结合特殊的表面处理、硬化工艺以及针齿结构设计,完美地解决了这一问题,得到了广泛的市场验证与客户的认可。无论是用于特吕茨施勒梳理机还是其他品牌梳理机,特吕茨施勒CC针布均能发挥其卓越的性能。

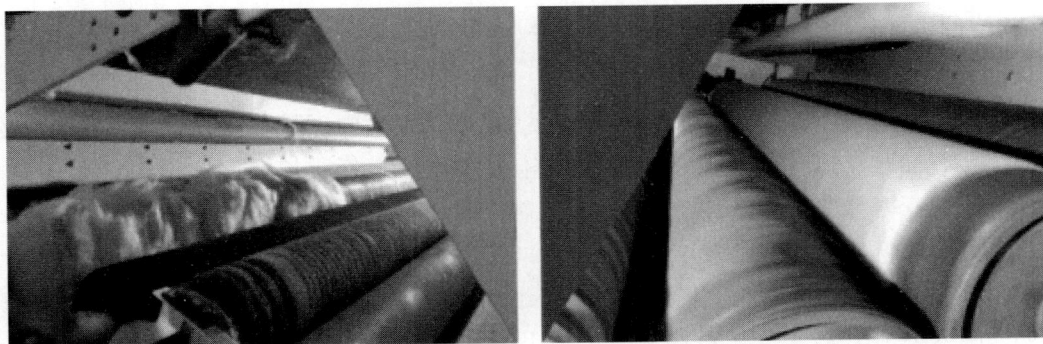

(a)被纤维严重缠绕的凝聚辊　　　　　　(b)特吕茨施勒CC针布工作状态

图1-3-42　被纤维严重缠绕的凝聚辊和特吕茨施勒CC针布工作状态

六、均匀混合作用分析

喂入梳理机的散纤维虽然经过开松、混合,但在组成及色泽上还很不均匀,仍然是块状纤维,只有经过梳理机梳理后才能变成均匀一致的纤维网,这就是梳理机混合均匀作用的结果。梳理机的均匀混合作用表现在:

(1)喂入机构、喂给箱及水平喂入帘有一定的混合作用。

(2)在梳理机上,锡林与工作辊、剥取辊之间形成一个梳理环,锡林带着纤维层与工作辊进行分配,剥取辊又把工作辊上的纤维层剥下来交给锡林,与锡林上的纤维混合在一起,然后进行多次这样的分配与混合,使纤维得到充分的混合。这样的混合作用表现在五个工作辊和剥取辊之间,也就是五个梳理环之间。

(3)锡林碰到道夫,分配给道夫一部分纤维层,但还剩余少量纤维,锡林带着这种返回负荷又与新的喂入负荷重新混合,并且进行再分配,重复前一个梳理周期。

均匀混合作用关系到纤维的粗细、长短、色调、品质的均匀一致,关系到半成品纤网、成品的质量。

第五节 梳理机工艺设计及质量控制

正规企业、生产车间的一切运作都要依据工艺的指导,这就是说工艺是一个中心问题,实质上工艺就是加工的艺术,它体现在工艺设计及工艺参数的制定上,没有工艺各个车间就不能正常开车。一个工厂有总工艺,各车间又有车间工艺,而各加工机台又有工序工艺。

梳理机是干法非织造材料的重要工序、重要机台,是干法成网的心脏,它的工艺当然就显得尤其重要。梳理机工艺设计内容包括:原料的选用、喂入量、喂给周期、隔距、速比、针布选用、工艺计算、产量计算及产品质量控制。设计必须根据产品要求而进行。

一、梳理机工艺设计

(一)选用原料

梳理机的工艺设计首先要考虑原料的选用。在准备工序中,开松混合的程度、纤维蓬松度的大小、喂入量的控制上是有差异的。纤维原料的搭配比例、纤维长度及离散、线密度及离散、含杂、含油、回潮率等性能状态是梳理工艺参数制定的基础,是工艺顺利进行的前提。

(二)喂入量

喂入多少可反映产量高低。蓬松度大的纤维喂入量可小些。喂入量的均匀程度也必须控制。如果喂入不匀率大,会影响纤维网的质量,因此必须严格控制、及时检测喂入的均匀程度。

(三)隔距

梳理机上各辊之间都有一定的隔距,但后车隔距一般都是固定的,只有主锡林主体梳理部

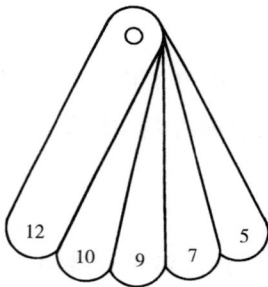

图 1-3-43 隔距片

分有所变化。隔距分布原则是由后车向前车,隔距逐渐变小。这是因为刚喂入的纤维块状、束状较多,同时纤维仍有纠结,所以隔距应大些,如果隔距太小易损伤纤维。经过几个梳理环的梳理后纤维比较松散、顺直,单根率逐渐增大,隔距也就可以逐渐变小,这样不会损伤纤维。隔距大小一般根据纤维长度而定,长纤维、粗纤维的隔距应大,喂入量大隔距应大。隔距的大小用隔距片(图 1-3-43)调校。隔距片上都标有厚度。校对隔距时靠经验和手感,要求左、中、右一致,松紧适中。

在针刺棉、针刺地毯、针刺土工布、针刺合成革基布、热轧非织造布、浸渍非织造布等的生产线上,梳理机隔距的配置可互相参照,但也有差异,原料不同、针布不同、隔距的大小就有差异,其基本依据是原料性能。

(四)速比

速比的大小意味速度差异的大小。速比大,则速差就大,梳理力就大,梳理作用就强烈。根

据原料在加工过程中的状态,工作辊速比的大小布置,一般是由后向前逐渐变大。这是因为第一工作辊处纤维还有纠结,速比太大易拉断纤维;速比适当小一点,逐步缓和梳理;到第五工作辊处速比可大些。一方面纤维此时已比较松解,速比大不会拉断纤维;另一方面速比大还可以提高梳理效果。速比的大小设计实质上是速度的大小选用。通过传动计算,算出各辊速度即可确定速比。速度 V 一般按下式计算:

$$V = \pi \times D \times n \qquad\qquad (1-3-26)$$

式中:D——辊的直径加上两倍针布高度;

$\quad n$——转速,r/min。

速比包括风轮速比、工作辊速比、道夫速比,它们影响梳理的效果,速比不合理,纤网质量会恶化。

(五)工艺计算

工艺计算主要指喂入量、喂给周期、产量及各辊的速比计算。

喂入量、喂给周期计算前面已讲到,产量计算主要是计算道夫速度。

$$
\begin{aligned}
G &= V_{道} \times g \times \frac{b}{1000} \\
&= \pi \times D_{道} \times n_{道} \times g \times \frac{b}{1000} \qquad\qquad (1-3-27)
\end{aligned}
$$

式中:G——梳理机产量,kg/min;

$\quad g$——纤网定量,g/m²,如双道夫须两层纤网定量相加;

$\quad b$——道夫纤网有效宽度,m;

$V_{道}$——道夫速度,m/min;

$D_{道}$——道夫直径,m;

$n_{道}$——道夫转速,r/min。

道夫的速度或转数必须通过机械传动图来求得。

一台机器(如梳理机)的工艺计算要依据机器的传动图,不同的机器传动形式不同,传动图便不一样。不同厂家生产的同样机器其传动图也不同,但各辊线速度计算方法相同。

尽管自动化技术有所进步,但梳理生产线的设置和控制仍源于经验。基于生产环境条件变化而发生的过程错误或产品变化,生产线操作者通常根据他们的经验更改生产参数。在粗梳非织造材料生产线中,梳理机对非织造材料质量的影响最大。同时,梳理机参数的调整非常复杂,产品的质量很难预测。如果未及时发现生产环境变化、生产过程中的错误或生产参数设置不正确等问题,将导致废料产生或生产线停运。2017 年 6 月,由奥格斯堡纺织技术研究所(ITA Augsburg)、德国 Dr. Schenk 光学测量技术公司、测量和自动化系统制造商 iba AG 公司及非织造材料制造商 Tenowo 公司联合开发了 Easy Vlies4. 0 系统(图 1-3-44)可用于解决该问题。

二、梳理质量

梳理机的整个加工过程,最终目的是保证纤维网的质量。纤维网的质量包括多方面,讨论

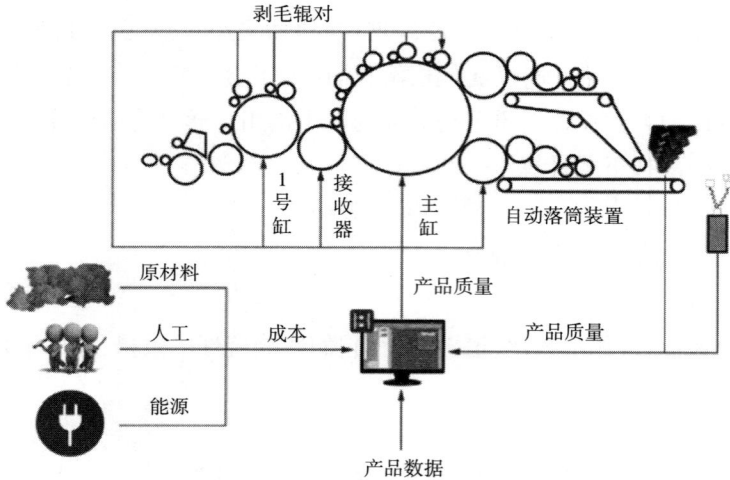

图 1-3-44　Easy Vlies4.0 系统示意图

如下。

（1）在梳理机中纤维要经过开松梳理过程,在这个过程中,针布对纤维的作用是很大的,尤其是开松程度不太好的情况下,梳理力大就容易拉断纤维。拉断后特别短的纤维便落下变为落毛,而出机的纤维网中的纤维也有变短的现象。纤维变短不利于成网,即使成了网,纤维间的互相交结少,纤网强度小,所以要保持纤维网中纤维的平均长度。而保持纤维网中纤维长度的主要措施是加强开松、合理加入油剂、设计合理的隔距和速比,喂入量的大小也必须控制好。

（2）纤网的均匀度包括纵向不匀和横向不匀,这种不匀一般用重量不匀率来表示,即用 CV 值表示（即变异系数）。

$$CV = \frac{试样的均方差}{试样的算术平方数} \times 100\% \qquad (1-3-28)$$

横向不匀一般由左右喂入不匀或左右隔距不一,或因针布出现毛病,或因缠绕等原因造成。纵向不匀（即长度方向上）一般分为短片段（50cm 以下）不匀、中片段（50cm~5m）不匀、长片段（5m 以上）不匀。这种不匀往往为周期性的不匀,常与设备有直接关系,应从设备上找原因,如果从设备上解决不了再考虑其他原因。

（3）纤网局部破洞与破裂与纤网不匀有关,纤网薄厚不一致、轻重不匀,易造成破裂与破洞,意外牵伸、静电、气流、刮风等都会引起纤网不匀。

（4）纤网云斑是梳理不良的反应,也是不匀的体现。

（5）纤网的毛粒（棉结）是梳理过程中纤维纠结造成的。毛粒是指纤维纠缠成疙瘩,其大小不一,纠缠的程度也不同。梳理力太大或距离太大都有可能造成毛粒。原料中油水不当也会造成毛粒,如果加油合适,毛粒易梳开,这种毛粒一般称活毛粒,如毛粒梳理不开即称死毛粒。毛粒的去除是个复杂的问题,影响因素多。

（6）纤网中土杂含量一般与原料有关,天然纤维杂质多、土杂多,合成纤维土杂量少,但合成纤维有切屑及并丝。

思考题

1. 名词解释：梳理工程、作用区、梳理点、梳理环、纤维负荷、负荷分配、隔距、速比、梳理弧长。

2. 梳理机的三大作用的判断依据是什么？能否根据梳理机的针向、转向及速度分析判断三大作用？

3. 为什么说沿针运动是剥取的基础，而绕针运动是分梳的基础？

4. 简述针布的分类。

5. 简述喂入均匀度的表示方法，梳理机如何实现均匀喂入？

6. 简述梳理工艺计算。

7. 影响分梳作用的因素有哪些？是如何影响的？

8. 梳理质量指标有哪些？

第四章　成网与铺网

　　非织造材料的加工第一步可以说是先成网,只有成了网才能进行加固成布。这里成网是指成单网即单层网或几层网,或由单网经铺网机折叠成厚网再去后加工,这都属于短纤维干法成网,也称为干法成网技术。形成单网或多层折叠都经过一定的机械机构来实现。成网要达到一定的均匀度要求,纤网的结构要根据产品质量和用途不同而有不同的要求。

第一节　成　网

　　由梳理机的加工使散纤维逐渐趋向单纤维化并附着在道夫表面,实际上在道夫表面已经成了网,所以也可以说是梳理成网。但是只有通过斩刀或剥网机构剥下后,才能真正形成纤维网产品。剥网机构是成网的关键机构,目前剥网系统有剥棉成网、机械杂乱成网和气流杂乱成网三种。

一、剥棉成网
(一)斩刀剥棉

　　斩刀剥棉就是利用斩刀作用剥离道夫表面纤维层,以形成纤维网输出。这是常规剥棉的一种形式,这种形式行之有效。斩刀与道夫间的隔距、斩刀的位置是影响纤网质量的重要因素。如图 1-4-1 所示,斩刀的摆动路径:1 → 2 → 3 → 2 → 1,其中 2 → 3 为有效剥离动程,3 → 2 → 1 → 2 为无效动程,剥棉长度 l = 弧长 23 + 辊转过的弧长,要保证连续均匀地输走纤维层,斩刀的剥离速度与道夫速度(V_D)的配合非常重要,斩刀每分

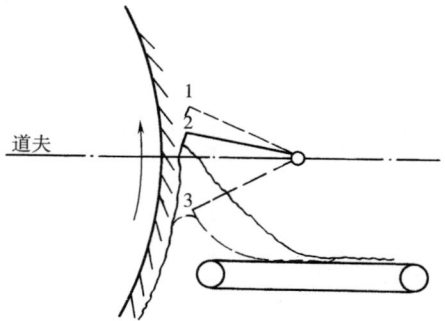

图 1-4-1　斩刀剥棉示意图

钟的摆动次数×l>V_D,其每分钟摆动次数必须在 600~700 次。这是一种间歇式工作方式,这种形式不适宜高产高速,目前国产设备摆动次数 1000~1200 次/min,进口设备摆动次数最高可达 3200 次/min。

(二)罗拉剥棉

　　这种剥棉形式靠 1~4 个罗拉来实现剥棉作用,如图 1-4-2 所示。

　　法国 THIBEAU(蒂博)公司生产的 CA6 型梳理机上的剥棉机构是用电斩刀,斩刀摆动次数 3200 次/min。另外,还有申请专利的 DUR 剥离罗拉 ROTOCOMB 分离系统,如图 1-4-3 所示。

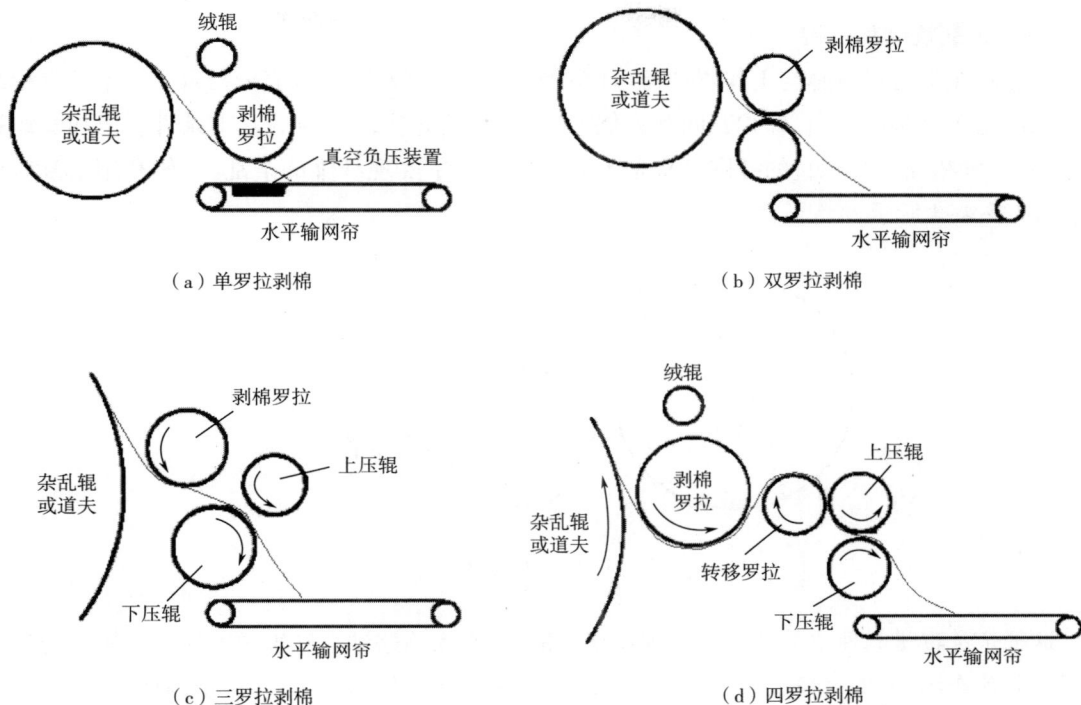

图 1-4-2　几种剥棉装置示意图

剥离罗拉包覆针布,剥取道夫上的纤维,其转速可变换,并需一定的角度 β,通过一个监视技术控制,使纤网与交叉铺网机之间保持理想张力,保证纤网不产生牵伸。除此以外,法国 THIBEAU 公司还设计了 LDS(线性分离系统)、三罗拉剥离、电子罗拉剥离系统。剥离机构的设计合理性、技术的先进性及水平对成网起重要作用。

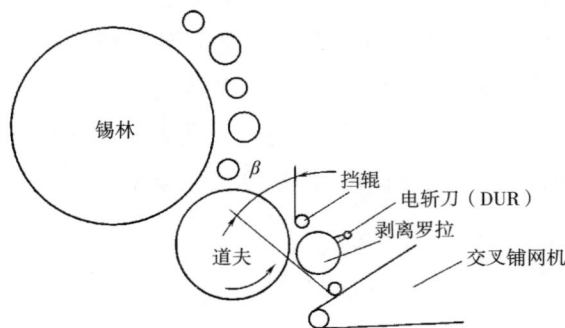

图 1-4-3　剥离罗拉 ROTOCOMB 分离系统

二、机械杂乱成网

非织造材料的加工流程短,因此要求成网质量高。特别表现在纤维网的结构上,纤维排列要杂乱,减少纵横向强度比,尽量实现各向同性。为达到这个目的,在机械设备上采取了多种机构。

（一）杂乱辊杂乱机构

在梳理机上通过锡林与工作辊的梳理使纤维实现了单根化，纤维充分松解。由于这种梳理的特点决定了纤维的取向，即相互间都近似平行顺直，这是实现纺纱的基本条件。但在非织造工程中，这种相互平行顺直的纤网结构是不可取的。为了实现纤维的杂乱，一般利用杂乱辊机构，如图1-4-4所示。

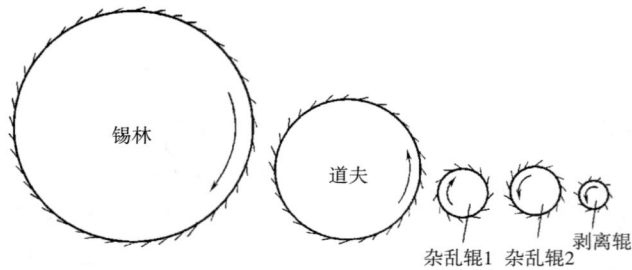

图1-4-4 杂乱辊机构

这种杂乱辊是靠速比的变化而实现凝聚杂乱，也有人称这种杂乱辊为凝聚辊。锡林与道夫之间是分梳作用，但如果道夫速比大，道夫变慢，道夫针布工作角度小，即小于锡林针布工作角，那么道夫的抓取纤维能力会加强，纤维会在锡林道夫间产生凝聚。通常锡林道夫间的凝聚作用并不十分突出，出机的纤维网基本趋于顺直。在道夫前加上两个杂乱辊，那么由于杂乱辊1的速度是道夫速度的1/3~1/2，而杂乱辊2是杂乱辊1的速度的2/3，这样在道夫与杂乱辊1之间及杂乱辊与杂乱辊之间便产生纤维的凝聚，由于速比设计的合理，所以凝聚作用会十分明显，即纤维产生调头，调头又不同程度地实现杂乱。纵横程度比可达到（3~6）∶1。如果杂乱辊加上横向移动，其杂乱程度会更大。

在锡林和道夫间增加一个高速杂乱辊（也称无规杂乱辊），如图1-4-5所示。这种杂乱辊形式是靠气流作用实现的。虽然锡林与杂乱辊之间是分梳作用，但杂乱辊仍有抓取纤维的能力，尤其在其针布工作角较小的情况下，它们之间便会产生凝聚作用。使纤维在锡林、杂乱辊和挡风辊之间形成气流三角区。由于锡林、杂乱辊的高速回转，彼此形成的气流附面层的大小、方向不一致，而产生了紊流作用，使纤维发生凝聚调头杂乱，其杂乱效果纵横强度比可达（3~4）∶1。

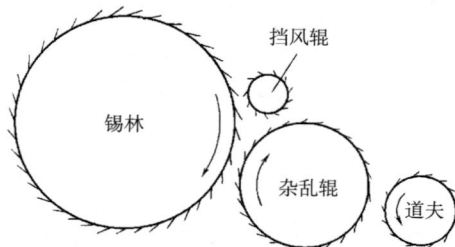

图1-4-5 高速杂乱辊

这种杂乱辊的杂乱机理,不仅仅依靠速比的变化,而主要是气流的大小或者是锡林、杂乱辊形成附面层气流交汇的结果,附面层气流大小与形成对纤维的黏滞摩擦阻力的大小与旋转体的转速、半径有关。其理论依据是空气动力学原理。

针带杂乱近似横动杂乱辊杂乱,它是利用植针条带的横向运动来实现的。

(二)牵伸辊杂乱机构

牵伸辊杂乱是利用若干对牵伸罗拉牵伸来实现杂乱的。牵伸罗拉一般要有两对,才能实现牵伸,如图 1-4-6 所示。

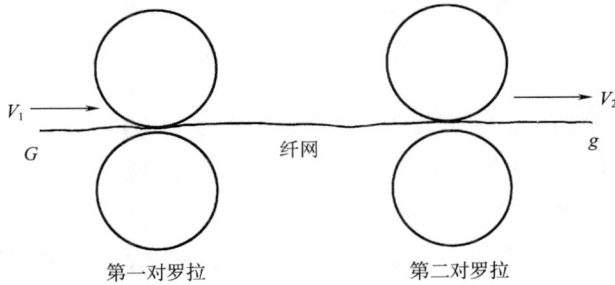

图 1-4-6　牵伸罗拉

图 1-4-6 中第一对罗拉(也称后罗拉)的速度为 V_1,第二对罗拉(也称前罗拉)的速度为 V_2,只有 V_2 必须大于 V_1 才能产生牵伸。一般下罗拉为主动罗拉,上罗拉也称压辊,为被动罗拉。上、下罗拉间的距离可调节。压力可以利用上罗拉自重及另外的压力装置给予加压,使上下罗拉间具有握持力,握持力的大小影响牵伸。由于 $V_2 > V_1$,所以 $E_1 = \dfrac{V_2}{V_1}$ 称为牵伸倍数,也叫机械牵伸,牵伸倍数可以通过改变传动机构中传动机件来改变。如果第一对罗拉喂入的纤网定量为 G,第二对罗拉输出的纤网定量为 g,则 $E_1' = \dfrac{G}{g}$ 称为工艺牵伸或实际牵伸。一般说来 $E_1 \approx E_1'$,即从第二罗拉输出的纤网定量减轻了 E_1' 倍。这就是说,由于牵伸的结果使纤维网变薄、变轻。

图 1-4-7 所示为由五对牵伸罗拉组合的牵伸,形成了四个牵伸区,即 V_2-V_1、V_3-V_2、V_4-V_3、V_5-V_4,其牵伸倍数分别为:$E_1 = \dfrac{V_2}{V_1}$,$E_2 = \dfrac{V_3}{V_2}$,$E_3 = \dfrac{V_4}{V_3}$,$E_4 = \dfrac{V_5}{V_4}$,总牵伸倍数 E 应为四个牵伸区的牵伸倍数的连乘积,即:

$$E = \frac{V_2}{V_1} \times \frac{V_3}{V_2} \times \frac{V_4}{V_3} \times \frac{V_5}{V_4} = \frac{V_5}{V_1} \tag{1-4-1}$$

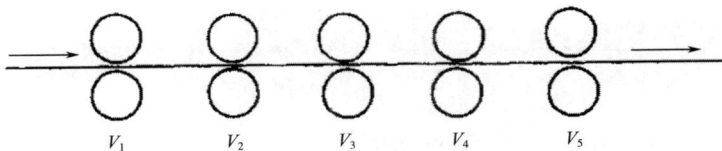

图 1-4-7　多对罗拉组合

图 1-4-8 所示为德国斯宾宝公司的 231 型牵伸杂乱辊组合成网机,采用品字形罗拉。

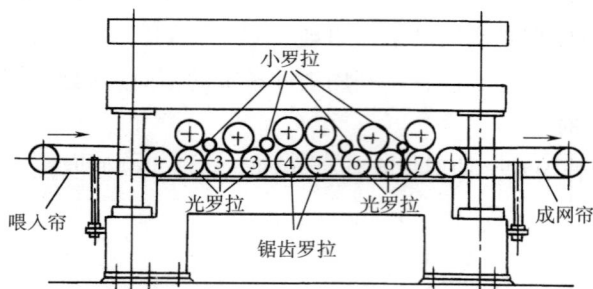

图 1-4-8　斯宾宝公司的 231 型牵伸杂乱式成网机

由图 1-4-8 可知,牵伸罗拉构成五个牵伸区,即 V_3-V_2、V_4-V_3、V_5-V_4、V_6-V_5、V_7-V_6。为了实现杂乱,上下罗拉间必须有足够压力并且压力要均匀,罗拉直径不能太小,否则易缠绕。

牵伸区中牵伸倍数一般较小,在 1~3 倍,且后区牵伸不易大,防止到前区使纤维失控而引起纤网不匀。为控制纤维在牵伸区的运动,在罗拉钳口处增加附加小罗拉,以加强对纤维的控制。罗拉 4、5 采用平头针布包覆,使控制力更大。当喂入的纤网中纤维横向排列时,由于牵伸的作用把部分纤维拉成纵向或趋向纵向,使纤网实现杂乱。当上压辊为自重加压,纤维网厚时,纤维向前运动时有差异,而靠钳口远近不同产生不同速度来实现杂乱。

法国水刺生产线上采取了九上十下多罗拉牵伸,如图 1-4-9 所示,罗拉之间的隔距基本设定为品字罗拉隔距皆为 2mm,前区为 1mm,但应根据纤维长短来设定。根据纤网厚度调节牵伸倍数,总牵伸倍数为 1.6~2.8。

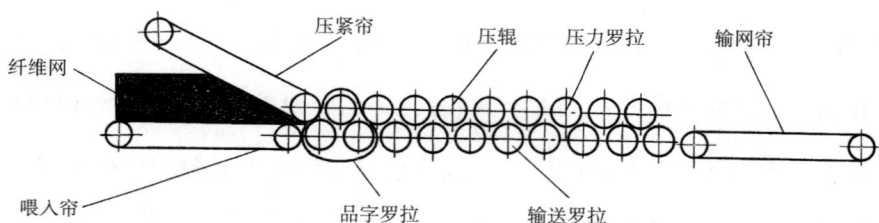

图 1-4-9　法国水刺生产线多罗拉杂乱

也有采用七上八下牵伸辊式的,由五组品字牵伸罗拉组成,实现了四个牵伸区的牵伸,如图 1-4-10所示。喂入牵伸机的纤网定量最高能达 $600g/m^2$,而出牵伸机的纤网定量最低能达 $30g/m^2$,纤维在纤网中纵向的偏转角可达 $30°~60°$。

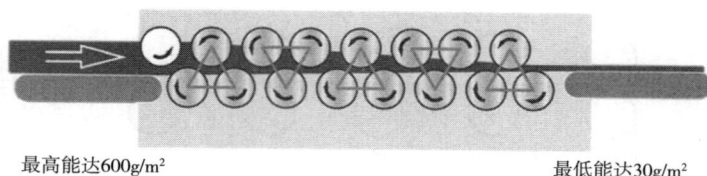

最高能达600g/m²　　　　　　　　　　最低能达30g/m²

图 1-4-10　七上八下品字形牵伸辊

三、气流杂乱成网

在干法非织造材料生产工艺中,气流成网技术是成网的重要形式之一,尤其对短纤维成网更显重要。它是利用空气动力学原理,纤维经开松混合之后,喂入高速回转的锡林中进一步梳理成单纤维状,在锡林的离心力和气流的联合作用下,纤维从针齿上脱落,靠气流输送,在输送过程中使纤维杂乱排列,最后将纤维尽可能均匀地凝聚在连续运动的多孔网帘上形成纤维网。气流成网形式有以下几种,如图 1-4-11 所示。

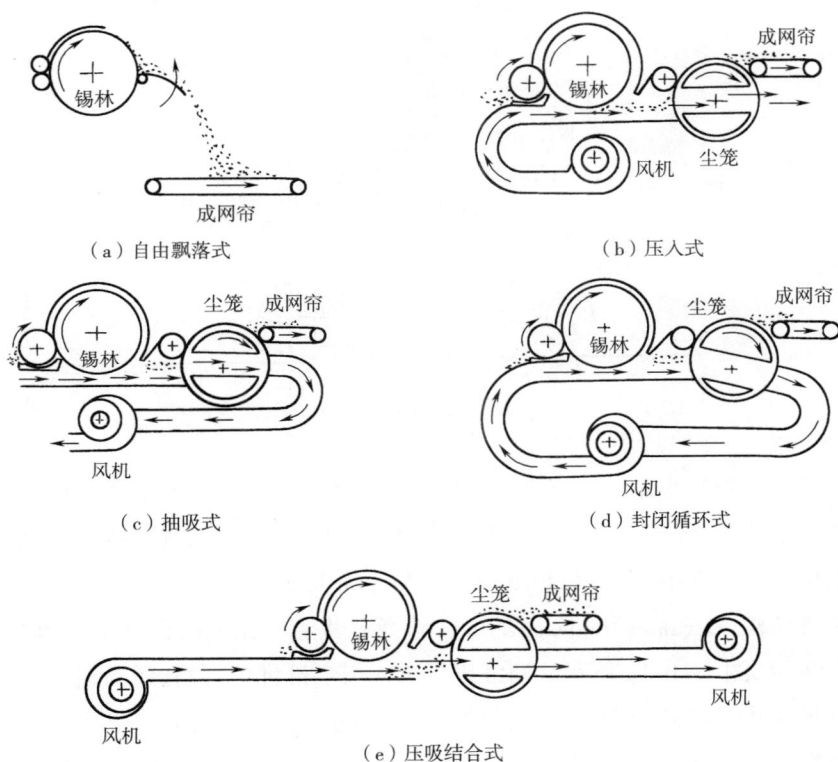

（a）自由飘落式　　　　　　　　　　（b）压入式

（c）抽吸式　　　　　　　　　　（d）封闭循环式

（e）压吸结合式

图 1-4-11　气流成网形式

在国外气流成网机械中上述几种形式都有采用。国产 SW-63 型气流成网机即采用抽吸式,如图 1-4-12 所示。美国兰多气流成网机采用抽吸式,原捷克斯洛伐克纽麦特公司的气流成网机为压入式,美国 PS 型气流成网机为封闭循环式,奥地利的 K12 型气流成网机、K21 型气流成网机为抽吸式。

国产 SW-63 型气流成网机的工作过程为锡林带着纤维经风轮的提升使纤维都浮于锡林针表面,由于吸风装置的作用将纤维吸入风道并凝聚

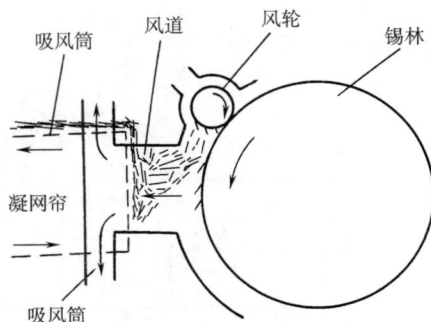

图 1-4-12　SW-63 型气流成网机

在带孔的网帘上,由网帘带走纤维层。这种纤维层实现杂乱的原因是,风轮高速回转不但有提升作用,同时也吹乱纤维,锡林离心力的作用会甩出纤维,风机吸风的作用、网帘速度变化等几方面的因素使纤维不可能平行顺直地存在。但这种气流杂乱过程是一个复杂的过程,属于流体力学、空气动力学范畴,有待于深入探讨。

奥地利菲勒尔(Fehrer)公司的 K12 气流成网机如图 1-4-13 所示。

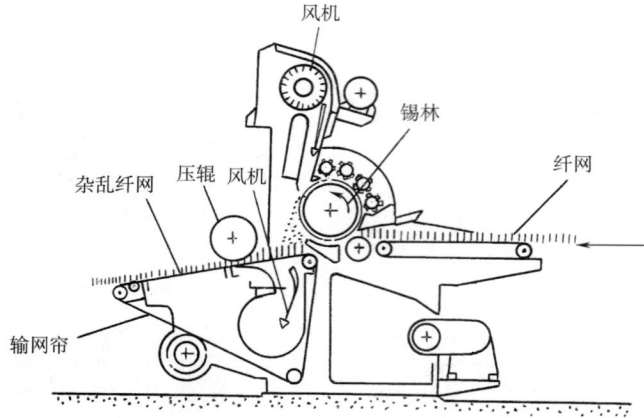

图 1-4-13 奥地利菲勒尔公司的 K12 气流成网机

这种成网机的工作过程是纤网喂入后,经锡林梳理后由风机吹吸结合,将锡林上的纤维凝聚到网帘上实现了杂乱,形成杂乱后的纤网。同样,这种杂乱也是多种因素复合而实现的。但是这种成网机尽管适应性很大,细旦和粗旦纤维都能加工,但其生产效率偏低。

欧瑞康·纽马格(Oerlikon Neumag)的 K12 高蓬松垂直气流成网机在 K12 基础上添加了一个"高蓬松"装置,如图 1-4-14 所示。当纤维层进入梳理部件梳理后,经高速气流将纤维剥下,铺到下面具有吸气装置的输网帘上,并由输网帘将纤网向箭头方向输出。在成网过程中,受到高蓬松装置的作用,吸引纤维垂直排列,使随机纤网的体积增长 80%,然后用热黏合法或化学黏合法固结。

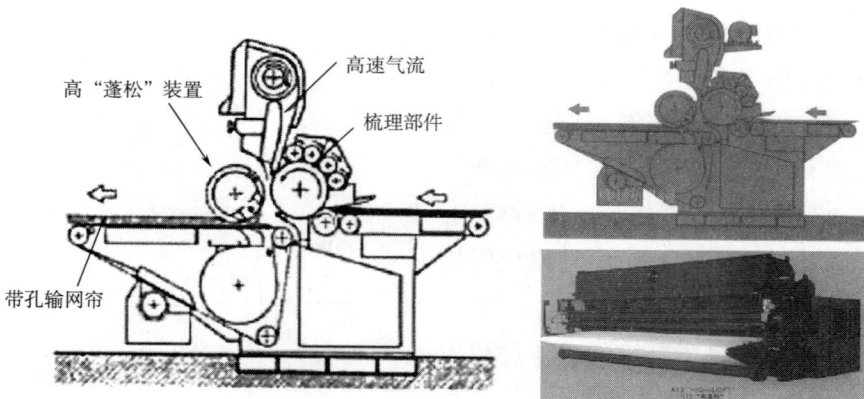

图 1-4-14 K12 高蓬松垂直气流成网机

此外,菲勒尔公司在 K12 基础上也设计了高效杂乱的 K21 气流成网机,如图 1-4-15 所示。喂入纤网层经 4 个锡林与剥取辊和工作辊的梳理形成散纤维,在锡林之间有风道,通过输网帘再与喂风口连通。因每个锡林都会有部分纤维被吸走并铺在输网帘上。因此输出的纤维网是由四部分纤维混合铺放在一起而形成的杂乱而又均匀的纤网。由于每个锡林都有部分纤维被吸走,所以第一锡林、第二锡林不会将纤维全部吸走。杂乱就发生在风道中,而均匀作用发生在四部分纤维的混铺,而且在锡林与锡林之间又形成一个新的梳理点,且这个梳理点的梳理范围大,梳理效果好,即单根纤维变多,这样气流才会包围单根纤维,从而带走纤维,才能更好地实现杂乱。如果气流包围的是束纤维,那么其杂乱程度就差,混合均匀也必然差。总之,这种四锡林组合的气流成网机构设计可较好地实现杂乱。

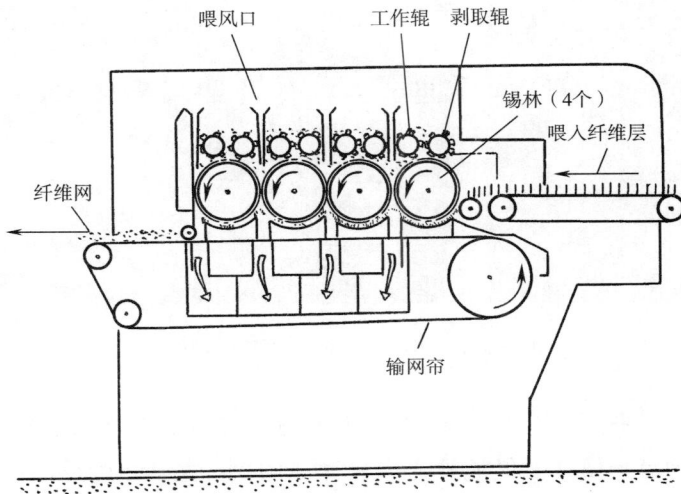

图 1-4-15　菲勒尔公司 K21 气流成网机

在细特纤维的高性能气流成网方面,迪罗·丝宾宝(Dilo Spinnbau)公司推出了一种通用型 Fiber Lofter 系列气流成网机构,如图 1-4-16 所示,该机构用于中高克重产品。全套生产线由计算开松机、斜槽喂给机、喂给盘、喂给罗拉、Turbo 罗拉以及成网单元(由透气筛网帘及下方的

图 1-4-16　Fiber Lofter 系列气流成网机构

抽风漏斗)组成。依靠一种全新的空气动力学系统来完成纤维的铺网,生产出的成品在纵横向具有良好均匀的纤维密度,其纵横向的最大密度差小于 3%,纤维网纵横密度比(MD/CD)趋于1。能加工各种不同规格纤维原料,可生产纤网克重为 150 ~ 3000g/m² 的产品,产能可达1500kg/h 以上,并可以进行随后的针刺和热黏合处理。

博尼诺(BONINO-HDB)公司采用空气动力学原理进行纤网成型,开发出 Turbo Card 梳理气流成网机,如图 1-4-17 所示,梳理组件为固定梳理盖板和工作/剥离辊组合配置,梳理出的纤网通过气流剥离凝聚在一个穿孔的网帘上成型。

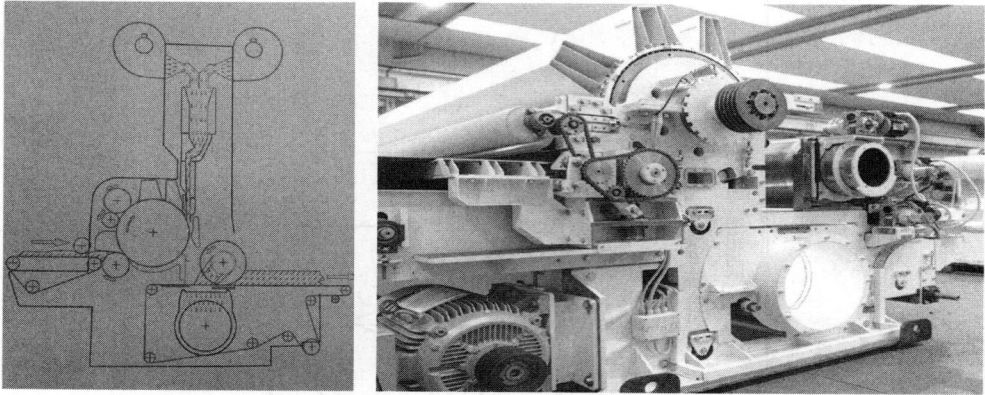

图 1-4-17　Turbo Card 梳理气流成网机

常规的气流成网机理简单地讲是通过气流把单根纤维送到铺网帘上成网。而杂乱及均匀的实现靠的是流体的流畅设计及气流管道形状、截面大小,尤其是管道出口处截面的形状、形式、面积与气流流量、流速关系的合理配合、巧妙设计才能实现。

气流成网均匀杂乱的影响因素很多,合理处理好这些因素才能提高气流成网的杂乱和均匀效果。这里有两方面的问题,杂乱好并不等于均匀好,只有又杂乱又均匀,才能达到所要求的目的。提高纤维的开松、梳理效果好、单根率高,纤维层的均匀度才能提高。气流的速度必须沿锡林的切线方向,气流速度要接近或略低于锡林表面速度。

根据气流成网的结构特点合理选择纤维长度和纤维线密度,保证在气流带动纤维运动时,纤维不纠缠,纤维的密度差异不能太大。

输送管道结构、截面积、角度设计合理化,尤其接近尘笼时要防止纤维成网不匀。一般要求尘笼输送风道中心线与水平线呈 30°~60°角,使纤维在尘笼的 1/3 ~ 1/4 表面上成网,让输送管道长度在 250~1200mm。

尘笼直径大小、表面网眼数、网眼大小及尘笼(或网帘)的运动速度等均与杂乱均匀成网有关。气流成网均匀度的实现涉及多方面的因素,比较复杂。但气流成网是具有发展前途的、非常适用的一种形式,通过表 1-4-1 的对比可以看出。

成网形式不同、产品中纤维的排列状态不同、产品结构变化,均会引起产品的性能变化及应用领域的不同。由此看来,成网是非织造材料生产中第一重要环节,不可忽视。

表 1-4-1　成网方法比较

成网方法	非织造材料纵横强力比	成网方法	非织造材料纵横强力比
纤维平行铺设成网	（10~12）∶1	杂乱+无规杂乱成网	（0.5~4.5）∶1
杂乱辊杂乱成网	（5~6）∶1	气流成网	（1.1~1.5）∶1
机械牵伸杂乱成网	（3~4）∶1		

第二节　铺网

铺网是指把多层单网经机械设备铺叠在一起,形成比较均匀的厚网供下道工序使用。一般说来,铺网是又叠又铺,主要是为了进一步混合均匀、加宽、加厚及满足下道工序的需要。

因梳理机梳成的纤网定量较轻,幅宽也较窄,不能满足产品的要求,一般要用铺网机进行加工。铺网的主要形式有 4 种:平行铺网、交叉铺网、组合铺网、垂直铺网。

一、平行铺网

平行式铺叠成网因梳理机的走向与形成纤网后走向的不同,分成串联式铺网与并联式铺网两种。

(一)串联式铺网

如图 1-4-18 所示,由梳理机道夫上剥下的单层纤维网定量在 $10~20g/m^2$,经串联后三台梳理机上的三层单网重叠铺在一起,形成的最终纤网厚度增加、定量增重,且提高了均匀度。这种串联式平行铺网方式梳理机的走向一致,纤网的走向也一致,最终得到的纤网结构中纤维平行顺直较多,因此纵向强度大、横向强度小。在实际生产中,为了利用产品的纵向强力即可使用这种形式。

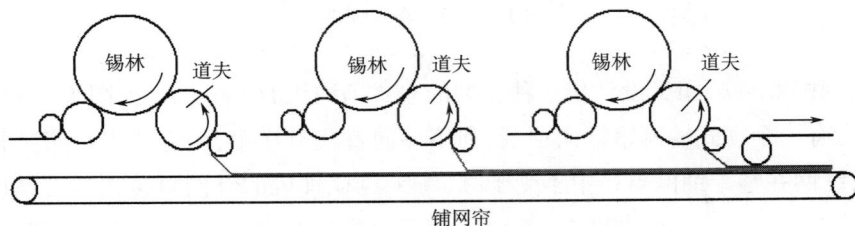

图 1-4-18　串联式铺网

(二)并联式铺网

如果将梳理机并列排列即并联,纤维的走向要经折转 90°后再铺叠在成网帘上,这种形式如图 1-4-19 所示。

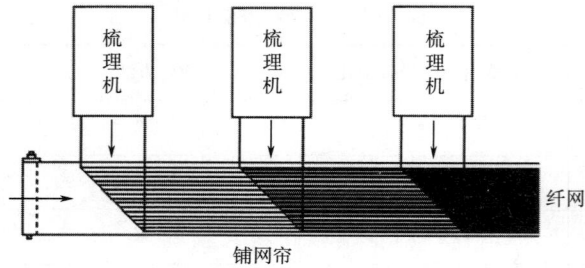

图 1-4-19 并联式铺网

这两种形式其实质相同,主要缺点是纤维平行顺直,纵、横向强度比大,一般在(10~12):1。

二、交叉铺网

交叉式铺网是采用一台梳理机下机的纤维网进行交叉铺叠,达到一定重量和宽度。交叉式铺网有以下几种形式:立式铺网,四帘式、三帘式、二帘式铺网,夹持式交叉铺网等,下面举例介绍。

(一)立式铺网

立式铺网又称驼背式铺网,它是通过一个过桥帘,近似毛粗纺梳理机的形式。如图 1-4-20 所示,由道夫下机的纤维网沿斜帘、横帘到夹持帘,夹持帘往复摆动,于是单网便在成网帘上形成一定厚度和一定宽度的纤网。

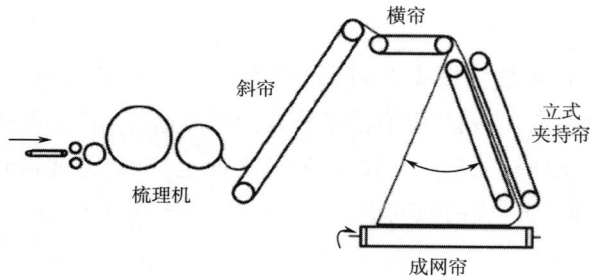

图 1-4-20 立式铺网

近年来,德国 Dilo 公司又设计出一种新型的立式铺网机 Hyperlayer,如图 1-4-21 所示。它的基本原理是有一个立式输网帘输向顶端,利用导向臂代替横帘,由立式夹持帘夹持纤网左右摆动而铺网,纤网在整个铺网路径中不受干扰,将来自梳理机的纤网直接输送至铺网点。纤网喂入速度可达 200m/min,铺网宽度在 1~10m,铺网速度带有自动调节系统来控制,随设备型号不同可在 110~300m/min 进行调节。这种设备在纵横向上无空气紊流和牵伸破坏纤网,整个铺网过程可实现无牵伸,铺网均匀,可保证针刺机输出产品的 CV 值达到 0.5%~1.5%。

其铺网层数为:

$$N = \frac{V_1 \times B}{V_2 \times W} \tag{1-4-2}$$

式中:N——铺网层数;

　　V_1——夹持网输网速度,m/min;

　　B——单网宽度,m;

　　V_2——成网帘速度,m/min;

　　W——成网宽度,m。

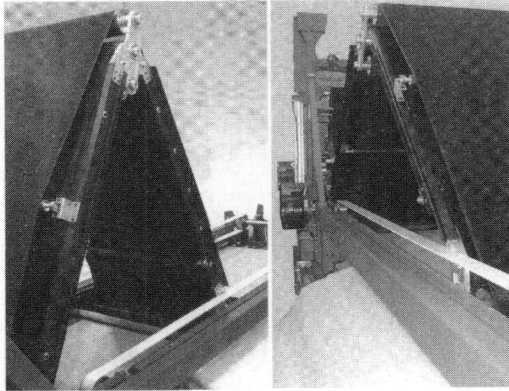

图 1-4-21　新型立式铺网机

当然也可用重量比计算铺网层数,即:

$$N = \frac{G}{g} \quad\quad\quad (1-4-3)$$

式中:g——铺网帘或输网帘输出纤网的定量;

　　G——成网后同等时间内输出的铺叠后纤网的定量。

这种形式在台湾的生产线中应用较多,它速度慢,影响产量,但节约占地面积。

(二)四帘式铺网

四帘式铺叠成网是目前应用较多的一种铺网方式,其工作原理如图 1-4-22 所示。

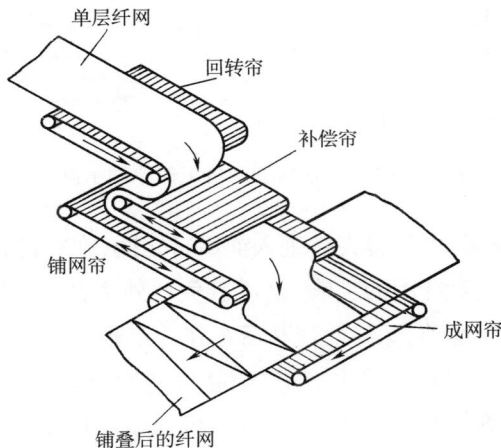

图 1-4-22　四帘式铺网机工作原理示意图

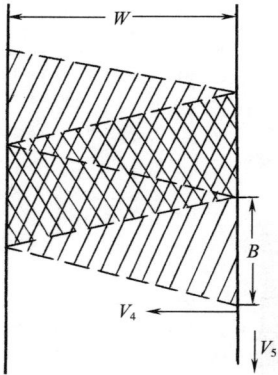

图 1-4-23 铺网形状

单层纤网由梳理机下机后经定向回转帘和补偿帘到铺网帘。铺网帘不仅回转,同时还可以按设计的纤网宽度来回移动。这样由铺网帘输出的纤网就被往复地铺在成网帘上。这种铺网机铺叠后的纤网定量在 $80 \sim 1000 \text{g/m}^2$,成网宽度可调节,铺网层数由成品定量决定。

这种四帘式铺网机不管其运动机构用什么形式及怎样复杂,都必须保证梳理机道夫的纤网下机速度 V_D 等于输网帘的速度 V_2,并且必须等于铺网帘的速度 V_4,否则会引起牵伸断网或纤网堆积。铺网后的形状如图 1-4-23 所示。

其铺网层数 N 应等于输出纤网的总面积除以成网后的总面积,即:

$$N = \frac{V_4 \times B}{V_5 \times W} \qquad (1-4-4)$$

式中:N——铺网层数;

V_4——铺网速度,m/min;

V_5——成网帘速度,m/min;

B——单网宽度,m;

W——成网的宽度,m。

(三)二帘式铺网

二帘式铺网机工作原理如图 1-4-24 所示。

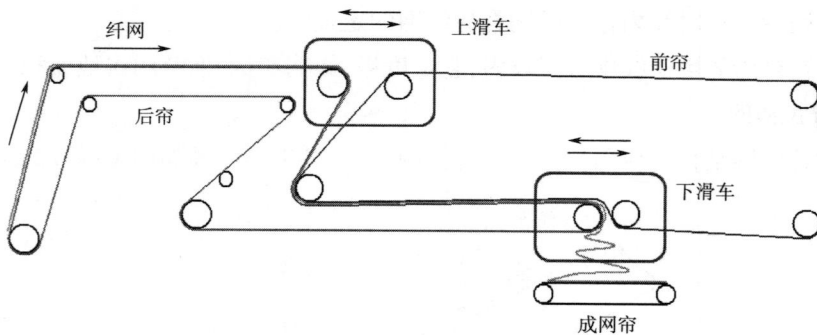

图 1-4-24 二帘式铺网机工作原理示意图

纤网经后帘传送到上滑车,由双辊夹持进入前后帘之间,在夹持状态下作往复运动,可以排出纤网中的空气,克服了空气对纤网的影响,也可避免意外牵伸,可实现高速铺网,同时又改善了纤网均度。上、下滑车反向运动,保持前帘和后帘在一定张力下运行。帘子是长丝编织而成,上面涂覆涂层材料,涂层材料中有抗静电成分,防止静电对纤网的影响,接头采用斜面黏合搭接,保证网帘运转平稳。两侧装有网帘整位纠偏器,可以防止网帘跑偏。下滑车离成网帘距离很近,防止空气阻力作用,避免产生飘网及意外牵伸。

还可以进一步简化成网装置,纤网用夹持皮板夹持,其原理与上述二帘铺网机基本相同,如图 1-4-25 所示。

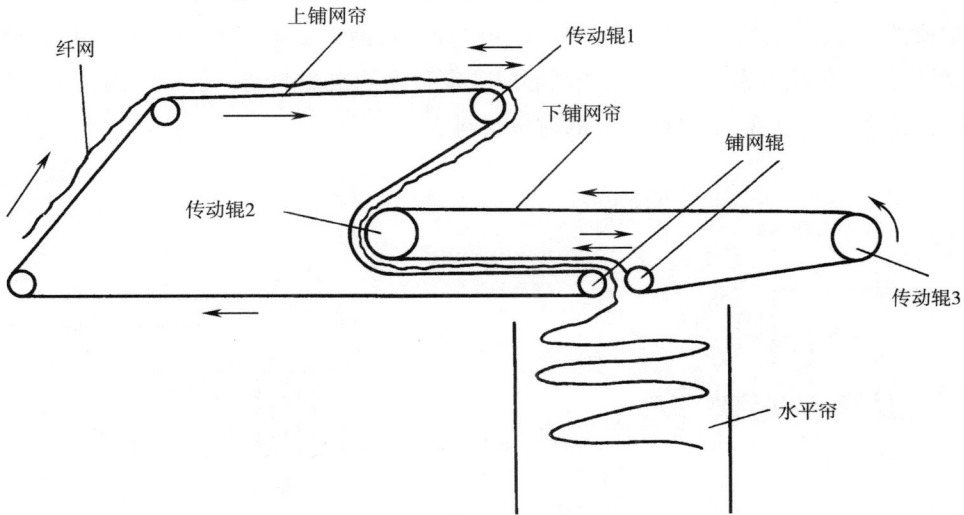

图 1-4-25 新型铺网机工作原理示意图

单层纤网沿上铺网帘向前运动,经传动辊 1 到传动辊 2,纤网被上、下铺网帘的皮板夹持住继续前进,运动到铺网辊输出至水平帘。其铺网是靠两个铺网辊和传动辊 1 的左右平动实现的。传动辊 1 向左平动时,铺网辊向右平动;传动辊 1 向右平动时,铺网辊向左平动,从而实现了交叉折叠铺网。

这种铺网机增加了自动控制系统,使铺网层数、铺网宽度、铺网速度控制自如。铺网均匀度很重要,关键在左右摆动的铺网辊的运动机构设计,尤其是换向机构。普通铺网机由于平动的存在,摆动到两端速度变慢,而摆到中间速度快,纤网变薄,即易形成两边厚、中间薄的铺网效果,使纤网的均匀度变差,影响最终产品质量。这种新型铺网机增加了储网装置,很好地解决了这个问题。

三、组合铺网

交叉铺网得到的纤网虽然幅宽可调,纤维交叉排列,使得产品横向强度大于纵向强度,但是铺置的纤网表面有折痕,会影响产品的外观,所以在生产过程中会采用组合式铺网来修饰表面,生产中也称为半交叉铺网,如图 1-4-26 所示。

它是将交叉铺网机折叠的网与另一梳理机下机的平行铺网机形成的纤网重新铺叠在一起,使纤网中的纤维呈纵横向等多种方向排列。这种形式受幅宽限制,占地面积太大,所以很少采用。

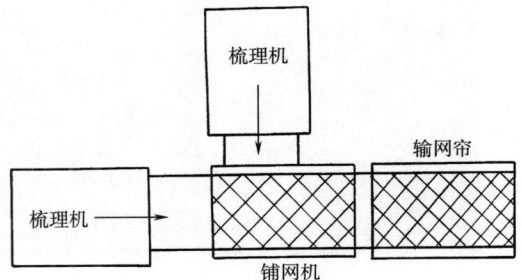

图 1-4-26 组合铺网

四、垂直铺网

垂式铺网是将单层纤网上下折叠,使纤网中纤维以近似垂直的方式排列,厚度明显增加。图1-4-27是捷克Struto公司的垂直铺网系统,从梳理机输出的纤网在导板和钢丝栅的引导下,随着成型梳的上下摆动而前进折叠,经带针压板的推动,铺成上下折叠的厚网。由于压板上针的作用,各层纤网在被压紧同时,纤维间可形成一定程度的机械缠结。这种纤网经垂直折叠后,其压缩回弹性能明显改善,是一种良好的衬垫材料。

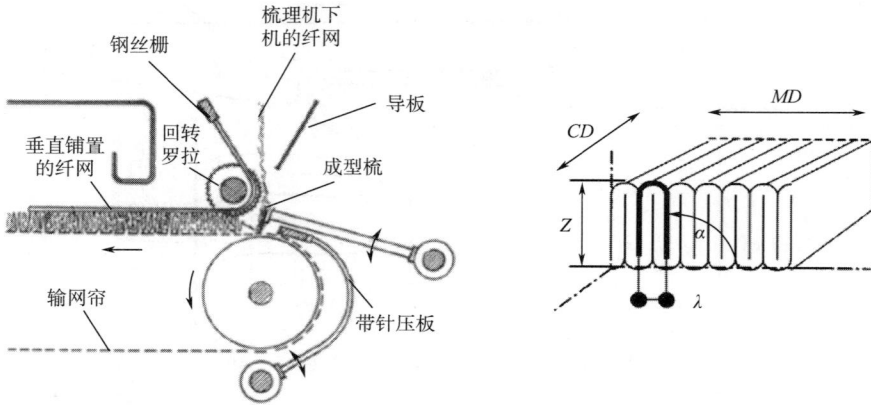

图1-4-27 Struto公司的垂直铺网系统

该设备适合于所有的合成纤维和天然纤维,但是在成网过程中必须加入10%~100%的热塑性纤维,纤维线密度为1~100dtex,可制备定量为8~200g/m²、厚度为10~40mm(最小可达3mm)的纤网。由于纤网呈垂直状态排列,如图1-4-28所示,产品特性表现为抗压、刚度好、回复性能好、弹性好,适宜做汽车座椅、床垫、家具、睡袋、床上用品、过滤材料、绝热材料、隔音和填充材料等。

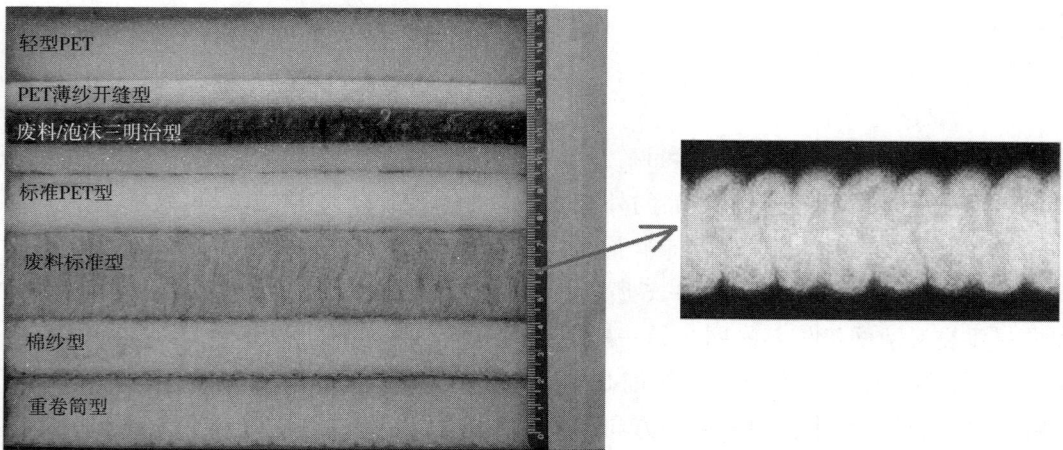

图1-4-28 垂直铺网产品

也可以跟基布材料复合,制备复合材料,其生产线如图1-4-29所示。

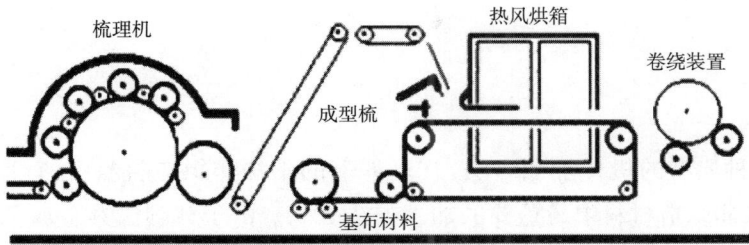

图 1-4-29 基布复合垂直铺网生产线

与 Struto 公司的垂直铺网系统不同的是,Santex Wavemaker 公司开发了一款旋转的垂直铺网系统,如图1-4-30所示。该系统利用旋转的齿轮带动纤网进行铺网,出来的纤网层之间有一定的倾斜角度,产品的弹性更好,而且生产速度大大提高了。

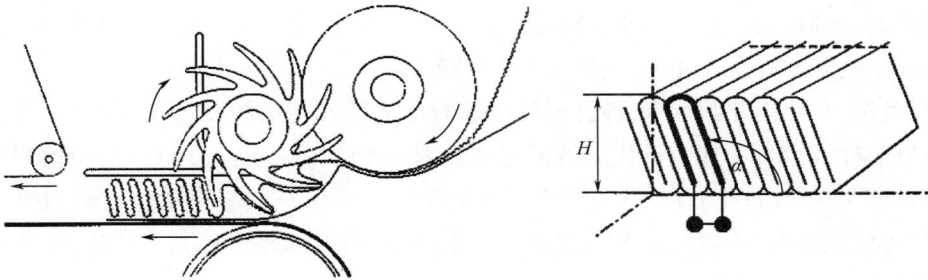

图 1-4-30 Santex Wavemaker 公司的旋转垂直铺网系统

思考题

1. 成网的方法有哪几种?各成网机理是什么?
2. 梳理成网与杂乱成网有什么不同之处?在非织布工程中为什么大多使用杂乱成网?
3. 气流成网有哪几种不同方式?
4. 为什么要进行铺网?说明其意义。
5. 铺网的方法有哪几种?各有什么特点?
6. 铺网层数怎样计算?

第五章　针刺法固网

　　针刺法是一种典型的机械加固方法,在世界上的干法非织造材料中,针刺非织造材料占40%以上,是干法非织造材料中最重要的加工方法之一。由于针刺法具有加工流程短、设备简单、投资少、产品应用面广等特点,因此发展很快。

　　回顾针刺技术的发展,可追溯到19世纪末期,当时在英国的利兹,一位叫威廉·拜沃特(William Bywater)的人制造了世界上第一台针刺机。20世纪初,由他创建的拜沃特公司对针刺机不断进行改进,从而使越来越多的针刺产品出现在市场上,为现代针刺技术的发展奠定了基础,并于1945年对针刺机做出了重要改进。美国对针刺技术的研究也比较早,在1890年,一位叫詹姆斯·亨特(James Hunter)的美国人设计了针刺机并开始制造,其创办的亨特公司在1957年对针刺机的主轴传动偏心轮平衡机构做了进一步的改进,设计出传动平衡的针刺机,使针刺机的针刺频率达到800次/min,大大提高了生产效率。

　　从20世纪60年代开始至今,各公司都在致力于进行针刺机的改进及新设计,出现了各种型号、各种规格的针刺机,其中有代表性的是奥地利菲勒尔(Fehrer)公司和德国迪罗(Dilo)公司。菲勒尔公司在20世纪60年代设计出了世界上第一台组合式全封闭传动机构的高速针刺机,采取了连续送网与其他措施,使针刺机的针刺频率达到1000次/min。目前,菲勒尔公司的单针板植针密度达10000枚/m,幅宽最宽可达16.5m,最新采用弧形针板机构,针刺频率超过3300次/min。而迪罗公司的针刺机采用了碳纤维增强复合材料做针梁和针板,使针刺机的针刺频率达到3500次/min,生产速度超过60m/min,有的甚至达到150m/min,幅宽最宽也可达16.5m。目前,迪罗公司采用圆形轨迹运动设计的高速针刺机,单针板植针密度达20000枚/m,生产速度高达1100m/min,产品克重可低至25g/m^2。

　　我国的针刺技术与针刺设备装备水平虽与国外有较大差距,但近年来已有长足的进步,除引进世界上先进的针刺设备外,已可自己生产最高针刺频率为1800次/min的通用型针刺机,植针密度10000枚/m,幅宽最宽达12m。

　　早期的针刺产品多数是由纤维或服装业的下脚料制成质量粗糙的垫子,用于家具衬垫、地毯底布、家用装饰品等。现今,由于针刺技术的不断发展,针刺产品的应用已渗透到工业、农业、国防、医疗等各个行业。例如,地毯、保温材料、过滤材料、土工布、服装辅料、合成革基布、油毡基布、造纸毛毯、汽车内衬材料、隔音材料、绝缘材料等。

第一节　针刺机理

　　在针刺法加工中,利用针刺机的刺针穿刺作用,可将十分蓬松的纤网加固成具有一定性能的非织造材料。这种非织造材料完全靠纤网中纤维与纤维之间形成的抱合力、挤压力、摩擦力等产生强力,使产品具有强力高、手感好、滤水性能和透气性优良等特点,这些性能是传统纺织品所无法比拟的。由于针刺产品的独特风格,使得针刺技术的发展十分迅速。

一、针刺法的基本原理

针刺法的基本原理如图1-5-1所示,它是利用具有三角形或其他形状截面且在棱边上带有刺钩的刺针对纤维网反复进行穿刺而对纤网进行固结的一种方法。

由交叉成网或气流成网机下机的纤网,在喂入针刺机时十分蓬松,只是由纤维与纤维之间的抱合力而产生一定的强力,强力很差。当多枚刺针刺入纤网时,刺针上的刺钩就会带动纤网表面及次表面的纤维,由纤网的平面方向向纤网的垂直方向运动,使纤维产生上下移位,而产生上下移位的纤维对纤网就产生一定挤压,使纤网中纤维靠拢而被压缩。当刺针达到一定的深度后开始回升,由于刺钩

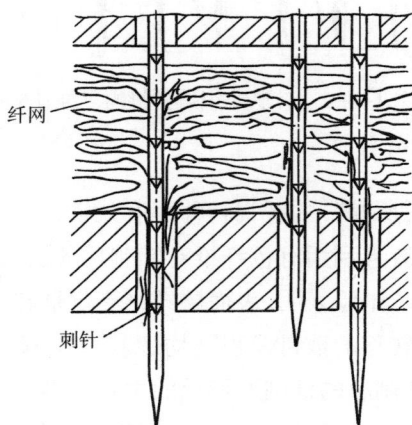

图1-5-1 针刺法的基本原理示意图

的顺向性,产生移位的纤维不会随着刺钩往回运动,而以几乎垂直状态留在纤网中,犹如许多纤维束"销钉"钉入了纤网,从而使纤网产生的压缩不能回复。如果在每平方厘米的纤网上经数十或上百次的反复穿刺,就把相当数量的纤维束刺入了纤网,纤网内纤维与纤维之间的摩擦力加大,纤网强度升高,密度加大,形成了具有一定强力、密度、弹性等的非织造材料——针刺法非织造材料。

二、针刺非织造材料结构模型

针刺非织造材料由水平结构和垂直结构共同组成。刺针的反复穿刺使纤网中的部分水平纤维形成了成千上万的垂直纤维簇,垂直纤维簇像一个个"销钉"贯穿于纤网上下,与水平纤维缠结,有效地阻止了水平纤维在拉应力作用下所产生的相互滑脱,并且使纤网结构紧密,厚度大大下降。然而这些垂直"销钉"与被约束的水平纤维之间并不是孤立的,垂直纤维来自水平纤维,"销钉"中的绝大部分纤维的一端或两端仍留在水平纤维之中。纤网中的部分纤维则有可能被两个或两个以上的刺针握持而转移,一根纤维同时参与两个或两个以上的"销钉"的组成。正是这种纤维在垂直的"销钉"与"销钉"之间产生了连接,起到了搭桥作用,而这些纤维受到两个或两个以上刺针的握持,纤维的紧张程度加强。通过其应力传递,产生了以垂直"销钉"为"节点"的水平网状结构。针刺非织造材料就是通过均匀、稳定、紧张的水平网状结构串起成千上万垂直纤维簇组成的三维骨架结构,如图1-5-2所示。这种三维骨架结构约束其他水平纤维形成有机整体,正是这种独特结构使针刺非织造材料具有了一定的强度及其他物理性能。

图 1-5-2　针刺非织造材料的三维骨架模型

三、针刺过程中纤维转移的形态分布

刺钩穿刺纤网时，首先接触的是表面层纤维，此时刺钩抓取、容纳纤维的能力最强。随着穿刺深度的增加，刺钩空间逐渐被纤网上层纤维所充满，继续下刺，刺钩握持纤维的能力便明显下降。由于各刺钩位置的不同，进入纤网有先后，所面对纤网的结构因前面刺钩对纤网的作用而不同，接触各层次纤维的概率也不同，在一定针刺深度下，先进入纤网的刺钩到达位置较深，所携带的纤维转移程度就较大。

有人利用有色纤维对针刺后各层次纤维被转移的情况进行了跟踪试验，其结果如图 1-5-3 所示。试验表明，表面层纤维不仅被转移的数量最多，而且纤维贯穿纤网上下，而其他层次的纤维被转移的数量及程度均逐步减小，第四层以下的被转移纤维数量最少。从分布形态可以看出，针刺后的纤网所形成的垂直纤维簇主要是由上层纤维转移而成，因此，贯穿纤网的表层转移纤维在垂直纤维簇中对纤网的加固起了决定性作用。

表面层　　　　　第二层　　　　　第三层　　　　　第四层

图 1-5-3　不同纤维层转移情况

由上述试验可知，针刺纤网两面被加固的状态差异很大，一面的表层纤维缠结紧密，密度大，强力大；而另一面则纤维的转移少，相互间缠结少，相对蓬松性好。因此，要想得到两面状态一样的针刺产品时，必须从正面针刺后，再从反面针刺，即两面刺。

用普通刺针均匀排列可制得表面平整且具有一定强力、密度的针刺法非织造材料；如选用叉形针（针头开叉圆形截面的刺针）穿刺纤网，就能使纤维在纤网背面形成毛圈；若将刺针按一定规律排列，就可制成具有一定花纹图案的针刺法非织造材料。如果再配以合适的着色纤维，则产品外观更是独具一格。

第二节　针刺机

一、针刺机的结构

针刺机的种类繁多，型号各异，但基本的组成部分是一致的。主要由送网机构、针刺机构、牵拉机构组成，另外还有机架、传动机构、辅助机构等。

（一）送网机构

送网机构的作用是把纤网输送至针刺区域。由于针刺机机型的不同,送网机构各不相同,由于预针刺机所加工的纤网高度蓬松且纤维间抱合力小,所以对预针刺机的送网机构要求很高,为保证蓬松纤网顺利喂入针刺区而不产生拥塞,不同预针刺机采用的送网方式各具特色,出现了多种形式的送网机构。

1. 压网辊式

这是针刺机最普通的一种送网方式,如图1-5-4所示。纤网经压网辊压缩喂入针刺区接受针刺,之后由牵拉辊拉出。

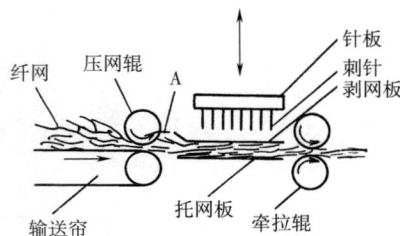

图1-5-4　压网辊式送网装置

这种送网形式虽结构简单,但存在一个突出的问题:受到压网辊压缩的纤网,由于纤网本身的弹性,在离开压网辊后,仍会恢复到蓬松状态而在剥网板与托网板的入口处形成拥塞(图中A处),此时纤网受到入口的阻滞,上下表面产生速度差异,易在纤网上产生折痕,影响预刺纤网的质量。

为了克服上述现象,可将剥网板安装成倾斜式,使进口大、出口小,即成喇叭状,或对压网辊进行改进,在辊上按一定间距开设沟槽,嵌入导网钢丝或导网片(图1-5-5),导网钢丝或导网片的伸出端可延伸至针刺区的第一排刺针,这样就能使蓬松的纤网在受到导网钢丝或导网片压缩的状态下进入针刺区,解决了纤网拥塞问题。嵌入导网钢丝或导网片的送网装置如图

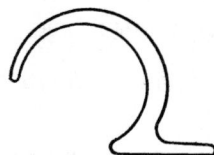

图1-5-5　导网片结构

1-5-6和图1-5-7所示。Fehrer公司的NL28型预针刺机的送网装置就是采用的导网钢丝,在喂入辊的圆周上每间隔60~70mm开设一条沟槽,沟槽子嵌入导网钢丝,其伸出端尽量接近第一排刺针,如图1-5-8所示。我国江苏太仓双凤无纺布设备公司最新生产的6m宽土工布生产线中的预针刺机上就采用了导网片送网装置。

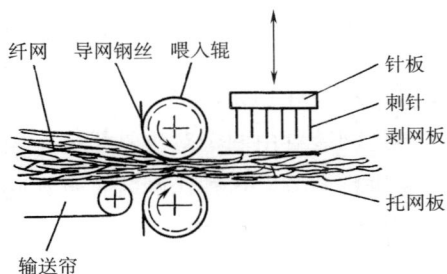

图1-5-6　嵌入导网钢丝的送网装置

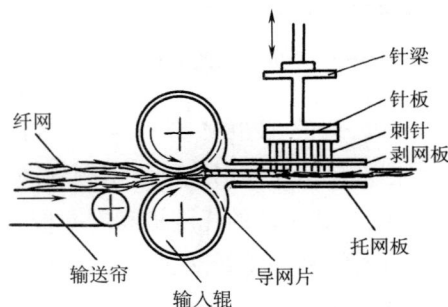

图1-5-7　嵌入导网片的送网装置

图 1-5-8 Fehrer 公司 NL28 型预针刺机的送网装置

2. 压网帘式

将压网辊改成压网帘,压网帘与送网帘相配合,形成进口大、出口小的喇叭状,使纤网受到逐步压缩而顺利进入针刺区。图 1-5-9 所表示的德国迪罗公司 CBF 送网机构就是这种形式。为确保纤网的顺利输送,进一步改进该机构,除设置一对喂入辊外,还在压网帘与喂入辊之间加装一对小罗拉,如图 1-5-10 所示。

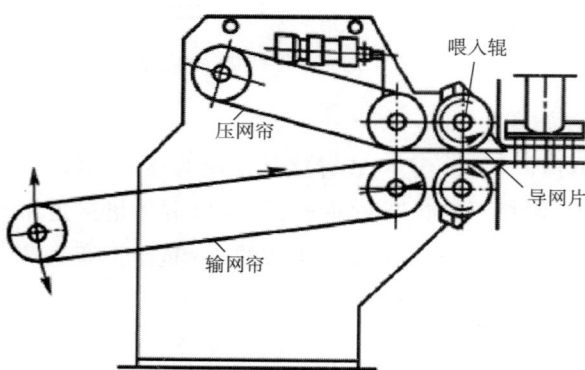

图 1-5-9 Dilo 公司的 CBF 送网机构

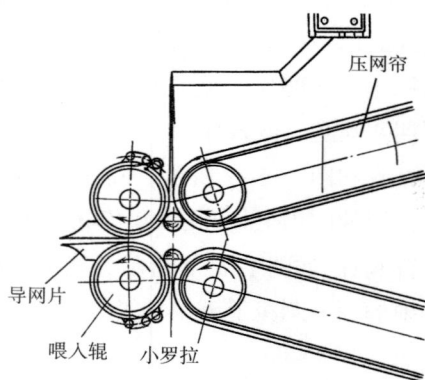

图 1-5-10 Dilo 公司改进的 CBF 送网机构

Asselin 公司的 A25-M 型 SD-1 针刺机上配置了双帘送网装置 DCIN,如图 1-5-11 所示,它可定量地把来自交叉铺网机的纤网顺利送入针刺区,这种送网装置由两个对称且呈一定角度的输送帘组成,与其对接的托网板和剥网板间距可根据需要进行调节。这种送网装置可在整个工作宽度上压缩纤网并将纤网送至第一排刺针的 12mm 之内而不发生拥塞现象。

3. 双滚筒式

用上、下滚筒替代常用的剥网板和托网板,可避免纤网进入针刺区域时发生拥塞现象,如图 1-5-12所示。这种方式加工精度要求高,制造和维修成本也高。

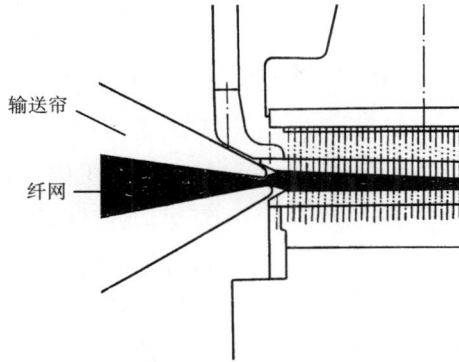

图 1-5-11　双网帘送网装置 DCIN

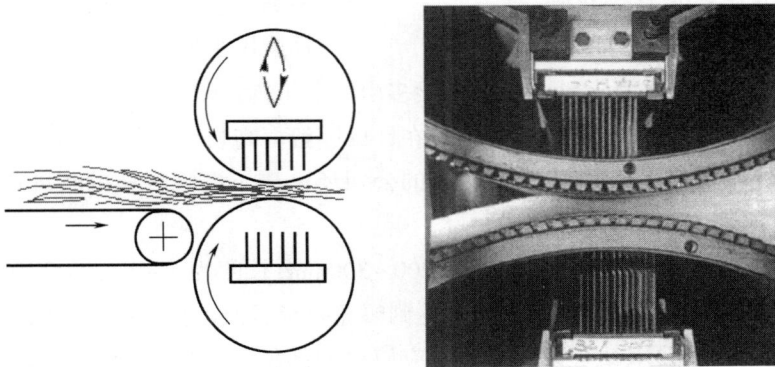

图 1-5-12　Asselin 公司的双滚筒式送网机构

4. 槽形辊式

图 1-5-13 为 Asselin 公司的槽形辊送网装置。槽形辊既起积极输送纤网的作用,又起托持纤网的作用。工作时刺针每次都刺在槽形辊 3 的沟槽内,因而刺针必须直线排列。这种积极的传送装置可有效消除拥塞现象。

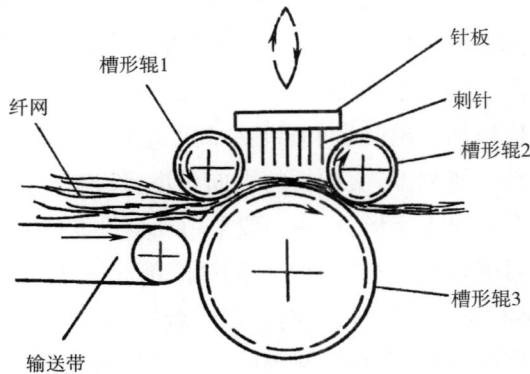

图 1-5-13　Asselin 公司的槽形辊送网装置

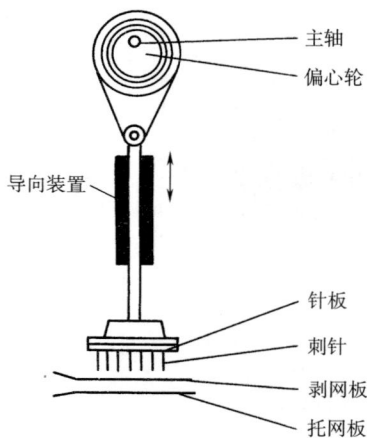

图 1-5-14　针刺机构

（二）针刺机构

针刺机构是针刺机的关键机构,它由主轴、偏心轮、针梁、针板、刺针、剥网板、托网板等组成,如图 1-5-14 所示。主轴上装有偏心轮和平衡机构,用来带动针梁、针板做上下往复运动,使针板上的刺针随之反复穿刺纤网。偏心轮偏心距的 2 倍即为针刺的往复动程。根据针刺机型号的不同,偏心距设置也不同。一般预针刺机的往复动程大,在 60~150mm;主针刺机的往复动程小,在 25~70mm。在满足针刺加固的前提下,往复动程应尽量小,这样往复部件的运动惯量小,有利于高速运行。

针梁用于安装针板,并与偏心轮、连杆连接,在偏心轮的带动下做往复运动。过去针梁多由钢质结构件制成,使得针梁的质量大,产生的惯量大,严重影响机器的平稳和高速运转,现在针梁一般由高强、抗弯、抗扭的轻合金材料制成。近年来,为适应针刺机超高速运转的要求,有的公司还采用了高强轻质的碳纤维复合增强材料来制作。

针板是用来安装刺针的,针板的宽度为 200~300mm,长度为 1~2m,厚度为 20mm 左右,对于宽幅针刺机,采用针板分段拼接的办法来达到幅宽要求,针板材料现以轻质铝、钛合金材料为多。针板按刺针的排列要求钻有针孔。孔径应使针柄部位插入后,刺针不晃动,且便于拆装为宜,为防止刺针经常调换对针孔的磨损,现在多数针刺机在针板的孔中放入一个用塑料或金属制成的刺针套,再将刺针插入套中,使用一段时间后被磨损的是刺针套,定期更换刺针套就可以了。

针板有两个十分重要的参数,一个是针板上的植针密度,另一个是刺针在针板上的排列方式。针板的植针密度 N 是指在机台的宽度方向上单位长度的针板上的刺针数,这一参数是衡量针刺机的重要指标,代表着针刺机的加工水平。植针密度越大,纤网的针刺密度越大,对针刺密度要求一定的产品其加工工序就可缩短。但这一参数又和针板上针孔的加工精度、针板的强度等有关。一般预针刺机的植针密度为 2000~4000 枚/m,主针刺机的植针密度为 3000~10000 枚/m,国外最新针刺机的植针密度高达 20000 枚/m。

针板上针的排列方式应以加工出产品表面刺针刺点呈均匀分布为佳,解决这一问题是较复杂的。因为刺点的分布与针的排列方式、针板的纵向长度、纤网前进的速度等参数有关。过去机器上刺针的排列方式大多是呈人字形,现在一般采用计算机设计的无规则杂乱型排列。

剥网板和托网板是一对配合刺针对纤网进行固结的部件,一般采用钢板制成。两板均钻有孔眼,与针板上的孔眼完全对应。针刺时,托网板起到刺针刺入纤网时的托持作用。剥网板起到刺针退出纤网时的阻挡作用,剥网板和托网板的表面要平整光滑,以便纤网顺利通过。这两板的进口一侧形成喇叭形,便于使针刺前较蓬松的纤网顺利进入针刺区而不产生拥塞。为适应不同厚度纤网的加工,托网板、剥网板和针板的间距可以调节,以实现不同的针刺深度。刺针作为针刺机构的关键器件,将在后面专门介绍。

针刺机的机架要承受全机负荷,必须特别坚固,现一般采用钢板焊接而成。传动机构负责将动力传递给主轴,并由主轴分别传动针刺机构、送网机构、牵拉机构等。新型针刺机的传动机构大多采用数只电动机,根据工艺需要,分别控制针刺、送网、牵拉速度。辅助机构的作用是便于机器看管,提高自动化程度,如紧急刹车自停装置、计长装置、为减缓针刺机高速下振动的平衡装置以及各种自动调节装置和数字显示装置等。

(三) 牵拉机构

牵拉机构的作用是将针刺后的纤网从针刺区域输出。牵拉机构一般由一对牵拉辊组成,其表面包覆摩擦系数较大的材料,以增加牵拉辊对纤网的握持。纤网的牵拉速度和喂入速度要适当配合,保持纤网在针刺区即不产生拥塞,也不受到过分牵伸。牵拉机构的传动形式有间歇式和连续式两种,普通针刺机多采用间歇式传动,在刺针刺入纤网时,纤网停止输送;刺针退出纤网时,纤网运行,以确保纤网不受到过度牵伸或出现断针现象。当针刺机的主轴速度超过800r/min 时,可采用连续式传动。与间歇式传动相比,连续式传动不仅机构简单,而且机台运转平稳,可减少振动,有利于高速运行。

二、针刺机的分类

因针刺方式不同,针刺机的类别多种多样。

(一) 按针板数量分

按针板数量,针刺机可分为单针板针刺机、双针板针刺机和多针板针刺机,如图 1-5-15 所示。

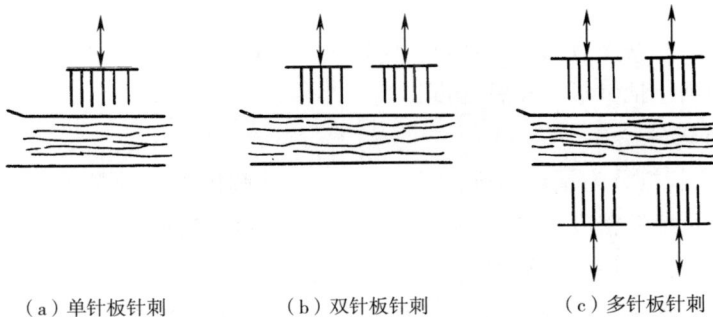

(a) 单针板针刺　　　　(b) 双针板针刺　　　　(c) 多针板针刺

图 1-5-15　单针板、双针板、多针板针刺

(二) 按针刺角度分

按针刺角度,针刺机可分为垂直针刺机和斜向针刺机,垂直针刺包括向上和向下针刺,如图 1-5-16所示。

垂直针刺的"纤维销钉"位于纤维的垂直方向,而斜向针刺中刺针穿过纤网的区域大,纤维缠结机会多,且"纤维销钉"斜向插入,纤网的强力更高,性能更好。

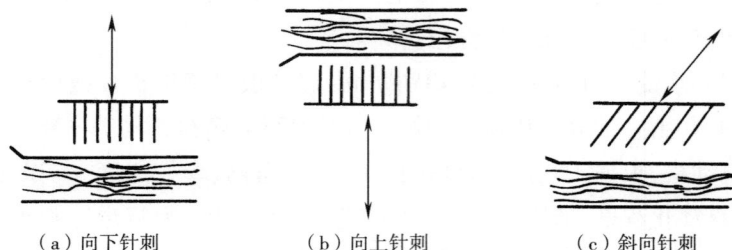

| （a）向下针刺 | （b）向上针刺 | （c）斜向针刺 |

图1-5-16　垂直针刺和斜向针刺

（三）按针刺方向分

按针刺方向，针刺机可分为上刺机、下刺机等单向针刺机［图1-5-16(a)(b)］以及对刺式针刺机（图1-5-17）。单向针刺机可进行纤网一面的加固处理，而对刺式针刺机可实现双面加固。对刺又可分为同位对刺［图1-5-17(a)(b)］及异位对刺［图1-5-17(c)］。

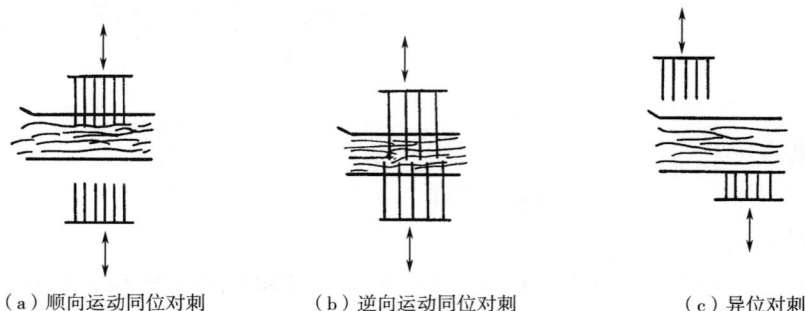

| （a）顺向运动同位对刺 | （b）逆向运动同位对刺 | （c）异位对刺 |

图1-5-17　对刺式针刺

同位对刺针板的运动又分为顺向运动［图1-5-17(a)］和逆向运动［图1-5-17(b)］，逆向运动的针刺效果相当于把针板的植针密度提高了1倍。

（四）按加工方式分

按加工方式，针刺机分为预针刺机、主针刺机。预针刺机加工的是十分蓬松且无强力的纤网，采用的刺针较粗，植针密度较小。主针刺机主要完成对预刺后纤网的进一步加固，此时纤网不再高度蓬松，纤维有一定密度，采用的刺针较细，植针密度较大。

主针刺机的类型很多，图1-5-18所示为菲勒尔公司NL9/RS单针板针刺机，这是最简单的针刺机。图1-5-19所示为迪罗公司DI-LOOM UO-Ⅰ型异位式针刺机，它上下各带一块针板，且上下针板是错位排列的。图1-5-20所示为迪罗公司DI-LOOM OUG-ⅡS型最通用的主针刺机，它既可以四块针板同时工作，也可以一块、两块或三块针板工作。另外，上下针板可以同时、交替或异位式进行针刺。该机植针密度为32000枚/m，故针刺效率很高。

（五）按产品形式分

按产品形式，针刺机可分为平状刺针刺机、环状刺针刺机、管状刺针刺机。平状刺针刺机生产的是平幅状产品，上述主针刺机都可以生产平幅状产品，这里就不再叙述。

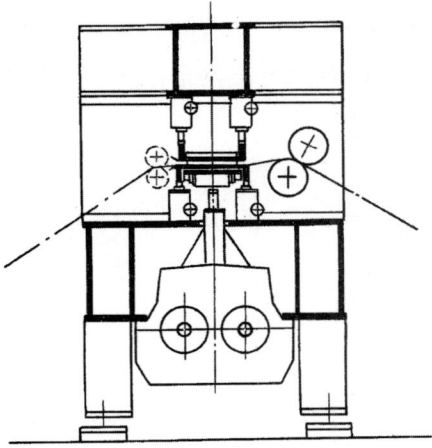

图 1-5-18　NL9/RS 单针板针刺机

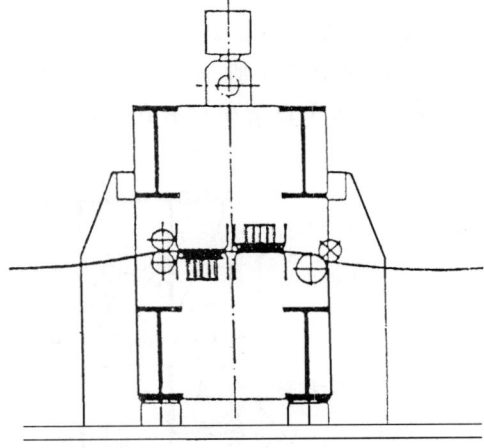

图 1-5-19　DI-LOOM UO-Ⅰ型异位式针刺机

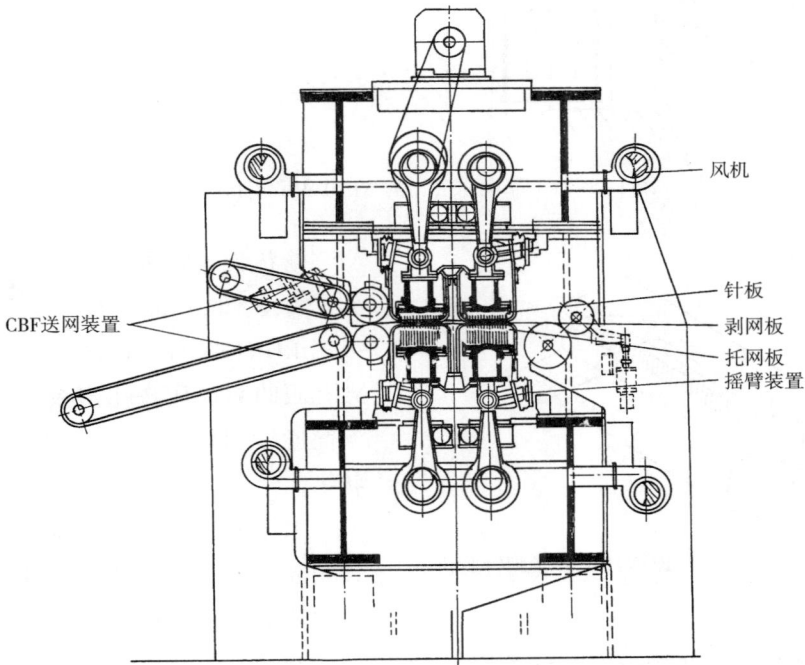

图 1-5-20　DI-LOOM OUG-ⅡS 型针刺机(附带 CBF)

　　环状刺针刺机生产的最典型的产品是造纸毛毯,环状长度一般为十几米到几十米,图 1-5-21所示为菲勒尔公司的 NL20/4 型环状刺针刺机。该针刺机的机身与机器侧面的固定墙板可脱开连接,并以位于机身中部的底托为轴,旋转一定角度,以完成毛毯的装卸,毛毯长度可由游车的移动来调节。在加工基材为底布的有纬造纸毛毯或基材为经纱层的无纬造纸毛毯时,需事先将底布在机下连接成环状,再套入针刺机,或将经纱层缠绕于针刺机上成为环状纱层,然后一边铺预针刺纤网、一边针刺。一层预刺纤网卷从基材外侧铺放,另一层预刺纤网卷从内侧铺放。在上下两个针刺区,有的针板从外向里刺,有的针板从里向外刺,以使毛毯两面均受到针刺。当毛毯厚度达到要求时,可中断预刺纤维网的喂入,再继续针刺到一定密度,即成无接缝的环状毛毯。

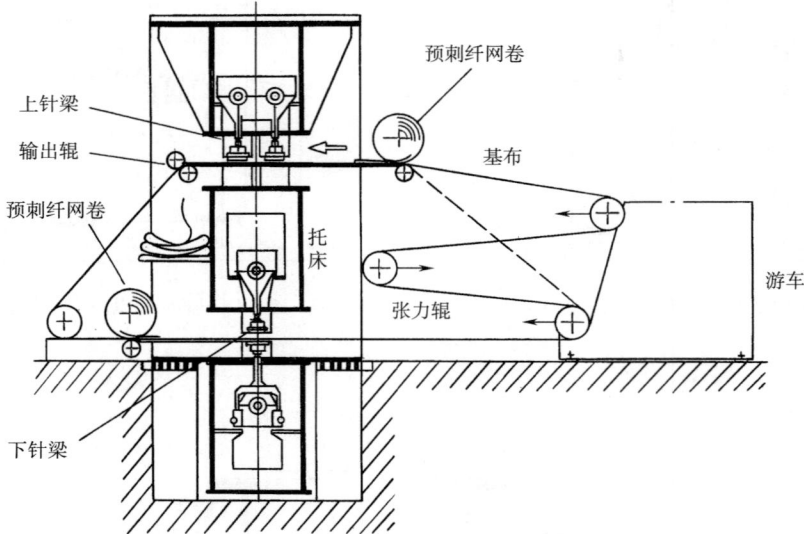

图1-5-21 菲勒尔公司的 NL20/4 型环状针刺机

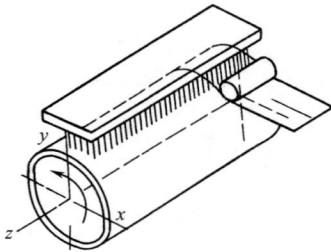

图1-5-22 迪罗公司 RONTEX 管状刺针刺机

管状刺针刺机则生产直径为几个厘米到上百厘米的产品。图1-5-22所示的迪罗公司 RONTEX 针刺机,由带有与针板孔眼一致孔眼的滚筒代替托网板,纤网连续喂入,滚筒连续回转,形成与滚筒直径一致的管状物。

工作时,芯轴固定不转,其带孔根部为针刺区域,工作时刺针插入小孔。芯轴两侧的回转罗拉靠摩擦带动芯轴上的纤维管转动,由于芯轴中部螺纹的导向作用,纤维管向外输出。纤维管向外输出同时,纤网不断地输入针刺区域,随纤维管的回转缠绕在芯轴上,并得到针刺加固。

(六)按刺出的效果分

按刺出的效果,针刺机可分为普通针刺机、花纹针刺机和毛圈针刺机。如果针板上采用普通刺针以一定的花型排布,或者不同型号刺针间隔排布,也可以刺出花型的效果,如图1-5-23所示。

这两种针刺效果也可以采用花纹针刺机来完成,花纹针刺机是指专门用来生产条纹、绒面及带有花纹图案等针刺产品的设备。菲勒尔公司这类针刺机的性能见表1-5-1。

图 1-5-23　花型针刺

表 1-5-1　菲勒尔公司的花纹针刺机的性能

型号	针板排布	工作幅宽（m）	植针密度（枚/m）	针刺频率（次/min）	针刺动程（mm）	备注
NL11/SE	▽	1.0~4.8	≤7000	1200	30	配电子花纹装置，可生产短小、中等及较大循环图案的针刺毡
NL11/SM	▽	1.0~6.6	≤7000	1200	30	配电子花纹装置，可生产短小及中等循环图案的针刺毡
NL11/S	▽	1.0~6.6	≤7000	1200	30	可加工毛圈、绒面及简单图案，加装机械花纹装置，可改装成 NL11/SM
NL21/SRVSUP-PLOOPER	▽▽	1.0~6.6	1000~12000 及 15000	2000	30~40	托网板改成毛刷帘子，可得到"超级毛圈"毯面（即平绒毯面）
NL2000/SLU	▽	1.0~6.6	7000	2000	30	可刺出平绒及毛圈条纹

在针刺过程中，如果采用叉形刺针，可以是圆截面的叉形针，头端开叉或侧端开叉，与槽型托网板配合，穿刺经过预针刺的纤网时，叉取一束纤维穿出纤网，形成毛圈结构，如图 1-5-24 所示。

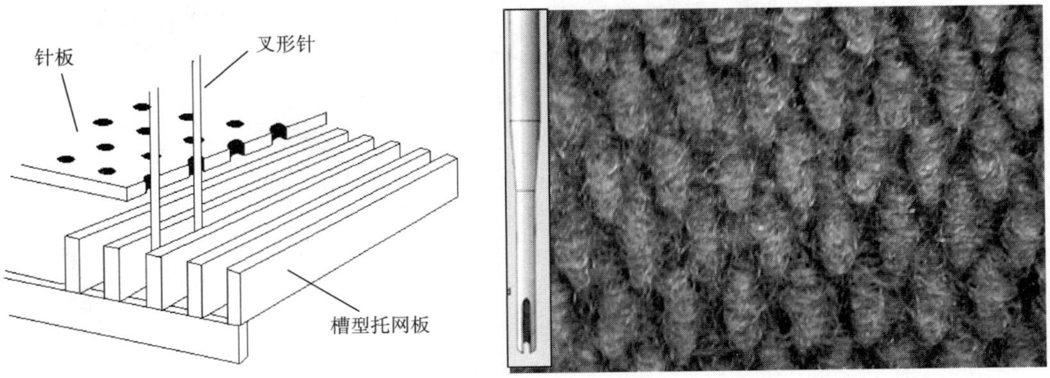

图 1-5-24　毛圈针刺

图 1-5-25 是 NL11/SE 型花纹针刺机,为了适应毛圈和绒面的要求,该机采用了叉形针和由钢板制成的槽形结构托网板,叉形针穿刺纤网时把纤维带入槽形板内,在纤网底面形成毛圈。该机副轴的转动由计算机控制,用来调节针刺深度,使之按花纹要求有规律地变化。

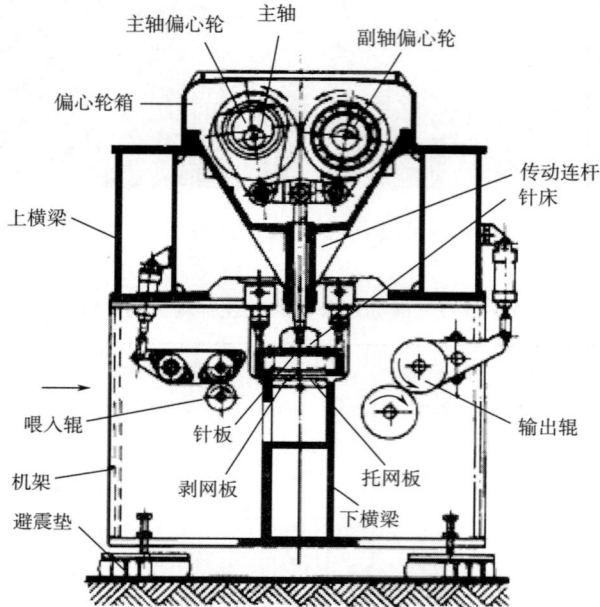

图 1-5-25 NL11/SE 型花纹针刺机

如果托网板改成毛刷托网帘(图 1-5-26),可得到平绒毯面,即俗称的天鹅绒效果的针刺毡,也称针刺起绒技术。刺针与毛刷的接触如图 1-5-27 所示,叉形针的开叉尺寸不同(图 1-5-28),则得到的天鹅绒效果的针刺毡手感也不同,如图 1-5-29 所示。

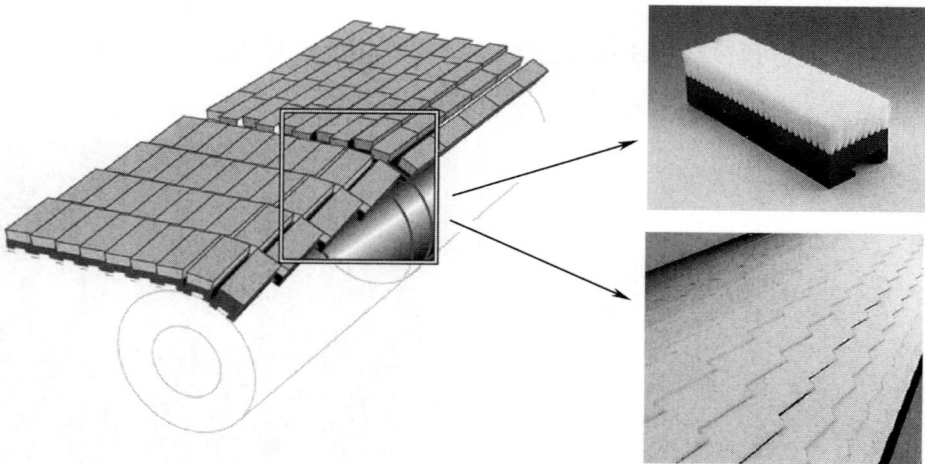

图 1-5-26 毛刷托网帘

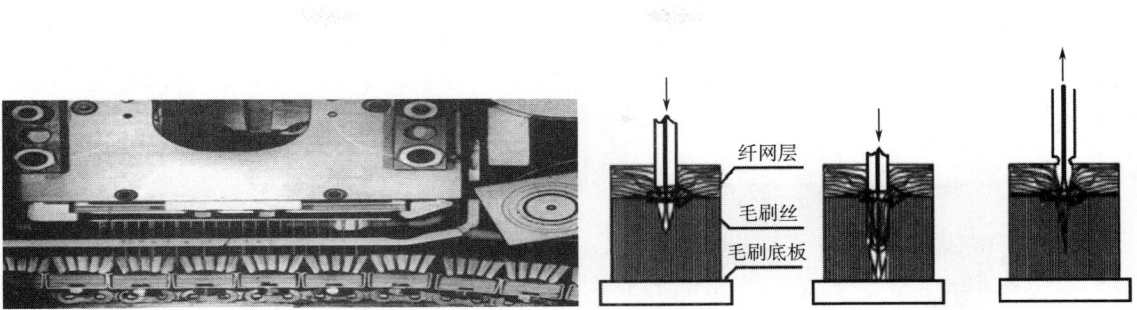

图 1-5-27　毛刷针刺机刺针运动示意图

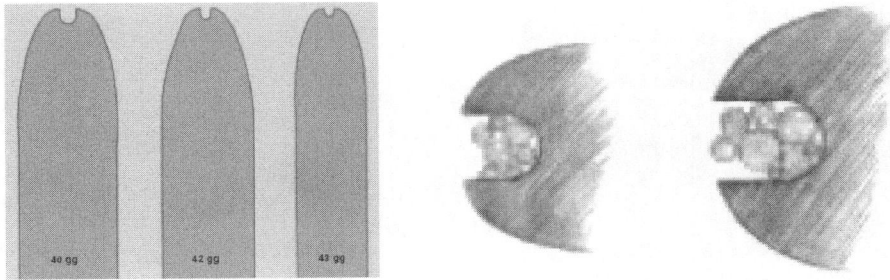

图 1-5-28　叉形针开叉尺寸变化

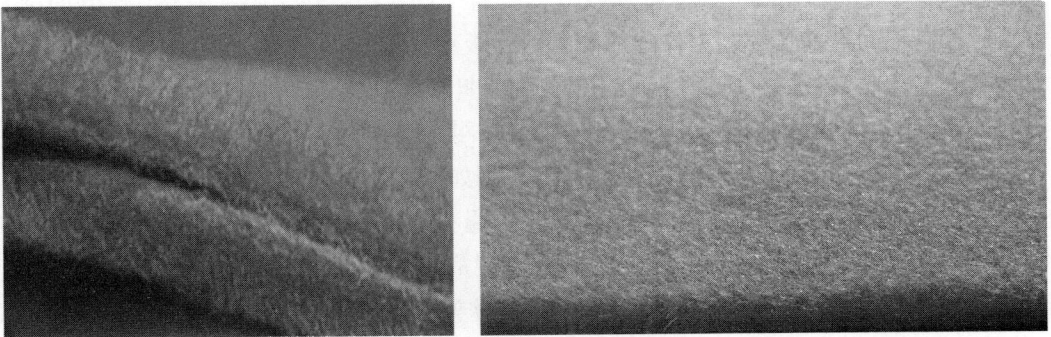

图 1-5-29　天鹅绒针刺产品

三、特殊针刺机

(一)斜刺针刺机

斜刺是指刺针以非垂直纤网表面的方向刺入纤网的一种针刺形式。奥地利菲勒尔公司开发的 H-1 型针刺设备就是斜刺的一种应用,如图 1-5-30 所示。

与普通针刺机相比,这种针刺机的独到之处是采用了弧形针板、剥网板、托网板取代传统的平直型针板、剥网板、托网板,如图 1-5-31 所示,使针刺的纤网形成弯曲的形式,并以一定角度从刺针下通过。纤网进入针刺区后便受到不同方向的针刺,先是受到略有右倾的斜向针刺,随着剥网板、托网板圆弧曲线的变化,又受到垂直的针刺,最后受到左倾的斜向针刺。因此在一道针刺过程中,纤网与刺针运动方向的角度是变化的,即纤网会在不同方向上受到针刺,使纤网得到更充分的加固,提高了针刺效率。

图 1-5-30　菲勒尔公司 H-1 型针刺机

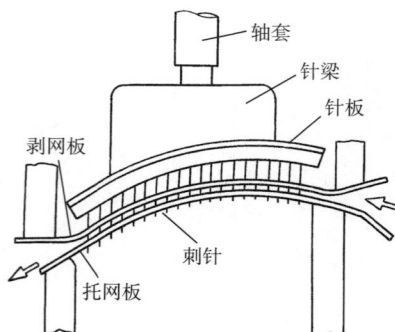

图 1-5-31　H-1 型针刺机的针刺区域

剥网板与托网板之间的间隙可通过调节剥网板来确定,这一间隙沿着输出口方向渐近缩小,以适应针刺期间纤网在厚度上的逐渐变小。针板和托网板的曲度有一个匹配,当两者曲度相同时,针板上的刺针从同样的深度刺入纤网;而当针板与托网板的曲度不同时,则同样长度的刺针依其在针板上位置的不同而以不同深度刺入纤网,从而产生特殊的针刺效果。

H-1 型主针刺机的优势在于:①针刺效率高,例如与常规针刺机比较,植针数可减少一半,或是 H-1 型单针板机可达到具有相同植针数的普通型双针板针刺机的针刺效果,而且针刺道数的减少可大大降低生产成本;②对纤维的损伤小;③由于产品中"纤维销钉"在不同方向的配置,可改善产品性能,例如,对造纸毛毯而言,可以改善其排水功能,增强单纤维与布之间的固结,使毯面均匀、强力高。

(二) 椭圆形轨迹刺针机

最早的低速针刺机是以间歇式的原理进行工作的,即在垂直方向上往复运动的刺针在进入纤网时,纤网是基本不动的,刺针从纤网退出后,纤维网才被罗拉牵引输出,因而纤维网的运动速度是在零至极大值之间发生周期性的变化。随着刺针机速度的提高,纤网连续输出,在刺针刺入的状态下受到拉伸,幅宽发生收缩,而刺针则会发生弹性弯曲乃至断裂。当针刺深度较大和生产较厚的产品时,刺针在纤网中停留的时间越长,纤网受到的拉伸就越大。根据动程、针刺深度和纤网厚度的不同,刺针在纤网中的停留时间是总循环时间的 30% ~ 40%,当这一停留时间超过总行程的 50% 时,生产速度会受到限制,针刺机生产率下降,产品质量恶化,断针率增加。

为了克服上述缺点,德国 Dilo 公司研制了 Hyperpunch 针刺系统,采用碳纤维增强复合材料

制作针板横梁和针板。其针刺频率可达 3000
次/min，水平方向的往复运动通过另一套偏心轮
机构完成，其动程较小，是椭圆形轨迹的短轴，而
垂直方向相当于椭圆形轨迹的长轴，其最高生产
速度可达 150m/min。可以形成椭圆形的运动轨
迹，如图 1-5-32 所示。刺针从进入纤维网开始
直到从纤维网退出为止，除了按本身的运动方向
做垂直运动外，还与纤维网一起在水平方向上移
动；针板横梁的垂直和水平部分同步运动，刺针
刺入纤网时，针板横梁的水平运动朝着纤网的前
进方向；刺针从纤网中退出后，针板横梁的水平
运动逆着纤网的前进方向，即完成刺针水平运动
的回程。为确保刺针与纤维网一起运动，托网板
和针刺机的剥网板上的孔眼都被加工成沿针刺
机纵向排列且呈长腰形。

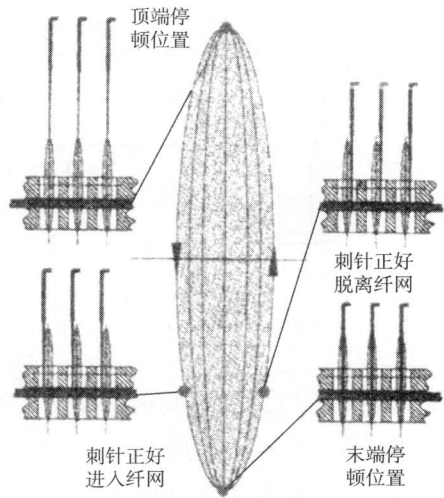

图 1-5-32 椭圆形针刺机的针板运动

椭圆形针刺补偿了纤网的停留时间而保证生产速度和产品质量。这种针刺技术可以减少
拉伸，降低针刺非织造材料的不匀性；提高生产速度，改善产品的表观质量（减小刺痕）；减少断
针，使纤维获得更好的缠结。目前该种针刺机已经应用于生产工业用增强型造纸毛毯。

（三）圆形轨迹针刺机

Dilo 公司在椭圆形轨迹针刺机的基础上进行改进，利用 Hyperlacing 系统设计了圆形轨迹
针刺机，如图 1-5-33 所示。每个 Cyclopunch 配备有四个针板，两块由上往下刺，另两块由下向
上刺；针板上植针密度大，每米工作宽度上约排列 20000 枚刺针；单纤维运动，每枚刺针只有一
个深度为 0.02mm 的倒钩，刺针每次只带动一根纤维，这种特性使得纤维絮片中的每根纤维都
可在高针刺密度下进行针刺纠缠。

图 1-5-33 Dilo 公司 Cyclopunch 圆形轨迹针刺机

该设备的生产速度高，利用新型针梁运动学概念，针梁既没有连杆，也没有导向装置，生产
速度高达 1100m/min。Cyclopunch 针刺机的驱动原理和圆形轨迹如图 1-5-34 所示。

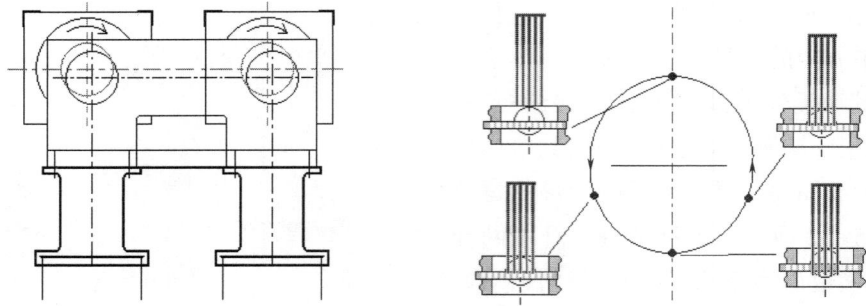

图 1-5-34 Dilo 公司 Cyclopunch 针刺机的驱动原理(左)和圆形轨迹(右)

该针刺机广泛适用于线密度在 0.7~3.3dtex 的合成纤维和棉纤维,可以针刺低至 25g/m²定量的用即弃医疗和卫生用产品,最佳针刺定量为 30~80g/m² 的抹布、合成革、汽车内饰和过滤材料等中等克重的非织造材料,也可作为预针刺用于水刺生产线提高纤维的缠结。

四、典型的针刺生产线配置

针刺生产中,按照加工产品的不同,生产线有多种多样的配置。图 1-5-35 为几种针刺生产线配置图。

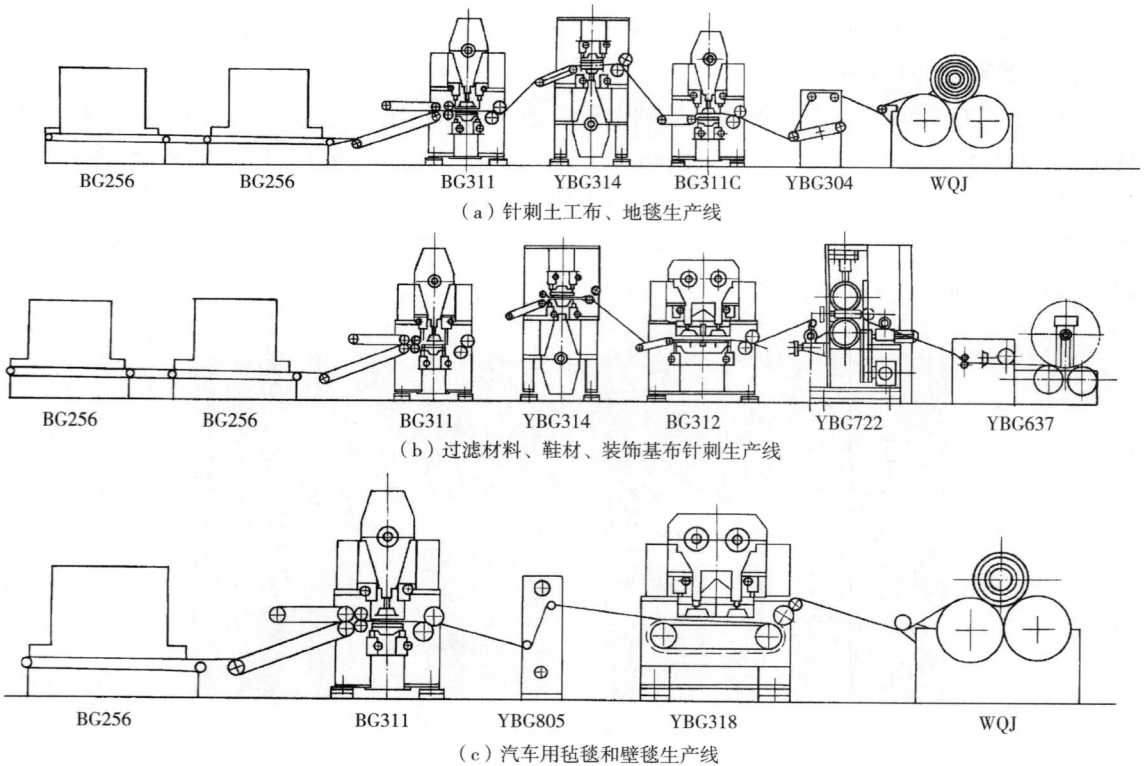

(a)针刺土工布、地毯生产线

(b)过滤材料、鞋材、装饰基布针刺生产线

(c)汽车用毡毯和壁毯生产线

图 1-5-35 典型针刺生产线配置

第三节 刺针

刺针是针刺法非织造材料生产中的主要工具,它的型号、规格、布针方式及在加工过程中的针刺深度对产品的结构、质量和性能都有很大影响。刺针在纤网层上下往复高速穿刺,频率通常在 600~2000 次/min,这就要求针体的刚性、韧性、弹性、耐磨性都要好。这样刺针在穿刺纤网时,才能承受巨大的负荷,不易折断,而且有较长的使用寿命。从针刺工艺的角度要求,刺针还应具有较好的平直度,表面光洁,钩刺平滑,无毛刺,几何尺寸精确,针尖形状一致。

一、刺针结构及其对针刺效果的影响

(一)刺针结构

鉴于对刺针的要求及刺针在穿刺纤网时要经受较大的针刺阻力,刺针一般由优质钢丝经成型模冲压并经热处理而成。目前世界上各种类型和规格的刺针有 1500 种左右,但基本结构类似,由针柄、针腰、针叶和针尖四部分组成。一般刺针的长度为 75~114mm,其结构如图 1-5-36 所示。

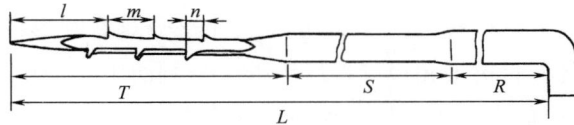

图 1-5-36 刺针的形状及几何尺寸

L—刺针总长度 R—针柄长度 S—针腰长度 T—针叶长度

l—第一个钩刺至针尖的距离 m—同棱相邻钩刺间距 n—二棱相邻钩刺间距

每枚刺针的尾部都有一个弯头,以便将针放入针板上时放直、放正。针腰是针柄向针叶的过渡段,对于针叶直径要求较大的刺针,可以不经针腰的过渡而直接由针柄、针叶组成。针叶为刺针的工作段,是刺针的主要区段。刺针刺入纤网,与纤维最先接触的是刺针的刺尖,为了防止纤维在针刺的过程中受损,对于不同的纤维可以采用不同的针尖形状,目前主要有六种(不包括叉形针),如图 1-5-37 所示。

PP	RSP	LBP	BP	HBP	SNP
磨光针尖	圆角针尖	小球头针尖	球头针尖	大球头针尖	裁剪针尖

图 1-5-37 刺针针尖形状

针叶的截面形状有圆形、三角形、三叶形、正方形、菱形、十字星形、水滴形等,如图1-5-38所示。常用的为等边三角形,且在三个棱边上分别有三个刺钩。

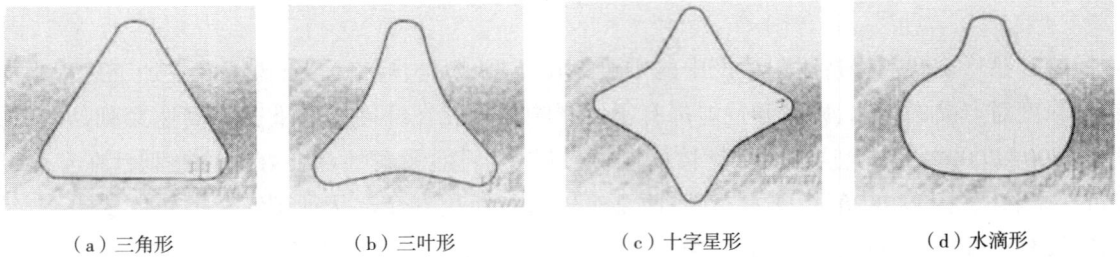

|（a）三角形|（b）三叶形|（c）十字星形|（d）水滴形|

图1-5-38 常见的刺针截面

三角形是常用的刺针截面,标准的工作部位拥有一致等边修圆边缘的三角形横截面,当刺针受到挠动时,这种形状可保证不同方向都有良好的抗弯强度。三叶形截面刺针结合了强劲的工作部位和等边三角形截面有效握持纤维的优点,由于三角形各边是凹弧状,有利于钩刺冲带更多的纤维,可提供更密集的针刺效果。十字星形截面刺针的工作部位横截面是明显的等边四角星,每棱的外角都是60°,四条棱边都可以开刺,有利于提高冲带纤维的效率,从而提高针刺效率。水滴形截面刺针只有一个棱边,工作部位的其余部分具有圆形棱边的水滴形造型,如图1-5-39所示。在穿刺纤网时,圆形棱边可将纤维推于一侧而不受损伤。与其他截面的单棱开刺刺针比较,水滴形刺针更能在纤维的长度和断面两个方向起保护作用,可专门用于加工造纸毛毯、过滤材料。

按针叶的截面及外观形状来分,刺针有四种,如图1-5-40所示。

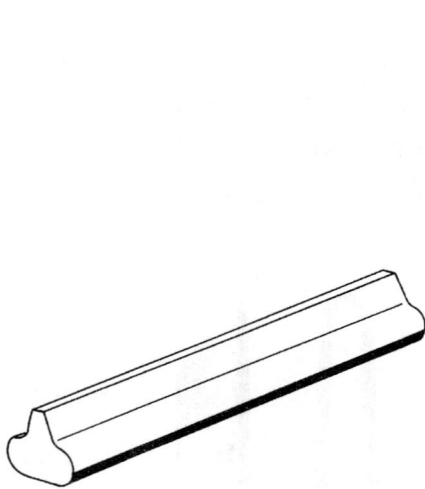

图1-5-39 水滴形刺针

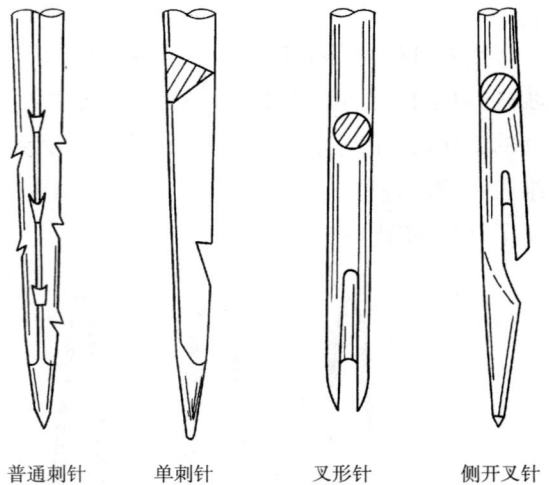

普通刺针　单刺针　叉形针　侧开叉针

图1-5-40 刺针种类

叉形针的整体形状如图1-5-41所示,是用来生产毛圈型花式产品的专用针,它在头端的叉口和侧槽为纤维进入针杆周围留出了特殊空间,因而可在应力较小的情况下,通过叉口把纤维带出纤网底面并形成毛圈。叉形针的常用针号为16~30,德国格罗茨公司已生产出高达42号的针,以满足制造精细毛圈绒类产品的需要。

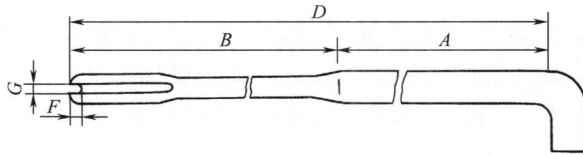

图1-5-41　叉形针的形状与尺寸

A—针柄长度　B—针叶长度　D—刺针总长度　F—开叉深度　G—开叉宽度

(二)刺针结构对针刺效果的影响

1. 钩刺结构

刺钩是刺针的主要部位,针体在纤维网层上下穿刺,通过刺钩使纤维互锁、缠结。刺钩的结构如图1-5-42所示,可通过下切角、刺钩深度、刺钩长度(也叫齿槽)和刺钩高度(也叫齿突)等参数来表征。

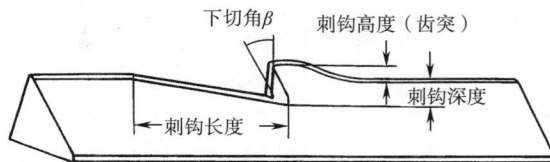

图1-5-42　刺钩结构

刺钩的形状直接影响纤网的性能。如带纤量、纤维损伤断裂程度、产品的平整度、拉伸强度、纤网结构的紧密度和透气及渗水性能。目前刺针的刺钩形状大致可分为两种:冲齿针和模压针,如图1-5-43所示。

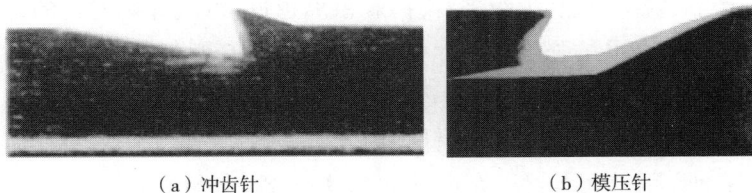

（a）冲齿针　　　　　　　　（b）模压针

图1-5-43　冲齿针和模压针

冲齿针是用凿型刀在三角棱边上切割成型,有齿突,分浅齿突、中齿突和高齿突之分,其下切角在5°~25°。冲齿针带纤量多,尤以下切角大、齿突高时更为突出。冲齿针针刺产品孔痕大,透气、渗水性好,但因冲齿针刺钩边缘锋利而粗糙,易割断纤维而降低产品强度,同时纤维易集中在下切角角尖,产生纤维团粒,影响产品质量。冲齿针适用于高摩擦系数的纤维,例如黄麻、剑麻、大麻、棉回收下脚料等,一般作预针刺用。因为冲齿针的齿突是造成针痕大、产品外观差的根源,所以被新一代的模压针所取代。

模压针的刺钩边缘圆滑呈弧形,齿槽大,能减少纤维损伤,且带纤均匀;一般为无齿突或低齿突的针,表面平整度好,针刺后产品孔痕小;针体耐磨损,是优良齿型。

还有一种是经模压立体成型的针,钩刺各接触纤维的边缘均呈圆弧状,钩齿表面光滑,边缘圆滑。在穿刺过程中,纤维顺滑地溜进钩齿深处,不易受到损伤,钩齿可稳固地保持纤维。这种针具有不损伤纤维、带纤维量多而匀、织物密度大、拉伸强度高、针的使用寿命长等优点,是目前最理想的齿型。

刺钩的形状和几何尺寸对纤维转移有直接的影响。刺钩的下切角使钩刺穿刺纤网时抓取、携带的纤维沿钩刺的工作面斜面向内滑移到刺槽深处,被握持纤维逐层挤压,密度增加且不易滑脱。刺钩深度决定着工作面的有效长度,带有突起的刺钩形状,其刺深大,工作面有效长度长,刺钩接触及容纳纤维的数量较多。刺钩穿刺纤网时,利用钩槽斜面长度将紧贴于针叶表面的纤维逐步引入工作面的深部,便于钩刺的抓取。在针刺频率较快的情况下,刺钩长度应长些,避免未钩住纤维而影响刺钩的有效抓取。

德国格罗兹·贝克特(Groz-Beckert)公司的两种刺针刺钩相关数据见表1-5-2。

表1-5-2　格罗兹公司的刺针刺钩数据

刺针规格	刺钩长度(mm)	齿突高度(mm)	刺钩深度(mm)	下切角度(°)
15×18×36×3R333	1.22	0.38	0.15	72
15×18×36×3C333	0.80	0.04	0.17	69

2. 齿距

国产刺针按齿距分为R型、M型、C型、F型四种,如图1-5-44所示。德国格罗兹公司、美国福斯特(Foster)公司等生产的刺针规格和型号基本上与我国台州市椒江耐利制针厂生产的刺针一致。

从图1-5-44可以看出,四种型号刺针的齿距差异是很大的,但各自的钩刺分布又是均匀的,可供生产不同产品选择。仅从齿距来看,钩刺距离越近,每次针刺勾带的纤维量就越少,生产出的产品也较均匀,但产品的强度较差。一般来讲,C型、F型刺针适合于1.67dtex以下纤维和针刺密度较小的薄型产品。而M型和R型刺针应用的范围就比较广,尤其是R型针,它适应大部分产品的预针刺场合和部分产品的主针刺场合。

(1)R型针(标准齿距)齿距最长,为6.3mm,适用于预刺,匀称的钩齿能使纤维从布面到布底很均匀地分布。

(2)M型针(中密齿距)齿距为4.8mm,可提高纤维互锁、缠结力,一般适用于下脚纤维、汽车地毯、车身衬垫的生产线。由于下脚纤维材料长短不匀,有较短的纤维及再生纤维,如用R型针,针刺时会将短纤维拉出布面外,而用M型针,将针刺深度调浅到适当位置,就不会产生上述现象。在人造革生产线中也适用M型针。采用该齿距的针,可以降低棉层厚度,并维持从布面到布底产品密度均一。

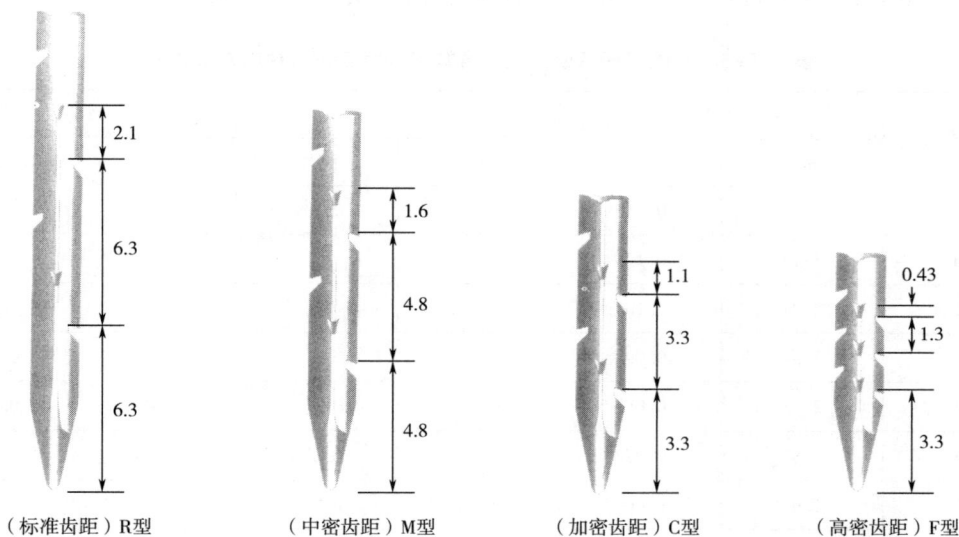

（标准齿距）R型　　　（中密齿距）M型　　　（加密齿距）C型　　　（高密齿距）F型

图 1-5-44　刺针按齿距分类

（3）C 型针（加密齿距）作为精轧的主针刺机，齿距为 3.3mm。将针刺机针刺深度调浅，对于薄型非织造材料极为适宜，因为可避免距针尖较近的三个钩齿将纤维带离织物底层而造成非织造材料内的密度上下不匀现象。

（4）F 型针（高密齿距）具有以最短的针刺深度达到极强的纤维互锁缠结的能力，齿距为 1.5mm 或 1.3mm。F 型针适用于高精度针刺机，尤其适用于加工极薄又需要极大拉伸强度的非织造材料，如纺丝成网非织造材料、土工布、人造革等。采用 36~42 号 Z 型针的针刺产品具有高摩擦强度、高抗拉强度、没有针痕、布面平滑等特点，主要用来生产合成革基布、鞋里皮、衣着、装饰布、过滤材料、汽车后箱里衬等产品。

3. 棱边齿数

刺针每一棱边齿数与齿距的疏密会直接影响钩齿带纤维量的多少、纤维断裂程度以及布面的平滑度。标准型刺针在三个棱边上分别有三个钩刺，也有些特殊刺针是在一个棱边或两个棱边上带有钩刺。

制造出针孔最小、布面平滑的非织造材料时，可以使用只有一条棱边开有钩齿的三角针；制造合成革、地毯和纺粘针刺布时采用单棱有三个钩齿的针；制造造纸毛毯可以采用单棱有八个钩齿的针，以增强非织造材料的拉伸强度。

二、刺针尺寸规格的表示

各家公司制造的刺针都有完整的技术规格及尺寸说明，包括刺针总长度，代表针柄、针腰、针叶直径的号数，刺钩排列形式，针尖类型，精加工类型，每条棱上的钩刺数等。

刺针的针叶、针腰、针柄的粗细分别以针叶号、针腰号、针柄号表示，号数越大，表示越细。生产中常提到的针号是指针叶号。

美国福斯特公司刺针代号与针柄、针腰、针叶各段直径的对应关系见表 1-5-3。

表 1-5-3 美国福斯特公司刺针号数与刺针各段直径的对应关系

针号	针柄		针腰		针叶	
	mm	英寸	mm	英寸	mm	英寸
9	3.56	0.140				
10	3.25	0.128				
12	2.67	0.105				
13	2.34	0.092			2.29	0.090
14	2.03	0.080			2.03	0.080
15	1.83	0.072	1.78	0.070	1.78	0.070
16	1.63	0.064	1.52	0.060	1.52	0.060
17	1.37	0.054	1.37	0.054	1.37	0.054
18	1.21	0.047	1.20	0.047	1.20	0.047
19					1.15	0.045
20	0.90	0.035			0.95	0.037
22					0.90	0.035
23					0.85	0.033
25			0.81	0.032	0.80	0.032
28					0.75	0.030
30					0.70	0.028
32			0.66	0.026	0.65	0.026
34					0.60	0.024
36					0.55	0.022
38					0.50	0.020
40					0.45	0.018
41					0.43	0.017
42					0.40	0.016
43					0.38	0.015

刺针规格一般按下列顺序和方式表示：

针柄号 × 针腰号 × 针叶号 × 刺针总长度 × 刺针类型 × 厂家自编号码

例如,美国福斯特公司生产的一种刺针标号为:15×18×38×3.5RB F209-20-3×B/LI/CC,其代号的含义为:

15 × 18 × 38 × 3.5 RB F20 9 - 20 - 3 × B / LI / CC

表示针柄号为15号，对应的针柄直径为1.83mm

表示刺针总长为88.9mm（3.5英寸）

表示刺钩总个数为9（分3、6、9三种）

经过特殊的防锈加工处理

表示针腰号为18号，对应的针腰直径为1.2mm

表示刺钩排列为标准式（MB为中密式，CB为紧密式，HDB为高密式）

针腰段为加长型

表示刺钩的突起程度（K为高突起，NB为中突起，B为无突起）

表示针叶号为38号，对应针叶直径为0.5mm

针口突起的角度，即下切角为20°（有20°、10°、5°三种）

表示针叶直径为0.02英寸（0.5mm）

表示刺钩深度为0.03英寸

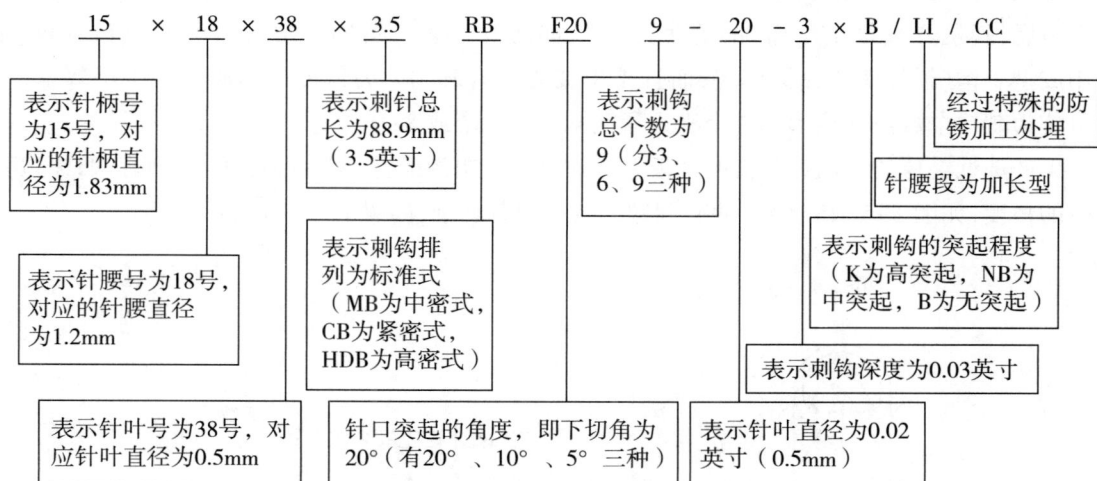

但是，不同的公司在刺针的表示上有一些不同特点，如我国台州市椒江耐利制针厂的一种刺针，其规格为15×18×36×3.5M26-333G×15°×0.05/0.15P 6.3，其中 M 表示钩刺类型为模压型；15°表示钩刺下切角；0.05/0.15 表示齿突与齿深；P 表示端头型号，P 为磨光端头；6.3 表示针尖到第一钩刺距离，6.3mm 为标准齿距。再如，美国福斯特公司刺针标号中，1B/E 表示每条棱上有一个刺钩；3B/E 表示每条棱有三个刺钩；2B/2E 表示只有两条棱有刺钩并各有两个，第三棱没有刺钩。

因此，在选购刺针时，应参考生产厂家提供的刺针手册。自从刺针标准出台并不断完善后，我国已经使刺针通用化，与国际接轨。

三、刺针的选择与使用

1. 刺针的选择

首先，生产中主要根据纤维线密度选择刺针的号数。通常纤维细时，选用号数高的刺针；反之则选用号数低的刺针。表 1-5-4 为不同线密度纤维原料适用的刺针号数。

表 1-5-4 针号与纤维线密度的关系

线密度（dtex）	针号（线规）	线密度（dtex）	针号（线规）
0.55~1.65	42	11~19.8	36~34
1.65~6.6	38~40	19.8~33	36~32
6.6~11	38	>33	30~更粗

其次，选择刺针号数时，还要考虑纤网的蓬松程度。因为蓬松度影响到针叶穿刺纤网时钩刺对纤维的抓取与携带。随着刺针刺入纤网，针尖利用其斜面将接触的纤维推开，为针叶开道，这些纤维因受挤压而发生变形并向外围传递。在恢复应力的作用下，这些纤维紧贴于针面。而且针叶周围的纤维密度增加，有利于针叶上钩刺抓取更多的纤维，握持、携带过程中不易滑脱。

对于较为蓬松的纤网,应采用号数较小的刺针,针叶较粗,可以增加纤维被转移的数量。

最后,就是要考虑所生产产品的性能要求,如造纸毛毯。为防止底布或单丝底网被刺破,应选用成型刺钩(模压刺钩),无刺突,而且是单棱边上有刺钩。为保证产品质量和生产效果,可将单棱边刺钩个数由标准型的 3 个改为紧密排列的 6 个或 8 个。

生产造纸毛毯的专用针刺机的针板上必须要有定向沟槽,而刺针的针柄与有刺钩的棱边有固定的角度,如图 1-5-45 所示,使有刺钩的棱边迎着纤维,如图 1-5-46 所示。

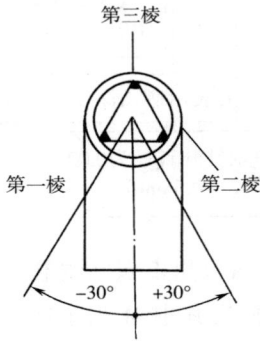

图 1-5-45 刺针的针柄与有刺钩棱边的夹角

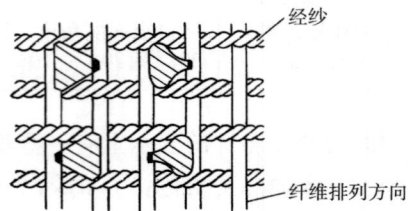

图 1-5-46 刺针排列方向

2. 刺针的使用

当刺针的规格、型号选定后,还应科学地使用刺针。刺针的新旧程度显著地影响着针刺效率和产品性能。新旧程度不同的针,所生产的非织造材料的表面平滑度、孔痕、拉伸强度、厚度、透气性能等都有较大幅度的波动,产品缺乏均一性。为避免上述现象,应合理安排刺针的排列、装换。

首先,可将针板分为几个区域,定时分批换针,在规定时间内一次更换整个针板全部刺针的(1/3)~(1/4),如图 1-5-47 所示,使整个针板上的新旧程度始终保持一致。一般预刺分为 2~3 个区域,主刺分为 4~6 个区域。部分换针和全部换针对产品性能的影响如图 1-5-48 所示。

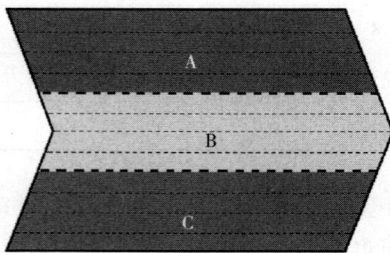

图 1-5-47 针板分区

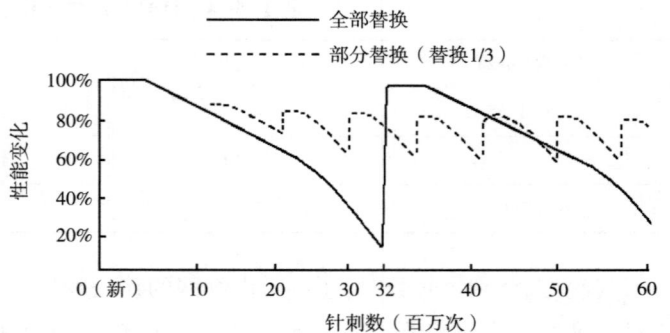

图 1-5-48 刺针穿刺纤网次数及部分换针后产品的性能变化

其次,可将主针刺机板分为两个区域,安装两种不同齿距的针,靠近输出端的针板上装标准齿距 R 型的针,远离输出端的针板上装齿距密一点的针,如 M 型或 C 型。在针刺深度较小的情况下,C 型、M 型针可充分发挥钩齿的穿刺作用,增加产品的拉伸强度和密度;R 型针则只有一个钩齿在穿刺,使成型的非织造材料孔痕小、表面平整。

第四节　针刺工艺

在针刺法非织造材料加工中,影响产品性能及质量的因素有很多,比如纤维自身特性、纤网的特性、针刺工艺参数以及刺针的特性等。本节重点讨论针刺工艺参数对非织造材料的影响。针刺工艺参数主要是指针刺深度、针刺密度、步进量、针刺力等。

一、针刺深度

针刺深度指刺针穿刺纤网后,突出在纤网外的长度。在下刺式针刺机上即指针尖与托网板上平面之间的距离 h,如图 1-5-49 所示。

针刺深度是针刺工艺中的一个重要参数。纤网在针刺过程中,必须得到足够的针刺深度,方能使纤维间得到足够的缠结和获得有效的抱合力。但针刺深度要适度,过深不仅会损伤纤维,而且也会增加针刺力和设备负荷,造成断针;过浅则纤维间的缠结和抱合力不足,也就达不到所要求的强度。

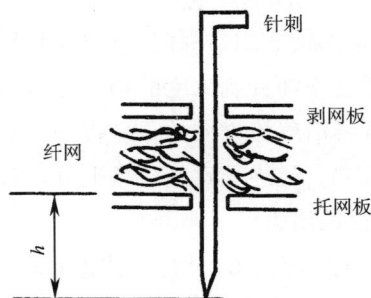

图 1-5-49　针刺深度

(一) 针刺深度的选用原则

针刺深度既受针刺机构的限制,又要根据纤维原料种类、纤网厚度和最终产品的要求确定。一般针刺深度在 3~17mm。针刺深度的选用一般可以遵循下面的原则:对粗而长的纤维,纤网可刺得深些,反之则浅些;对厚型纤网刺得要比薄型纤网深些,反之浅些;对要求硬挺的产品可刺得深些,反之则浅些。例如加工合成革基布,选用的纤维规格为 38mm×1.65dtex,由于纤维长度短、纤网较薄,针刺深度要小些,一般 7mm 为佳。而加工纤维规格为 51mm×4.4dtex 的丙纶地毯,由于纤网要求较厚,丙纶硬挺、弹性好,选用针刺深度可以大些,一般以 10mm 为佳。用粗硬的纤维加工有底布的毡毯时,针刺深度一般为 11~14mm。

很多产品由于针刺密度的要求,往往要经过多遍针刺,因此一般要遵循以下原则:开始时由于纤网较蓬松,刺针的针刺深度可以深些,随着加工地进行,针刺深度要逐渐变小。这样,既能使产品紧密厚实,又能使其表面平整,减小纤维的损伤。

针刺时,适当地加大针刺深度,可以加大刺钩带动纤维移动的距离,加强纤维间的纠缠,增加纤维之间的抱合力及摩擦力,从而加大纤网的强度。但刺得过深,纤网中纤维损伤太大,其强力反而下降。

针刺深度对针刺产品性能的影响具体说来是通过以下两种方式实现的：

(1)针刺深度的不同导致作用于纤维的倒刺数不同,从而影响产品的结构和性能;

(2)刺针刺入纤网的深度不同,导致纤网中纤维的重新定向程度不同,造成非织造材料的结构和性能变化。

(二)针刺深度对产品结构的影响

随着针刺深度的增大,产品密度增加、厚度降低。因为针刺深度增加,刺针作用于纤网的工作长度增加,作用于纤网的刺针刺钩数量增加;纤网中纤维随着刺针进入纤网的位移加大,垂直方向上纤维数量增加,纤维在垂直、水平方向上的钩结加强,彼此间的束缚加大,纤维回弹到初始位置的可能性变小,导致非织造材料的厚度下降。

随着针刺深度的增大,针刺产品的孔隙率及孔径先减小后增大,这将会对其过滤性产生较大影响。因为针刺深度增加,更多的表层纤维随倒钩进入纤网内部,纤维之间的纠缠抱合力加强,非织造材料紧密度提高,密度变大,纤维间孔隙减小,孔隙率降低,孔径减小。但当针刺深度过大时,刺断纤维数增多,使孔隙率和孔径反而变大。

(三)针刺深度对透气性及空气过滤性能的影响

(1)对透气性的影响。非织造材料克重较大时,透气率随针刺深度的增大而减小。因为针刺深度的增加使非织造材料结构变得紧密,气流通过时阻力变大,透气性变差;非织造材料克重较小时,透气率随针刺深度的增大先减小后增加,原因是非织造材料克重较低时,随着针刺深度的增加,纤维沿气流方向的重新排列减小了对气流的阻力,且减小的趋势超过了非织造材料密度增加的影响,最终导致透气率上升。且针刺深度较大时,断裂的纤维数增多,针痕变大,也会引起透气性的增大。

(2)对过滤效率的影响。过滤效率随针刺深度的增大先增加后减小,这是因为随着针刺深度的增加,纤网中纤维与纤维之间的交缠加强,非织造材料结构紧密,所以过滤效率增大;但是超过一定限度后,针刺深度的增加不仅不会使非织造材料结构紧密,反而会造成纤维损伤断裂,并且还会在非织造材料中形成针刺孔,灰尘颗粒可以从中穿过,致使过滤效率降低。

(四)针刺深度对产品力学性能的影响

非织造材料的拉伸断裂强度随针刺深度的增加而逐渐增加,达到一峰值后逐渐下降,断裂伸长率不断减小,耐磨性、压缩回弹性有所上升。这是因为随着针刺深度的增加,一方面纤维在垂直、水平方向上的缠结加强,非织造材料的紧密度提高,拉伸断裂强度得到提高;另一方面,由于针刺深度的增大,纤网中的纤维受到的刺钩拉力增大,易于造成纤维的断裂,故过大的针刺深度导致非织造材料强度下降、断裂伸长率减小。而且,针刺深度太大时,刺针可能会穿透产品,将纤维带出,还会影响非织造材料的表面性能。

用50%的涤纶、40%锦纶、10%黏胶纤维生产合成革基布时,纤网克重为$230g/m^2$,分别做不同针刺深度下的纤网强度试验,其纤网的断裂强度、断裂伸长率与针刺深度之关系见表1-5-5。

表 1-5-5　针刺深度与产品强度、伸长率的关系

针刺深度（mm）	断裂强度（N/5cm）		断裂伸长率（%）	
	纵向	横向	纵向	横向
3	68.6	212.2	160	98.6
5	92.5	260.0	138.8	98
7	105.2	260.0	151.2	99.2
8	114.6	255.0	142.4	99.2
10	79.4	188.0	146.4	78

由表 1-5-5 可以看出，针刺深度在 3~7mm 时，纤网断裂强度是上升的；而当刺针的针刺深度大于 7mm 时，随针刺深度的增加纤网的断裂强度反而下降。研讨针刺深度，实际上就是研讨刺针刺入纤网的有效进齿数。刺针型号和规格不同，其针刺深度也应有所不同。目前，国内大部分针刺厂都使用 R 型针，如果将 R 型针的针刺深度定为 13mm 或 14mm，其有效进齿数一般为 4 个钩齿。国产的 R 型刺针，针尖至第一钩刺的距离为 6.4mm，而德国格罗茨公司的四种型号刺针，其针尖至第一钩刺距离分别为 6.4mm、4.2mm、3.2mm 三种。针尖距第一钩刺越近，在达到同样进齿数时，其针刺深度就越浅，这是很有利的。但它同时要求刺针的抗冲击强度必须增加，这就对国内的制针业提出了更高的要求。德国格罗茨公司针尖至第一钩刺距离分别为 6.4mm 和 4.2mm 的标准型刺针的针刺深度与有效进齿数的对照见表 1-5-6、表 1-5-7。

表 1-5-6　$L=6.4$mm 标准型刺针在不同针刺深度下搭配的有效进齿数 G

刺针型号	针刺深度 H（mm）																	
	7	8	9	10	11	12	13	14	15	16	17	18	19	20	21	22	23	24
R	1	1	2	2	3	3	4	4	5	5	6	6	7	7	7	8	8	9
M	1	2	2	3	3	4	4	5	5	6	6	7	7	8	9			
C	1	2	3	4	5	6	7	7	8	9								
F	2	4	7	9														

注　L—针尖至第一钩刺距离（mm）；G—有效进齿数（个）；H—针刺深度（mm）。

表 1-5-7　$L=4.2$mm 标准型刺针在不同针刺深度下搭配的有效进齿数 G

刺针型号	针刺深度 H（mm）																
	5	6	7	8	9	10	11	12	13	14	15	16	17	18	19	20	21
R	1	1	2	2	3	3	4	4	5	5	6	6	7	7	8	8	9
M	1	2	2	3	3	4	4	5	5	6	6	7	7	8	8		
C	1	2	3	4	5	6	7	8	9								
F	2	5	7	9													

注　L—针尖至第一钩刺距离（mm）；G—有效进齿数（个）；H—针刺深度（mm）。

二、步进量

步进量 S 是指针板每刺一刺时,纤网前进的量,单位为 cm/刺。步进量与纤网的输出速度 v（m/min）、针刺机的针刺频率 n（刺/min）有关,对产品质量有很大影响,其计算公式如式（1-5-2）所示。

$$S = \frac{v \times 100}{n} \tag{1-5-1}$$

三、针刺密度

针刺密度指纤网在单位面积里所受到的总针刺数,包括重复穿刺在内,它与针板单位长度上的植针数和纤网在每一个针刺循环中前进的距离有关。假设针刺机的针刺频率为 n（刺/min）,纤网的输出速度为 v（m/min）,植针密度为 N（枚/m）,则针刺密度 D_n（刺/cm^2）可根据公式（1-5-1）计算。

$$D_n = \frac{N \times n}{10000 \times v} \tag{1-5-2}$$

结合公式（1-5-1）,针刺密度又可以通过公式（1-5-3）计算而得。

$$D_n = \frac{N}{100 \times S} \tag{1-5-3}$$

由公式（1-5-3）可知,在植针密度不变的情况下,步进量直接影响针刺密度,步进量增大纤网针刺密度就会减小,反之亦然。

生产过程中为了保证产品的针刺密度一致,而又需要提高纤网输出速度 v 增大产量时,必须通过提高针刺频率加以弥补。

（一）针刺密度对产品结构的影响

给定纤网重量时,随着针刺密度的增加,厚度减少,面密度减小。这是由于在针刺过程中,刺钩带着纤网表层的纤维垂直进入纤网内层,纤维之间相互锁合,厚度减少;同时针刺压力使纤网变形产生扩散,纤网前进中受到托网板与针刺的阻力以及输入与输出的速比而造成牵伸,结果使非织造材料面密度减小。

随针刺密度的增大,非织造材料孔隙率和孔径先减小后增大。因为针刺密度增加,纤维之间的纠缠抱合加强,非织造材料的紧密度提高,密度变大,单位面积内的纤维根数增多,纤维之间的孔隙减少,孔隙率降低,孔径减小;但当针刺密度过高时,非织造材料的密度不能再随之增加,而因断裂纤维数增多,使得孔隙率反而增大。

（二）针刺密度对力学性能的影响

随着针刺密度的增加,非织造材料单位面积内所受的刺针作用数量增大,刺针的倒刺带着纤网表层纤维重新定向进入纤网内层的数量增多,纤网中水平和垂直两方向上的纤维之间的勾结加强。在针刺力的作用下,非织造材料的紧密度大大提高,在拉伸过程中,纤维之间滑脱减少;随着针刺密度的进一步提高,非织造材料的紧密度不再随之增加,纤维之间的束缚使纤网的纤维不能随着刺针作用而产生滑移,使刺针损伤纤维的数量迅速增加,强力减小。非织造材料的断裂强度、撕裂强度、顶破强度、刺破强度和落锥穿透强度皆随针刺密度的增大而先增大到峰值后减小,变化趋势相同,而断裂伸长率则随针刺密度的增加而减小,这主要是由于针刺造成断裂纤维数量增加的缘故。

(三)针刺密度对渗透性能和过滤性能的影响

随针刺密度的增大,产品渗透系数先减小后增大,过滤效率先增大后减小。因为随着针刺密度的增加,纤维与纤维之间的相互纠缠抱合加强,非织造材料结构紧密,密度变大,孔隙率降低,所以透过性降低,渗透系数下降,液体或气体通过非织造材料时阻力增大,固体颗粒更易于被捕集,故而过滤效率提高。但当针刺密度超过某一临界值继续增大时,其孔径会变大,所以渗透率增加,过滤效率下降。

针刺密度随纤维原料和产品应用领域而不同。一般来说,针刺密度越大,纤维网的强力越大,产品也越坚实硬挺。当针刺密度达到一定值时,纤网就相当紧密,继续针刺下去,刺钩带动纤维位移就十分困难,针的受力加大,这既容易造成针的折断,又会增加纤网中纤维的损伤,使纤网强力下降。因此,由不同纤维组成的纤维网,由于纤维自身强力之差异,它们的针刺密度极限也不一样。强力高的纤维,针刺密度可大些,反之则低些;否则由于纤维过度损伤,会大大降低纤网的强力。例如,用50%涤纶、40%锦纶、10%黏胶纤维,在交叉铺网机上制成 $260g/m^2$ 的纤网输送至针刺机上进行针刺,设步进量 $S=0.45cm/刺$,$N=3450$ 枚/m,则针刺一遍时,针刺密度 D_n 可以通过式(1-5-3)计算而得:

$$D_n = \frac{N}{100 \times S} = \frac{3450}{100 \times 0.45} = 76.7(刺/cm^2)$$

也就是说,针刺机对纤网针刺1遍,纤网上的针刺密度为76.7刺/cm^2,当针刺遍数为2,3,4,5,…,25时,每刺一遍,取纤网测其纵横向强力,所得的结果如图1-5-50所示。

由图1-5-50可以看出,当纤网的针刺密度在460~690刺/cm^2时,产品有较大的强度,而大于或小于这一针刺密度的产品断裂强力都不好。

再如,用51mm×4.4dtex的丙纶加工针刺地毯,若要获得最大强力,极限针刺密度就不是上述范围了。当纤网定量为190g/m^2时,同样用上述工艺对纤网进行针刺,随针刺遍数的增加,纤网强力的变化曲线如图1-5-51所示。

由图1-5-51可看出,地毯出现最佳强度的针刺密度范围为184~245刺/cm^2,如果选取的针刺密度大于或小于这个范围,地毯的强度均不佳。

由上述两例可看出,原料不同、产品不同,纤网最大强度对应的针刺密度也不同。

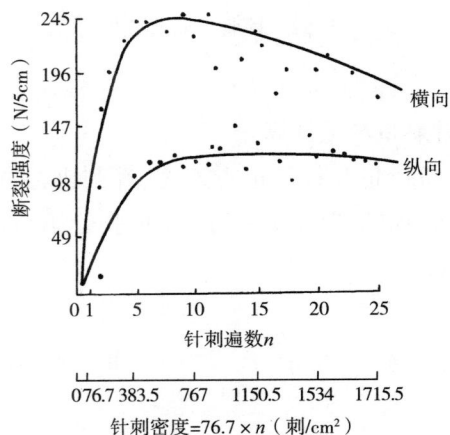

图1-5-50　针刺遍数(密度)与产品断裂强度的关系

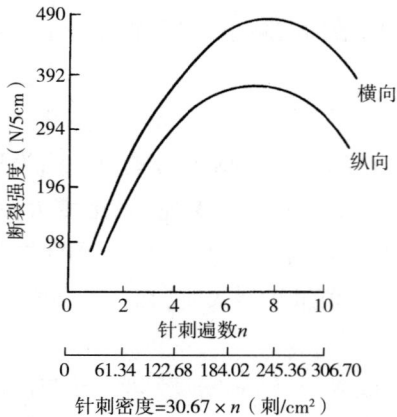

图 1-5-51 丙纶针刺密度与产品断裂强力之关系

四、针刺力

针刺力是针刺过程中刺针穿刺纤网所受到的阻力。刺针在每刺入纤网的一个循环动作中,随刺针与纤网接触位置的变化,针刺力是有变化的,如图 1-5-52 所示。

刺针开始刺入纤网时,纤网比较蓬松,纤维对针尖部分阻力较小,针刺力增加缓慢。各钩刺逐步刺入后,刺针受到所握持纤维的牵拉。随针刺深度的增加,握持的纤维数增多,纤网结构变得紧密,刺针的穿刺阻力增大很快。当针尖及钩刺逐步穿透纤网底部后,纤网对针尖部分和钩刺工作面的阻力消失,针刺力产生了较大的波动。针叶上前三只钩刺分别是三条棱边的第一只钩刺,由于位置优先,它们所握持纤维转移的程度远超过其他钩刺,它们受到的穿刺阻力也远远高于其他钩刺,因此对针刺力的影响较大。随着针刺深度的增加,后面钩刺继续进入纤网,当第一钩刺穿透纤网时,针刺力还在继续增加,但增加速度明显变缓,随第二钩刺或第三钩刺穿透纤网,针刺力达到最高值后开始下降。另外,随着穿刺深度的增加,穿刺阻力的增大,钩刺对握持纤维的作用力增加,纤维的损伤断裂增多,从而又使握持纤维对钩刺的牵拉力减弱,针刺力下降。

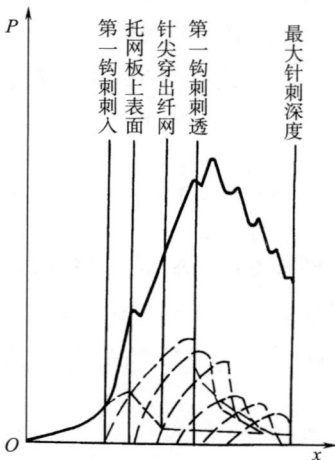

图 1-5-52 针刺力曲线叠加

五、针刺机产量计算

针刺机产量与纤网运行速度、针刺机幅宽和产品定量有关。假设针刺机的有效幅宽为 L（m）,纤网的定量为 G（g/m^2）,输出速度为 v（m/min）,则针刺机产量 W（kg/h）可通过公式（1-5-4）所示。

$$W = v \times G \times L \times \frac{60}{1000} \tag{1-5-4}$$

因此,要提高生产线单位时间产量,必须在提高纤网输出速度的同时提高针刺频率,并协调好各工艺。

第五节　针刺法产品

用针刺法生产的产品由于具有原料使用面宽、加工方法灵活、产品定量范围大等特点,因此得到广泛的应用。

一、过滤材料

过滤是指将一种分散相从一种连续相中分离出来的过程,连续相是载流相,而分散相是指粒子状的分散材料。非织造材料作为过滤介质一般具有两方面的作用:一是扩散、惯性力、重力等作用使小粒径物质黏附于滤材表面,起到表面过滤的作用;二是依靠非织造过滤材料内部微孔的阻截作用,使各种微小粒子在过滤介质的纵深方向被捕获,起到深层过滤的作用。

针刺非织造材料作为一种新型的过滤材料,以其独特的三维立体网状结构、孔隙分布均匀、过滤性能好、产量高、成本低以及品种多等特点,正逐步取代传统的机织和针织过滤材料,因为非织造过滤材料既可制成蓬松性的产品,又可加工成满足特殊需要的超厚型产品。

采用碳纤维、永久导电纤维制成防静电滤材,可及时把在过滤过程中产生的静电引出除尘器外,以防止静电积聚,产生电火花而毁坏滤袋。

耐高温滤料主要由诺梅克斯(Nomex)、美塔斯(Metamax)及芳砜纶等纤维经针刺加工而成,用于烟气温度在 200℃ 左右的除尘器中。

过滤材料常用纤维规格为 $(55 \sim 65)\,\text{mm} \times (1.5 \sim 3)\,\text{dtex}$,定量为 $100 \sim 2000\,\text{g/m}^2$,厚度为 $1 \sim 10\,\text{mm}$,针刺深度为 $6 \sim 8\,\text{mm}$,针刺密度为 $500 \sim 1000$ 刺$/\text{cm}^2$。

复合结构的滤材是由两种或两种以上的材料加工而成,即在针刺滤料或传统织物滤料表面覆以微孔薄膜制成复合材料,这样不仅提高了滤料的捕尘性能,而且粉尘只停留在表面,易脱落,滤料的剥离性好。目前的覆膜滤料基材采用聚酯、聚丙烯、诺梅克斯、玻璃纤维等制成的针刺毡。

选用黏胶纤维,经纤维开松→气流输送→混合定量给棉→梳理→铺网→预针刺→主针刺→主针刺等工序制成针刺基布后,再经过化学处理、烘干、热处理、高温碳化和活化等工艺制成活性炭非织造材料。该产品具有吸附速度快、吸附容量大、使用寿命长、脱附方便、耐热、耐酸、绝缘、防腐蚀等特点,可广泛用于环境保护、医疗卫生、民用保健、放射性防护、贵重金属回收、废水废气治理等领域,具有广阔的发展前景。

二、合成革基布

合成革在结构和性能上均模拟天然皮革,其产品以编织起毛布或非织造材料为基材,经聚氨酯(PU)等高分子物质浸渍处理,形成带有连续孔隙黏结的三维结构,再赋予耐磨、弹性好、柔软、抗拉强度高、抗溶剂性及透明性好的 PU 表皮层。这种材料可像天然皮革一样进行片切、磨削,并且具有天然皮革所特有的透气、透湿性能。

针刺合成革基布可满足合成革产品所要求的致密三维结构、纤网中纤维杂乱排列、上下穿插、相互缠绕,并具有透气、透湿、结构均匀、强度高等特点,所以其用途极为广泛,目前已形成了一大产业,可应用于以下方面:

(1)衣着方面,包括大衣、外衣、裤子、皮带、雨衣和帽子等;

(2)鞋靴方面,包括旅游鞋、休闲鞋、凉鞋、拖鞋、皮鞋以及层压鞋底等;

(3)箱包方面,包括旅行箱包、文件包、手提包、钱包、学生书包和文具包等;

(4)家具方面,包括椅垫套、椅套、沙发套、床围、床头修饰等;

(5)运输方面,包括火车、大客车的座套和靠背套,小汽车、飞机、轮船的内装饰等;

(6)工业方面,包括储油罐、输油管、高层建筑救火管、海潜服、飞机油箱以及卫星转播站的气球、热气球等;

(7)体育用品方面,包括运动鞋、手套、防护套以及各种球类、滑雪鞋等。

下面以采用迪罗公司设备为例生产针刺合成革基布工艺,产品定量 $220g/m^2$,厚度 0.9mm,纤维原料为 38mm×1.67dtex 的涤纶短纤维,其生产流程为:

纤维原料→开包机→粗开松→多仓混棉机→精开松→气压棉箱均匀给棉→梳理机→铺网机→预针刺机→3 台主针刺机→前道成卷→热风穿透定型机→轧烫机→切边成卷机

在针刺过程中,预针刺机植针密度为 2000 枚/m,针刺频率 300 次/min;针刺密度 180 针/ cm^2 ;针刺深度为 15mm。3 台主针刺均为对刺机,植针密度 5000 枚/m,针刺频率为 440~510 次/min,针刺深度为 9~12mm,针刺密度 1380 针/ cm^2 。后续定形温度为 120~130℃ ,轧烫温度为 150~160℃ ,生产线速度为 20~22m/min。

涤纶和锦纶具有优良的弹性、耐磨性、耐疲劳性,且价格适中,已经成为针刺合成革基布生产的最常见原料,一般长度为 30~65mm,线密度为 1.67~3.33dtex。随着合成革加工技术水平的日益提高,市场对其产品提出的越来越多样化的高性能要求,差别化纤维已逐步进入该领域,特别是"海岛型"或"橘瓣型"双组分复合纤维。采用分离技术使这种纤维的双组分分离而得到超细纤维,可利用其巨大的比表面积和良好的吸湿性,将 PU 微孔弹性体与超细纤维构成的形状不规则的微孔结构巧妙地互穿网络成一体,模拟出天然纯皮结构,制得高附加值的产品。目前,超细纤维已成为高档人造麂皮制品的首选纤维原料。

三、土工布

在土建和水利工程中使用的纺织品,并利用纺织品的特性对泥土起加固、保持、排水等作用,可以延长土木工程的寿命、缩短施工时间、节省原材料、简化维修保养工作、降低施工费用,这种纺织品称为"土木工程布",简称土工布。土工布被大量应用于公路、铁路、水利、农业、桥梁、港口、环境工程、工业能源等工程中,其优异的性能已经被无数工程所验证。

用非织造方法生产的土工布,主要是纺粘长丝针刺土工布和干法短纤针刺土工布,与其他土工材料比较,它们具有重量轻、抗拉强度高、施工简单等特点,显示出传统材料难以比拟的优越性,其反滤排水、防护防渗、加筋等基本作用可在各种工程建筑中充分发挥作用。

涤纶短纤针刺法土工布具有原料选择范围广、生产组织灵活性大、工艺可塑性大等特点,产

品克重为 $100\sim1500g/m^2$,厚度为 $0.5\sim5mm$。其工艺流程为:

原料混合开松→梳理成网→铺网→预针刺→主针刺→拉幅定形→切边成卷→包装

短纤维针刺土工布一般选用 $(32\sim90)$ mm×$(1.65\sim22)$ dtex 涤纶短纤维为原料,下面列举以 $(50\sim60)$ mm×6dtex 的涤纶为主要原料,混入一些较粗和较细的纤维进行混合制备土工布的生产实例。采用单针板预针刺机,植针密度为 8640 枚/m,刺针频率为 2000 次/min;第一道主刺机植针密度为 12480 枚/m,针刺频率为 2200 次/min;第二道主刺机采用对刺机,植针密度为 12480 枚/m,针刺频率为 2200 次/min,上刺深度为 7.5mm,下刺深度为 7.0mm;生产线速度为 5m/min,产品克重为 $300g/m^2$,厚度为 2.6mm,针刺密度为 350 针/cm^2。

短纤针刺法土工布在岩土工程中起隔离、过滤、排水、加筋、加固、防护等作用。在实际工程中,往往是综合利用其多个功能(图 1-5-53)。

图 1-5-53　土工布的应用

(1)隔离。土工布能够把两种不同粒径的土、沙、石料,土、沙、石料与地基或建筑材料隔离开,以避免相互混杂,破坏各种材料及其结构的完整性或发生土粒流失现象。还可同时将建筑物中的水土工布平面导出。另外,使用具有隔离作用的土工布后,还可节省建筑材料,减少公路、铁路路基中各层材料的铺设厚度。

(2)过滤和排水。短纤针刺法土工布是良好的过滤和排水材料,完全可以取代土石坝体有关部位设置的传统沙砾石反滤层,其反滤能力与土工布的厚度成正比。土工布埋在土体中形成排水通道,把土中的水分汇集起来,沿着材料平面排出土体外。

(3)加筋、加固。由于土工布的特殊力学性能,可用来加固道路和路面或用来增加斜坡的稳定性,还可采用短纤土工布进行分层包裹式加筋,由于土体本身有一定的稳定性,用土工布层层包裹,可增加土层间的摩擦力,实现其整体性,使之在整个结构上满足安全的需要,达到挡土的效果。

(4)防护。短纤针刺法土工布也可以用于防护工程,如植草护坡、城市绿化、防止道路反射裂缝等。

四、造纸毛毯

化纤针刺造纸毛毯是将纤维网针刺到基材上而构成的一种环状非织造材料。基材为机织物而刺成的毯称有纬造纸毛毯;基材为经纱而刺成的毯称无纬造纸毛毯。纤网原料以锦纶、涤纶为主,基材原料以锦纶短纤纱与锦纶丝合股或锦纶复丝合股,与锦纶单丝交织。

化纤针刺造纸毛毯与传统的羊毛毯比较,除具有成本低、耐磨性好、寿命长、不易被虫蛀的优势外,还具有结构上的优势:针刺造纸毛毯的孔隙大,针刺后,许多纤维形成"纤维楔钉",呈直立状态,提高了毯在垂直方向的毛细作用与滤水作用;针刺造纸毛毯的毯面是由无数根细纤维组成,毯面平滑,而传统造纸毛毯是较粗的经纬纱,毛毯面粗糙,因而针刺造纸毛毯可改善纸页的平整度。

随着造纸行业的技术进步及造纸机向高速、高线压方向发展的要求,具有疏水性、稳定性、不可压缩性和毛毯的表面性、弹性好等优点的新型造纸毛毯——BOM 毯(Batt on Mesh)应运而生。BOM 毯是以涤纶或锦纶单丝为原料,通过机织方法制成一种硬挺的、不可压缩的底网骨架,再通过针刺的方法把不同特点的纤网与底网复合在一起,制成一种类似三明治结构的网毯复合物。BOM 造纸毛毯的结构如图 1-5-54 所示。

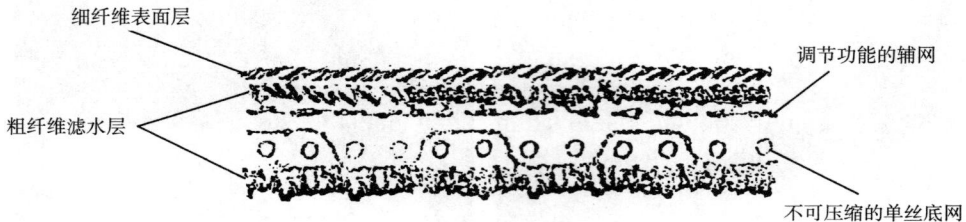

图 1-5-54　BOM 造纸毛毯的结构

BOM 造纸毛毯所用原料及工艺如下:

底网原料为锦纶长丝,经纱为 36tex×6 根合股纱,其中每 2 根以 S 捻合股(22 捻/10cm),再将 3 根股纱以 Z 捻合股(31 捻/10cm);纬纱为 80tex 单丝。毛层纤维为 8/2 的锦纶 66/涤纶混合纤维,锦纶 66 规格为 100mm×16. 7dtex,涤纶规格为 76mm×13. 3dtex。

采用标准刺针,针刺深度为 4. 5~12. 5mm,针刺密度为 300 刺/cm^2,针刺频率为 380 刺/min,工艺流程:

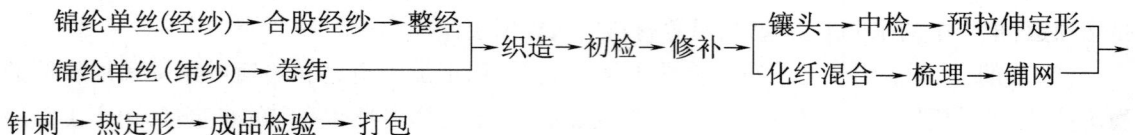

锦纶单丝(经纱)→合股经纱→整经
锦纶单丝(纬纱)→卷纬 ⎤→织造→初检→修补→⎡镶头→中检→预拉伸定形⎤
⎦　　　　　　　　　　⎣化纤混合→梳理→铺网⎦

针刺→热定形→成品检验→打包

BOM 造纸毛毯具有下列特点:

(1)耐高线压力。新型纸机压榨部的线压力为 600~1700N/cm,普通造纸毛毯在这种压力下,纱线底网被压扁变形,很快失去弹性和内部孔隙,不能滤水而报废。BOM 造纸毛毯选用了疏水性强、硬挺、不可压缩的单丝底网做骨架,抗张能力强,弹性持久,在反复高压下,底网结构的滤水空间不会被破坏,保证了在高压压榨作用后,仍具有良好的滤水性能。

(2)滤水性能好。BOM 造纸毛毯的不可压缩保证了毛毯具有较大的容水间隙,压榨区脱出的水能够均匀地从孔隙中排出。

（3）耐高压冲洗。造纸毛毯寿命的终结主要是被压实和污染充塞所致,为了实现充分排污,必须对毛毯进行冲洗,一般来说,0.5~0.6MPa水压很难冲透毛毯,而高压冲洗(水压达1.5~4.0MPa)和真空抽吸增强了去污能力,但对毛毯的脱毛量提出了更高的要求。BOM造纸毛毯通过原材料优选,合理配置针刺和定形工艺,使纤维毛毯的黏结牢度大大提高,保证了BOM造纸毛毯在高压冲洗、抽吸条件下不易脱毛,寿命延长。

五、针刺地毯

针刺地毯是众多地毯生产手段中的一种,与机织地毯、缝编地毯、经编地毯、簇绒地毯比较,针刺地毯具有生产效率高、生产成本低的特点。另外,还具有吸收噪声、保暖减震等特点,广泛用于家庭、宾馆、饭店、写字楼、汽车地面装饰(图1-5-55)。

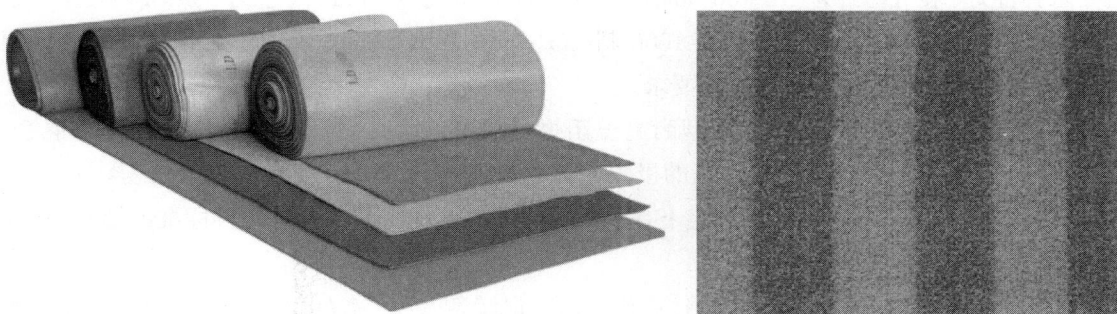

图1-5-55　针刺地毯

针刺地毯的生产流程为:

原料开松→混合→梳理→铺网→预针刺→主针刺(花刺)→浸胶→涂层→烘干

毯面可以制成平纹、平绒、毛圈形式,也可以刺成不同的花纹图案。

针刺地毯所用原料一般为(51~110)mm×(16.5~33)dtex的熔体着色丙纶,也可混入其他纤维,产品定量500~1500g/m²,针刺深度9~11mm,针刺密度300~800刺/cm²,厚度5~6mm。着色丙纶具有色彩耐久、耐污性强、耐虫蛀及耐霉菌、弹性、耐磨性好等特点,是生产地毯的理想原料。

针刺地毯的纤维结构决定了它具有较好的模压性能,这是其他地毯生产方法无法比拟的,因此,特别适用于汽车内地毯的模压成型加工。

针刺后的地毯上还要进行浸胶或涂层,以利于将地毯结构内的纤维绒头黏结固定,防止纤维脱落,以提高地毯的硬挺度,减少伸长,提高地毯的尺寸稳定性。在地毯背面使用泡沫涂层剂或黄麻背衬时,可以增加地毯与地面的耐磨性,提高地毯的厚实感和防潮性能。在涂层剂中加入阻燃剂,还可以有效地提高地毯的阻燃性能,扩大使用领域。

用规格为(60~100)mm×(33~110)dtex的极粗原液染色丙纶,可制成用于户外的针刺铺地材料,这种材料可作为网球场、高尔夫球场、人造屋顶花园等场所的人造草坪。

六、其他针刺产品

(一) 擦拭布

采用黏胶纤维、丙纶、超细纤维经开松混合、针刺、热黏合制得 $130 \sim 180 g/m^2$ 的擦拭布,它有良好的吸湿性、吸水性、吸尘性和较高的清洗能力,且本身柔软而不易损伤被擦物品,广泛用于家庭、工业生产、宾馆饭店、浴室、旅游等场合的家具、家电、眼镜、餐桌、碗盒、精密仪器的擦拭。

(二) 汽车内饰材料

针刺产品在汽车内饰方面的应用有许多,如车顶衬垫、车门软衬垫、后行李箱衬垫、座椅衬垫、隔声垫、遮阳板软衬垫等材料,原料以涤纶、丙纶、再生纤维为主,这些原料成本低廉,适合中低档轿车。汽车顶篷呢、座椅面料等覆盖材料,采用涤纶、丙纶或细旦纤维制成薄型针刺绒类产品。车顶篷布要求手感良好,一般以规格为 $(50 \sim 60) mm \times (3.5 \sim 6) dtex$ 的细纤维为主,定量为 $250 \sim 350 g/m^2$,厚度为 $2.5 \sim 3.5 mm$,针刺深度为 $6 \sim 8 mm$,针刺密度 $1500 \sim 2000$ 刺/cm²。汽车地毯要求弹性好,采用规格为 $(70 \sim 80) mm \times (15 \sim 20) dtex$ 的较粗纤维,定量为 $500 \sim 1000 g/m^2$,针刺深度为 $9 \sim 11 mm$,针刺密度为 $600 \sim 1000$ 刺/cm²,厚度为 $5 \sim 6 mm$。在汽车内饰材料中加入阻燃纤维,更能满足车内材料对阻燃的要求。

最近,国内有报道,采用一种新型耐高温阻燃黏胶纤维——Visil 纤维与涤纶和澳毛混合,制成 $320 g/m^2$ 的针刺装饰布。该产品的极限氧指数达到 29%,并具有色泽鲜艳、手感柔软、光泽柔和等特点,产品具有高档感,能满足 ISO 8191-1 及德国大众汽车内饰材料标准的要求,用作车顶篷呢、座椅面料。

另外,针刺产品还可用来作黏合衬基布、垫肩、保暖絮片、贴墙布、农用保温材料、工业用呢(毡、垫)等。采用聚四氯乙烯纤维和聚酰胺纤维,经 Rontex 针刺工艺加工可制造人造血管、人造食管等人造器官,也可用于血液和药品过滤。

(三) 针刺静电棉

针刺静电棉是采用针刺加工技术制备而成的带有静电的非织造过滤材料,它利用静电荷对空气中的微小灰尘进行捕捉和吸附。与同等克重的普通针刺棉相比,针刺静电棉具有过滤效率更高、过滤精度更高、阻力更小、容尘量更大、寿命更长的优点。

针刺静电棉加工技术路线主要有两种。一是采用两种电负性差异较大纤维共混,通过针刺过程中纤维与纤维之间的摩擦使非织造材料带电,如有报道采用聚丙烯纤维与聚丙烯腈纤维共混。美国 H&V 公司通过针刺摩擦静电实现了非织造过滤材料的高滤效、低压差和高容尘,相同过滤效率情况下,压力差可降低 30% ~ 50%。二是采用聚丙烯纤维为原料,通过梳理针刺加固得到的非织造材料,通过静电驻极技术使其带上电荷。由于针刺静电棉技术含量很高,国内企业虽然已开发出了针刺静电棉生产技术,但与国外技术还存在一定差距。

思考题

1. 什么是植针密度、针刺力、针刺深度、针刺密度、步进量、土工布?
2. 简述针刺机理及其纤维转移的形态分布。

3. 针刺机的类型、组成及各部件作用是什么？

4. 表征针刺机的性能指标有哪些？

5. 刺针的结构及其选用原则是什么？

6. 简述针刺的工艺参数及其工艺计算。

7. 针刺产品有哪些？其特点及作用是什么？

第六章　水刺法固网

水刺法又称水力缠结法、水力喷射法、射流喷网法，它是一种独特的、新型的非织造材料加工技术，它是利用高速高压的水流对纤网冲击，促使纤维相互缠结抱合，而达到加固纤网的目的。

水刺非织造材料加工过程中不含黏合剂或其他杂质，无环境污染，卫生可靠；加工过程不损伤纤维，产品不起毛、不掉毛；产品蓬松透气性好，吸湿、柔软、强度高、表观及手感好。因此水刺技术虽然起步较晚，但发展非常迅速，被称为第三代非织造加工工艺，也有人将水刺技术喻为21世纪非织造工业的一颗明星。

虽然近年来水刺技术取得了很大的进步，但存在生产线投资大、工艺复杂、产品能耗高、生产成本高、难以生产25g/m²以下产品等不足。作为非织造材料的一种重要的加工技术，水刺工艺设备会更加成熟，产品应用范围会更广、更宽。

水刺技术是20世纪70年代中期由美国Dupont公司和Chicopee公司开发成功的，但由于该项技术具有一定的复杂性，推广十分缓慢。随着这一技术的不断成熟，Dupont公司80年代实现了水刺非织造材料的工业化生产。到了80年代中期，由于市场上出现了由法国Perfojet公司和美国Honeycomb公司制造的商业化水刺非织造生产设备，才使更多的非织造材料生产厂商开始应用这门新技术。之后随着水刺非织造产品用途和市场的开拓，又刺激了水刺非织造设备的研究，出现了一批知名的水刺非织造设备制造商，各主要公司水刺设备的技术参数见表1-6-1。在美国、西欧市场，水刺非织造材料销售的年增长率为21%，在其他国家和地区，水刺非织造材料的增长率也高于其他非织造材料。

表1-6-1　世界各主要公司水刺设备的主要技术参数

技术参数	DuPont（美国）	Chicopee（美国）	Unicharm（日本）	Honeycomb（美国）	Perfojet（法国）	Courtaulds（英国）	Fleissner（德国）	育豪（中国台湾）
水压力系统	高水压	高水压	中低水压	低水压	高水压	高水压	高水压	高水压	高水压
机器速度（m/min）	100	100	70	45	50~100	30~100	100	最大250	30~100
产品最大幅宽（mm）	3700	3000	2100　2500	3000	3000	3200	3500	4200	2500
水针板孔径（mm）	0.127	0.127	0.127	0.1~0.13	0.1~0.8	0.1~0.18	—	0.1~0.15	0.1~0.12
水针排列密度（个/cm）	24	20	20	10	16	16	—	—	16

续表

技术参数	DuPont（美国）	Chicopee（美国）	Unicharm（日本）	Honeycomb（美国）	Perfojet（法国）	Courtaulds（英国）	Fleissner（德国）	育豪（中国台湾）
循环水量（m^3/h）	100~200	100~200	100~200	50~150	100~200	100~200	—	100~200	100~120
工作压力（MPa）	10	10	3	3~4	10~15	10~10	20	18或25~40	10~14
纤网支持体	滚筒式、水平式	水平式	水平式	实壁滚筒	滚筒式	水平式	滚筒式	滚筒式	—

我国自1994年从国外引进第一条生产线,在不断提高对引进设备消化能力的基础上,产品开发不断深入,已经从零发展到2021年实际产量超过105万吨,年均复合增长率超过了10%。其中2003年是中国水刺行业发展的高峰年,新增水刺生产线约50条,成为世界水刺非织造材料生产大国。医用纱布、手术罩布、揩布、合成革基布等主要产品已被国内市场所认识和应用。目前,我国的水刺生产线主要分布在浙江、江苏、广东、河南等省,但与先进国家相比还存在一定差距。

第一节　水刺机理

一、水刺原理

水刺工艺原理与针刺法很相似,水刺中由高压水流形成"水针",其作用似针刺中的刺针。水刺工艺原理如图1-6-1所示。

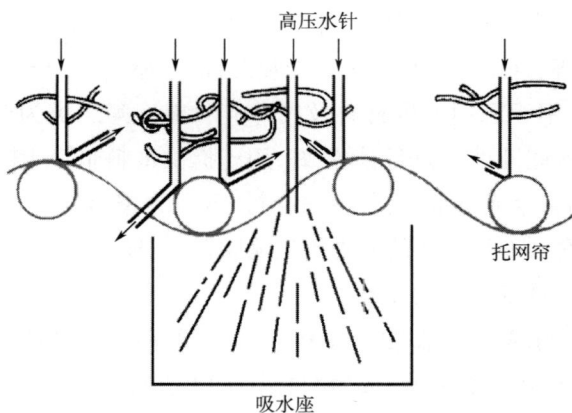

图1-6-1　水刺工艺原理示意图

纤网由输送网帘或金属网帘传送,并经预湿装置(罗拉或水帘)预湿,然后进入水刺区域。在水刺区域,高压水流经水刺头、水针板垂直射向纤网,形成连续不断地呈圆柱状的"水针",在水针冲击纤网的过程中,纤维在水力作用下从表面被带入网底,造成纤维之间的缠结。

当水针穿刺纤网射到托网帘后,形成不同方向的反射作用,水柱反弹到纤网反面时,纤网又受到多方位水柱的穿刺。所以在整个水刺过程中,纤网中的纤维在水针从正面直接冲击和从反面托网帘水柱的反弹穿插的双重作用下,形成不同方向的无规则缠结,从而达到加固作用,形成水刺非织造材料。

二、水刺工艺对水流的要求

作为水刺的基本条件就是水流必须具有足够大的能量。由流体动力学可知,在水针板距纤网 10mm 的范围内,水针是以自由流线为界的射流形式喷出的。根据伯努力定理可知,流体沿喷射方向各流动量之间满足关系式(1-6-1)。

$$P + \frac{1}{2}v^2 + gh = C(常数) \tag{1-6-1}$$

式中:P——水压,Pa;

　　　g——重力加速度,9.81m/s^2;

　　　v——水流平均速度,m/s;

　　　h——某固定水准面上的高度,m。

由式(1-6-1)可知,只要提高水泵的压力,即加大水循环系统中的能量和功率,就能得到合适的水针速度。具体的水针压力大小,应根据产品要求来确定。一般来说,产品克重大,所采用的水针压力就大。另外,要求水质良好,水中应无杂质,以免其堵塞水循环通道而导致生产不能正常进行。

三、纤维性能对水刺效果的影响

(一)水刺纤维原料

水刺非织造材料的纤维原料范围很广,可以分为三类。第一类是纤维素纤维,包括黏胶纤维、Lyocell 纤维、棉纤维等,这些纤维具有良好的吸湿性,手感柔软,对人体无过敏反应,具有天然的生物降解等特性,适用于医用卫生材料及用即弃材料。第二类为合成纤维,包括涤纶、锦纶、腈纶、维纶、丙纶等,这些纤维强力高、弹性好,用于提供水刺非织造材料强伸度,可以独立或与其他纤维混合使用,制备合成革基布、服装黏合衬、各种包覆材料等。第三类为特殊纤维,包括木浆纤维、超细纤维、高强度高性能的芳香族聚酰胺纤维、玻璃纤维、真丝纤维,以及聚乳酸纤维、甲壳素纤维、大豆蛋白纤维等绿色纤维。

木浆纤维是近年来在水刺上开发的新原料,它具有的高吸收性能使它可以与其他纤维混合,开辟水刺非织造材料应用的新领域,成为妇女卫生巾、护垫、尿片、尿裤的主要原料。超细纤维与水刺技术结合,可谓珠联璧合,它可采用常规的梳理、铺网工艺,对分裂型纤维进行成网,再利用水刺时高压水流对纤维的冲击,使纤维裂解,形成超细纤维水刺非织造材料。这样既解决了超细纤维在梳理机上的加工之难,又免除了专门用于纤维分裂的加工工序。真丝含有人体所需的多种氨基酸,通过水刺法加工,非织造材料具有柔软、轻薄的风格,被称为人的第二皮肤,多用于纱布、敷料、妇女卫生巾、护垫、美容面膜等方面,具有保健、抗菌、有效抑制皮肤黑色素形成等功效。

纤维的性能和形态结构对水刺效果有重要的影响。

（二）纤维抗弯刚度与水刺效果的关系

纤维的抗弯性能将影响水针加固纤维的缠结度、生产效率与成品特性。一般具有较低抗弯刚度的纤维比高抗弯刚度的纤维更易缠结。由纤维力学而知,纤维的抗弯刚度可根据式(1-6-2)计算。

$$R_f = E \cdot I = \frac{\pi}{4} \cdot \eta_f \cdot E \cdot r^4 \qquad (1-6-2)$$

式中:R_f——纤维抗弯刚度,$cN \cdot cm^2$;

E——纤维抗弯模量,cN/cm^2;

η_f——截面形状折合系数;

r——纤维截面按等面积折合成正圆形时的半径,cm;

I——纤维断面惯性矩,cm^4,对于半径为 r 的圆形截面纤维 $I = \frac{\pi}{4} \cdot r^4$。

由式(1-6-2)可知,纤维的抗弯刚度与纤维半径的 4 次方呈正比,也就是说,纤维粗细的微小变化将导致纤维抗弯刚度的显著变化。

另外,从材料力学角度分析,假设水刺力 F 为集中性力,纤维受力状态为简支梁,如图 1-6-2 所示,则纤维在 F 力作用下的弯曲挠度 Y 可以根据式(1-6-3)计算。

$$Y = \frac{F \cdot f(l)}{a \cdot R_f} \qquad (1-6-3)$$

图 1-6-2　纤维受力分析

式中:F——水刺力,N;

$f(l)$——跨度 l 的函数;

a——常数;

R_f——抗弯刚度,$cN \cdot cm^2$。

即纤维抗弯刚度与纤维挠度成反比。将式(1-6-2)代入式(1-6-3),可得到:

$$Y = \frac{4 \cdot F \cdot f(l)}{a \cdot \pi \cdot \eta_f \cdot E \cdot r^4} \qquad (1-6-4)$$

式(1-6-4)表明,纤维在水刺力的作用下,其弯曲挠度与纤维半径的 4 次方呈反比,而与水刺力 F 呈正比。考虑到射流的能量供给水平正比于水压的 1.5 次幂,故可认为纤维细度对水刺效果的影响远大于水压对水刺效果的影响。例如,纤维的半径增加 1 倍,则水刺力需增加 16倍,才能达到相同的弯曲挠度,故水刺法以加工较细的纤维为适宜。

由式(1-6-2)可知,纤维抗弯刚度还与纤维的抗弯模量 E 有关,即与纤维材料的品种有关。为了便于比较,常用相对抗弯刚度,即纤度为 1tex 时的抗弯刚度表示。几种常用纤维的抗弯刚度及抗弯性能见表 1-6-2。

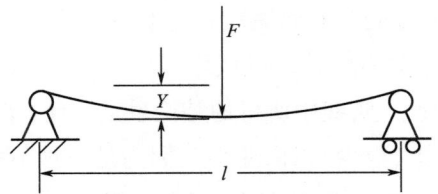

表 1-6-2　纤维的抗弯刚度及抗弯性能

纤维种类	截面形状系数 η_f	密度 ρ（g/cm³）	初始模量 E（cN/tex）	相对抗弯刚度 R_f（cN·cm²）
涤纶	0.91	1.38	1107	5.82
黏胶纤维	0.75	1.52	516	2.03
锦纶6	0.92	1.14	206	1.32
维纶	0.78	1.28	597	2.94
桑蚕丝	0.59	1.32	742	2.65

（三）纤维截面形状与水刺效果的关系

纤维截面形状对水刺效果的影响主要体现在以下两方面。

1. 纤维截面形状对水刺阻力的影响

纤维截面形状越圆滑，迎水面积越小，表面越光滑，对水刺的阻力越小，水刺效果也越差。因此，圆截面纤维，如常规的涤纶、锦纶、丙纶的水刺效果不如截面为不规则圆形、锯齿状边缘的棉和黏胶纤维、截面为腰圆形的维纶。

2. 不同截面形状具有不同的断面惯性矩

惯性矩是一个物理量，通常被用作描述一个物体抵抗扭动、扭转的能力。纤维的截面形状不同，其断面惯性矩也不同。对于不同的截面形状，其断面惯性矩的大小顺序为：扁平形<圆形<空心圆形<三角形。

实践中所得的结论也是如此，例如三角形截面的纤维，多数纤维是"以棱迎水"，即棱边朝上，很少"以面迎水"，因为是一种不稳定平衡，如图1-6-3（a）所示。因棱边具有分水作用，所以三角形截面对水的阻力较小；从三角形的惯性矩来看，其惯性矩为同面积圆形纤维的1.5倍，所以水刺效果太好。

棉纤维的截面形状是中空的，相对惯性矩应较大，但因其中空的折合直径很小，而且是扁平状的，如图1-6-3（b）所示，所以其实际的相对惯性矩并不大。从截面形状对射流的阻力来看，多数棉纤维处于"平卧"状态，因为这样才是稳定性平衡，这就加大了纤维对水射流的阻力，所以棉纤维的水刺效果较好。

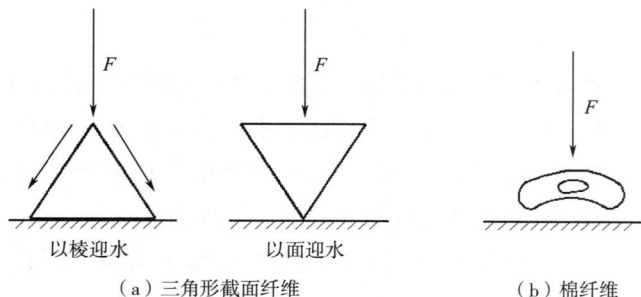

以棱迎水　　以面迎水

（a）三角形截面纤维　　　　　　（b）棉纤维

图1-6-3　纤维接受水刺的状态

(四)吸湿性与水刺效果的关系

纤维的吸湿性对水刺效果既有有利的方面,也有不利的方面,主要表现在:

(1)纤维因吸湿膨胀增加了迎水面积,也提高了水针带动纤维的效率;

(2)纤维吸湿后,其抗弯模量和弹性回复率下降,伸长率上升,这些变化有利于水刺过程。

但纤维因吸湿膨胀而导致断面惯性矩增加,这对水刺过程是不利的。目前常见的纤维的吸湿性对水刺是有利的,但是吸水性能不同的纤维水刺效果不同。图1-6-4是同样定量的黏胶纤维和PP纤维水刺非织造材料,在同样水刺工艺参数下制得的产品,黏胶纤维吸湿性好,纤网结构缠结比较紧密;而PP纤维吸湿性差,同样水针能量下几乎没有太多缠结,纤网结构蓬松,孔隙较多。

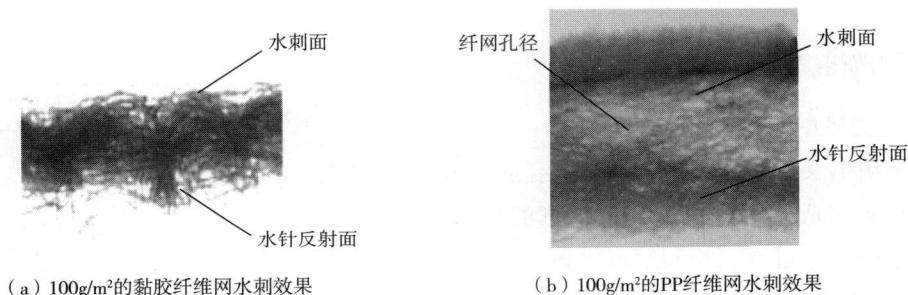

（a）100g/m²的黏胶纤维网水刺效果　　　（b）100g/m²的PP纤维网水刺效果

图1-6-4　不同吸湿性纤维的水刺效果

第二节　水刺设备

水刺法工艺流程为:

纤维成网→预湿→正反面多道水刺加固→花纹水刺→脱水→(预烘干)→后整理(印花、浸胶、上色、上浆等)→干燥定形→分切→卷绕→包装

纤网成网可通过多种途径获得,如梳理成网、气流成网、湿法成网、聚合物直接成网等,其中以干法梳理成网应用最多、最普遍,其次为气流成网和湿法成网,最近几年随着双组分纺粘技术的发展,纺丝成网应用也越来越多。

纤维网在进行水刺处理之前,有预湿处理过程,即让纤维预先吸收部分水分,然后接受水刺处理,这样能更好地发挥水刺功能。也就是说,经预湿的纤维网能更多地吸收水刺能量,使水刺效果更好。在水刺处理之后还需一套效率较高的吸水系统,以及时地把纤维网内积存的大量水分尽快抽走,从而提高产品的生产效率。

水刺产品根据需要常常要经过一定的后整理加工,有些加工在预烘干后即可进行,如印花、浸胶、上色等,有些产品则需在干燥定形后进行加工。

水刺加固设备主要由水力喷射器、托网帘、真空抽吸装置和水处理及水循环过滤系统组成,除水循环过滤系统外的结构如图1-6-5所示。

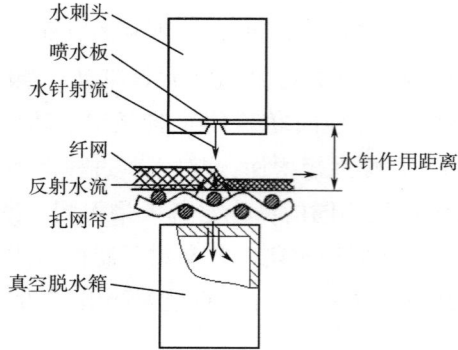

图 1-6-5　水刺固网主要设备

一、水力喷射器

(一)水力喷射器组成

水力喷射器又称水刺头,由内部带有通水孔道的集流腔体与水针板组成。水从水刺装置一侧的导水等管导入,经上水腔中的安全过滤网均匀地进入射流分水板下的下水腔,再经水针板的针孔喷出。

水力喷射器是产生高压高速水针的关键部件,其结构如图 1-6-6 所示。

图 1-6-7 所示是 Perfojet 公司的一种水刺头立体结构,高压水通过喷头腔体的孔道被输送到水针板(也叫喷水板)上,并通过水针板上的孔喷出。

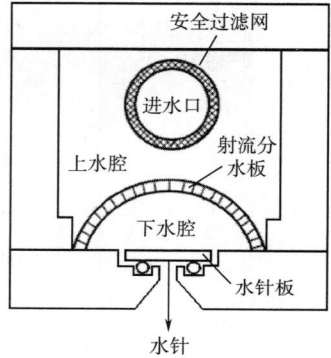

图 1-6-6　水力喷射器结构示意图

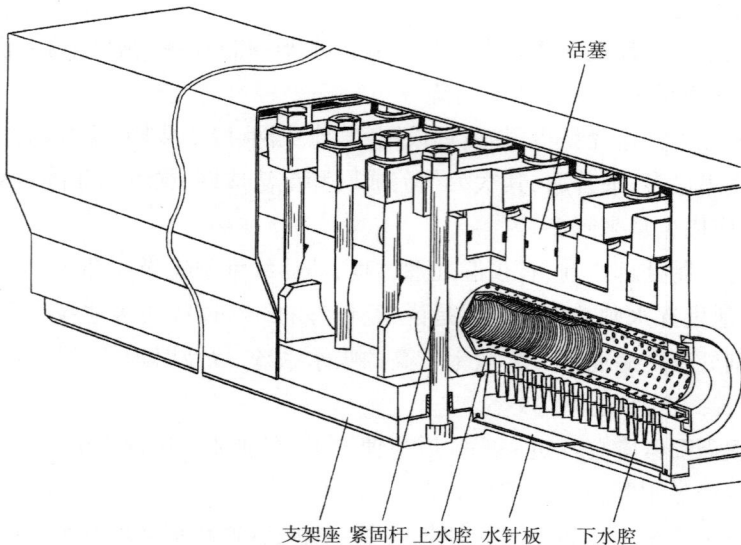

图 1-6-7　Perfojet 公司的一种水刺头结构水针板

(二)水针板

水针板由不锈钢片制成,在水针板上开有单排或双排针孔,水刺生产过程中"水针"的直径和排列密度由水针板上针孔的孔径及排列密度决定。目前水刺生产线中常用的针孔孔径为0.08~0.18mm,单排孔的孔密度8~24孔/cm,双排孔的孔密度为16~36孔/cm,水针板的厚度为0.7~1mm。水针板及其水针孔排列形式,如图1-6-8所示。

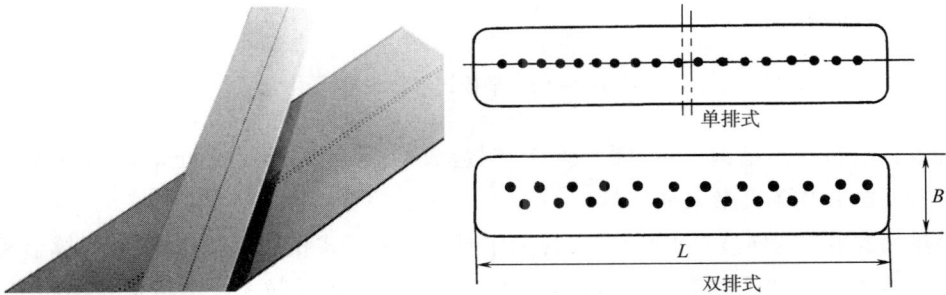

图1-6-8 水针板及针孔排列形式

水针板表面要求镜面磨削,插进水刺装置后由夹紧装置将针板夹紧密封。安装不同规格的水针板,可调节水刺工艺中的水针直径和水针密度。在水针能量的作用下,纤网中的纤维互相缠结,重新发生取向,纤网的厚度减小,如图1-6-9所示。

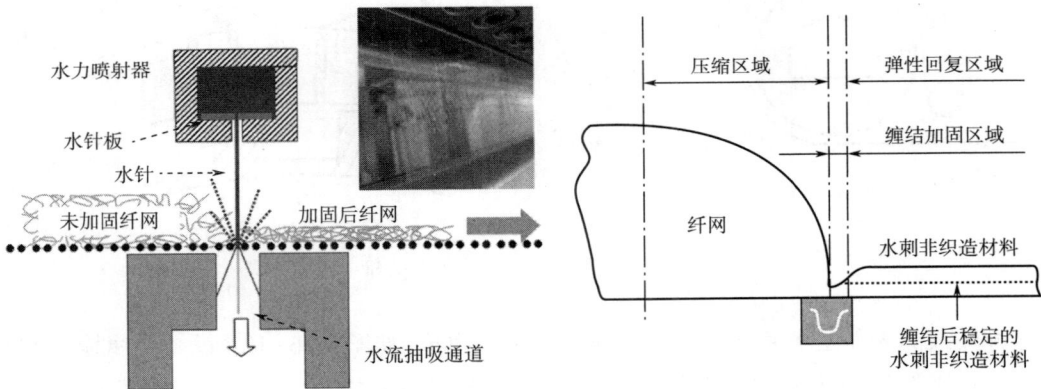

图1-6-9 水刺缠结前后纤网的变化

(三)水刺装置的排列方式

在水刺过程中,起到主要作用的是水刺头,根据其配合的托网帘方式的不同,其排列方式可分为水平排列式和圆周排列式两种。

水平排列式也称为平板式排列,水针头在一个平面,下面的托网帘也是平面运动,被支撑在带脱水孔的平板上,以此输送纤网,如图1-6-10所示。在水刺的过程中,平板固定不动,被加工的纤网由金属输送网托带着向前运动并接受水刺处理。当一面水刺处理后,由专用于翻转的输送带使另一面朝上接受下一次水刺处理。

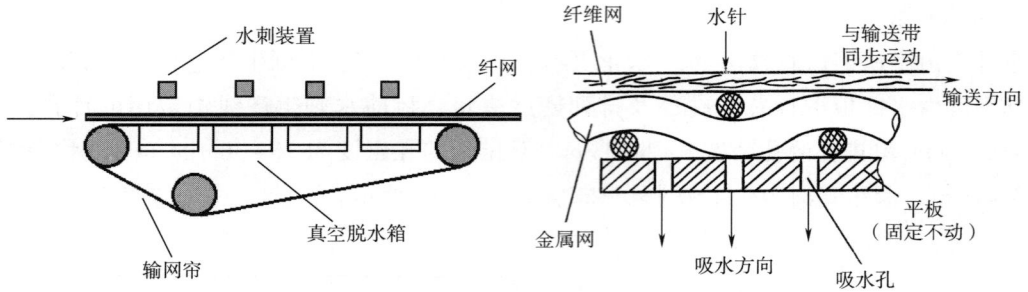

图 1-6-10 平板式水针头排列

这种设计的特点是结构简单、便于维修、制造成本低,但其不足之处是容易造成纤维的损伤,影响产品强力、均匀性及表面质量。

圆周排列式也称为转鼓式水刺装置,其工作原理与平板式相似,区别在于其支撑金属输送网的"平板"换成了"转鼓"。由美国 Honeycomb 公司发明的一种转鼓式水刺技术专利如图 1-6-11 所示。

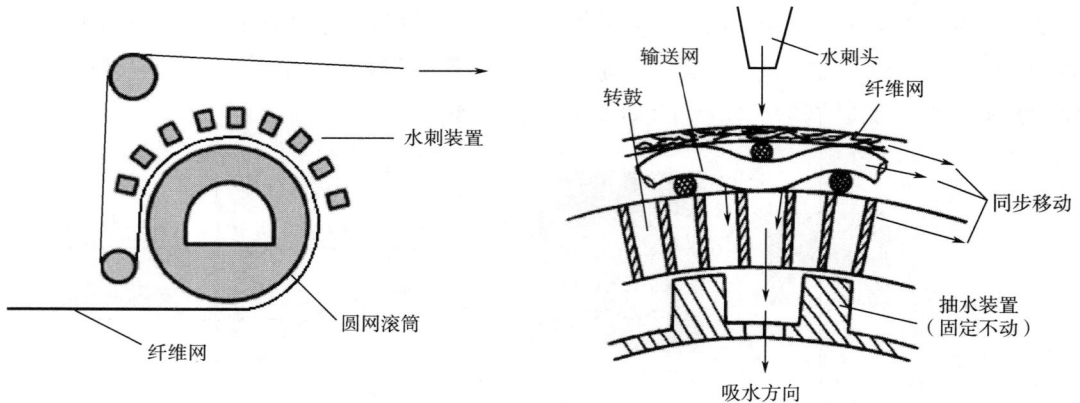

图 1-6-11 转鼓式水针头排列

这种转鼓的表面是由薄钢板制成的蜂窝状结构组成,如图 1-6-12 所示,金属输送网包覆在外面。在工作时,被加工的纤维网、金属输送网及转鼓三者之间以同一角速度同步旋转,在整个水刺过程中没有相对位移,消除了平板式水刺装置中纤维被"剪切"的现象。由于专利设计的蜂窝式结构使其与金属输送网相接触的外表面的面积大大减少,从而削弱了由底面向金属输送网的反射强度,也就是说,在很大程度上减少了被刺纤维向金属输送网上缠绕的可能性。这样就使得水刺产品的质量明显提高,扩大了产品的应用范围。同时,由于表面积的减少,水刺废水的抽吸效果更好,而且因被"剪""扯"断的纤维也比较少,从而既节省了原材料,减轻了对循环水的污染,又减少了设备的维修量,增加了设备的使用周期,达到了降低成本、节省能源的目的。

不同产品应选择不同的配置,一般水刺装置的配置分为两个区四上四下,根据水刺装置的排列可分为圆网—圆网排列、平网—圆网排列、平网—平网排列和圆网—平网排列四种形式,如图 1-6-13 所示。

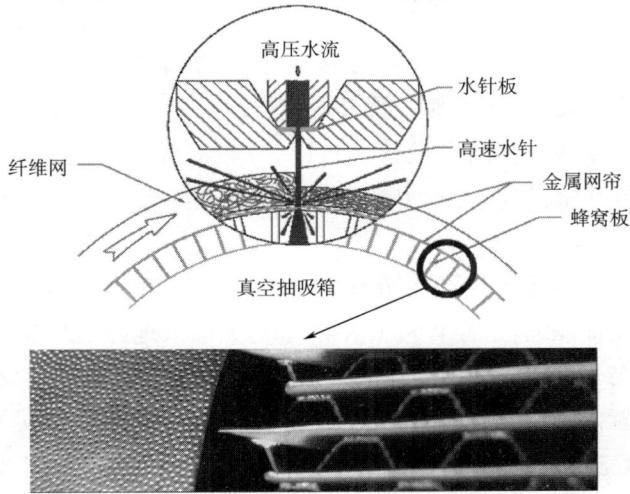

图 1-6-12　蜂窝状转鼓表面

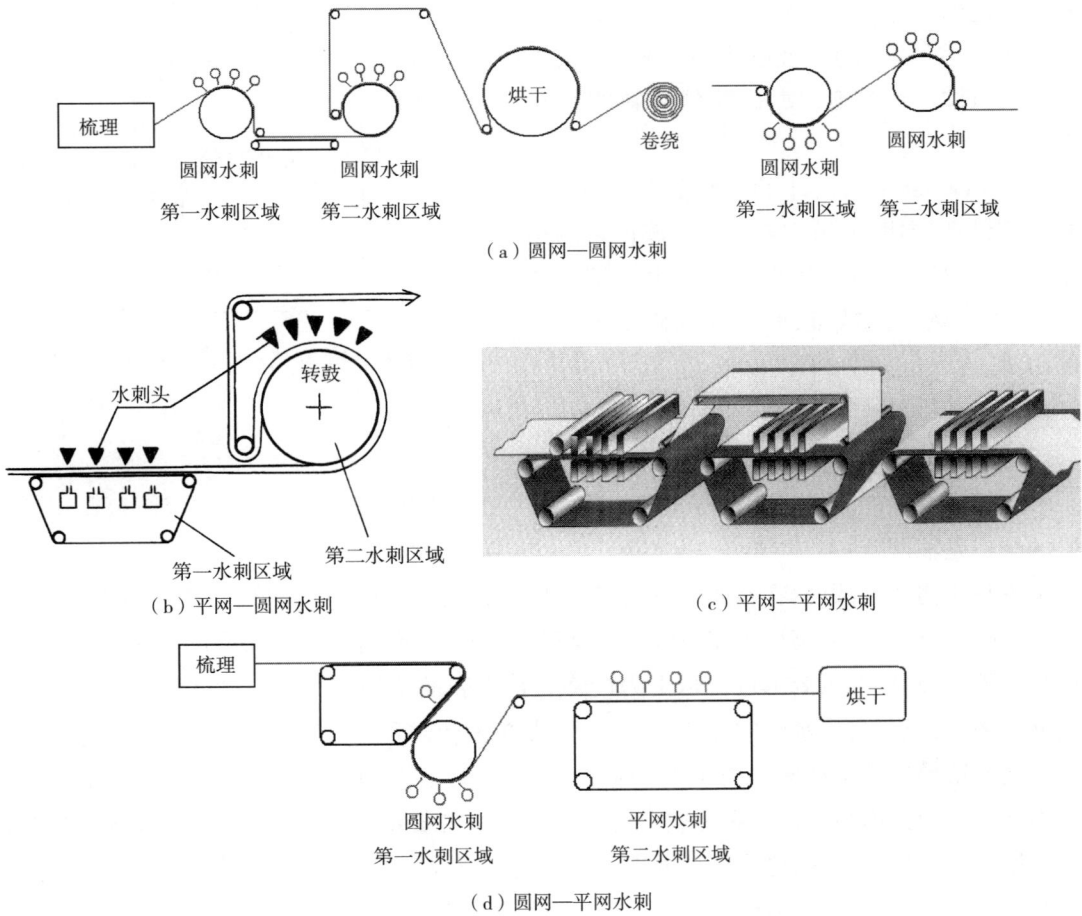

（a）圆网—圆网水刺

（b）平网—圆网水刺

（c）平网—平网水刺

（d）圆网—平网水刺

图 1-6-13　水刺区域水针头配置

相对而言,平网水刺托网帘的编织结构可采用平纹、半斜纹和斜纹等,从而使产品得到不同的外观效果;也可以方便对产品进行特殊整理;机械结构简练,维护保养方便。但是平网水刺线较长,占地面积大;平网水刺加固工艺中,松边、张力变化以及导辊不平行等原因致使托网帘反复游动而需纠偏;在网帘运行过程中,导辊对托网帘的磨损较大,致使托网帘变形,影响托网帘的使用寿命,导辊传动方式也不适合高速;托网帘对水射流的反弹作用没有转鼓强。

圆网水刺托网帘随转鼓运动,不存在跑偏现象,有利于高速生产;纤网在水刺区内呈曲面运动,接受水刺面放松、反面压缩,这样有利于水射流穿透,有效地缠结纤维;转鼓为金属圆筒打孔结构,内设脱水装置,与平网水刺加固的托网帘相比,对水射流有很好的反弹作用;转鼓式水刺工艺可在很小空间位置内完成对纤网多次正反水刺,占地面积小,一般是平网水刺工艺占地面积的1/2。转鼓水刺工艺适合加工单一外观效果特别是平纹的水刺非织造材料,不适合加工花色品种水刺非织造材料或频繁更换品种,这是转鼓结构所决定的。不过随着转鼓加工技术的发展,花型越来越多,转鼓的更换越来越方便,目前考虑到产品性能及占地,使用圆网水刺的越来越多。

法国 Perfojet 公司设计了一种立式结构的转鼓式水刺设备,如图 1-6-14 所示。该设备结构简单,操作方便,占地面积更小。但由于结构紧凑,限制了水刺头的数量,而且给维修带来了一定的困难。

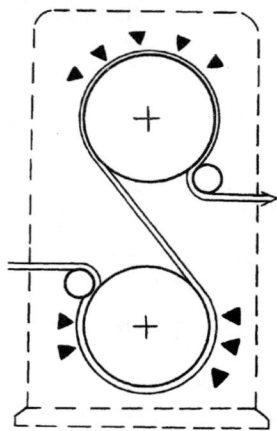

图 1-6-14　立式转鼓式水刺设备结构

二、托网帘

水刺加固系统的另一机构是纤网传送装置,主要由机架、导辊、输网帘或滚筒组成,其中最重要的结构是输网带。

不论是平网还是圆网,在水刺时不仅起到托持纤网的传送作用,而且直接参与水刺加固成布。水刺时,穿透纤网的高压水流被输网带反射,从而将纤网缠结,因此输网帘的花纹图案决定了产品的外观,对输网帘要求也变得更为严格。首先表面结构要均匀,为"无接头网";其次要有足够的强度,能耐高压水流的冲击,防止输网带在生产过程中产生变形;同时使用寿命要长,防止更换网帘导致的生产成本增加和影响生产效率。

输网帘一般由高强低伸的聚酯或聚酰胺长丝按工艺参数要求的目数、花纹、规格编织而成;也有采用不锈钢丝编织的,称为金属网帘。常见的外观结构有平纹型、纱布型、斜纹型、人字型和方孔型等网纹,如图 1-6-15 所示。

利用不同花纹结构的输网帘对水刺产品进行提花加工时一般在第二水刺区进行,当高压水流穿过纤网,射到托网帘的凸起处时,水针受到阻碍,水流向上和四周分溅,把纤网中的纤维推

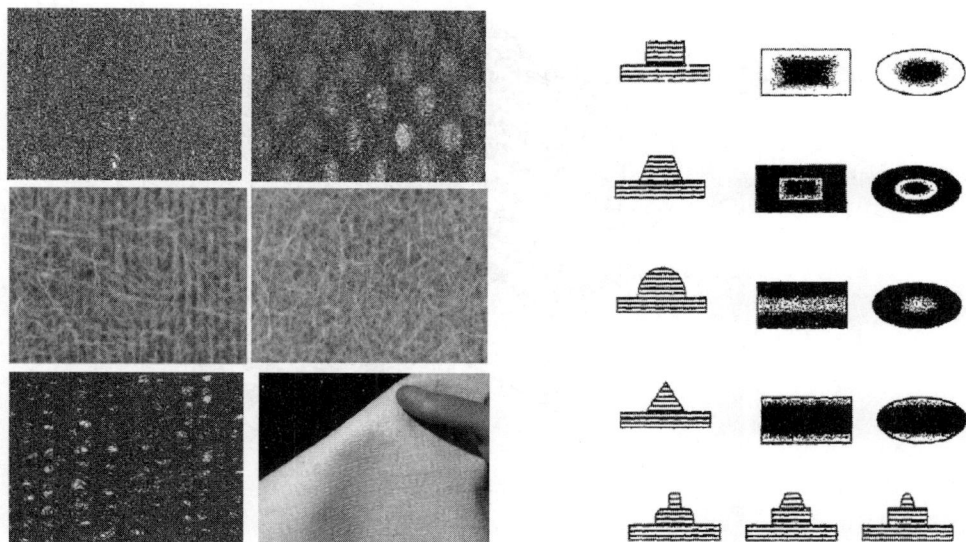

图 1-6-15　常见网帘结构与水刺产品花型

向孔眼四周,水流的偏移将纤维推向托网帘的空隙处,迫使交织点上纤维向四周运动并相互集结缠绕,造成托网帘交织点的突出部无纤维分布,而在纤网中形成网孔。相反,在托网帘的有孔部位,由于水针直接穿透,纤网纤维主要是向下运动,同时交织点处纤维经挤压而形成纤维的集合区域,即纤网的无孔区域。因此,水刺产品的外观形成与输网帘一致的花纹图案,孔的边界清晰度则由网帘凸起的程度与形状、纤维的性能、水刺压力等参数决定。例如,采用的网是比较疏松的平纹结构,且网线较粗,则生产出的产品就稀疏,类似于纱布,纱布网眼的大小完全取决于金属输送网的目数,如图 1-6-16 所示。

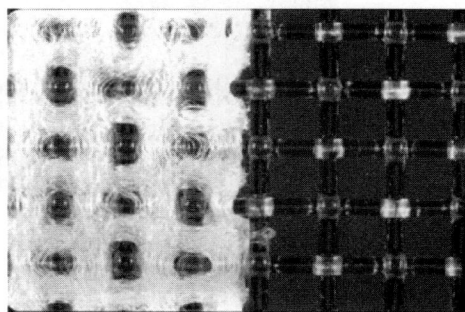

图 1-6-16　网帘花型与产品花型相对应

　　应该注意的是,当目数下降,即网眼增大时,会大大降低产品的强力,而且易造成短纤维的损失;如果输送网结构非常紧密,则产品表面相对比较光滑平整。这时,若网帘的线径较细,产品的纹路也就较细;如网帘的线径较粗,则产品纹路也较粗。因此,为了加工有花纹外观结构的产品,一定要注意选用纹路特征与产品外观要求相一致的输送网帘。

　　花刺产品常常是在经过几道平刺的产品上,再由凹凸结构明显的、目数较少的网帘托持再行花刺而得到的。图 1-6-17 是法国 Perfojet 公司研制出的一种能产生花纹图案的水刺设备组件。该设备应用圆网印花原理,在其镍质圆网上加工出所要求的图案。其水刺头安装在圆网内部,高压水刺通过圆网上组成特定图案的小孔刺在产品上,使其产生与圆网图案一致的花纹结构。

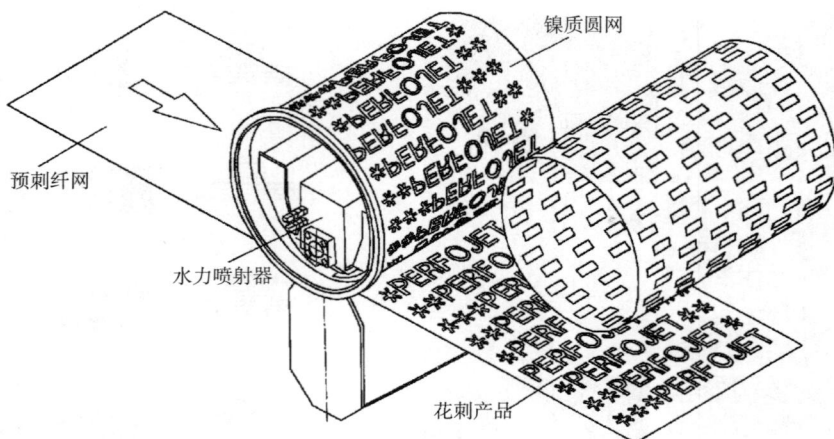

图 1-6-17 花纹水刺设备组件

随着水刺技术的发展,有人在圆网滚筒上进行研究,设计出了制备提花水刺产品的滚筒,如图 1-6-18 所示,该产品可以替代传统的提花纺织品应用。

图 1-6-18 提花滚筒及产品

三、真空脱水(抽吸)装置

真空脱水(抽吸)装置是位于水针头下面的一个真空箱,如图 1-6-19 所示。它一端开口紧贴托持网帘,靠近控制台的一侧吸风,使箱体内产生负压,将托持网帘上及纤网内的大部分水分吸出,便于下道水刺的顺利进行并能节约烘干时的能耗。

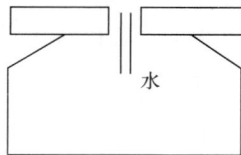

图 1-6-19 真空脱水(抽吸)装置示意图

四、水处理及水循环系统

水刺生产工艺所需的用水量很大,一般为 $100 \sim 200 \mathrm{m^3/h}$。为节约水资源,必须实现水的循环使用。另外,水源中会含有一定杂质,生产过程中水质还会受到各种因素的污染,如纤维屑、纤维素胶状体、微生物、纤维整理油剂、水垢、腐蚀产物和沙土、尘埃等。因为高压极细的水针在高压泵的作用下通过孔径为 0.08~0.18mm 的水针板产生的,而这些杂质很容易将水针板的微孔堵塞,造成堵针现象,影响产品的质量和生产效率。因此,必须对水进行过滤处理,水处理及水循环系统就成为水刺设备的一个重要组成部分。它不仅能实现水的循环使用,节约用水量,而且能对循环水进行相应处理,以满足水刺工艺对水质的要求。

水循环过滤系统主要由水过滤、循环、增压、回收等几部分组成。不同的水刺生产线或加工不同纤维时采用不同的过滤方式处理,常见的有砂式过滤、带式过滤、袋式过滤、筒式过滤、气浮过滤和安全过滤网这几种形式。

对于生产合成纤维的常规水刺非织造材料一般采用平网—平网式的 8 个水刺头进行水针缠结,如图 1-6-20 所示。

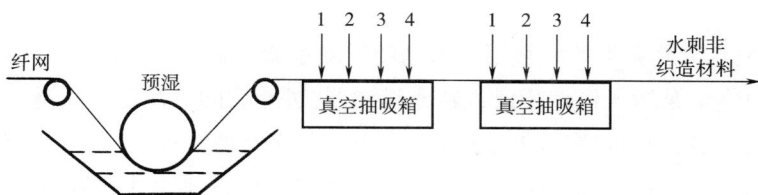

图 1-6-20　合成纤维水刺生产线水针缠结示意图

其中,循环水一般采用带式—袋式—芯式—安全过滤,并配以软水处理和杀菌处理,如图 1-6-21所示,高压水经水刺装置中水针板喷射出极细微的高压水流,在完成对纤网缠结加固后,被吸入输网帘下的真空吸水箱,然后抽至水气分离器,再经带式过滤和袋式过滤进入高位储水罐,与补充的软化水一起经杀菌剂处理后流入芯式过滤器,然后进高压泵加压,再经水刺装置内安全过滤网过滤后,从水针板针孔中喷出,完成工艺水的循环处理。

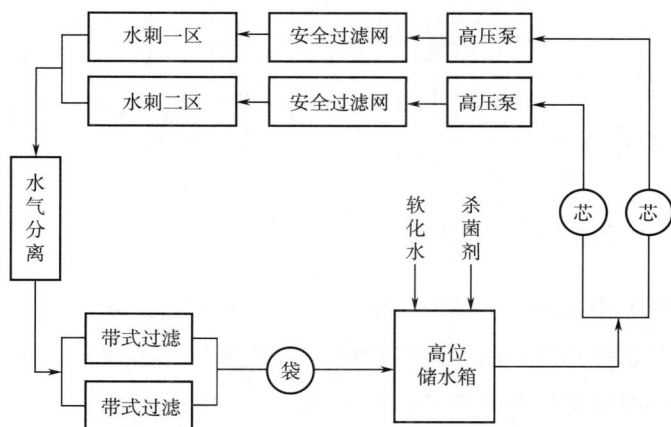

图 1-6-21　合成纤维水刺生产线水循环过滤系统示意图

对于木浆复合生产常规产品,一般采用圆网—平网式水针缠结,如图 1-6-22 所示,共有七个高压水刺头。木浆复合水刺非织造材料在防止细菌穿透、减少尘屑和脱绒、穿着舒适性等方面有显著的优越性,但由于木浆纤维很短,只有1~4mm,在水刺过程中流失严重,而且木浆纤维的吸湿性极好,所以会对水系统造成很大负担,需要专门设计水系统。

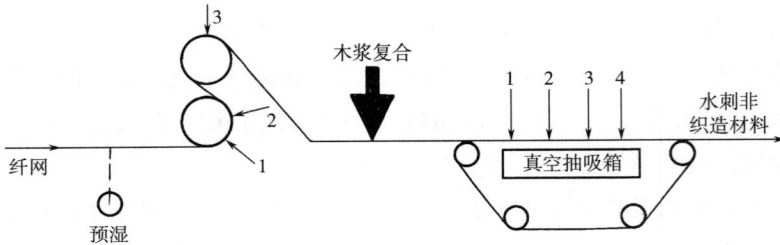

图1-6-22　木浆复合水针缠结示意图

图1-6-23是木浆复合生产线常用的水循环过滤系统示意图,高压水通过直空吸水箱抽吸水器分离器后,由供水泵送入机械喷射旋转式过滤器,过滤后的一级过滤水进入储水箱,再由供水泵输入自清洗砂滤器中,过滤后的二级过滤水进入化学处理装置,使胶体杂质形成絮凝物,再经带式、袋式、芯式过滤后进入高压泵加压,后续工序与合成纤维生产工序相同,完成水的循环处理。

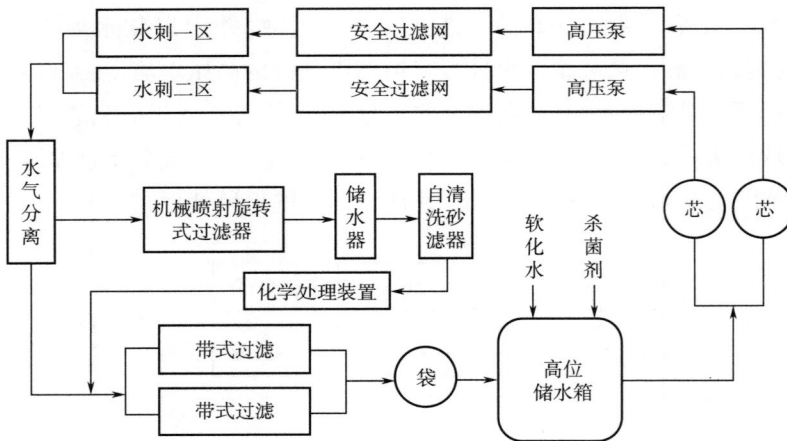

图1-6-23　木浆复合生产线水循环过滤系统示意图

加工真丝时,因真丝中含有的大量蛋白质成为水刺循环中细菌滋生的营养源,促使细菌呈几何级数上升,对水刺系统和产品品质造成影响。因此,要采用多种灭菌药物,有效地控制细菌总数在规定值以下,同时要增加新鲜水的补充量,更有助于产品品质的提高。

值得一提的是,尽管水刺后的回收水及补充的新鲜水经过多级过滤,但由于加工纤维所带油剂的不同及水循环过滤系统的不同,仍有以胶体为主的杂质进入水针板的针孔或有油剂等液体附着在水针板表面,造成水针板针孔的局部堵塞,因此生产中要不断清洗水针板。有研究表明,在现有水循环过滤系统的基础上,再配以其他手段,如采用静电水处理器、安全过滤网、化学杀菌、絮凝处理等,或将末道水刺头完全采用新鲜水,均可有效地改善水质,防止针孔堵塞。

五、烘燥

经过正反两面水刺加固后的纤维网,虽然经过真空吸水,但仍含有大量水分,因此烘燥工序是水刺生产中必不可少的步骤。烘燥不仅可除去纤网中的水分,还可使产品尺寸稳定。

从原理上讲,水刺纤网可采用多种烘燥方式,但应用较为普遍的是热风穿透式,它采用空气对流原理,让热空气经风机的抽吸作用把热量传递给水刺纤维网,以蒸发水分,保证了高效的热质交换。这种烘燥过程比较缓和,烘燥后的产品手感柔软,表面无极光。

美国 Honeycomb 公司开发的一套热效率较高的烘干设备就是采用上述原理,该设备的主要部件——烘燥滚筒的表面采用了该公司专利设计的蜂窝式结构,滚筒的最大直径可达 3m。鼓内装有真空抽吸系统,鼓外包覆一定容积的空间,如图 1-6-24 所示。工作时待烘干的纤维网包覆在滚筒的表面上,当经过热交换装置的空气上升到一定的温度后被注入鼓外的空间——热风室,鼓内的真空抽吸系统使其热空气穿过纤维网进入鼓内并被抽走,纤维网上受热蒸发的水分随热空气一起被带走,抽出的

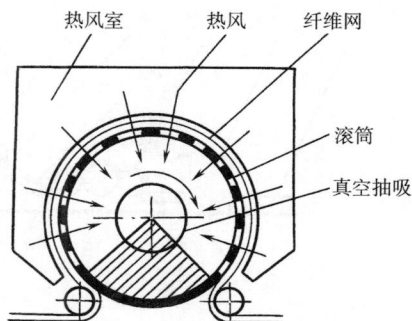

图 1-6-24 热风穿透式烘燥机

空气经去湿后重新送回热交换系统。这种特殊的蜂窝结构使得空气流动状态均匀、稳定、顺畅,既能使滚筒表面的温度均匀一致,气温差控制在±1℃之内,又能使纤维网尽快烘干,从而大大提高了产品的质量。

六、典型的水刺生产线配置

开发不同的水刺产品,生产线的配置有所不同。目前几种有代表性的水刺生产线配置如图 1-6-25所示。

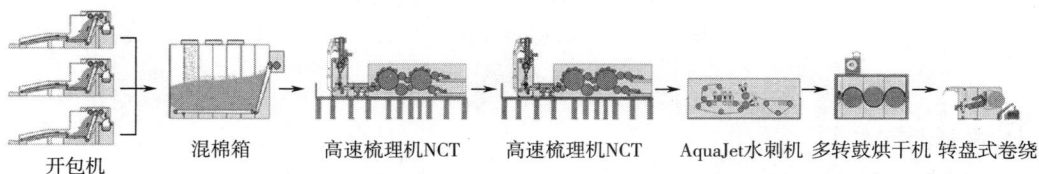

（a）特吕茨施勒的低定量高速水刺生产线配置

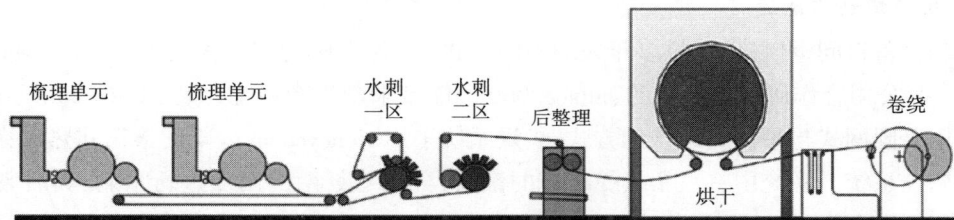

（b）Fleissner水刺生产线配置

图 1-6-25

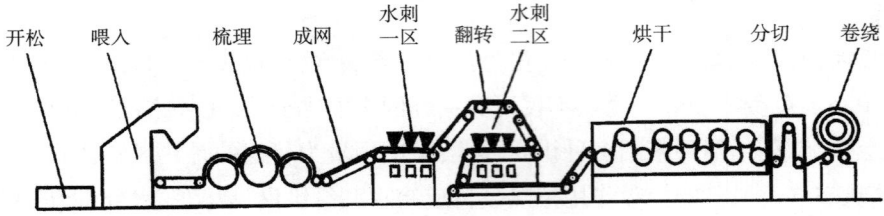

（c）Perfojet水刺生产线配置

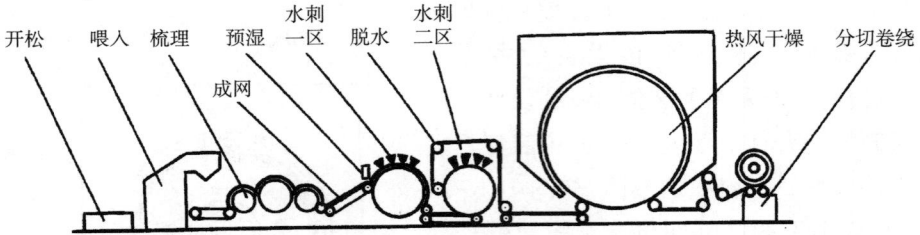

（d）Honeycomb水刺生产线配置

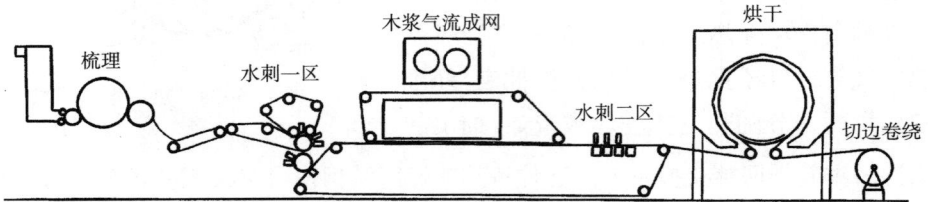

（e）单层梳理—木浆水刺复合生产线配置

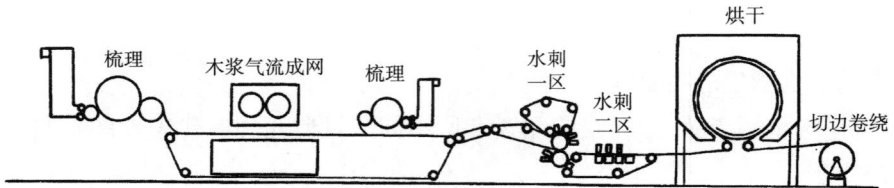

（f）双层梳理—木浆水刺复合生产线配置

图 1-6-25　典型的水刺生产线配置

七、水刺新技术

(一)设备创新

1. 生产线创新改造

水刺设备自问世以来，经过多年来的不断改进，在各方面均有较大突破，如 Perfojet 公司与 Honeycomb 公司合作研制出新型的 Jetlace2000 节能型水刺生产系统，如图 1-6-26 所示。该生产线采用了圆网式与平网式结合的方式，烘燥系统采用 Honeycomb 公司的滚筒式热风穿透烘箱和内部调控系统。系统中有三个接受射流的滚筒，分别对纤网的两面进行水刺，其后紧接一平网式水刺区。在全过程中，纤网的两面分别经受了两次水刺处理，因此对纤网有充分的缠结作用。这种新型生产系统不仅生产效率和产品质量有了很大提高，而且比原来的设备节省了70%的能源。

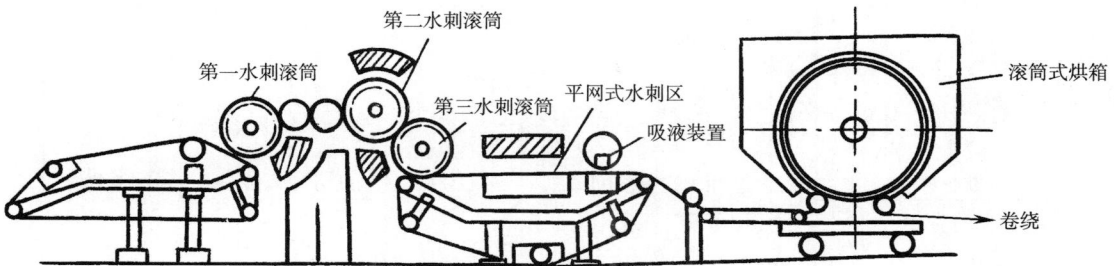

图 1-6-26　Jetlace2000 节能型水刺生产系统

2. 局部设备创新改造

在圆鼓的金属网上进行创新设计,如图 1-6-27 所示,利用蜂巢仿生结构水刺一次成型技术,可以实现大流量水刺成型,制备的产品用于医疗卫生材料可以设定导流路径,还能解决无影灯照射引起的反光炫目问题。

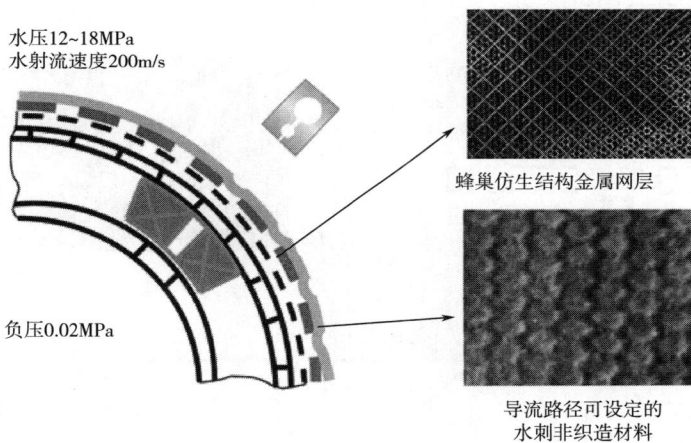

图 1-6-27　蜂巢仿生结构水刺成型技术

(二)水刺复合技术

1. 湿法成网与水刺的结合

水刺法除用于加固干法成网的纤网外,现在还可用于对湿法纤网固结。德国的特吕茨施勒公司与福伊特公司强强联手,在波兰的 Ecowipes 公司成功启动了高速湿法+干法水刺(CP)生产线,如图 1-6-28 所示。该生产线极大提升了生产速度与效率,真正实现了高速高产。CP 产品为复合产品,原料中采用了木浆,不仅增强了吸水性,而且兼具生产成本优势。可以加入短纤维制成的梳理层,赋予纤网强度和柔韧性。该公司新开发的 Tricell 湿巾,采用的是由 FSC® 认证的纤维素纤维,还具有可生物降解优势。因此,该 CP 生产线可利用再生资源生产环保可降解湿巾,使擦拭卫生用品和美容用品无塑料化成为可能。美国 DuPont 公司将水刺技术用于湿法成网过程中,用以生产芳香族聚酰胺耐高温滤料,也取得了良好的效果。

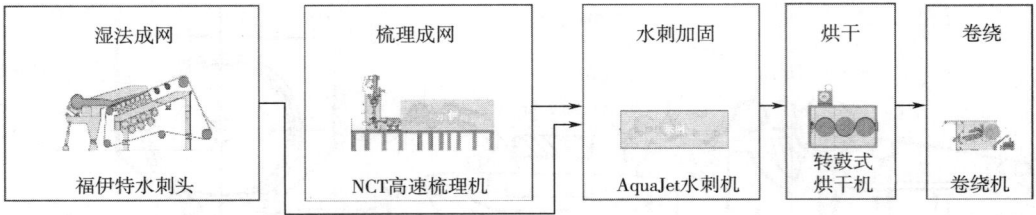

图 1-6-28　特吕茨施勒联手福伊特开发的高速 CP 线

2. 纺丝成网与水刺的结合

利用水刺固结纺粘纤网是纺粘法发展的一个方向。如 Rieter-Perfojet 公司利用水刺对纺粘法非织造材料固结和整理,Fleissner 公司利用水刺法固结裂片型和海岛型的纺粘纤网。世界著名的非织造材料生产商 Freudenberg 公司已生产了商品名为 Evolon 的水刺纺粘材料,并获得了成功。这种纺粘水刺非织造材料采用橘瓣型双组分纺粘为主,其原料大多为 PET 和 PA6,然后利用水刺技术开纤加固,制得双组分超细纤维非织造材料,如图 1-6-29 所示。

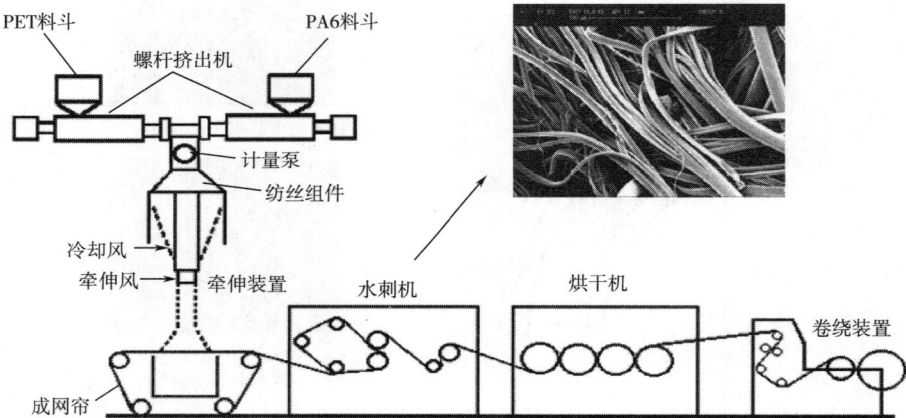

图 1-6-29　双组分纺粘水刺线开纤及固网

意大利 NWT 公司已将水刺技术引入单组分纺粘法生产线上,利用水刺作用来固结长丝纤网,改善纺粘法非织造材料的外观质量和手感。

3. 非织造材料组合水刺固网

利用高压水流的喷射作用可以使不同原料纤网中的纤维相互缠结,形成多组分的复合材料。例如,在梳理或气流成网/纺丝成网组合工艺中,把短纤维或木浆纤维引入纺粘纤网中,采用水刺法固结纤网,使短纤维在高压水流的冲击下嵌入长丝纤网的孔隙中,实现长短纤维的均匀混合。这样的非织造材料兼具纺粘布强度高的特点和短纤维良好的吸收性能。也可以把熔喷纤网与纺粘纤网通过水刺复合在一起,其原理与复合短纤维基本相同。还可以把纺粘、浆粕气流成网、纺粘产品通过水刺而成(简称 SAS),这类产品不需涂胶而无尘屑,产品有良好吸水性、强力、耐磨性和很高的生产速度。

4. 在复合工艺方面的应用

利用水刺工艺,还可以把非织造材料纤网与其他材料复合起来,形成高性能的复合材料。例如,把稀疏机织网布铺于两层纤网之间,经高压水流穿刺纤网,使上面一层纤网的纤维穿过机织网布的网孔与下层纤网的纤维缠结在一起,形成"三明治"式的三层复合结构。这种复合型非织造材料的强度得到很大增强,从而扩大了产品的应用领域。

(三)蒸汽固网技术

蒸汽固网技术是德国 Fleissner 与 STFI Chemnitz(开姆尼斯的萨生森纺织研究所)新近共同开发的一种固网技术。与 AquaJet 相似,是利用高温蒸汽在高压下通过射流板的喷孔高速喷出,以极细、极快的蒸汽流喷刺纤网,使纤网中的纤维在受到气流冲击发生缠结的同时,也受到热作用而发生热黏合,纤网在机械力和热的双重固结作用下形成具有独特风格和特性的非织造材料的加固技术。过热蒸汽或空气可加热到 280℃,蒸汽压较低,为 0.3~2MPa,使用过热蒸汽来防止水凝结,且经蒸汽加工后产品无需烘干,如图 1-6-30 所示。

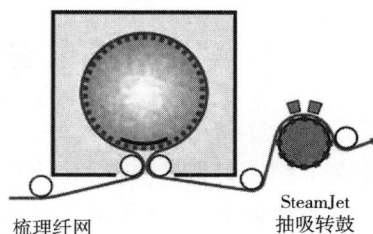

图 1-6-30 蒸汽固网技术原理图

在蒸汽固网的过程中,可以设计单面或双面加固,加工定量从 15g/m² 到超过 100g/m² 的多层产品。这种方式也适于加工各种合成纤维、长丝及各种天然纤维,尤其适用于加工对水敏感型纤维,如超吸水性纤维、PVA 等的非织造材料。还可结合热黏合技术,利用烘箱进行预加固,再利用 SteamJet 蒸汽冲击力和热熔加固的同时可进行提花或打孔,对应的金属网帘和提花结构如图 1-6-31 所示。

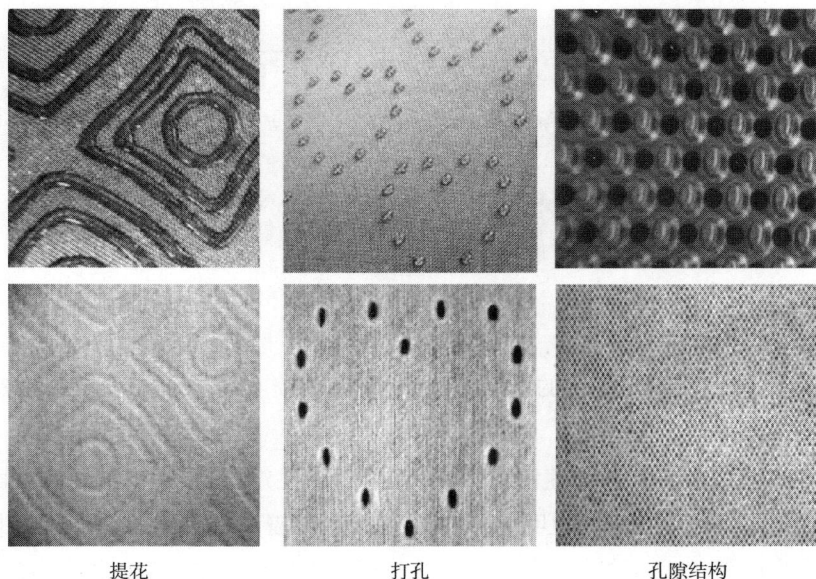

提花　　打孔　　孔隙结构

图 1-6-31 金属网帘和提花结构

Fleissner 的 SteamJet 蒸汽固网技术补充和扩大了水制产品加工范围,赋予了产品新颖的性能和质量,也是相当一段时间以来非织造行业出现的新工艺。

(四)在超细纤维产品方面的应用

对于线密度小于 0.011tex(0.1 旦)的超细纤维,利用非织造材料的成网方法难以形成纤网。将橘瓣形复合纤维通过梳理机和铺网机形成纤网,经过水刺加固,利用高压水流的作用使复合纤维分裂开,形成无数超细纤维,并使之缠结,从而形成超细纤维结构的非织造材料。

第三节 水刺工艺

水刺非织造材料的质量和性能与水刺非织造材料的结构有关,而其结构与加工过程中的工艺参数有直接的关系,其关系如图 1-6-32 所示。一旦水刺设备选定后,除了可以选择不同的水针板,可调节的在线参数就是水针压力和网帘速度。因此,要制备性能优异的产品,水刺工艺参数的控制至关重要。

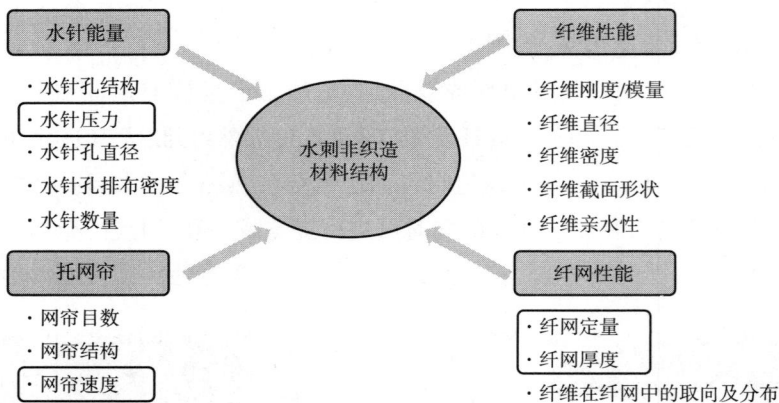

图 1-6-32 水刺非织造材料结构与工艺参数的关系

对于纤维性能,前面纤维原料分析部分已经提到,而纤网性能则在第四章成网与铺网中提及,因此这一章水刺工艺主要与水针能量和托网帘相关。

一、水针板喷水孔结构

根据流体力学原理与水刺工艺的实际情况,水针板的喷水孔主要有图 1-6-33 中的几种形式。水针板喷水孔简称水针孔。

图 1-6-33 中圆柱型喷水孔的速度系数不高,所以在生产中不使用。圆锥收缩型喷水孔的速度系数较高而水针集束性较差,说明尽管初始水针具有较高的动能,但由于水针表面雾化严重,水针冲击纤维并使之缠结的能力不强。流线收缩型的收缩系数、速度系数、流量系数与圆锥收缩型水针相等,但水针表面雾化严重,说明把喷水孔内部流体流动通道由圆锥收缩型喷水孔

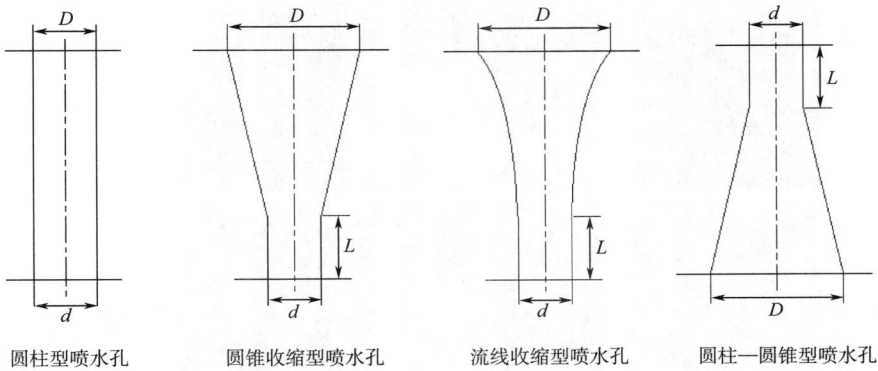

圆柱型喷水孔　　圆锥收缩型喷水孔　　流线收缩型喷水孔　　圆柱—圆锥型喷水孔

图 1-6-33　水针板喷水孔形状

改为流线收缩型对喷水孔的流体动力特征影响不大。如果把圆锥收缩型水针板喷水孔倒过来放置,则发现水压低时水流会充满圆柱型喷水孔,但是当水压升高至一定的值,就能形成细而稳定的水针,如图 1-6-34 所示。说明采用圆柱—圆锥型喷水孔不仅速度系数高,而且水针集束性好,加工非织造材料的能量损耗小,有利于降低生产成本。由于收缩系数低,所以在加工水刺非织造材料时,应选择适当的喷水孔直径,使水针直径与纤维直径相适应。

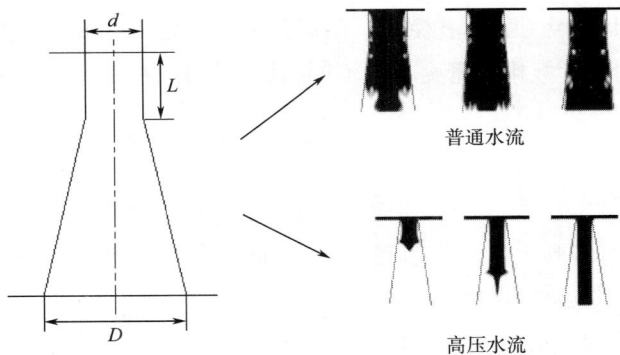

普通水流

高压水流

图 1-6-34　水流在圆柱—圆锥型水针板喷水孔中的流动

通过高倍显微镜下观察不同水针孔下制备的非织造材料的结构,发现水针孔为圆锥收缩型和流线收缩型的,水刺后雾化严重,缠结效果不好;而采用圆柱—圆锥型水针孔的,不论在多大压力下,水刺缠结效果都非常好,其结果如图 1-6-35 所示。

二、水针直径及排布密度

水针的直径范围为 80~180μm,生产中选用多大数值,要根据所用纤维性能、纤网的定量及产品性能来决定。定量较轻时,选用的水针直径要小;定量较大时,水针直径要大。加工黏胶纤维和棉纤维时,水针直径要小些;加工涤纶、锦纶等纤维时,水针直径要大些。在水刺过程中,前道水刺直径要大些,后道水刺直径要小些。生产中常用的是 100μm、120μm。

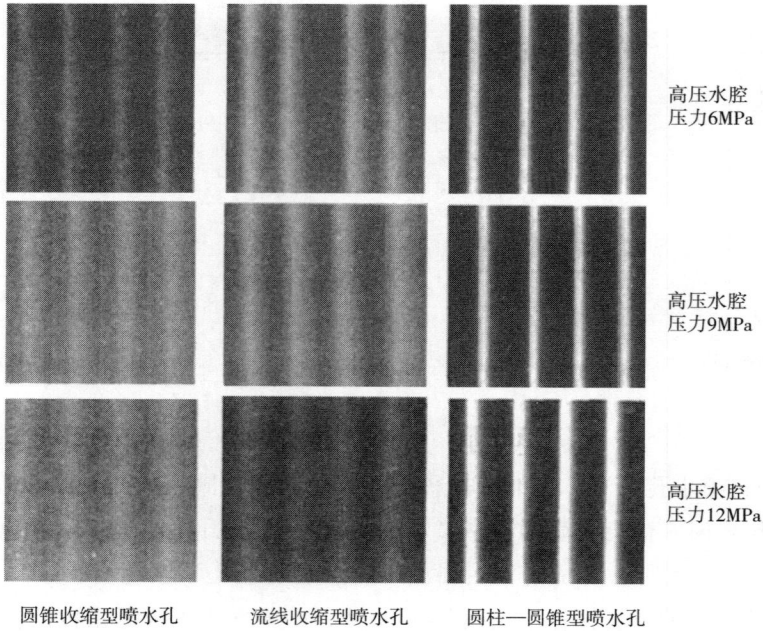

高压水腔 压力6MPa

高压水腔 压力9MPa

高压水腔 压力12MPa

圆锥收缩型喷水孔　　　流线收缩型喷水孔　　　圆柱—圆锥型喷水孔

图1-6-35　不同水针压力下不同喷水孔的水针图像

水针排列密度即水针板上的打孔密度,单排孔一般为10~24孔/cm,双排孔一般为16~36孔/cm。各公司生产的水针板排布密度有所不同,其中单排孔中最为常见的是16个/cm。

三、水针压力

水针压力可分为低压、中压和高压三种,低压一般小于7MPa,中压为7~15MPa,高压大于15MPa。当前,采用高压水刺工艺的公司越来越多,而且各公司都在不断地提高水压。目前开发的新型水刺设备的水针压力最大可达40MPa。

非织造材料的纤维缠结效果与非织造材料的稳定性、强力、表面质量等物理指标有着密切的关系。缠结效果越好,其产品的强力和稳定性越好。而缠结效果的好坏与单位纤维网吸收的能量有关。单位纤维网吸收能量的多少,除受生产速度、水的流量等因素影响外,最主要的因素就是水针压力。水针压力越高,产生的水刺能量也就越高。所以,采用高压力的水刺工艺是当今发展的主要趋势。

但随着水针压力的提高,生产成本也会随之增加,因此在实际生产工艺中,要按水刺头在生产线方向排列顺序的不同而采用不同的压力。第一个水刺头采用较低的压力(如3MPa),以后压力逐级增加(如5MPa、7MPa、9MPa等)。因为初始状态下的纤维网比较疏松且无强力,过高的能量并不能被完全吸收,故采用较低的压力(能量);随着纤维不断的缠结,纤维结构越来越紧密,强力不断增加,再逐渐提高水压。

水针压力也依据产品克重的不同而有相应的变化。每平方米的克重数越大,压力就越高,反之则相应降低。当每平方米克重数较低时,如低于$30g/m^2$时,则选用较多的水刺头来降低水的压力,以保证所吸收的总能量不变。这样可以做到在保证产品质量的前提下,充分、合理地利用能源,降低生产成本。

生产过程中水针压力的具体应用见表1-6-3。

表1-6-3 不同道数、不同纤网定量搭配的水针压力(MPa)

定量		第一道			第二道			第三道		
		1	2	3	4	5	6	7	8	9
A	45g/m²	1	1.5	1.5	5	5	4.5	5	5	4.5
	60g/m²	1.5	2.5	2.5	6	6	5.5	6.5	6.5	6
B	40g/m²	1.5	3.5	5	3.5	4	7.5	—	—	—
	55g/m²	2.5	4	6.5	3.5	5.5	7	8	—	—

注 1. 1、2、3 为一组,对正面刺;4、5、6 为一组,对反面刺;7、8、9 为一组,对正面刺。

　　 2. A组产品使用孔径为100μm的水针板,B组产品使用孔径为120μm的水针板。

四、输网速度

输网速度接近生产线速度。一般来讲,在其他工艺参数不变的情况下,生产速度越高,纤维所获得的水刺能量越小,缠结效果越差,反之亦然。生产线速还要依据纤网定量来确定。图1-6-36是在其他参数不变的情况下网帘速度与纤网强度和纤维损失率之间的关系。

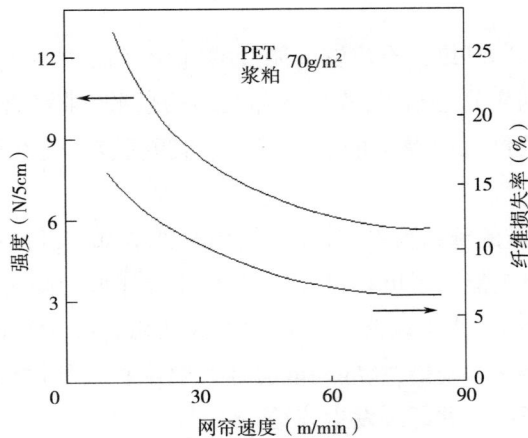

图1-6-36 网帘速度与纤网强度和纤维损失率的关系

五、水刺缠结系数和水针能量的计算

(一) 水刺缠结系数计算

经对水刺样品电镜图的微观观察和分析可发现,当一直径适宜的高能水柱冲向纤网时,水柱连续冲击纤维,最终使得一根纤维或一束纤维的一部分具有足够的能量,而从纤网的正面向反面运动,在这一过程中,这根纤维或这束纤维与其所接触的纤维产生穿插、纠缠,同时,从反面穿出的纤维或纤维末端在水柱的反弹散射作用下，又随机地再从反面向正面运动，并且再次与所接触纤维产生穿插纠缠。同时，这根纤维的另一部分被另一高能水柱作用，也产生同样的过程。这样，在水针作用下，纤维之间、纤维束之间或纤维与纤维束之间不断地互相穿插、纠缠，在水柱冲击力和反弹力作用下，纤维在其交接处逐渐收缩而形成结，从而使这些结之间的纤维形成一种立体的包覆网，而把纤网固定。在这种固定体中，纤维具有双重"身份"，既是被固定物主体，也是固定物的主体。

另外，从微观角度分析发现，如果水柱的直径比纤维直径小，则不论水柱的能量有多高，大部分水只能使大部分纤维在一定的自由体积内产生扭转，而不能有效地令纤维从纤网的正面向反面运动，并产生较多的穿插和纠缠，形成足够多的结而促使纤网被固定并具有足够的强力（只有那些运动方向通过纤维几何中心的水柱才能促使纤网产生穿插和纠缠）。相反，如果水柱直径过大，一根纤维或一束纤维的大部分都处在同一水柱作用之中，且其运动方向也一致，它就不能产生有效的"结"，从而不能加固纤网，仅能使纤网产生破洞。只有当水柱与纤维直径符合工艺要求时，如图1-6-37所示，即水柱冲向纤网，水柱单元 dx 所携带的能量被吸收后，纤维才能产生一定的位移。

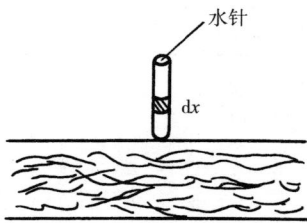

图1-6-37　水柱单元 dx 作用于纤网

随着纤维所获得能量的不断增加，纤维将克服阻碍其运动的"堡垒能"而产生最大位移形成结而被固定。

如果水柱能量过低，则因纤维没有足够的能量越过"空间位能"而无法形成较多的、有效的纠缠，纤维本身强力得不到充分地利用，故导致纤网结构松散、强力低，无法达到使用要求。如果水柱能量过高，则会导致纤维所获得的能量值大于其断裂功，使纤维断裂，最终使纤网强力下降。

水刺非织造材料中纤维的缠结效果、产品的结构与性能都与纤网接受的水针能量有关，这个能量以水为介质，首先将电能通过电动机、高压泵使水受压成为高压水，实现电能转化为水的势能，该能量在封闭的状态下，使水以高压水针的形式从水针孔中喷出，形成一根根极细的水针，从而由水的高压势能转化为动能，这些动能再通过喷水板与托网装置间的水针、纤网、反射水针等做功释放，从而使纤网中的纤维发生缠结。

水刺缠结系数是指材料每平方米质量的强力值，反映产品的缠结程度，计算简单，应用广泛。缠结系数 BI 的计算公式如式（1-6-5）所示。

$$BI = \frac{MD + CD}{G} \qquad (1-6-5)$$

式中：BI——缠结系数；

MD——材料的纵向断裂强度，N/5cm；

CD——材料的横向断裂强度，N/5cm；

G——纤网定量，g/m^2。

(二)水针能量计算

水针能量与水刺头的数量、水刺压力、水刺距离、水针板喷水孔直径和排列密度、纤网运行速度、托持装置表面结构等因素有关，但不包括本身损失的能量。水针能量的大小对产品的结构形态、力学性能、刚柔性和透气性等性能都有直接的影响。水针能量过低，纤维没有足够的能量越过空间位能而无法形成有效的缠结，会导致纤网结构松散、强力低下；水针能量越高，对纤网的垂直穿透性就越强，在一定程度上越有利于纤维的缠结，并且反射水针的无规则性和无定向性对纤网中纤维的缠结作用也越大；但水针能量太高也会导致纤维所获能量大于其断裂功，使纤维断裂，最终导致纤网强力下降，影响最终产品性能。

上述工艺中，综合表现出来的是单位能量 K_i 这一参数，它直接影响产品的各项指标，它与水刺喷头数量及水压大小直接相关，也与纤网单位面积重量和生产速度有关，可根据式(1-6-6)计算。

$$K_i = \frac{1.11 \cdot n_i \cdot C_a \cdot C_v^3 \cdot D_i^2 \cdot P_i^{1.5}}{v_b \cdot G \cdot \rho_w^{0.5}} \qquad (1-6-6)$$

式中：G——纤网定量，g/m^2；

P_i——水针压力，Pa；

D_i——水针直径，m；

n_i——水针数量；

v_b——纤网速度，m/s；

ρ_w——水的密度，kg/m^3；

C_v——速度系数；

C_a——截面收缩系数；

C_d——流量系数。

其中，流量系数与速度系数和截面收缩系数有关，符合关系式(1-6-7)。

$$C_d = C_a \cdot C_v \qquad (1-6-7)$$

当截面收缩系数 $C_a = 1$ 时，$C_d = C_v$，此时，式(1-6-6)可以改写为式(1-6-8)。

$$K_i = \frac{1.11 \cdot n_i \cdot C_d^3 \cdot D_i^2 \cdot P_i^{1.5}}{v_b \cdot G \cdot \rho_w^{0.5}} \qquad (1-6-8)$$

水针能量还可以用每千克的纤网接受水针反复穿刺作用而消耗的能量来表示，可依据力学中的动能定理来进行计算，其计算公式如式(1-6-9)所示。

$$E_k = \frac{MV^2}{2} \qquad (1-6-9)$$

式中：E_k——水针动能，J；

V——水针喷射速度，m/s；

M——喷水量，kg。

水从水针板喷出时的速度与水的压力有关，可以用著名的托里拆利公式进行计算，得出理想状态时的速度，并进行修正计算而得，其计算公式如式(1-6-10)所示。

$$V = \mu \sqrt{2gh} \tag{1-6-10}$$

式中：V——喷水孔出口处的速度，m/s；

μ——修正系数，与水的黏度、水针板的结构有关，其数值依据研究定为 0.612；

g——重力加速度 9.8m/s²；

h——水刺头中的压力折合为水柱高度，m。

1bar 的水柱高度 = 10.197m。

将以上数据代入公式即可得公式(1-6-11)：

$$V = \mu \sqrt{2gh} = 0.612 \times \sqrt{2 \times 9.8 \times 10.197P} = 8.65P \tag{1-6-11}$$

式中：P——水刺头内的压力，bar。

一个水针板在不同压力下每小时的流量 Q 可通过式(1-6-12)来计算。

$$Q = n \times q = n \times (V \times 3600 \times S) \tag{1-6-12}$$

式中：n——水针板上总的水针孔数；

q——1 个喷水孔在不同压力下每小时的流量，m³/h；

V——水针喷射速度，m/s；

S——喷水孔面积，m²。

在不包括本身能量损失的条件下，水针能量 E_0 还可通过每千克纤网受到高压水针穿刺所耗用的能量来表示，其理论计算如式(1-6-13)所示。

$$E_0 = \frac{3.65 \times 10^{-4} \times Y \times P \times Q}{M \times G \times N} \tag{1-6-13}$$

式中：Y——水刺头上 1cm 长度上的喷水孔数，个/cm；

N——水刺头个数；

P——水刺头内压力，Pa；

Q——每个喷水孔水流量，m³/min；

M——纤网运行速度，m/min；

G——水刺后纤网克重，g/m²。

上述公式中，水针喷射速度 V 和喷水量 Q 都与水刺压力、水流量、水针孔的结构特征有关。通过水针能量的计算，还可进一步得出产品单位面积质量所消耗的能量，以及分析托持装置、纤网运行速度等因素对纤网吸收水针能量的影响，从而为工艺设计改进、提高产品质量和节能提供依据。

要在高压下获得较低单位能量的生产，必须通过高速来实现。产品的各项强度及伸长等性能都与单位能量有关，当然也受到产品克重、成网方式等条件的影响。同时，由于在纤网受刺的能量比值(能量比值指第一面纤网所受到的单位能量占总单位能量的比值)相近的时候其产品抗拉强度较低，因而在第一面水刺时往往采取较小的水刺压力，而后道进行反面水刺时水压逐步增大，这不仅有利于强度的提高，也有利于纤维和能量消耗的降低。试验表明，当水针压力提高、克重增加、单位能量较大时，产品的抗拉强度随之增加，而产品的伸长率则随之降低，如图 1-6-38 和图 1-6-39 所示。横向也有相似的影响，但影响较小。

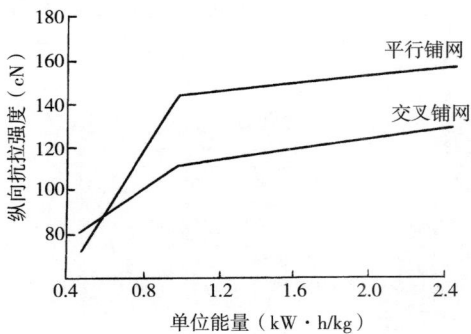

图 1-6-38 单位能量与纵向抗拉强度的关系
（纵向抗拉强度指水刺纤网单位
定量的强度）

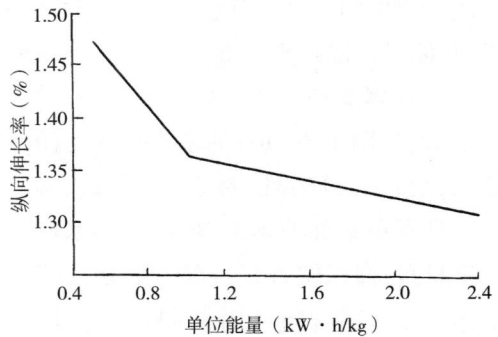

图 1-6-39 单位能量与纵向伸长率的关系
（纵向伸长率指水刺纤网单位
定量的伸长率）

从图 1-6-38 可看出，当单位能量超过一定值时，单位能量再增加，产品强度增加的效果大为减弱。通过进一步的试验得知，当水刺压力与生产速度和产品强度较为匹配时，再提高水刺压力，则产品强度的提高较为困难，而且还会造成产品不匀率的增加；同时，提高水刺压力及生产速度，对产品强度仍无明显影响。这说明小范围内提高生产速度，不需要调整水刺压力；提高生产速度，产品强度无明显变化，说明在一定范围内产品强度不因生产速度的改变而改变。

综上所述，水针加固纤网的实质是纤网在具有足够大能量的水针冲击下，纤维和纤维束克服空间位能和扭矩，产生扭曲、弯曲、旋转和拉伸，并伴随着这种变化同其他纤维产生穿插和纠缠，进而形成结，从而使得纤网形成一种空间的网络结构，具有较高的强力。

第四节 水刺产品

水刺工艺的特点决定了其所加工的产品具有其他非织造材料所不具有的优越性。例如，热黏合工艺必须采用热塑性低熔点纤维来生产，而水刺工艺不仅可以加工各种合成纤维，还可以加工非热塑性的纤维素纤维及其混合纤维；化学黏合法必须使用黏合剂来黏结纤维，而水刺法仅用很少量的黏合剂或根本不用黏合剂就可以固结出手感柔软、强度很高的产品，解决了环保问题；针刺法与水刺法同属机械固结的方式，但针刺法只适合加工 $80g/m^2$ 以上的产品，加工薄型产品时其强度难以保证，且布面有针痕，而水刺法可以加工 $30\sim40g/m^2$ 的产品，强度比同规格的针刺产品高，不掉毛，布面外观效果优于任何一种非织造材料，而且具有优良的柔软性和悬垂性。此外，水刺工艺除用于自身的非织造材料生产外，还可作为一种手段来完成两种以上材料的复合加工。基于这些特点，水刺工艺可以加工出很多性能优越、应用广泛的产品。

一、医疗卫生用品

医疗卫生用品是水刺法非织造材料产品最主要的应用领域,其中最常规的产品有手术衣、手术罩、绷带及医疗敷料等。

(一)手术衣帽

手术衣(图1-6-40)的基本要求是防菌性、安全性和舒适性,在发达国家较多采用了具有拒水性的木浆/聚酯纤维水刺非织造材料;而水溶性纤维经水刺加工而成的水刺非织造材料,用来制成手术医帽、口罩等,用后可在热水中处理掉,迎合了环保要求。

(二)手术罩布

手术罩布(图1-6-41)的基本要求是要有较好的柔软性、悬垂性、吸水性/防水性和拒水性。目前国外多采用以木浆纤维与聚酯纤维经水刺复合的产品或在手术罩布开口周边附加高吸水材料。

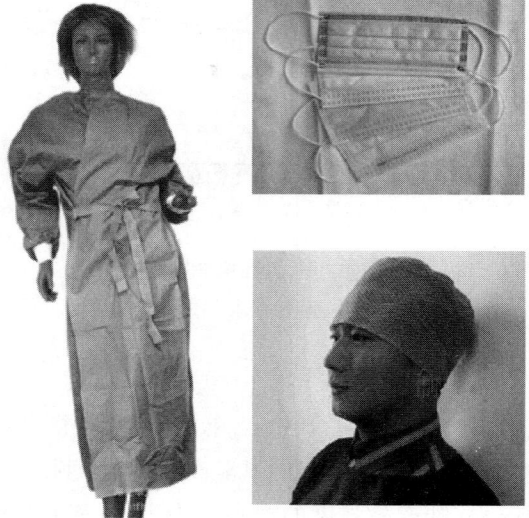

图 1-6-40　水刺非织造材料制备的手术衣帽

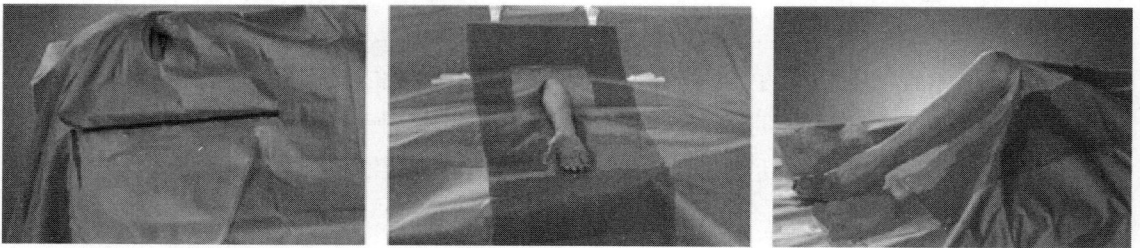

图 1-6-41　水刺非织造材料制备的手术罩布

(三)纱布、绷带和医用敷料

水刺法非织造材料产品因其所具有的独特优点,不仅能满足对伤口防护的要求,而且在某些技术指标上优于脱脂纱布,因此目前国外的医疗卫生行业已广泛代替了脱脂纱布。一般是 $30 \sim 60 g/m^2$、以70/30的黏胶纤维和聚酯混纤经水刺加固制成,这种配比的材料被认为是最接近棉质纱布的特性。

伤口敷料在传统上是采用机织的脱水纱布,原料以纤维素纤维为主,柔软而不存在化学污染,而普通非织造材料产品无法做到这一点,因此难以满足对伤口的防护要求。采用抗菌甲壳素纤维制成的水刺医用敷料,不仅具有杀菌能力,而且能够促进伤口的愈合。

蚕丝是天然蛋白质纤维,含有18种人体所需的氨基酸,配之以水刺法非织造材料柔软、轻薄的风格,被称为"第二皮肤"。用于皮肤伤口的纱布、敷料、创可贴等的水刺蚕丝非织造材料的定量一般为 $25 \sim 35 g/m^2$,为网孔型。蚕丝中所含的亮氨酸与组氨酸是皮肤伤口愈合所必需的氨基酸,系水溶性物质,蚕丝纱布敷于伤口上直接为皮肤吸收,既促进了皮肤伤口的愈合,又可抑制细菌感染,特别对烧、烫伤等皮肤表皮组织的再生有令人满意的促进作用。

选用100%的涤纶短纤或以涤纶短纤为主,混配少量黏胶短纤维,经严格控制成网均匀度和水刺压力制成$35\sim80g/m^2$的水刺非织造材料,再经丙烯酸酯压敏胶涂层,可用于自黏敷料、创可贴、药物硬膏等膏贴材料。这种材料充分利用了水刺布柔软透气、不掉毛、有较好抗拉强度等特性,又结合了丙烯酸酯压敏胶含固量高、流平性好、干燥迅速、适合高速涂布、成膜后透明度高、转移性能好等特点,形成了对人体无过敏和刺激反应、无毒、无环境污染、成本低的新一代膏贴材料,是传统压敏胶材料理想的升级换代产品。

(四)妇女卫生用品

用于妇女卫生巾和护垫的蚕丝水刺非织造材料的定量为$30\sim40g/m^2$,一般为网孔型。由于蚕丝中水溶性的丝多缩氨酸直接与皮肤接触,极易被吸收而作用于人体,因此蚕丝水刺非织造材料作为卫生巾的覆面层同护垫一样,有很强的保健、抗菌作用。

二、揩拭卫生材料

揩布的用量很大,主要应用在三个领域:个人护理揩布、工业用揩布和家庭用揩布,而在揩布市场上销售潜力最大的是非织造材料,目前已占整个市场的45%。在非织造材料揩布市场中水刺揩布以最快的速度得以增长,其原因是因为这种工艺原料的可选择性和工艺技术的可扩展性较大,可以满足各种揩布的特殊要求。卫生领域对水刺非织造材料的应用也在不断扩大,国际上婴儿揩布、湿面巾、家用清洁用品等已大量采用了水刺产品。

(一)个人护理揩布

维劳夫特纤维是一种专为水刺非织造材料开发的创新性黏胶纤维,可以改善湿气处理作用,增强柔软性和更好地分解,但最主要的是它的可抽冲性以及生物降解性。用维劳夫特纤维制成的水刺擦布在厕所抽冲后能分散,但使用时又具有一定的强度。据研究,维劳夫特纤维非织造材料21天就能全分解。

(二)工业用揩布

PGI公司旗下的Chicopee公司展现了运用Spinlace工艺(连续长丝水刺加固)开发的一种重型工业用清洁揩布Dura Wipe XTRA,将长丝纺粘非织造材料作为表层,能提供强力、弹性,且减少起绒,中间以高吸收性浆粕为芯层。这种三明治结构材料可迅速吸水、油,且克重更低,手感柔软,具有很大的开发价值。

(三)家庭用揩布

Method公司利用超细纤维清洁布、可降解清扫布及不含有害化学品的清洁液制备了一款环境友好型地板清洁系统,其中拖把头还带有曲线手柄、驱动开关,其设计理念符合人体工程学,对使用者的健康有一定的好处。

Lyocell纤维是用木浆粕通过新的溶剂纺丝工艺制成的,使用的溶剂N-甲基吗啉-N-氧化物(NMMO)无毒,并可回收再利用,纤维本身可被自然界完全分解,是一种有利于生态环境的新纤维,被称为21世纪的"绿色"纤维。由于Lyocell纤维具有高强度、高吸水性,加工中可原纤

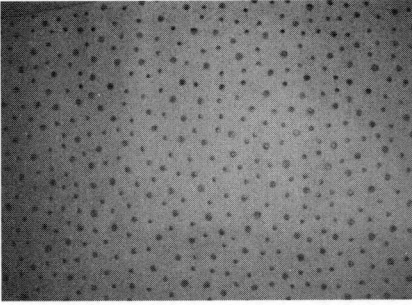

图 1-6-42 滴塑处理的水刺非织造
材料用于油污擦布

化,因此用于非织造材料具有优异的特性,可用于用即弃的揩拭物品等。

还可以对水刺非织造材料进行滴塑后整理,制备去油污擦布,尤其是对烧烤架油污清理非常有效(图 1-6-42)。

三、美容化妆清洁用品

美容化妆清洁用品已经成为了水刺非织造材料高附加值的终端市场之一,用量越来越大,包括化妆棉、美容面膜基布、压缩毛巾、柔巾卷等,已经替代了传统的纺织品。

(一)化妆棉

以棉纤维或黏胶纤维/涤纶混合纤维为原料,通过梳理成网、水刺加固而成,主要用于卸妆,分干卸妆棉和湿卸妆棉两种。干卸妆棉不含卸妆液,可以用来蘸取卸妆水或卸妆乳液;湿卸妆棉又叫卸妆湿巾,跟湿巾差不多,可以直接用来卸妆、卸口红、指甲油等(图 1-6-43)。

图 1-6-43 水刺非织造材料制备的化妆棉

(二)面膜基布

以蚕丝、天丝、竹炭纤维为原料,经过梳理成网、水刺加固而成,定量在 $25\sim45\text{g/m}^2$;也可以以 PET、PA6 切片为原料,通过双组分纺粘、水刺加固制成面膜基布,定量在 40g/m^2左右。

美容面膜用的蚕丝水刺非织造材料的定量一般为 $50\sim60\text{g/m}^2$,以平布型居多。经有关专家测定,皮肤角质层中的天然调湿因素由氨基酸类、吡咯烷酮羧酸、乳酸盐等物质组成。而真丝中的丝多缩氨酸含有可溶性蛋白,其分子构象为无规卷曲,多肽链上的许多极性亲水基团使皮肤中的水分含量适中,使皮肤有弹性、光滑而柔软。丝多缩氨酸还可以抑制酪氨酸的活性而有效抑制皮肤黑色素的生成。

(三)压缩毛巾

压缩毛巾一般利用棉纤维或黏胶纤维/涤纶混合纤维为原料,通过梳理成网、水刺加固、印花后整再经特殊轧烫技术而成,主要用于皮肤清洁,方便外出携带,不占体积(图 1-6-44)。

图1-6-44　水刺非织造材料制备的压缩毛巾

(四)柔巾卷

柔巾卷是一种新型的环保水刺非织造材料,以棉纤维或涤纶/黏胶混合纤维为原料,经过开松梳理、铺网、水刺固网而制成水刺非织造材料,再经过高压净水处理而制成柔巾卷,用以替代传统的毛巾,使用方便,已成为新一代的家用清洁畅销品。

四、黏合衬基布

水刺布手感柔软,外观及性能更接近机织物,相同定量的产品显得蓬松厚实,增加了透气性和弹性,而且不含化学物质,产品稳定性高,无脱层现象,是高档服装理想的黏合衬基布。

水刺黏合衬基布多以黏胶纤维/涤纶混合纤维或纯涤纶制成,厚度为中厚型,产品定量为 $30 \sim 50 g/m^2$。可分为平纹和网眼两种类型,多用于与皮制面料复合,便于裁剪,并改善传统皮制面料在裁剪时不利于加工的现状,满足服装设计师的要求。涂层工艺以浆点涂层为主,在常温下进行,不像雕刻辊粉点法涂层基布必须加热,纤维没受到温度影响,涂层后的产品仍能保持原手感;由于水刺时纤维屑被冲走,纤网得以净化,防止了在浆点涂层过程中纤维屑粘在涂层用圆网上,堵塞网孔,影响涂层质量和生产正常进行。

另外,也可采用水刺固结方法将熔喷纤网与短纤网复合在一起制成服装黏合衬基布。

五、合成革基布

合成革用的非织造材料必须具有致密的三维结构,且密度均匀一致,无过密、过松现象;表面平滑,无刺痕和明显孔痕存在。合成革基布可通过针刺、水刺两种方法生产。水刺非织造材料较容易满足上述要求,水刺条纹一般较浅,布面均匀度较好,所以较适于用作合成革基布。同时,一些水刺非织造生产厂家采用两道铺网设备进行交叉铺网,可以降低水刺布的纵横强力比,满足合成革基布的要求。

水刺合成革基布选用聚酯、聚酰胺等纤维生产,定量范围很大,一般为 $40 \sim 150 g/m^2$。为了满足合成革基布对强力、弹性、抗皱性、抗收缩性的要求,水刺非织造材料还要经过涂层整理。表1-6-4是水刺法合成革基布性能指标。

表 1-6-4　水刺法合成革基布(PVC、PU 干法)性能指标

产品成分	厚度 (mm)	定量 (g/m²)	断裂强度(N/5cm)		撕裂强度(N)		伸长率(%)		顶破强度 (MPa)
			MD	CD	MD	CD	MD	CD	
PET	0.30	45	98.1	54.0	20.1	18.1	30	60	0.64
PA	0.30	45	98.1	54.0	19.6	17.7	30	60	0.64
	0.35	50	107.9	58.9	18.6	14.7	40	80	0.67
Rayon	0.35	55	147.1	78.5	34.3	24.5	30	110	0.67
	0.40	65	147.1	83.4	34.3	24.5	30	65	0.69
	0.50	80	137.3	142.2	44.1	31.4	45	60	0.98
	0.55	100	147.1	157.0	54.0	42.2	45	65	1.08
	0.70	150	235.42	94.3	58.9	44.1	48	50	1.47
PA、PET 双组分超细纤维	0.45	80	147.1	137.3	34.3	25.5	35	50	0.93
	0.60	100	166.8	147.1	39.2	34.3	37	37	0.98
	0.70	150	245.2	176.6	54.0	47.1	36	36	1.37

注　允许按表中的参考指标有±5%的浮动。

六、其他方面

水刺非织造材料还被用作一次性服装(图 1-6-45),如内衣、内裤、套袖、围裙、鞋套等;屋内装饰材料,屋顶吸音材料;用粗旦纤维与超细纤维通过水刺复合而成高效空气滤材;与熔喷法配合生产新型絮填材料。

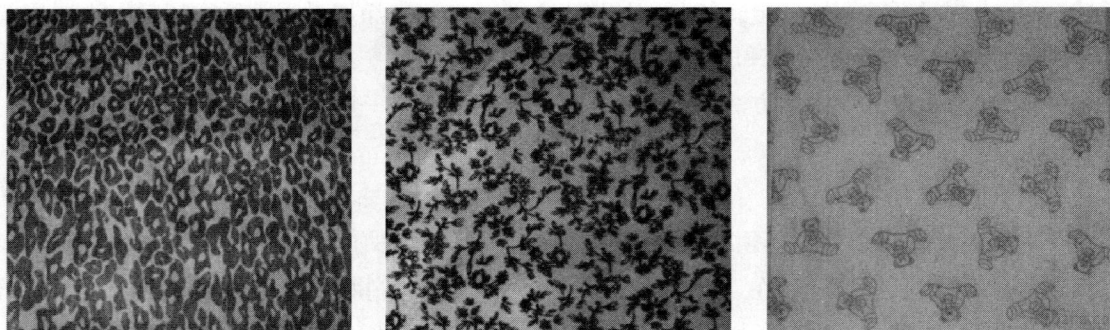

图 1-6-45　印花后用于服装面料的水刺非织造材料

思考题

1. 水刺机理是什么?

2. 纤维性能对水刺效果的影响有哪些?

3. 水刺设备的组成及各部件作用是什么?
4. 圆网水刺和平网水刺的优缺点各有哪些?
5. 简述水刺的工艺参数及其设置原则。
6. 水刺产品有哪些? 其特点及作用是什么?

第七章 热黏合法固网

第一节 热黏合加固技术

一、热黏合加固的定义

高分子材料大多具有热塑性,即加热到一定温度后软化、熔融,变成具有一定流动性的黏流体,冷却后又重新固化成为固体材料。利用高分子材料的这种热塑性,给聚合物纤维材料施加一定热量,使其部分软化、熔融,再冷却后固化,使纤维相互黏结在一起,这就是热黏合加固,利用热黏合加固方法制备的非织造材料称为热黏合非织造材料。

热黏合加固的产品应用广泛,主要用于医疗卫生用品、包装材料、农用材料、保暖材料、衬布、衬垫、过滤材料等。尤其是长丝成网热轧非织造材料应用更广,并且已得到飞速发展。

二、热黏合加固的特点

随着合成纤维工业的发展以及合成纤维在非织造生产中的广泛应用,热黏合技术得到了迅速发展,成为纤网加固的一种主要方法,这主要是由它的特点所决定的。

(一)生产速度高

热黏合生产速度一般在50~250m/min,其中先进的纺粘热轧黏合设备最高可达600m/min或更高,因此采用热黏合固网更能充分体现非织造生产的技术特点。

(二)能耗低

作为热黏合基本材料的低熔点纤维或双组分纤维,尽管其成本高于液体黏合剂,但就其总的能耗而言,要比化学黏合法低。据统计,用PP热黏合加固,每公斤非织造材料耗能比浸渍黏合加固少得多。随着低熔点纤维、双组分纤维生产技术的改进以及生产成本的降低,热黏合技术的这一优点将会更加显著。

(三)产品卫生性好

热黏合生产过程中不带有任何化学试剂,没有"三废"产生,也没有噪声,有利于环境保护和改善工作环境。产品具有很好的卫生性,对人体无害,非常适于医疗卫生用品的生产和使用。

(四)生产灵活性大

热黏合可作为主要的纤网加固手段,直接生产出非织造材料;又可作为辅助加固手段,改善其他加固方法的不足。例如,在纤网中混入少量的热熔纤维,在针刺加固后再经热熔黏合,可显著提高非织造材料的强力,改善材料的纵横强力比。

三、热黏合加固的分类

根据纤网的加热方式,热黏合固网可分为热轧黏合、热风黏合和超声波黏合三类。通常把热轧黏合制备的非织造材料称为热轧非织造材料,热轧黏合是指用一对热辊对纤网进行加热,同时加以一定压力的热黏合方式。热风黏合制备的非织造材料称为热风非织造材料,热风黏合是指在烘燥设备上利用热风穿透纤网,使之受热而得以黏合的加工方式。超声波黏合制备的非织造材料称为超声波黏合非织造材料,超声波黏合是把被黏合材料置于超声波发生器"号角"与滚筒之间,由于压力和振动,导致材料分子之间产生机械压力,释放出热量,使黏接点处材料软化、黏合的加工方式。实际上,热处理方式不同,制得的产品性能和风格也各异,但就其纤网得以加固的实质而言,没有根本区别,都是利用热来黏合加固纤维网。

四、热黏合加固的纤维原料

热黏合加固所使用的原料可以是单一纤维,也可以是两种或多种纤维的混合,但是为了发挥热黏合固网的效果,所用的纤维原料中至少有一种是热塑性纤维。常用的热塑性纤维见表1-7-1。

表1-7-1　热黏合固网常用的热塑性纤维及其热黏合温度

纤维	热黏合温度(℃)	纤维	热黏合温度(℃)
ES纤维	110~135	聚酰胺6(PA6)纤维	170~225
聚乙烯(PE)纤维	126~135	聚酰胺66(PA66)纤维	220~260
聚丙烯(PP)纤维	140~160	共聚酯(CoPET)纤维	120~150
共聚酰胺(CoPA)纤维	110~140	涤纶(PET)	210~245

在热黏合固网过程中,如果采用单一纤维,一般使用PP、PET、PA或者ES的较多;如果采用两种纤维的,则其中一种为热熔纤维或低熔点纤维,另一种可以是黏胶纤维或其他非热熔纤维;如果采用三种纤维原料的,一般为PET、黏胶纤维再加一种低熔点纤维,一般低熔点纤维的含量超过10%才能体现出效果。通过选择不同比例的热熔黏合纤维进行热黏合加固可以获得不同手感的热黏合产品。

而在热黏合固网过程中,除了普通的热熔黏合纤维之外,为了降低热黏合的能耗,还较多地应用了双组分或多组分纤维,其中应用最多的是皮芯型和并列型双组分纤维,其结构如图1-7-1所示。

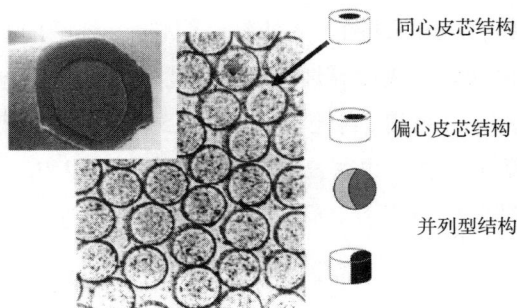

同心皮芯结构

偏心皮芯结构

并列型结构

图1-7-1　双组分纤维结构

第二节　热轧黏合固网

一、热轧黏合工艺流程

热轧黏合法可分为短纤维干法成网与长丝直接成网两种。

短纤维干法成网系统的工艺流程为：

短纤维→开松除杂→混合→梳理成网→热轧黏合→切边卷绕→成品

由于纤维为短纤维，成网要求高，大部分采用双道夫梳理机，即使带杂乱装置，产品也是纵向强度大、横向强度小，主要用于用即弃产品。

长丝直接成网系统的工艺流程为：

聚合物切片→熔融纺丝→冷却吹风→气流牵伸→分丝铺网→热轧黏合→切边卷绕→成品

长丝直接成网属于聚合物直接成网法，由长丝成网后再热轧成布，虽然产品较薄，但强度大、用途广。

二、热轧黏合机理

热轧黏合实际上是一个非常复杂的过程，其中发生了许多变化，包括纤网被压紧和加热、纤网产生形变和熔融、熔融的聚合物的流动和冷却成型等，如图1-7-2所示。热轧黏合过程必须具备三个条件，即热量、压力和可热熔的纤维，这也称为热轧黏合的三要素。现就热轧黏合的几个主要过程进行讨论，以分析热轧黏合机理。

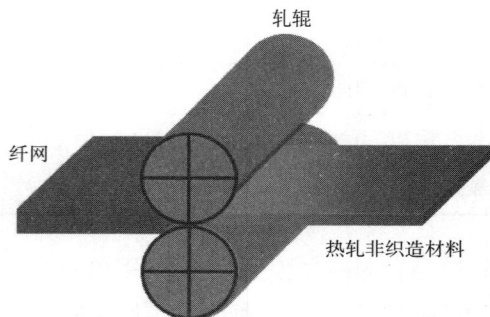

图1-7-2　热轧黏合机理

（一）热轧黏合过程

1. 热传递过程

含有热熔纤维的纤网在室温下进入两轧辊钳口组成的热轧黏合区。因为轧辊表面具有较高的温度，所以热量将从轧辊表面传向纤网接触面，并逐渐传递到纤网内层。在热传递过程中发生了许多物理变化。例如，蓬松的纤网进入两轧辊钳口后，纤网的密度和厚度发生了变化，热传递系数也随之发生了变化，因此，热传导性能也将发生了变化。以聚丙烯（PP）为例，按PP的最佳热传导特性计算式（1-7-1）可得，当轧辊温度为155℃时，单靠热传递只能使纤网内层达到122℃，低于PP纤维的熔融温度。也就是说，单靠热传递不能向纤维网中间层提供必需的热量。热传递黏合过程及热黏合产品如图1-7-3所示。

$$Q = K \cdot A \cdot \frac{\mathrm{d}T}{\mathrm{d}x} \tag{1-7-1}$$

式中：Q——单位时间传递的热量，$\mathrm{W/m^2}$；

K——纤网的传热系数；

A——垂直于热量传递方向的接触面积，m^2；

$\mathrm{d}T/\mathrm{d}x$——温度变化率。

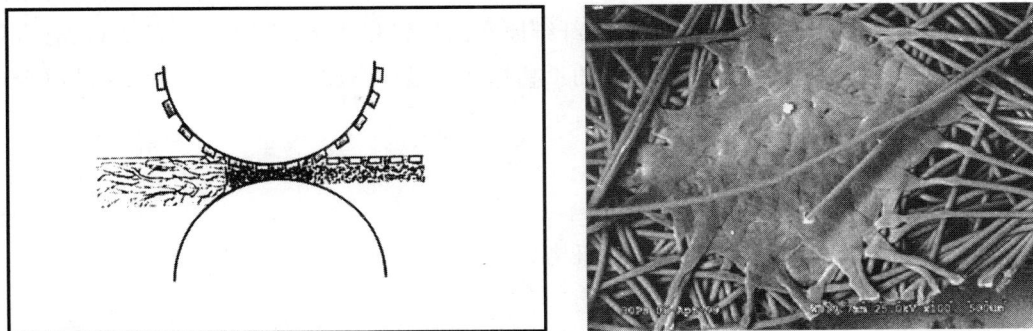

图 1-7-3　热传递黏合过程及热黏合产品

2. 形变过程

向纤网提供热量的另一个重要来源是形变热，两轧辊之间强大的压力使高聚物产生形变热而导致纤网温度进一步提高。据研究，在两轧辊间线压力为 $(2.5\sim7)\times10^3\text{N/cm}$ 下，纤网由于形变而产生的形变热足以使纤网中间层的温度在理论上升高 $35\sim40℃$。但高聚物的熔融要消耗一部分热量，所以形变热能使纤网中间层温度实际上升高 $30\sim35℃$。

考虑到纤网在热轧辊钳口区停留时间极短，约 $13\mu\text{s}$，纤网中间层的温度较低，仅从轧辊表面传递的热量是不够的。因此，形变热在很大的程度上有助于钳口下纤网中间层温度的升高。

3. 克莱帕伦(Clapeyron)效应

高聚物分子受压时熔融所需的热量远比常压下多，这就是所谓的克莱帕伦效应。对 PP 纤维来说，压力使其熔融温度提高的幅度约为 $0.38℃/\text{MPa}$。在热轧黏合过程中，钳口线处的压力最大，此处的高聚物熔融温度将会提高，而轧辊表面温度又受到远离钳口线处纤维熔融温度的限制。对 PP 纤维来说，轧辊的表面温度不能高于 $155℃$，以免损害纤维性能。所以，压力必须限制在钳口线处高聚物能够熔融的范围内，这样才能达到良好的黏合效果。

4. 流动过程

在热轧黏合过程中，部分纤维在温度和压力作用下产生熔融，同时还伴随着熔融了高聚物的流动过程，这也是形成良好黏合的必备条件。提高轧辊温度和压力，有利于流动过程。

但前面已经分析，增大压力的同时高聚物的熔融温度也提高，这必然导致流动性减弱，因此必须选择适当大小的压力。此外，生产速度对流动过程的影响更复杂，如增大生产速度会导致纤维受热时间变短、升温变小，但剪切应力增大，从而不同程度地影响流动过程的进行。

5. 扩散过程

在熔融高聚物的流动过程中，同时存在着高聚物分子向相邻纤维表面的扩散。扩散仅仅发生在部分区域，即熔融后相互接触的那部分，这种扩散作用有利于形成良好的黏合。

由于受热轧黏合过程时间和温度的限制，扩散的高聚物难以与相邻的纤维充分接触。研究结果表明,高聚物在黏合过程中的扩散距离为 1nm(10Å)左右,但对形成良好的黏合起着重要的作用。

(二)热轧黏合后纤网的结构与性能变化

经过热轧黏合固网之后,纤网的蓬松度和厚度都下降了,纤网中纤维密集,局部发生熔融成膜,在交叉点处发生黏合,未黏合处保持了纤维原有的形态和性能。随着热轧的进行,黏合点越多,产品的手感越硬;轧点面积越大,产品的手感越硬。最终形成具有较高强力的热轧黏合非织造材料。

三、热轧黏合设备

在热轧黏合加固中,关键设备是热轧机构。

(一)热轧机构

热轧辊是热轧机构的重要组成部分,一般可分为光辊和花辊。为防止粘连,辊的表面大多进行镀铬处理、渗氮处理,也有用铬钼合金的。轧辊的表面温度可达 300℃,线压最大 300N/mm,速度 200~600m/min,幅宽最宽可达 7m。

1. 热轧辊的主要形式

热轧辊的形式一般为双辊式,可分为花辊—光辊组合、光辊—光辊组合及光辊—棉辊/纸辊/塑辊等组合,如图 1-7-4 所示,可按照最终产品的要求进行选择。

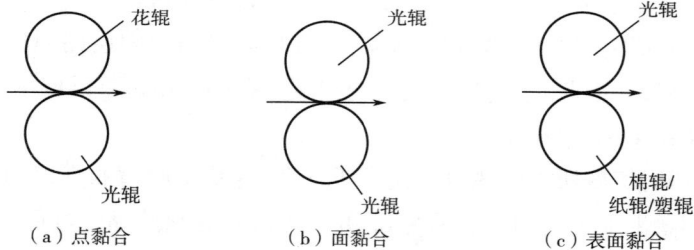

图 1-7-4　双辊式热轧辊的主要形式

花辊—光辊组合在热轧黏合时,在凸轧点处纤维能产生熔融黏合,形成所谓的点黏合结构,具有这种结构的热轧非织造产品较柔软。根据刻花辊上凸点的形状和排列方式,可在非织造材料的表面形成一定的花纹。点黏合一般要求轧辊壁较薄,以减少到达非织造纤网中的对流热,保持布面手感良好。轧辊直径要小,以减少对纤网的预加热。花辊温度应达到纤维熔点,光辊的温度要比花辊低 5℃左右。

光辊—光辊组合在热轧黏合时,能形成所谓的面黏合结构,在纤维交叉点处能产生黏合,因此黏合点多,产品平整密实,手感较硬。

光辊—棉辊/纸辊/塑辊组合在热轧黏合时,能形成单面的表面黏合,只有靠近光辊的纤维才产生黏合,满足特殊用途的需要。也可两台热轧机并用,在纤网两面形成表面黏合,中间层保持纤网状,以达到既有良好的柔软性和通透性,又有平整光滑的表面,可用于生产医疗卫生用品。

除了双辊式,也可以根据需要设置成三辊式或四辊式,图 1-7-5 为德国 Küsters 公司的双辊及多辊热轧机。而多辊热轧机的各辊可以根据产品的要求进行配置,如图 1-7-6 所示。

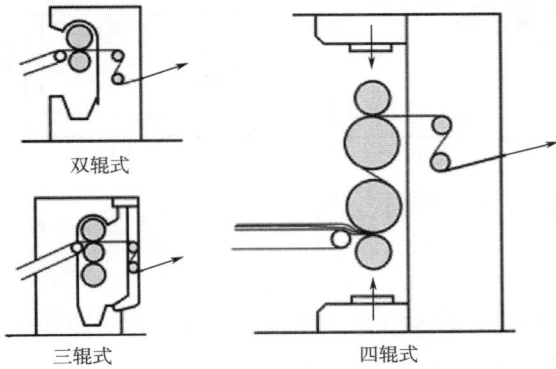

图 1-7-5 德国 Küsters 公司的热轧机

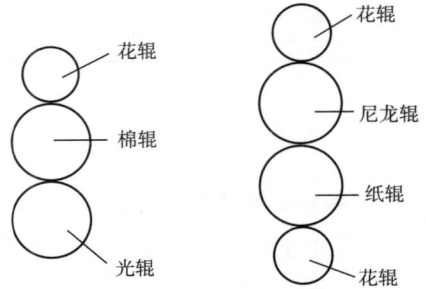

图 1-7-6 多辊热轧机各辊形式

2. 花辊的花型

花辊表面刻有花,其花型决定了所制备的热黏合非织造材料的花型。轧点的形状、面积、深浅、分布和数量、海岛比等都可以变化,并且都影响产品的性能及质量。目前,轧辊的花型有多种,常见的轧辊花型及相应的热轧非织造材料花型如图 1-7-7 所示。

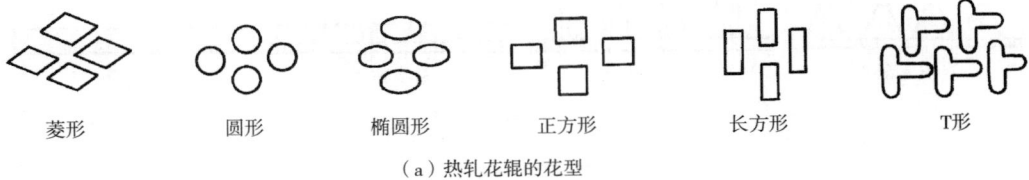

菱形　　　圆形　　　椭圆形　　　正方形　　　长方形　　　T形

（a）热轧花辊的花型

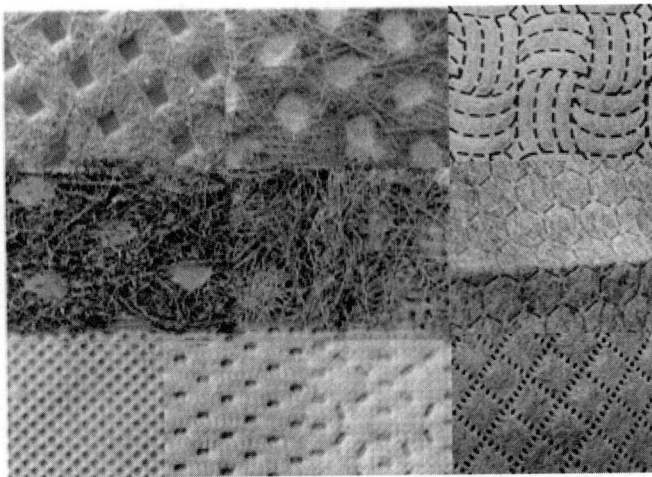

（b）不同花辊对应的热轧非织造材料花型

图 1-7-7 常见的轧辊花型及相应的热轧非织造材料花型

常见的花辊设计尺寸如图 1-7-8 所示。

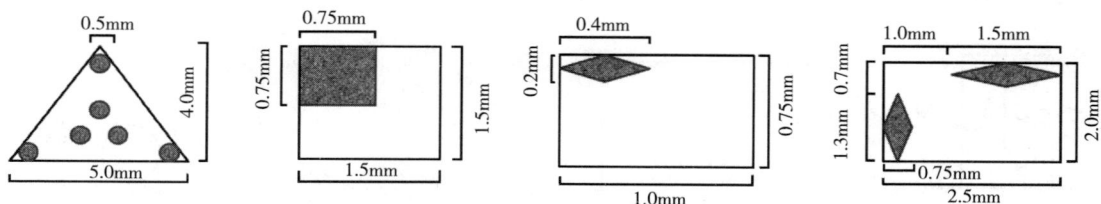

图 1-7-8　轧辊花型及尺寸设计

3. 热黏合的类型与相应的产品手感

热黏合过程中所使用的花辊类型不同、轧点的面积不同,生产的产品手感也不同。图 1-7-9 是从海岛比较小的点黏合逐渐到光辊黏合,生产的产品手感逐渐变硬。

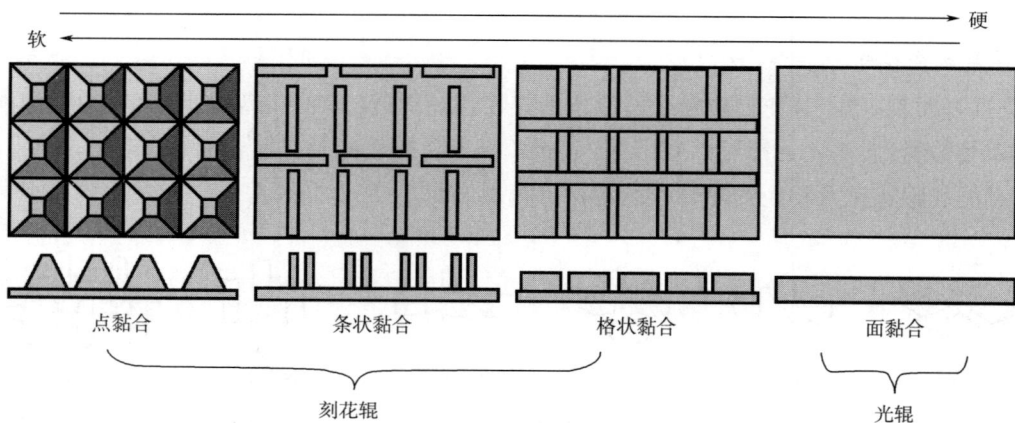

图 1-7-9　不同轧辊海岛比对应的产品的手感

(二)轧辊导热机构

轧辊之所以能热轧,主要是因为有热源供应,有热才能热轧,其加热方式有三种。

1. 电加热型

这是最老式的加热方式,采用轧辊内直接电热加热,目前国内生产线的热轧机部分采用这种加热方式,其特点是结构简单、易于维修、升温速度快,但温度控制精度较低,加热的均匀性和稳定性较差,不适合宽幅热轧机。幅宽一般在 1m 左右,温度偏差可控制在±20℃。幅宽越大,温度偏差也就越大。

2. 油加热型

利用油炉对导热油进行加热,再通过管道将导热油送入轧辊内,不断循环对轧辊进行加热。这种方式温度控制精度高,整个轧辊温度均匀稳定,轧辊上温度偏差小,可控制在±1℃。国外生产的热轧机基本都采用油加热,我国的大部分非织造设备公司已制成油加热轧机供应市场。由于导热油从轧辊端头通入,因此密封系统必须好,如使用或维修不当,容易造成漏油。此外,需要配备导热油加热系统,它可置于机上或机外,用电或煤、导热油加热。油加热型热辊结构如图 1-7-10 所示。

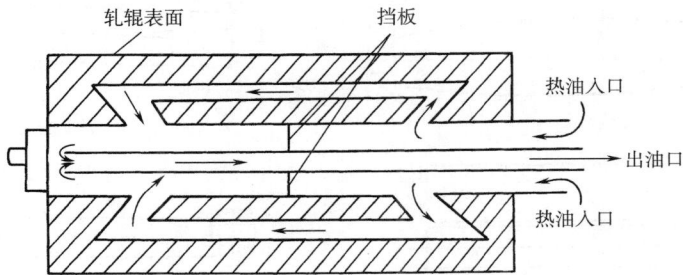

图 1-7-10　导热油热轧辊结构图

德国雷克公司的双舞—环热轧辊机国内引进很多,其基本结构如图 1-7-11 所示。

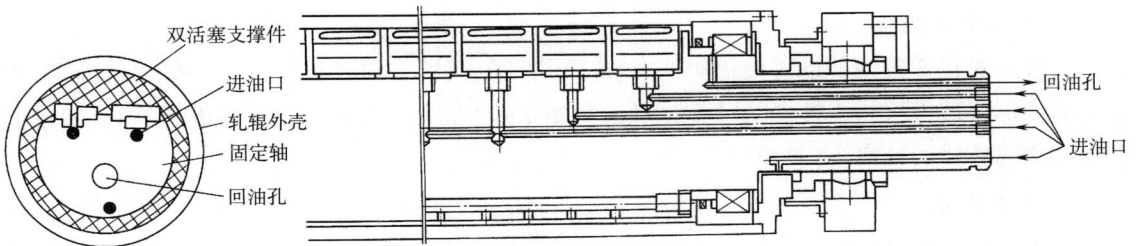

图 1-7-11　双舞—环热轧辊结构

3. 电磁感应加热型

这是由日本东电(Tokuden)株式会社开发的技术,在国内也生产出了这种热轧机。其加热温度在 50~400℃,加热温度为 100~260℃时温度分布精度为±1.0℃。其最大特点是使轧辊能在不同的速度、温度以及有无负载的状况下均保持稳定的、精确的温度。

(三) 轧辊压力补偿机构

轧辊压力是在轧辊两端施加的,轧辊会因此而产生弯曲变形。机幅越宽,越易变形。如果不对弯曲变形采取补偿措施,则两轧辊间中间的压力会由于轧辊弯曲而低于两端。要得到均匀的热轧黏合效果,必须保证在整个轧辊上的压力均衡一致。所以,一般在轧辊结构设计上采用一定的补偿方式来补偿轧辊压力。常见的轧辊补偿方式如图 1-7-12 所示。

1. 中凸轧辊

这是最简单、最有效的一种方法,预先将下辊中间的直径设计得略大于轴两端的直径,即在设计中凸辊时已经设定了所要施加的压力,如图 1-7-12(a)所示。它仅适用于特定的线压力,因此有一定的局限性。

2. 轴向交叉

两轧辊轴线通过主轴承的侧向位移而相交,这样轧辊沿着中心向两侧逐渐加大交叉,以弥补轧辊变形后中间变形较大而造成线压力降低的问题,如图 1-7-12(b)所示。

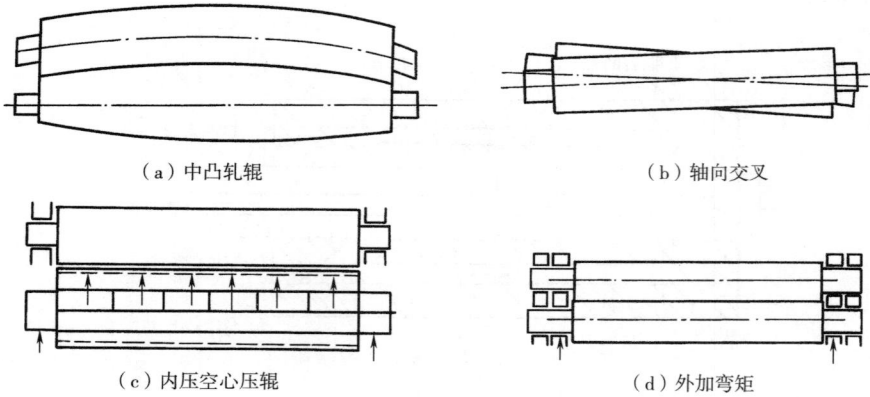

（a）中凸轧辊　　　　　　　　　　（b）轴向交叉

（c）内压空心压辊　　　　　　　　（d）外加弯矩

图 1-7-12　轧辊压力补偿方式

3. 内压空心轧辊

这种方式在 S 辊内部通过液压使外套辊变形膨胀，从而支撑芯轴补偿空心轧辊的弯曲，对不同的变形区域进行相应补偿，补偿效果好，如图 1-7-12(c) 所示。液压油也是导热油，既起到液压变形补偿的功能，又起到导热媒体的功能。

4. 外加弯矩

这种方法是通过轧辊外端施加可弯曲的弯矩得到应力补偿，如图 1-7-12(d) 所示，补偿系统是纯机械式的。

国外有的公司采用热轧辊在下、棉辊在上的组合方式，压力不直接加在热辊上，这既有利于减小变形，又节约油道输送。

总之，通过以上的结构设计，可得到相当程度的变形补偿。但只有通过中凸轧辊方法才能得到完全的补偿，然而这种结构仅仅适用于特定的压力。有人测试了各种不同的压力补偿方式下 $15g/m^2$ 的 PP 纺粘热轧非织造材料幅宽上纵向强度的变化值，结果如图 1-7-13 所示。

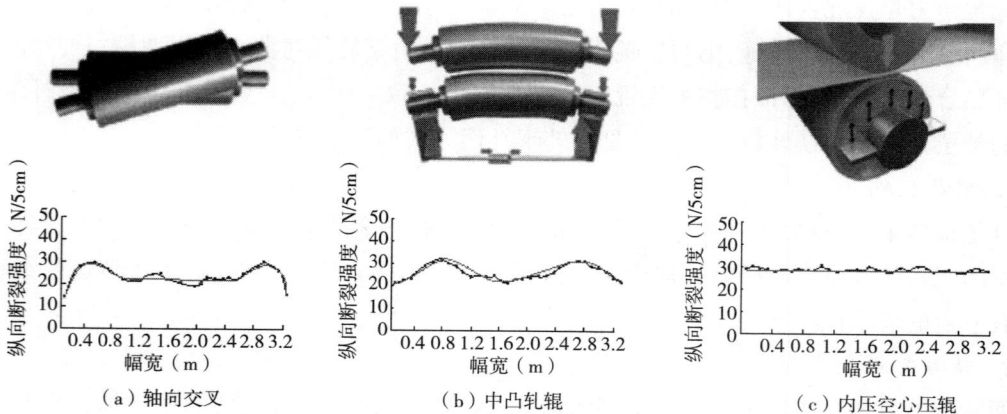

（a）轴向交叉　　　　　　　（b）中凸轧辊　　　　　　　（c）内压空心压辊

图 1-7-13　不同轧辊压力补偿方式下产品幅宽上力学性能变化

由图 1-7-13 结果可以看出,对于传统的热轧辊,纵向强度在整个幅宽上是变化的。轴向交叉辊或内压空心轧辊有助于平衡整个幅宽上的压力,有助于提高整个幅宽强度的均匀性。采用这两种压力补偿方式,轧辊的工作宽度可达 7m,在此范围内能保证整个幅宽内压力的均匀。

目前,世界上先进的轧辊制备商制备的轧辊参数见表 1-7-2。

表 1-7-2　几种轧辊的主要技术参数

项目	日本 Tokuden 公司	德国 Ramisch 公司	德国 Küsters 公司
工作幅宽(mm)	2300	2300	4000
轧辊直径(mm)	500	430	500
工作温度(℃)	100~260	≤250	80~250
工作速度(m/min)	5~100	1~100	400
最大压力(kN/m)	—	40	108
加热功率(kW)	90×2	56	—
加热方式	电磁感应	油热	油热
温度偏差(℃)	±1.0	±1.0	±1.0

(四) 常见热轧生产线配置

目前已有几百条热轧黏合生产线,包括国产及引进热轧黏合生产线,主要有以下几种形式。

1. 德国热轧非织造生产线

图 1-7-14 是典型的德国短纤维梳理成网热轧生产线,利用多台定重式微乳剂和开松机,喂入纤维的均匀性好,开松效果也能得到保证,后续采用小锡林式梳理机,机构紧凑,梳理效果好,因此成网均匀性好,适合制备薄型热轧黏合非织造材料。

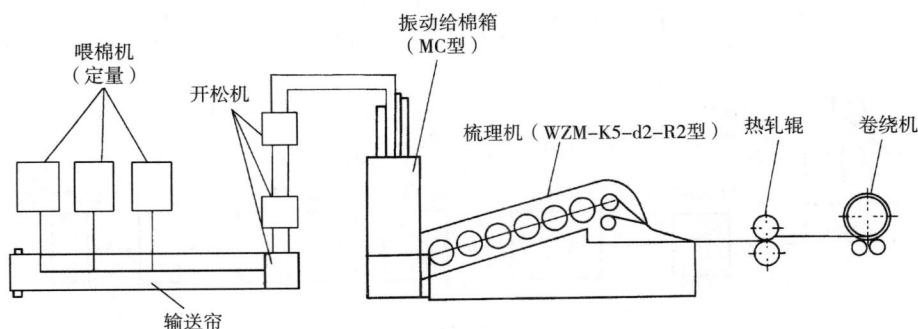

图 1-7-14　德国热轧非织造生产线

2. 我国热轧非织造生产线

图 1-7-15 所示的台湾热轧非织造生产线是典型的组合式成网的生产线,从主梳理机出来的纤网经交叉铺网机铺网后,上、下两层复合平行铺网的纤网修饰表面铺网折痕,可以制得中等厚度的热轧黏合非织造材料。

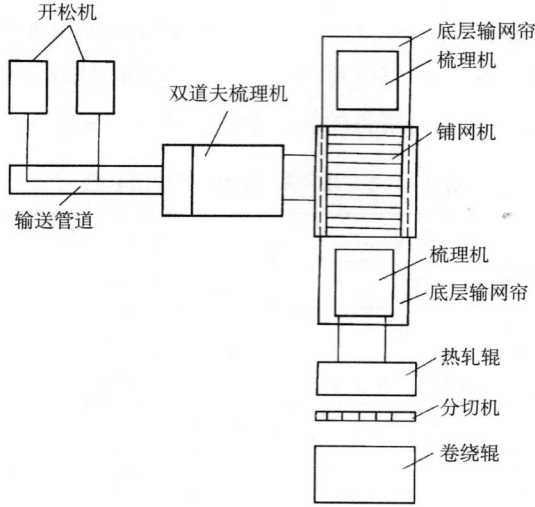

图 1-7-15 热轧非织造生产线

图 1-7-16 是两种典型的国产热轧生产线配置。两种配置的生产线热轧黏合之前纤网都是从梳理机直接下机的,因此都是生产薄型热轧产品的。配置 1 加强了混合开松作用,在最初开松机的基础上,又经过两道混开棉机,使开松混合作用很到位。配置 2 强化了梳理作用,经过两道梳理,特别是第一道梳理后经过铺网,再喂入第二道梳理机,使得梳理很充分,纤维单根率高,纤网均匀性好。

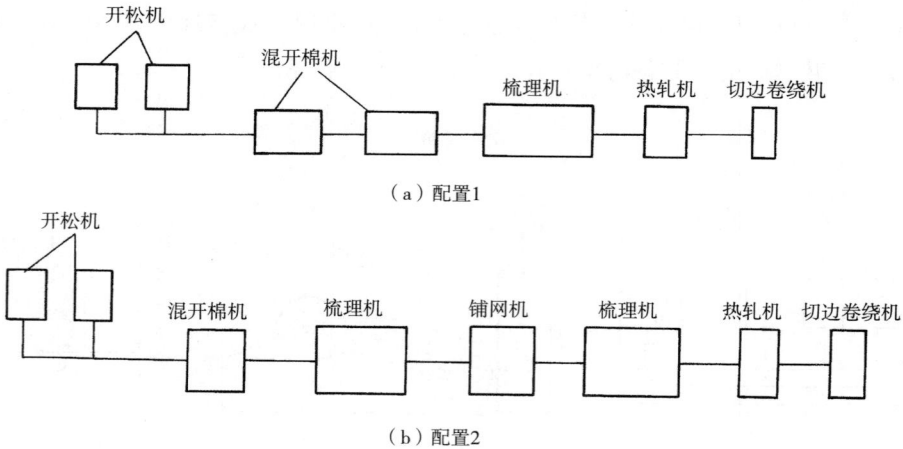

(a) 配置1

(b) 配置2

图 1-7-16 国产热轧非织造生产线

四、热轧黏合工艺

热轧黏合适合加固含有至少一种热塑性纤维的纤网,在热轧黏合的过程(图 1-7-17)中,工艺参数的设定与纤网的结构有关,包括主体纤维/黏结纤维的组成及规格、共混比例、纤维的取向分布、纤网定量和厚度等。一旦纤网的结构确定,则热轧黏合非织造材料的性能就取决于轧辊参数和热轧工艺参数,这些参数包括黏合面积、黏合点几何形状(形状、尺寸、黏合点深度等)、黏合温度、黏合线压力、接触时间(滚筒速度及直径)等,下面介绍几种主要参数。

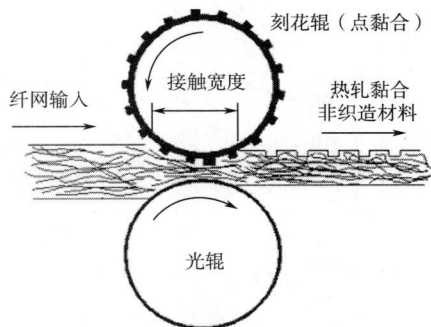

图 1-7-17　热轧黏合过程示意图

(一)黏合点尺寸

以 PP 短纤维为例,选用的轧辊规格见表 1-7-3。测试对应编号样品的力学性能,其结果如图 1-7-18所示。

表 1-7-3　PP 短纤维热轧非织造材料生产轧辊规格

样品编号	黏合面积(%)	黏合点尺寸(mm×mm)	单个黏合点面积(mm²)
I	10.8	0.51×0.98	0.50
II	23.2	0.56×1.02	0.57
III	15.2	0.51×0.98	0.50
IV	18.8	0.63×1.34	0.84
V	19.9	0.76×1.45	1.10

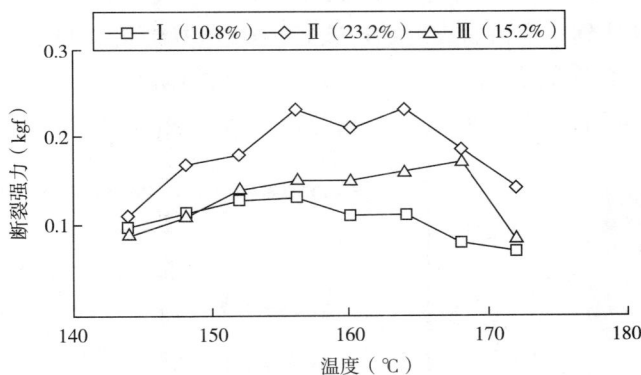

图 1-7-18　不同轧点面积下制得的短纤维 PP 热轧黏合非织造材料强力

(1kgf＝9.8N)

从图 1-7-18 可以看出,产品 I、III 的黏合点尺寸相同,所占轧点面积越大,黏合后产品的强力越高。产品 II 的黏合尺寸更大,所占轧点面积也比产品 I、III 的轧点面积大,所以强力远大于产品 I、III。

(二)黏合温度

黏合温度的选择主要取决于纤维软化熔融温度,它对热轧黏合非织造材料的许多性能有影响。

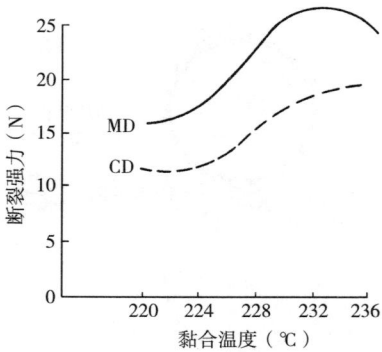

图 1-7-19 热轧温度对 PET 热轧非织造
材料拉伸断裂强力的影响

图 1-7-19 为热轧温度对 PET 热轧非织造材料拉伸断裂强力的影响。从图中可看出,温度在 220~224℃时,强力变化不显著,当温度提高到 224~232℃时,非织造材料的强力随温度升高近乎直线上升,在 232℃左右达到最大值。若温度继续提高,非织造材料的强力反而下降。这是因为在温度较低时,黏结区纤维尚未软化或仅部分软化,冷却后黏合强力很小,所以非织造材料的强力较低。随着温度的升高,黏结区中纤维逐渐软化,有些纤维表面熔融,这时形成的黏结强力显著上升,非织造材料的拉伸强度增大。但在温度达到临界点后,继续提高温度会使纤维的结构遭到破坏,使非织造材料的拉伸强力反而降低。

如果采用不同组分的皮芯双组分纤维为原料,则其热轧温度对强力的影响略有不同,如图 1-7-20所示。从图中可以看出,对于皮层为 PE 的双组分纤维,一开始随着温度的升高强度变化不明显;当温度的升高到一定程度后黏合点的强度增加,但是 PET 为芯层的纤维强度达到一定程度后下降,而 PP 为芯层的纤维在设定的温度范围内一直增加。这是因为,在 110℃ 以下,PE 没有达到软化熔融,黏合点的强度变化不明显。随着温度的进一步升高,皮层 PE 最先软化熔融,黏合点的强度增大。继续升高温度,芯层 PP 开始软化熔融,所以在设定的温度范围内强度一直升高。但是芯层 PET 的软化熔融温度大于 200℃,皮层 PE 软化熔融后芯层 PET 还没达到软化点,当温度达到一定值后皮层结构破坏,强度有所下降。皮层为 CoPET 的双组分纤维同样,因为所用的 CoPET 熔点比 PE 更低,所以在较低的温度下,强度较高,但是到达一定温度后皮层完全软化熔融结构破坏,而又未达到芯层 PET 的软化点,所以温度升高强度反而更

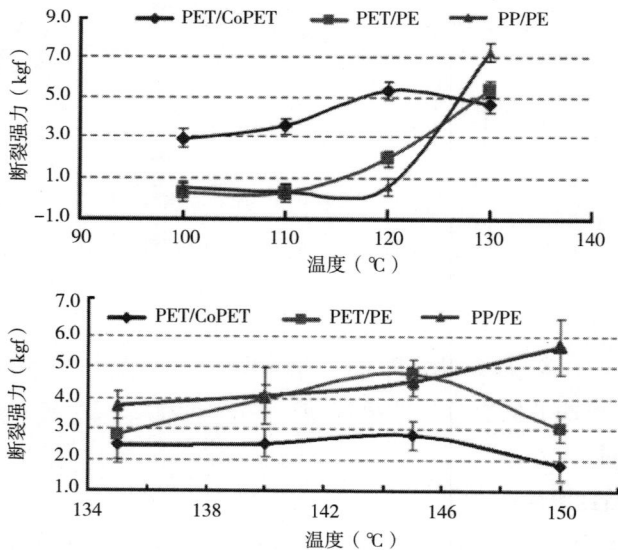

图 1-7-20 不同双组分纤维热轧黏合温度对产品力学性能的影响

低。所以在生产过程中,热黏合温度的选择要根据纤维原料的热性能确定。

热黏合温度除了对产品力学性能有影响之外,还影响非织造材料的尺寸稳定性,这是纤维无定形区分子链受热后松弛和解取向的结果。黏合温度越高,收缩率越大。当超过适宜的黏合温度时,大部分纤维即熔融,会促进形成聚合物薄膜并覆盖大部分纤维,导致黏结面积增大,缩短黏结点之间的纤维长度,使得非织造材料的柔软性随之减小,刚度增大。PP 非织造材料热黏合温度与弯曲刚度的关系如图 1-7-21 所示。

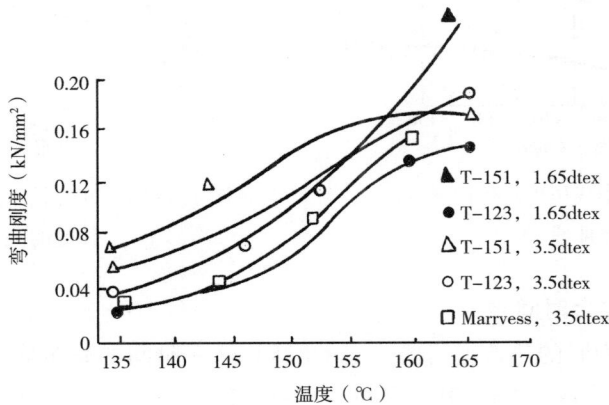

图 1-7-21　PP 非织造材料热黏合温度与弯曲刚度的关系

(三)黏合压力

从上述的黏合机理可知,线压力对改善轧辊到纤网的热量传递、促进熔融纤维的流动、增加纤维的接触面积有主要的作用,是形成良好黏合的必要条件。随着热轧地进行,纤网中空气被排出,与热轧辊接触的纤维面积增多,传递的热量增多。此时在轧辊的作用下,纤网厚度降低,温度梯度发生变化,传递的热量增多。因此,在压力的作用下纤维产生形变,再加上克莱帕伦效应,纤网内部的纤维也能软化熔融黏合。

因此,线压力的选择取决于纤网的厚度、纤维的种类等因素。在其他条件一定时,轧辊压力有一个最佳值。在低于最佳压力时,压力增大,非织造材料的强力随之增加,在压力达到最大值后,继续增加压力,强力反而下降。这是因为过大的压力,会在黏合区与非黏合区交界处造成纤维的严重损伤,使非织造材料的强力下降,图 1-7-22 为轧辊线压力与产品力学性能之间的关系。

在制定工艺时,不能用过高的压力弥补黏合温度的不足;反之,也不能用过高的温度弥补压力的不足。最佳的压力和温度值取决于所用的纤维、纤网厚度、生产速度、轧辊直径和轧辊表面花纹。图 1-7-23 所示为 PP 和 PET 在一定的温度下取得最佳强力时,线压力随生产速度的变化关系。它说明在提高生产速度的同时,必须相应提

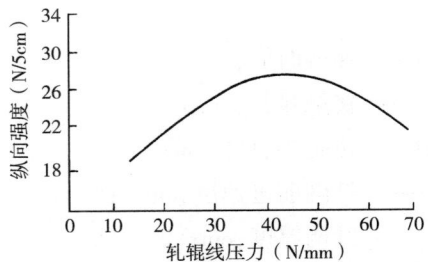

图 1-7-22　压力和强度的关系曲线

高压力,才能保证黏合后产品的最佳强力值。

同样,轧辊线压力除了对产品强力有影响之外,还对产品的刚柔性有影响,图 1-7-24 是轧辊线压力与抗弯长度之间的关系。

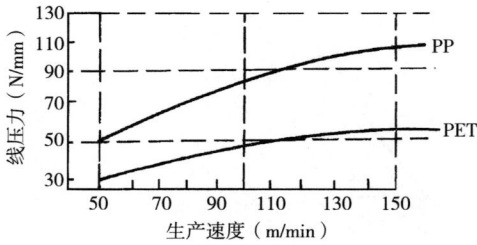

图 1-7-23 轧辊线压力与生产速度的
关系曲线

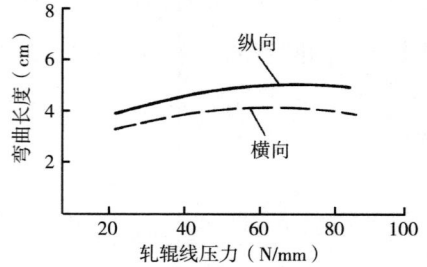

图 1-7-24 轧辊线压力与非织造材料的抗弯
长度的关系曲线

(四)生产速度(黏合时间)

纤网通过轧辊表面时的热传递需要一定的时间,这一时间的确定取决于纤网厚度、生产速度、轧辊直径和压力(图 1-7-25),其计算见式(1-7-2)。

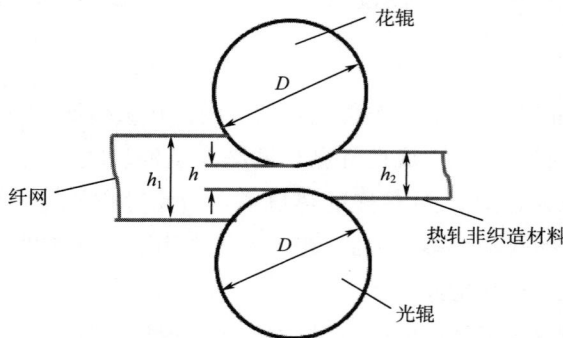

图 1-7-25 纤网通过轧辊时的计算参数

$$t = \frac{A}{v} = \frac{\frac{\sqrt{D}}{2} \times (\sqrt{h_1 - h} + \sqrt{h_2 - h})}{v} \tag{1-7-2}$$

式中:t——接触时间,s;

A——接触弧长,cm;

D——热轧辊直径,cm;

v——纤网前进速度,cm/s;

h_1——纤网厚度,cm;

h——两轧辊之间距离,cm;

h_2——热轧非织造材料厚度,cm。

轧辊直径大、表面曲率小,纤网的预热时间长,有利于提高生产速度;压力增加,两轧辊接触面的扁平带宽度增加,使纤网与轧辊接触的时间增加,有利于黏合。对于特定的设备,在一定的黏合温度和压力下,热传递时间主要取决于生产速度。随着生产速度的提高,热传递时间缩短,将对黏合效果产生一定影响。图1-7-26是三种不同的轧辊温度下生产速度对横向强力的影响。

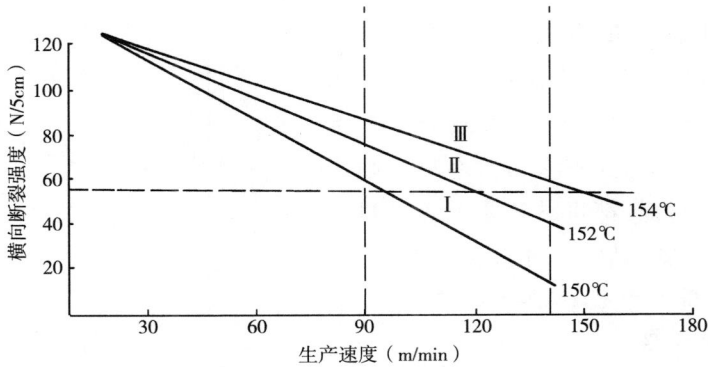

图1-7-26 横向强力与生产速度的关系

图1-7-26中直线I表明,在温度为150℃时,如果要保证产品的强力不低于某一标准(如横虚线所示),那么生产速度只能低于90m/min。但只要将温度提高4℃,生产速度就可以超过120m/min。

(五)纤网定量

纤网的定量直接影响到黏合温度和压力的选择。一般来说,纤网定量越大,相应的黏合温度和压力也越高。图1-7-27所示为在一定的温度下,PP纤网定量对纵横向强力的影响。可见在某一定量时,强力达到最大值,那么这一温度对这种纤网就是最佳黏合温度。如果正确地选择轧辊温度,随着纤网定量的增加,非织造材料的强力也明显提高,如图1-7-28所示。

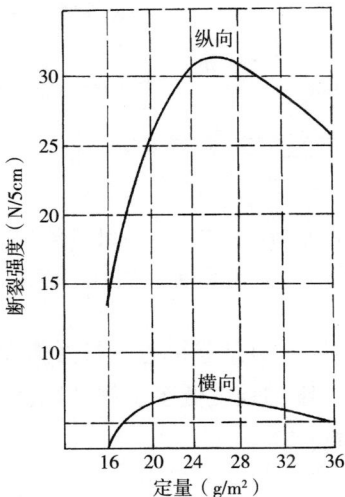

图1-7-27 PP断裂强度与定量关系

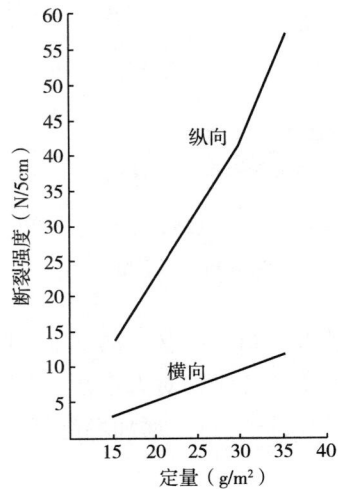

图1-7-28 适当轧辊温度下断裂强度与定量关系

（六）冷却速率

冷却速率的大小会直接影响纤维微观结构的形成,从而对纤维和非织造材料的性能产生影响。冷却速率太快会在纤维和非织造材料的结构中产生应力,必然降低非织造材料的强力,如果给定一个较慢的冷却速率,使内部应力有时间松弛,能消除应力集中,有利于提高非织造材料的强力。

任何给定的纤维,对黏合强度都存在着一个黏合和冷却的最佳条件。黏合温度过高,冷却速率过快,将会导致黏合点周围处纤维脆化。在实际生产中若冷却条件不变(室温自然冷却),则热黏合温度的提高和降低,都将导致非织造材料冷却速率的改变,结晶度、晶粒尺寸都会改变,也会对非织造材料的性能产生影响(图 1-7-29)。

（七）黏结纤维含量

黏结纤维的性能及其含量对非织造材料的性能有重要影响,这也是正确选择黏合温度、压力和速度等工艺参数的依据之一。图 1-7-30 和图 1-7-31 所示为其他工艺参数不变的条件下,不同 PET 和黏结纤维混合比例制备的热轧非织造材料的断裂强度及硬挺度的关系。

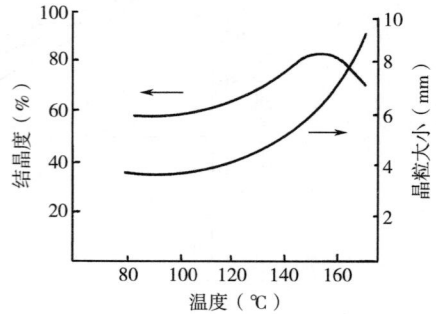

图 1-7-29　结晶度和晶粒尺寸随黏合
温度的变化曲线

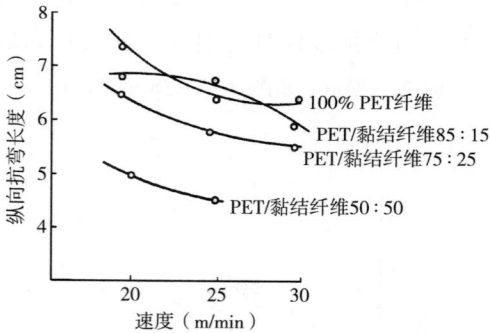

图 1-7-30　PET/黏结纤维混合比例与
纵向抗弯长度的关系

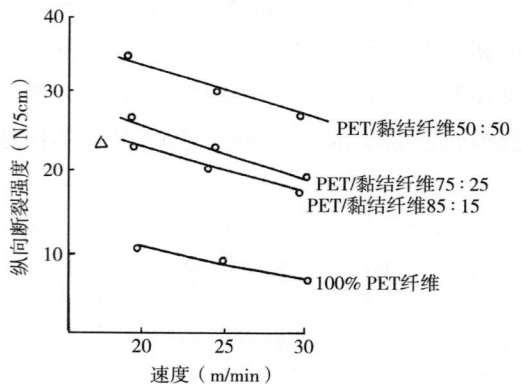

图 1-7-31　PET/黏结纤维混合比例与
纵向断裂强度的关系

一般随着黏结纤维含量的增加,非织造材料的强度也增大。但是非织造材料的强度也受到黏结纤维与主体纤维相对力学性能差异的影响。如果黏结纤维的强度低于主体纤维,则黏结纤维含量有一最佳值,过分增加黏结纤维含量,强力反而会降低。

五、热轧黏合非织造材料

热轧黏合一般适合于纤网定量在 $100g/m^2$ 以内的产品,最适宜的纤网定量在 $20\sim80g/m^2$。

纤网太厚,中间层黏合效果差,产品易产生分层现象;纤网太薄,产品的强力差,变形大。热轧黏合生产速度快,特别适合于纺粘非织造材料的加固。由于热轧黏合非织造材料经过高温轧压而成,因此其热稳定性非常好,能耐较高温度的后整理加工。表1-7-4列出三种热轧非织造材料的热收缩率。

表 1-7-4   热轧非织造材料的热收缩率

原料	黏合方式	定量 (g/m²)	黏合温度 (℃)	热收缩率(%)	
				纵向	横向
PET/黏胶纤维(80/20)	点黏合	30	219	6.9	2.7
PET	点黏合	50	219	6.7	1.9
PET	面黏合	42	206	1.5	0.4

热轧非织造材料由于产量高、成本低、无任何化学试剂,被广泛应用于用即弃产品的制造,如手术衣帽、口罩、妇女卫生巾、婴儿尿布、成人失禁垫及各种防护服和工作服等。此外,还应用于农业丰收布、土工布、电缆电机绝缘材料、电池隔膜、包装材料、服装衬里、人造革基布、防水材料等。热轧黏合技术是发展较快的加工方法,随着非织造后加工技术的发展和新产品的不断开发,热轧黏合非织造材料的应用领域将会更加广阔。

第三节   热风黏合固网

一、热风黏合工艺流程

热风黏合是由热风穿透纤维网,使纤维熔融并相互联结在一起而形成薄的或厚的蓬松絮片状材料。热风黏合固网一般也适合短纤维梳理成网的产品,其工艺流程为:

短纤维(加部分热熔纤维)→开松除杂→混合→梳理成网→(铺网)→热风黏合→成品

薄型热风非织造材料一般用作高档卫生巾表层材料,不经铺网而成;而热熔棉、仿丝棉、硬质棉(垫材)等克重较大,都必须经过铺网。

目前,随着双组分纺粘技术的发展,逐渐有热风黏合用于双组分纺粘的加固,制备出既具有高强度又蓬松柔软的纺粘热风非织造材料,主要用于卫生材料和保暖材料,其工艺流程为:

聚合物切片 A →熔融┐
                    ├→双组分纺丝→冷却吹风→气流牵伸→分丝铺网→热风黏合→
聚合物切片 B →熔融┘
切边卷绕→成品

二、热风黏合机理

热风黏合是采用单层或多层平幅烘房烘燥或圆网滚筒烘房对纤网加热,在较长的烘房内,纤网有足够的时间受热熔融,产生黏合。或采用撒粉装置在纤网进入烘房前施加一定量的黏合粉末,粉末熔点较纤维熔点低,受热后很快熔融,使纤维之间产生黏合。图1-7-32是热风黏合机理图。

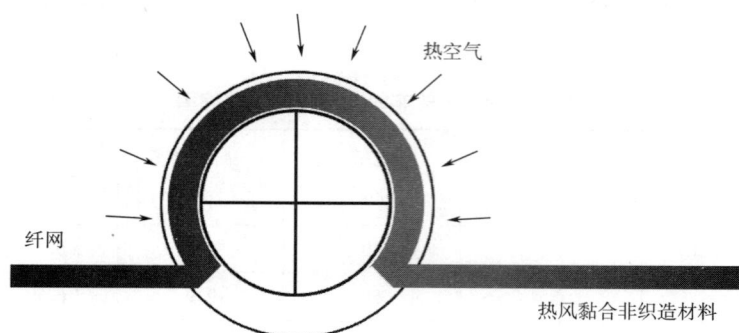

图1-7-32 热风黏合机理

跟热轧黏合机理类似,热风黏合也需要有热塑性纤维。为了节约能耗,在热风黏合生产中,一般要在纤网中混入一定比例的低熔点纤维或采用双组分纤维作为黏结纤维。由于纤网在黏合的过程中充分吸收热空气的热量而加热软化熔融黏结,没有任何外力作用,纤维只在接触点处黏合,所以热风黏合的纤网结构蓬松,保持了很好的形态,如图1-7-33所示。

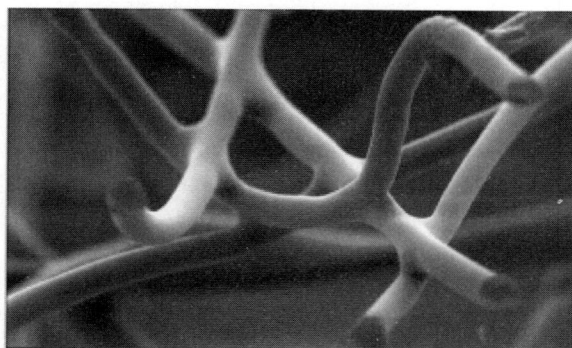

图1-7-33 热风黏合非织造材料结构

三、热风黏合设备

(一)基本要求

在热风黏合过程中,热的载体是热空气,随着热空气穿透纤网,将热量传递给纤网。因此,首先,要保证热风在循环流动过程中不会破坏纤维网的结构。纤网在进入烘房的初始阶段,纤维之间只是依靠抱合力而结合,热气流导入方式和速度如果不合适,就会破坏纤网的结构。其次,必须保证纤网受热均匀,以使产品的各项性能均一稳定,各处温度偏差控制在±1.5℃范围内。再次,烘房温度应能达到黏结纤维的熔点温度,一般在140~220℃,因此普遍用于干燥水分的烘干设备是不能使用的。最后,必须保证纤网有足够的受热时间,以获得良好的黏合效果,即烘房需有足够的长度。热风黏合设备中热风的循环及穿透纤网的过程如图1-7-34所示。

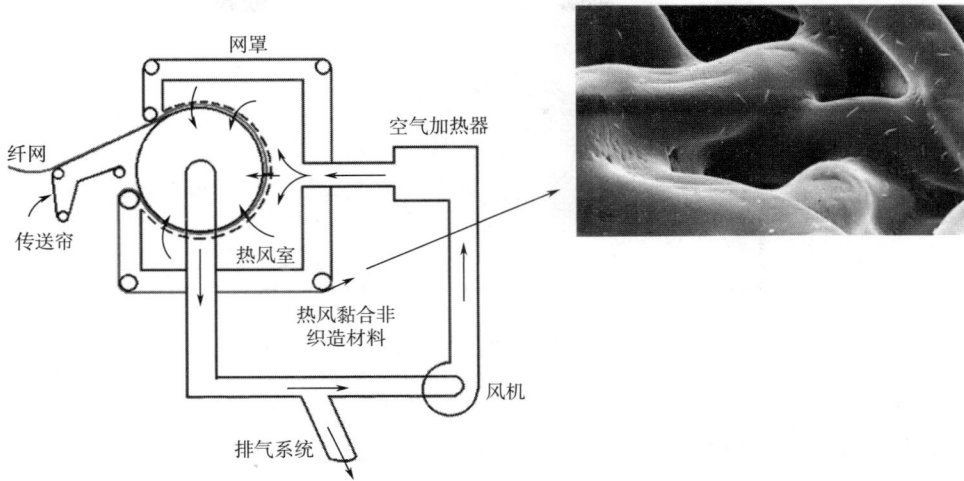

图 1-7-34　热风循环及穿透纤网的过程示意图

(二)设备分类及特点

按照纤网在烘房内的运行方式,可将其分为圆网滚筒式和平网式两类。

1. 圆网滚筒式

图 1-7-35 所示是一种圆网滚筒式烘燥机。当采用单个滚筒时,纤网对滚筒的包围角可达 300°。轴流风机从滚筒侧面抽风,形成如图 1-7-36 所示的循环气流,气流经过热交换器时进行加热。这种设备具有占地面积小、加热速度快、纤网贴附在滚筒上、变形小等特点。

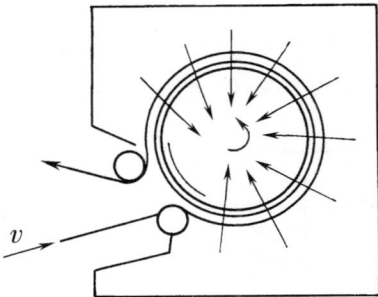

图 1-7-35　圆网滚筒式烘燥机

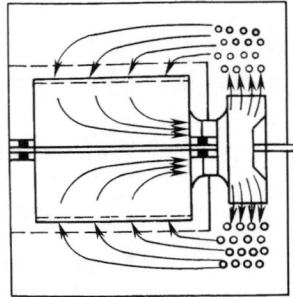

图 1-7-36　圆网烘燥机循环气流示意图

圆网滚筒也有采用两个或更多的,排列方式可采用垂直排列或水平排列,图 1-7-37 所示即为水平排列的双滚筒热风黏合设备。这两种形式都可以使热风交替穿过纤网的两面,加热效果较理想。通过改变滚筒直径,可增加其加热能力,一般滚筒直径在 1000~3500mm,最大工作宽度可达 6500mm。每只滚筒都可以单独调速,以适应不同规格的非织造材料。因为滚筒影响到产品的热收缩率,为保证在整个工作宽度上温度均匀,必须采取一定的措施。目前工作宽度为 2200mm、工作温度为 250℃的滚筒,温度偏差可控制在±15℃。有时为了防止纤网变形,在圆网滚筒上附加一层压网帘,纤网由压网帘和滚筒夹持运行。

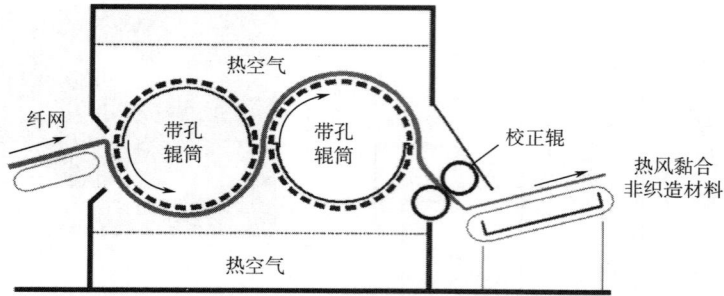

图 1-7-37　水平排列的双滚筒热风黏合设备

2. 平网式

平网式热风黏合设备可根据需要将整个工作长度分为几个不同的温度区域,以满足工艺上的要求,比较适合厚型纤网的热熔黏合,但占地面积较大。图 1-7-38 所示为单层平网式热风黏合设备示意图。

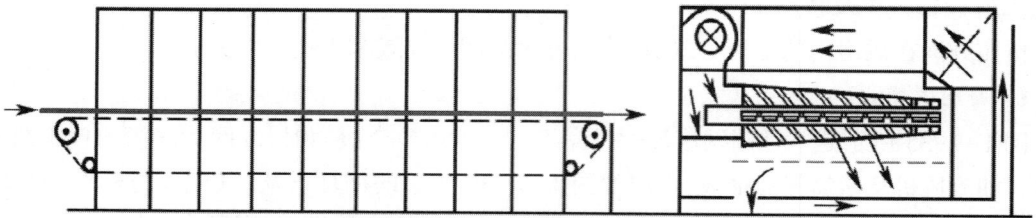

图 1-7-38　单层平网式热风黏合设备示意图

也有双层或多层平网式热风黏合设备,如图 1-7-39 所示,其特点是节省占地面积,在保持一定的生产速度时,能增加纤网受热时间,从而保持黏结纤维能充分熔融,形成良好的黏合。

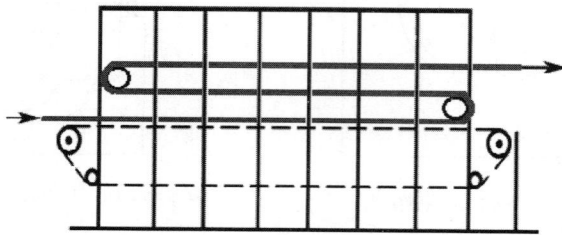

图 1-7-39　多层平网式热风黏合设备示意图

3. 红外线辐射式

还有一种辐射式烘房设备,它是利用"任何一种物质都能吸收某种特定波长的红外线,转变为热量,从而使得材料本身温度升高"的原理来工作的。这种红外线辐射热风黏合设备已广泛应用于非织造材料的生产和热定形,其特点是加热速度快、热损失小,加热温度高达 500～1800℃。控制纤网的加热温度,可通过改变辐射器与纤网的距离或改变纤网运行速度的方法来实现。这种设备特别适合于厚重、高密度产品的生产,它可使非织造材料的内部得到较好的加热。

(三)设备的选用

选择热风黏合设备时,应考虑以下因素:加热时纤网的定量、纵向强力、体积密度和透气性;最终产品要达到的体积密度、柔软性;连续生产所需达到的生产速度等。

(四)典型生产线

1. 高档仿丝棉生产线

图 1-7-40 是典型的热风黏合设备,该设备可以在普通热塑性纤维中加入部分热熔黏合纤维,经过混合开松后进入梳理机,再经铺网机铺网,纤网可以先喷胶再进热风烘箱制备喷胶棉,也可以不经喷胶直接进热风烘箱热风黏合,还可以通过热轧机进行表面烫光,是制备高档仿丝棉的典型生产线。

2. 薄型和硬质棉生产线

图 1-7-41 是生产薄型热风非织造材料的典型生产线,纤网经过预梳理后

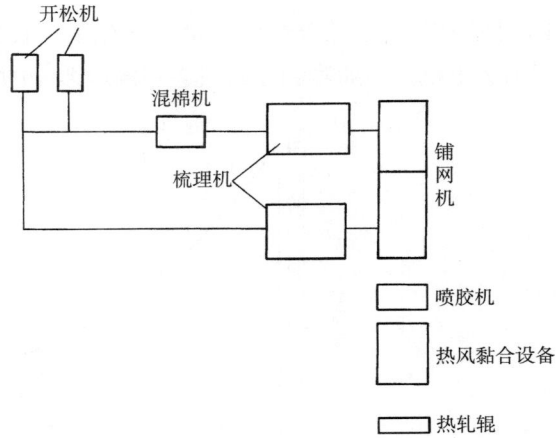

图 1-7-40　热熔仿丝棉生产线

先经铺网机铺网,再进入主梳理机梳理,成网的均匀性大大提高。图 1-7-42 是生产硬质棉的典型生产线,热风黏合后再经过烫平,使非织造材料表面光洁平整,硬挺度增加。

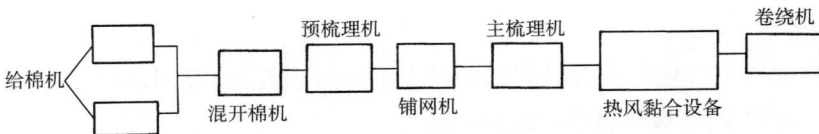

图 1-7-41　薄型产品热风黏合非织造材料生产线

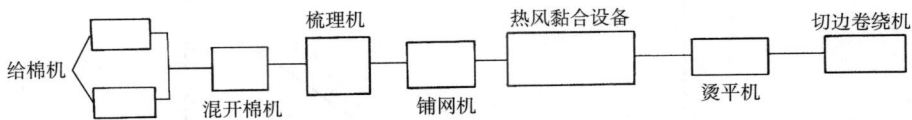

图 1-7-42　LYBG156 型硬质棉生产线

四、热风黏合工艺

尽管热风黏合的温度一般都低于主体纤维的熔点,但高于主体纤维纺丝过程中的热定形温度,因此,在黏合过程中会产生一定的收缩。收缩率的大小与热风温度、烘房内的运动时间及纺丝时纤维的拉伸倍数有关。

与热轧黏合相似,热风非织造材料的性能由其工艺参数所决定,包括前序制备的纤网结构和热风黏合工艺参数。其中纤网结构包括主体纤维/黏结纤维的组成及规格、纤维的热传导系数、熔点、取向、纤网的透气性、密度、孔隙率、定量和厚度等,热风黏合工艺参数主要有

热空气温度、热空气速度和熔融时间,其中热风黏合工艺参数要根据纤网结构和最终产品要求设定。

（一）纤维原料配比

纤维原料的配比,尤其是热熔黏合纤维的含量,对最终产品的力学性能影响很大。图 1-7-43是 PET 纤维中混合 PET/PE 双组分热熔黏合纤维后制备的 $100g/m^2$ 热风非织造材料的断裂强力随热熔黏合纤维含量的变化值。设纯 PET/PE 双组分纤维的热风非织造材料的断裂强力为 100%,则随着 PET 纤维含量的增多,PET/PE 纤维含量的降低,产品的力学性能下降。

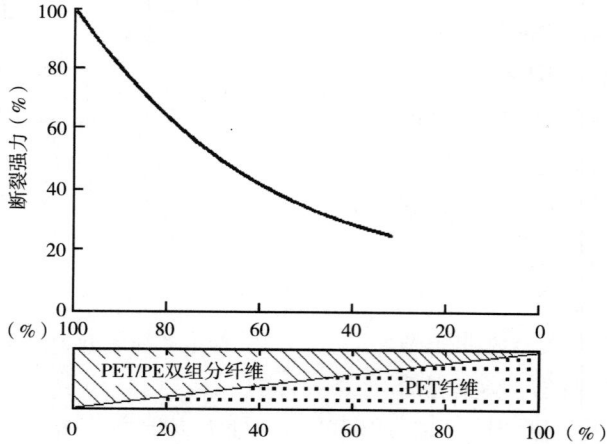

图 1-7-43　热熔黏合纤维含量对断裂强力的影响

（二）纤网性能

图 1-7-44 是纤网厚度与黏合时间的关系。由图可以看出,纤网越厚,热风穿过的时间越长,热量传递也就越慢,所以热黏合的时间就越长。

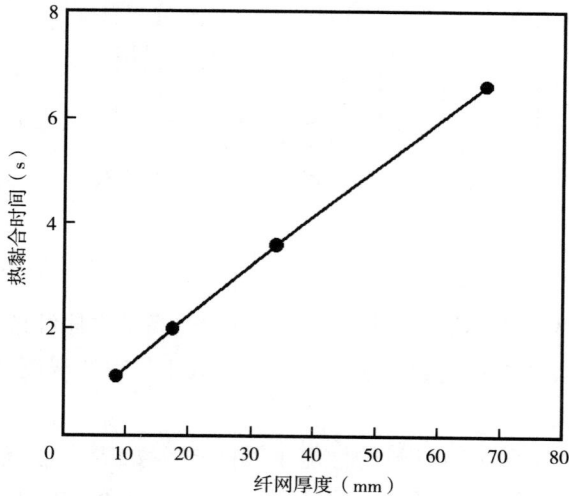

图 1-7-44　纤网厚度与黏合时间的关系

图 1-7-45 是纤网孔隙率与黏合时间的关系。由图可以看出,纤网孔隙率越大,热风越容易穿透纤网,热量传递也就越快,所以热黏合的时间就越短。

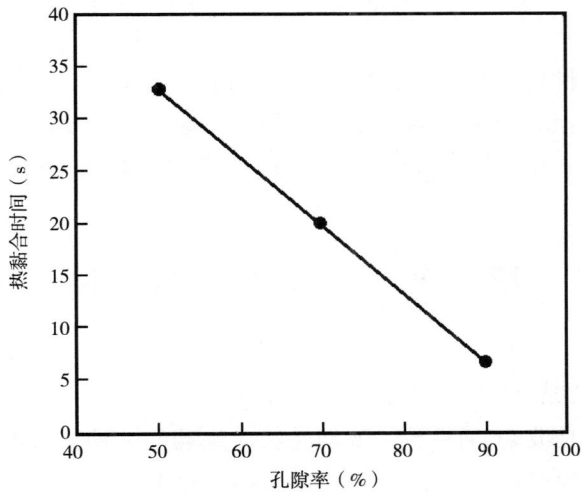

图 1-7-45　纤网孔隙率与黏合时间的关系

(三) 热风参数

热风温度的设定与热轧相似,根据纤维原料的熔融温度设定。除了热风温度之外,热风速度对热风黏合过程也有很大的影响。图 1-7-46 是热风速度与黏合时间的关系。由图可以看出,热风速度越快,传递给纤维的热量就越多,热黏合的时间就越短,这样就可以适当提高生产线速度。

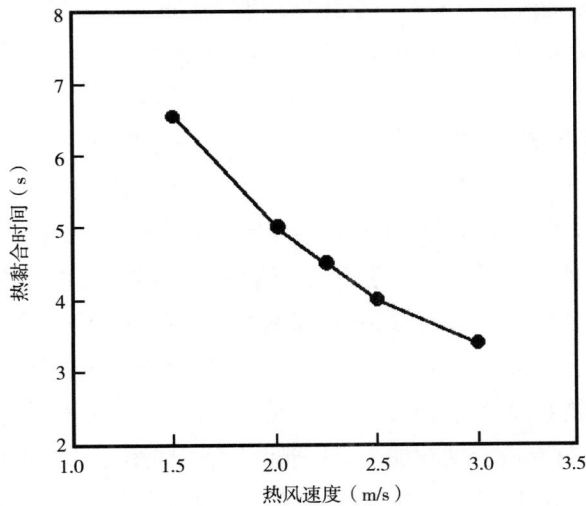

图 1-7-46　热风速度与黏合时间的关系

五、热风黏合非织造材料

热风黏合一般适宜于纤网定量在 15～500g/m² 的产品,特殊的设备可加工纤网定量在 1000～2000g/m² 的厚重产品。这种产品蓬松度高、弹性好、手感柔软、保暖性强、透气透水性好,但强度低、易于变形。

薄型的热风非织造材料一般用于用即弃产品,如婴儿尿布、成人失禁垫、妇女卫生用品、餐巾、浴巾、一次性桌布等;厚型的热风黏合非织造材料一般用于制作防寒服、被褥、婴儿睡袋、床垫、沙发垫等;高密度热风黏合非织造材料一般用于制作过滤材料、隔音材料、减震材料等。

第四节　超声波黏合固网

一、超声波及超声波黏合技术

振动状态的传播就是波动,简称波。波动是物质运动的一种普遍形式。例如,向水中投一粒石子,会引起波动,水的质点就运动并传播,说明有水波通过。声波也是如此,在弹性介质中,如果波源所激起的纵波频率在 20～20000Hz,就能引起人的听觉。在这个频率范围内的振动称为声振动,由声振动所激起的纵波称为声波。频率高于 20000Hz 的机械波称为超声波,其频率可高达 10^{11}Hz,这样大的频率范围,在科学研究中具有非常重大的意义。

在现实生活中,超声波的作用很多,根据其作用可以应用在不同的领域。例如,超声波具有机械效应,利用其机械作用可促成液体的乳化、凝胶的液化和固体的分散,称为超声波搅拌,可应用于聚合物原料的改性;再如,超声波具有化学效应,可以促使发生或加速某些化学反应,称为超声波催化,可用于聚合物原料的合成;超声波还具有空化作用,用于液体时可产生大量小气泡,在液体中进行超声处理的技术大多与空化作用有关,如超声波清洗;超声波还具有热效应,由于超声波频率高,能量大,被介质吸收时能产生显著的热效应,因此可用于非织造材料的热黏合固网。

超声波黏合是采用声波的原理使热塑性材料(如非织造材料、膜、塑料及涂层等)的分子之间产生黏合的过程。在黏合时,机械振动是以一定的频率、振幅作用于被黏合材料完成黏合。相对于其他方法,超声波黏合技术利用了被黏合材料的热塑性,不使用任何黏合剂,只在黏合点处产生作用,能耗低,因此成本低。采用超声波黏合系统,不会产生由于使用黏合剂所造成的任何污染、喷洒黏合剂的喷嘴堵塞或黏合剂喷头控制模块的损坏所造成的停机现象,可延长设备的工作时间。超声波黏合系统不需要任何加热时间,可以随着工艺参数的变化迅速做出反应;被黏合材料经过"号角"和销钉滚筒之间时能够立刻熔融,并获得足够的黏合强度,而不需要进行冷却处理;可以同时对多层材料进行黏合加工,且能使具有不同熔点的多种材料复合在一起产生足够的机械强度,因此对产品性能的提高非常有利,在非织造材料的热黏合固网中应用扩大。

二、超声波黏合机理

超声波能量只是简单的机械振动能量,确切地说,是在极高的频率(18000Hz)下操作,超出人类正常的听觉范围。超声波黏合是把被黏合材料置于超声波发生器"号角"与滚筒之间，由于压力和振动，导致材料分子之间产生机械压力，释放出热量，使接触点处材料软化、黏合，如图1-7-47所示。

　　超声波发生装置是安装在销钉滚筒的上面，在焊接"号角"和滚筒之间有一段非常小的缝隙，一般为10~40μm。当焊接"号角"产生高频伸缩震动时，被黏合材料通过"号角"和滚筒之间。在伸幅阶段，"号角"对被黏合材料施力产生挤压，热塑性材料在这种超声波的激烈作用下，纤维内部分子之间急剧摩擦产生热量，当温度达到被黏合材料的熔点时，与

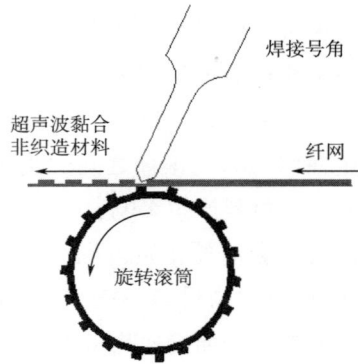

图1-7-47　超声波黏合示意图

销钉接触区域的纤维迅速熔融。在缩幅阶段，"号角"和滚筒之间缝隙增大，允许被黏合材料快速通过，不会产生堆积。

三、超声波黏合设备

　　超声波黏合设备主要有超声波发生装置和带销钉的滚筒两部分，如图1-7-48所示。

图1-7-48　超声波黏合设备

　　超声波发生装置是超声波黏合设备的动力来源，也是主体设备，由超声波发生器、换能器、振幅耦合器和焊接"号角"四部分组成，如图1-7-49所示。超声波发生器把电能变成机械能，产生机械波即超声波，"号角"把这种超声波聚集到一个单一平面上。电源所提供的能量可使频率实现自动转换并使超声波的振幅保持恒定不变。焊接"号角"振动频率一般为20~40KHz，超声波黏合的面积一般小于25%，通过声能转化成机械能，再转化为热能使材料发生黏合。

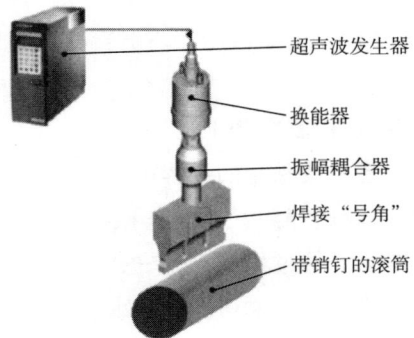

图1-7-49　超声波发生装置组成

目前主要有两种超声波发生器,通过插入式进行点碰撞黏合(如点黏合)或通过一个旋转滚筒对各种尺寸的纤维网进行连续黏合。当被黏合材料在滚筒上通过时,得以黏合加固,可获得花纹及文字样的各种图案。

用超声波黏合时,材料是从里向外熔融的。整个超声波黏合过程不使用任何加热部件,黏合只发生在"号角"与滚筒之间的接触点处,只有一个针头那么小的面积就能产生有效的黏合而不会对周围材料产生影响,这为生产高弹、柔软、透气、高吸水的非织造材料创造了有利条件。超声波黏合不会消耗物质,且设计简单、易维修、生产速度更快,据报道已接近150m/min,与绗缝机相比,产量要高得多,一般高5~10倍。与热轧黏合相比,设备上无加热部件,因为不采用从纤网材料的外表面传递热量来达到熔融黏合的方式。超声波能量直接传送到纤网内部,能量损失较少,每个部位比常规热黏合节省300%~1000%的能量,生产条件大大改善。

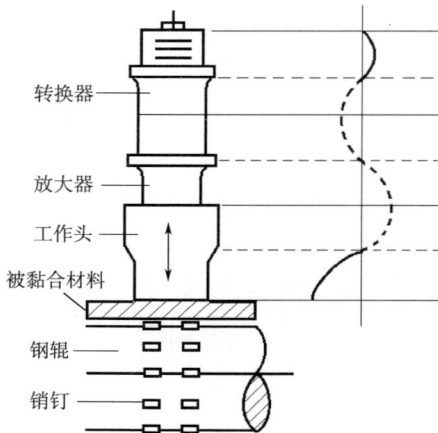

图 1-7-50　Pinsonic 超声波黏合装置

美国一家公司研究的 Pinsonic 超声波黏合装置就是一个典型实例,如图 1-7-50 所示。在钢辊的上方安装一组超声波发生器,钢辊上按照黏合点的花纹要求设计图案,嵌入许多钢销钉,销钉的直径约2mm,露出钢辊表面约2mm,当钢辊回转时,被黏合材料经过超声波黏合器与钢辊表面形成的缝隙,这个缝隙最小可至0.05mm左右,视被黏合材料而定,但被黏合材料必须受到一定的压力。超声波发生器将电能转换成高达20000Hz频率的机械振动,通过放大器,超声波发生器将振幅放大至100μm左右,超声波发生器产生的超声波激励被黏合材料内部分子产生高频振动,其分子运动加剧乃至熔融。因此,被黏合材料必须全部或一半以上由热熔纤维组成。热熔发生在受压部位,即钢辊上有销钉的区域。因此,被黏合材料在这些地方被黏合,形成点状的黏合区。这种黏合点根据销钉的排列,可以形成多种图案。如果用超声波加工热黏合非织造材料,钢辊可换成刻花钢辊,纤网原料中必须含有50%以上的热熔纤维,如 PP、PET 等纤维,才能获得满意的黏合效果。刻花钢辊一般都采用规则的点状花纹,用这种方法制得的非织造材料与某些热轧产品在外观与黏合效果上有很大区别。

四、超声波黏合工艺

在超声波黏合的过程中,对被黏合材料施加的能量取决于焊接"号角"的工作振幅和外加压力,而焊接"号角"的工作振幅和外加压力又取决于被黏合材料的性质及黏合面积。

在生产的过程中,如果振幅保持80~100μm恒定,则通过调整"号角"和销钉滚筒间缝隙的大小就能够改变材料的黏合牢度。如果将缝隙调大,被黏合材料受压变小,可产生较轻的黏合效果;如果缝隙小,施压加大,则会产生非常好的黏合效果。此外,通过改变销钉滚筒的设计,黏合性能和黏合的外观效果可以根据不同客户的要求而变化。

为了取得均匀一致的黏合质量,对加压外力和振幅这两个工艺参数进行控制是非常重要的。

五、超声波黏合非织造材料

随着加工速度的提高,超声波黏合技术在非织造材料中的应用将不断拓宽,可用于加工的产品包括:

(1)卫生领域:婴儿纸尿裤、妇女卫生用品、成人失禁用品、擦布;

(2)医疗领域:医院用工作服及手术服、医用床褥、外科用垫布;

(3)家用产品领域:擦布、地板擦拭器、茶叶袋、咖啡袋、真空吸尘袋;

(4)服装领域:衬里、商标;

(5)办公用品:CD 防护袋、书籍保护层;

(6)家用装饰:枕套、弹簧床垫罩、棉被、铺地材料;

(7)工业用领域:空气过滤器、电池隔膜、防护连衣裤、面罩、展示罩;

(8)建筑领域:内顶板、保温材料。

思考题

1. 什么是热黏合法固网? 分哪几类?

2. 热轧黏合的机理是什么? 参数有哪些? 对产品有什么影响?

3. 热风黏合的机理是什么? 参数有哪些? 对产品有什么影响?

4. 超声波黏合机理是什么?

5. 热黏合产品有哪些? 其特点及作用是什么?

第八章 化学黏合法固网

化学黏合法是利用化学黏合剂的黏合作用使纤维间互相黏结,纤网得到加固的一种方法。按施加黏合剂的方法,可分为饱和浸渍法、喷洒法、泡沫浸渍法、印花法。生产时,以黏合剂乳液或溶液作黏结材料,施于纤网上,然后让纤网进行热处理,就达到了纤网黏合加固的作用。也可采用化学溶剂或其他化学材料,使纤网中纤维表面部分溶解或膨润,产生黏合作用,达到固结纤网的目的。

化学黏合法是发展最早的非织造材料固结方法之一。主要用于干法梳理成网、气流成网和湿法成网非织造材料的加工,在聚合物挤压成网中也有部分应用,还可与其他加固方法组合使用,如将针刺、水刺后的产品再进行化学黏合,另外还可将其作为非织造材料的后整理手段。

化学黏合法生产具有工艺简便、设备简单、成本低、易操作等特点,被广泛用于黏合衬基布、一次性卫生材料、揩拭材料、防水材料基布、保暖絮片、过滤材料等产品的加工中。但由于某些化学黏合剂有不利于人体健康及环境保护的副作用,使得这一方法的应用受到限制。今后随着无毒性、无副作用"绿色"化学黏合剂的出现,化学黏合法仍将是非织造材料的重要加固方法。

非织造材料常用的黏合剂有聚丙烯酸酯、乙烯—醋酸乙烯共聚物、丁苯胶、聚醋酸乙烯等。

第一节 饱和浸渍法

饱和浸渍法简称浸渍法,是化学黏合中应用最早、最广的方法。其基本工艺流程是:铺置成型的纤网在输送装置的输送下,被送入装有黏合剂液的浸渍槽中,纤网在胶液中穿过后,通过一对轧辊或吸液装置除去多余的黏合剂,然后通过烘燥系统使黏合剂受热固化。图1-8-1为饱和浸渍法的基本工艺流程。这种方法由于受到轧辊表面阻力的影响,不易浸渍较薄的纤维网,一般只能加工 40g/m² 以上的纤网。

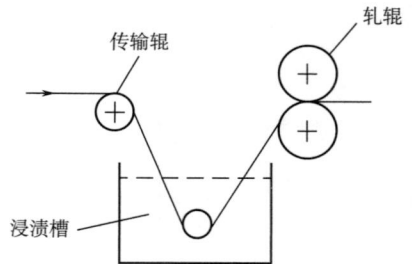

图1-8-1 饱和浸渍法基本工艺流程

一、浸渍黏合设备及工艺

(一) 双网饱和浸渍机

图1-8-2所示为双网帘浸渍机,它利用上下网帘将纤网夹在中间进行浸渍,再经一对轧辊的挤压,除去多余的黏合剂。这种夹持装置可有效保护纤网结构,防止纤网因自身强力低而受到破坏。产品特点是手感较硬。

轧辊是橡胶的,夹持线压力一般为 69~98N/cm,纤网经过浸渍槽的长度为 40~50cm,浸渍速度为 5~6m/min,浸渍时间约为 5s。

浸渍网帘有不锈钢丝网、聚酰胺丝网、聚酯网。为保证正常生产,网帘应定时清洁,定时更换。

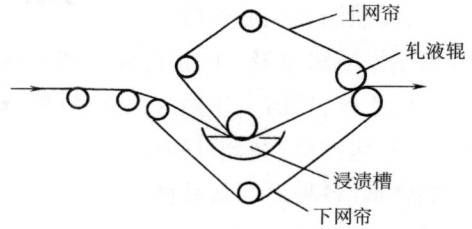

图 1-8-2　双网帘浸渍机

(二)单网帘浸渍机

图 1-8-3 所示为圆网滚筒式浸渍机,它是将双网帘机的上网帘改为圆网滚筒式,故也称单网帘浸渍机,这样可有效减少网帘的损耗。该机还用真空吸液代替了轧辊的挤压,或经真空吸液后用轧辊轻轧,以使产品保持较好的蓬松状态。这种方法可加工定量较轻的非织造材料。

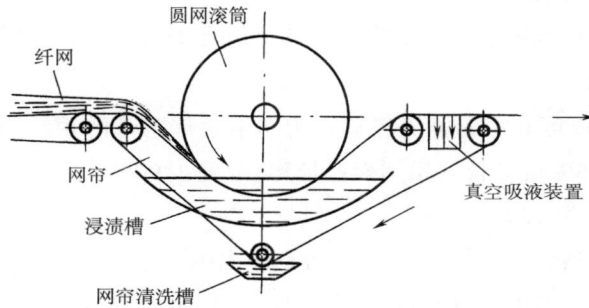

图 1-8-3　圆网滚筒式浸渍机

(三)转移式浸渍机

图 1-8-4 所示为黏合剂转移式浸渍机,该机系美国兰多邦德(Rando Bonder)公司制造生产。它采用上、下金属网帘夹持纤网,黏合剂由浆槽流到转移辊上,透过上网帘的孔眼浸透到纤网中,溢出的黏合剂可经纤网下的托槽流入贮液槽,纤网经过真空吸液装置吸掉余液,上、下金属网帘都装有喷水洗涤装置。该机的特点是纤网呈水平运动,并被网帘夹持,故纤网不易变形,车速可达 10m/min 以上,适宜加工宽幅及定量大于 $50g/m^2$ 的产品。

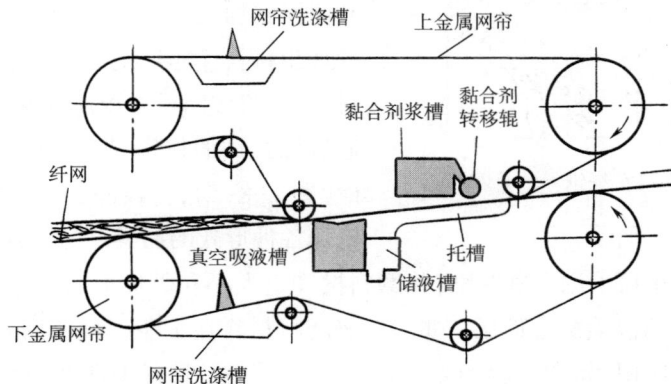

图 1-8-4　黏合剂转移式浸渍机

二、浸渍法非织造材料

由于浸渍法是最早问世的非织造材料生产方法之一,所以早期的非织造材料产品大多采用这一方法生产,目前一些档次不高、价格低廉的产品仍沿用这种方法生产,如一次性材料中的各种揩布、箱包衬里、黏合衬基布、包装材料、农用保温材料等。随着浸渍法生产工艺的不断进步以及黏合剂、各种助剂新品种的问世,浸渍法产品仍具有一定的生命力。

揩布多以黏胶纤维或棉为原料,采用丙烯酸酯、醋酸乙烯酯及其共聚物为黏合剂,产品定量大约在 $40g/m^2$。

近年来,我国已成功开发出水溶性聚乙烯醇纤维,将这一纤维制成水溶性的非织造材料,作为服装行业绣花的骨架材料,绣花加工后只要经过热水(水温 $85 \sim 90℃$)处理,非织造材料就能迅速溶解,保留下绣制的花型。

以下为采用饱和浸渍法生产水溶性聚乙烯醇非织造材料的工艺:

纤维原料准备→气流成网→黏合剂饱和浸渍→压轧抽吸→预烘→烘焙→切边

边料(配置黏合剂)————————↑

产品定量 $35g/m^2$,厚度 $0.12mm$;纤维原料为水溶性聚乙烯醇短纤维(溶解温度 $\leq 95℃$,该温度下不溶物含量 $\leq 0.5\%$);黏合剂采用聚乙烯醇,浓度 $1.90\% \sim 2.20\%$,含量为 8.2%;预烘燥温度为 $100℃$,焙烘温度为 $120℃$。

饱和浸渍法所用的黏合剂就是由纤维本身或生产中产生的废品、布边在热水中溶化并加入渗透剂等助剂混制而成。因此,这种生产既不产生废料,也使水溶性非织材料中不含其他不溶杂物,避免了绣花后的处理难度。

农用保温材料是一个大系列,浸渍法产品多为较轻的定量($30g/m^2$左右),用于种子播下后农田表面的覆盖,用来缩小昼夜温差,抵御突发的降温天气对种芽的袭击。这种产品透气性好、强力适当、可重复使用、成本较低,易被农民接受。

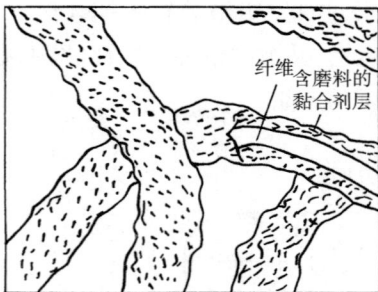

图 1-8-5　磨料在纤维上的分布

近年来,以非织造材料为基材的新型弹性研磨材料开发成功,它具有高效、耐磨、使用方便、粉尘少而无污染、气孔率高、不易烧伤工件等优良特性,而且其本身具有弹性骨架,可用于较复杂形面和曲面的加工,是工业部门除锈、打毛、精磨、抛光的理想材料。非织造研磨材料以锦纶、涤纶为原料,经气流成网后再浸渍到混有磨料的黏合剂中,通过黏合剂的作用,把磨料牢固地黏附于纤维表面(图 1-8-5),再经固化及成型加工可制成抛磨轮等各种形式的磨具。为增强磨料与纤维的附着力,研磨非织造材料也可采用含砂纤维(将磨料按一定大小和数量加入纺丝原液中而制成的纤维)经梳理气流成网后浸渍黏合而成。非织造研磨材料除在工业领域使用外,在日常生活的洗涤、清洁用品上也有应用,如含磨料的百洁布,它去污力强,可减少洗涤剂用量,是清洁厨房设备、灶具、餐具的理想材料。

第二节 喷洒法

喷洒法就是采用喷洒的方式把黏合剂工作液施加到纤网中,再使纤网受热固化而得到加固的一种方法。由于喷洒法使用的黏合剂是雾状喷洒在纤网上,分布均匀,与浸渍法相比属于非饱和渗透,不需要轧液过程,因此产品蓬松度高,适合生产高蓬松和多孔性的保暖絮片、过滤材料等。

一、喷洒黏合设备与生产线

喷洒黏合设备主要由喷洒装置、抽吸装置和烘箱组成。

(一)喷洒装置

喷洒装置的喷头有多种运行方式:往复式、旋转式、固定式、椭圆轨迹式等。

1. 往复式

这种形式是将喷头安装在一个可往复横走的走车上,随纤网向前输送,横动的喷头将黏合剂喷洒在纤网上形成往复的 V 形轨迹,如图 1-8-6 所示,走车上可安装 2~4 个喷头,喷洒宽度可自由调节,是应用最普遍的一种形式。

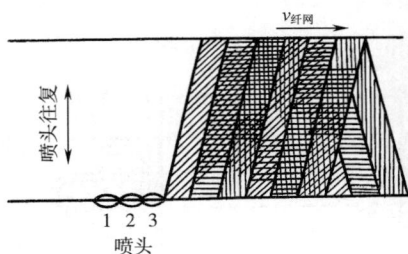

图 1-8-6 往复式喷洒

2. 旋转式

旋转式也采用数只喷头,呈扇叶形配置,并做旋转运动,喷洒轨迹为连环状,如图 1-8-7 所示。旋转式喷洒运行平稳,但很难喷洒均匀。

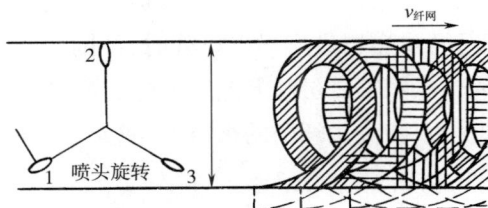

图 1-8-7 旋转式喷洒

3. 固定式

数只喷头固定分布在纤网上,喷洒轨迹为直线型,如图1-8-8所示。这种喷洒设备价格较低,但由于喷头的喷洒面有限,需要的喷枪较多。

4. 椭圆轨迹式

这是一种新型的喷洒方式,它以多个喷头在纤网的椭圆形轨道上进行喷洒,如图1-8-9所示。这种设备运转平稳,喷洒均匀,但价格较高,在应用上还不普遍。

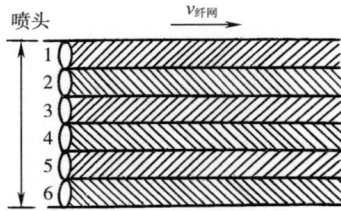

图1-8-8 固定式喷洒   图1-8-9 椭圆轨迹式喷洒

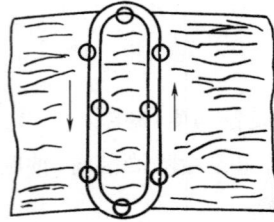

(二)抽吸装置和烘箱

抽吸装置主要是对喷洒在纤网表面的黏合剂向纤网中间层进行转移,使黏合剂分布均匀、纤网不分层。烘箱是使纤网中水分蒸发、黏合剂固化的装置。

(三)喷洒黏合生产线

以生产喷胶棉产品为代表,图1-8-10为典型的喷胶棉生产线示意图。

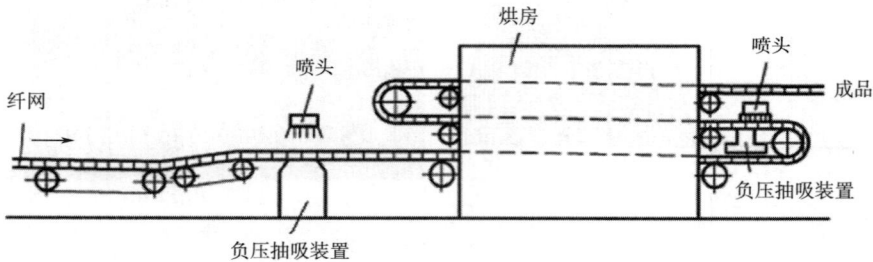

图1-8-10 喷洒黏合生产线

其生产工艺流程为:

纤维开松→喂入→梳理铺网→正面喷胶→烘燥→反面喷胶→烘燥→分切卷绕

铺叠成的纤网输送到喷头下方的传送网帘上,往复运动的喷头对其正面喷胶,然后进入烘燥箱的最下层接受烘燥。当行至烘燥箱最高层出口处时,纤网翻转,在烘箱第二层入口处接受喷头对其反面喷胶,接着进入烘燥箱第二层和最上层进行烘燥和固化。喷头下方设有负压抽吸装置及多余胶液回收装置,增强了胶液对纤网的渗透力,减少了胶雾逸散,节省胶液。喷胶机传送网帘速度为3~15m/min。

烘燥箱用以对正反面喷胶后的纤网进行干燥,使胶固化,最终形成喷胶棉。该烘燥箱为三层穿透对流式结构,占地面积小,烘燥固化连续完成,蒸发效率高,有负压吸网,气流作用柔和,分布均匀。

纤网用热空气烘燥,烘箱最底层、第二层和最上层空气温度分别为 140℃、150℃、160℃。热气流经换热器获得热量,换热器内通以 240~260℃ 热油,热油由专门加热炉加热。热油压力为 0.45~0.67MPa,流量为 50~70m²/h。

二、喷洒黏合非织造材料

喷胶棉是保暖絮片的一个大类产品,根据其蓬松度和柔软性能的不同可分为普通喷胶棉、软棉、仿丝棉等。

喷胶棉的原料以普通涤纶和三维卷曲中空涤纶为主,其规格为 4.4~7.7dtex,51~75mm,两者依据产品蓬松度、软度的要求及成本因素,可按不同比例混合。经硅油处理的三维卷曲中空纤维柔软、滑润,纤维互不缠结,蓬松性好。制成的产品弹性丰富,手感滑爽而蓬松。这种纤维的卷曲数常在 7~10 个/25mm,卷曲恢复率大于 25%。根据产品要求可以混入 20%、30%、50% 甚至 100% 的三维卷曲中空纤维。喷胶棉产品的定量一般在 40~320g/m²。选用的黏合剂为丙烯酸酯乳液,含固量在 38%~51%,工作液浓度一般为 6%~8%。

在喷胶棉生产工艺的基础上混入一定比例的低熔点纤维,如 ES 纤维,可制得仿丝棉。混有 ES 纤维的纤网铺敷在产品的表层,喷洒黏合剂的量有所减少。进入烘箱后一方面黏合剂受热固化,另一方面低熔点纤维软化熔融,使化学黏合与热黏合组合进行,更加提高了产品的柔软性,最后再经轧光机熨平,使产品表面具有丝一般的手感与光泽,具有仿羽绒效果,是服装首选的保温衬垫材料。

以下为采用喷胶黏合工艺生产合成革基布的实例,生产工艺流程为:

丙烯酸酯黏合剂配制——
短纤维针刺基布准备——→黏合剂喷洒→预烘→焙烘→拉幅定形→烫光→切边卷绕

基布为 90g/m² 涤纶短纤维针刺非织造材料,纤维规格 2.56dtex×65mm;黏合剂成分为丙烯酸酯乳液(固含量 38%),黏合剂与水的配比为 1∶12;上胶量为 15%;用 130℃ 烘干后,得到合成革基布的半成品。经过 140℃ 拉幅定形、230℃ 后整理烫光制成合成革基布。

第三节　其他化学黏合法

一、泡沫浸渍法

泡沫浸渍法是利用刮涂或轧涂等方式,将制备好的泡沫黏合剂均匀地施加到纤网中去的方法,待泡沫破裂后,释放出黏合剂,烘干成布。与饱和浸渍法相比,泡沫法黏合剂分布均匀,产品具有多孔性,因而产品的蓬松性和柔软性好。这种黏合方式可适当提高黏合剂溶液的浓度,不仅减小了黏合剂在烘燥过程中泳移的可能性,还有利于降低烘燥过程的能耗,达到节水、节能、节约化学药品的要求。因此泡沫黏合法是化学黏合中一种新的、很有发展前途的加工技术。

主要是采用混合装置将空气与黏合剂和发泡剂液体充分混合,制成具有一定发泡率和泡沫稳定性的泡沫黏合剂。

泡沫黏合剂的施加方式分刮涂式、轧涂式及两者组合式,如图 1-8-11 所示。刮涂式是利用刮刀把泡沫黏合剂涂敷在纤网上,在刮刀的刮压作用下,泡沫发生破裂,黏合剂均匀渗入纤网中。轧涂式是利用一对轧辊对纤网进行轧涂,使泡沫破裂。

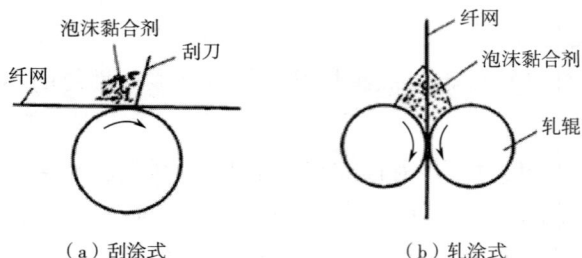

图 1-8-11　施加泡沫黏合剂的方式

泡沫黏合剂对纤网可以单面施加,也可双面施加,图 1-8-12 所示为单面施加方式,泡沫黏合剂由导管导入由轧辊组成的轧涂工作区,挡板起防止黏合剂渗流的作用,纤网一面施加黏合剂后,被送网帘送入烘燥装置。两轧辊的间距可根据纤网定量及涂胶量进行调节,这种方式适合加工定量 100g/m² 以内的产品。

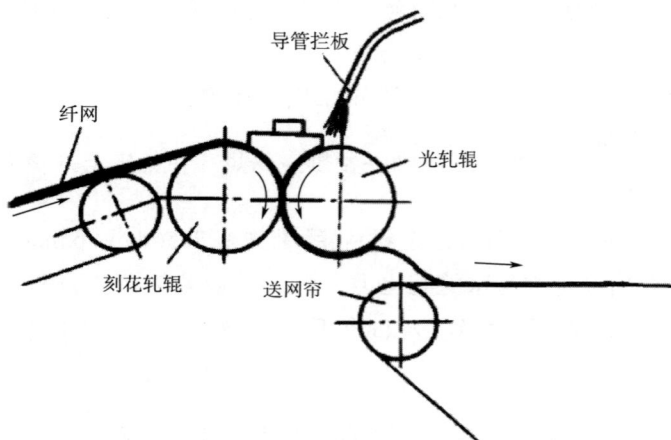

图 1-8-12　单面施加泡沫黏合剂

图 1-8-13 为双面施加方式,位于纤网两侧的导管分别把泡沫黏合剂导入纤网两侧,在轧辊的作用下对纤网两面施加黏合剂,这种方式适合加工定量大于 120g/m² 的纤网。

图 1-8-14 所示为德国科德宝公司的泡沫浸渍机,它采用了刮涂与轧涂结合的方式。其工艺过程为:纤网被输网帘送至刮涂作用区,在刮刀的作用下泡沫黏合剂涂敷在纤网一面,之后进入烘箱的最下层进行烘燥。在轧涂工作区,纤网被导辊输送并翻转后,在轧辊的作用下将黏合剂涂于纤网的另一面,再进入烘箱中层和上层,完成烘燥固化。

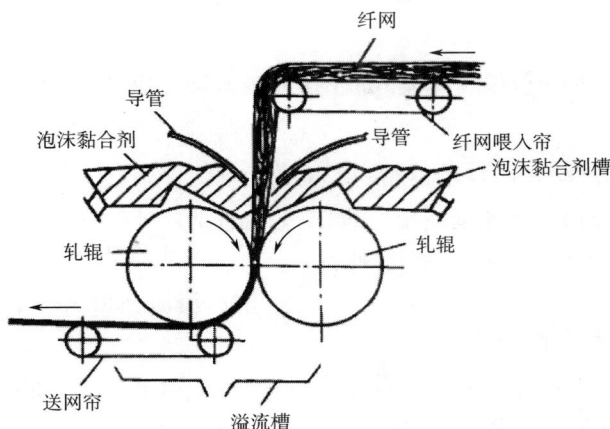

图 1-8-13 双面施加泡沫黏合剂

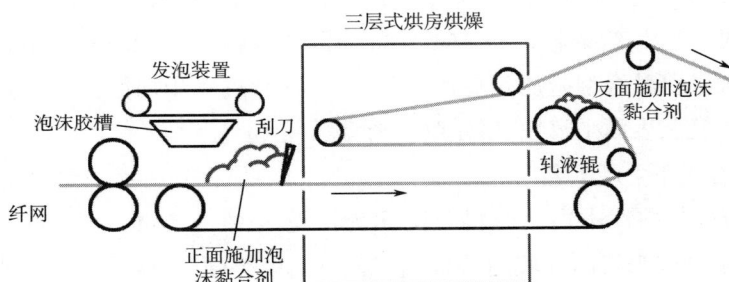

图 1-8-14 科德宝公司的泡沫浸渍机

图 1-8-15 为德国门富士公司的泡沫浸渍机,它利用刮刀先将泡沫黏合剂均匀地涂在具有一定透气性的橡胶输送带上,随着橡胶输送带的回转,纤网与涂布的泡沫黏合剂接触,并紧贴压在真空滚筒的表面,在真空作用下,泡沫黏合剂破裂并渗透到纤网内部。这种方式由于真空滚筒的作用,能够使黏合剂在纤网中的分布更加均匀,可提高中厚及厚重纤网的浸渍效果。

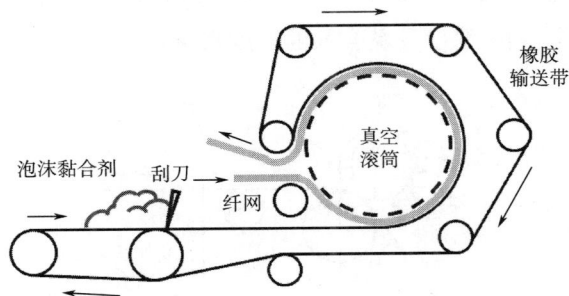

图 1-8-15 门富士公司的泡沫浸渍机

泡沫黏合法适合生产黏合剂施量小、产品蓬松度好的各种产品,如黏合衬基布,各类过滤材料、衬垫材料、包装材料,公共交通工具上用于座椅靠头、扶手,沙发罩套等用即弃材料。

实例 1：用泡沫黏合法生产水溶性聚乙烯醇纤维绣花底衬。

生产工艺流程为：

原料开松→均匀喂入→梳理→气流式成网(或机械杂乱成网)→泡沫浸渍→预烘燥→烘燥定形→卷绕

实例 2：150g/m² 聚酯纺粘法针刺基胎生产工艺。

采用德国 Fiesser 公司的泡沫浸渍生产线，工艺流程为：

丙烯酸酯类乳液黏合剂配制→发泡、混合──┐
　　　　　　　　　　　　　　　　　　　　├→泡沫浸渍→预烘→焙烘→切边卷绕
针刺聚酯纺粘基布准备────────────┘

黏合剂为阴离子型丙烯酸酯类乳胶，固含量(50±2)％，pH 值 6±1，黏度 100mPa·s；交联剂为非离子型(无色透明黏稠液体)，固含量(70±2)％。黏合剂配比为原胶∶交联剂∶水 = 60∶3∶37，用氨水调节 pH 值至 7.0~7.5。

泡沫密度为 270g/L，轧液率 85％左右，轧辊间隙控制为基布厚度的 0.85 倍。上胶量 10％~15％。干燥时间取决于生产线速度，以 16m/min 为最佳，烘干温度 205℃、210℃、205℃、190℃。

经过泡沫黏合法将黏合剂施加到基布中后，基布得到进一步加固，从而增强基布的尺寸稳定性，增大基布的密度、表面平滑性，用作改性沥青承载体。

实例 3：黏合衬底布生产工艺

产品规格 30g/m²，中性本白。原料及配比为涤纶 85％，1.65dtex×38mm；黏胶纤维 15％，2.75dtex×51mm；黏合剂为聚丙烯酸酯，固含量在 35％，中等硬度，浓度 8％，上胶量 7.5g/m²；发泡率 5∶1，泡沫直径在 50μm 左右，半衰期为 8min，采用十二烷基磺酸钠作为稳定剂和渗透剂；纤网定量为 22.5g/m²，生产线速度 16m/min，预烘温度为 120~140℃，焙烘温度为 150~160℃。

二、印花黏合法

采用花纹滚筒或圆网印花滚筒向纤网施加黏合剂的方法，就是印花黏合法(图 1-8-16)。印花黏合的黏合剂可用丙烯酸酯、纤维素黄原酸酯或羟基纤维素。若在黏合剂中加入染料，还可在黏合加固的同时形成印花效果。印花黏合中由于黏合剂的施加量及其在纤网上的分布完全由印花滚筒的刻花图形、刻纹深度及黏合剂的浓度来决定。

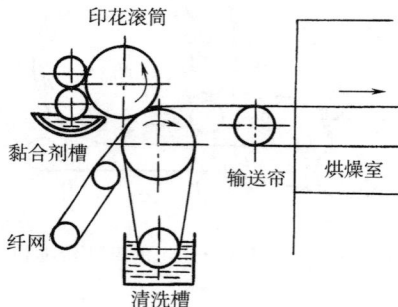

图 1-8-16　印花黏合法示意图

使用印花黏合法,只用少量黏合剂,就能有规则地分布在纤网上,即使黏合剂的覆盖面积小,也能使纤网得到一定强度。印花黏合法具有黏合剂用量小、黏合面积较小、产品手感柔软、透气性好等优点,成本低廉,与饱和浸渍法的产品相比,印花黏合法非织造材料强度低一些,不适合加工厚型产品,适宜制造 $20\sim60g/m^2$、柔软而美观的非织造材料,主要制备用即弃产品用于医疗卫生用品及揩布等。

思考题

1. 什么是化学黏合法固网?分哪几类?
2. 饱和浸渍法的机理是什么?产品有什么特点?
3. 喷洒黏合法的机理是什么?产品有什么特点?
4. 饱和浸渍法与泡沫浸渍法有什么异同?
5. 印花黏合法的机理是什么?产品有什么特点?
6. 化学黏合法典型的产品有哪些?

第九章　浆粕气流成网技术

　　浆粕气流成网技术是以木浆纤维为主要原料通过气流成网及不同固结方法生产非织造材料的工艺方法。这种方法由于使用的纤维接近湿法造纸所用的纤维,在欧洲和日本被称为air-laid paper,在美国则被称为 dry-formed paper,即我们常说的无尘纸,又可称为无水造纸或干法造纸。而国际上浆粕与造纸协会(TAPPI)和非织造材料协会(INDA 或 EDANA)都称为 air laid pulp nonwoven,即浆粕气流成网非织造材料。

　　这种短纤维成网不同于美国蓝多公司(Randoweber)的气流成网,它使用的木浆原料纤维极短,可到几个毫米,而 Randoweber 气流成网采用 3.8~4.5cm 的涤纶和人造纤维等化学纤维。正是由于浆粕气流成网非织造材料所用的原料大部分是木浆纤维,因此具有吸水能力好、柔软性好、蓬松性好及原料成本低等特点。浆粕气流成网技术可用乳胶、热熔纤维或其他一些能成网或固网的材料复合,可生产出各种不同厚薄、不同柔软度、不同吸湿性的材料,主要应用于婴儿纸尿裤、妇女卫生巾、高档桌布、揩拭布和食品垫等方面。

一、浆粕气流成网技术的发展
(一)浆粕气流成网技术的起源及发展史

　　浆粕气流成网技术的起源可能有争议。早在 20 世纪 40 年代就有一些大公司试验性地将纤维与木浆混合在纤网上。20 世纪 50 年代,Randoweber 公司也着手研究,俄罗斯、美国、加拿大、乌克兰、日本、芬兰、丹麦和瑞典都曾探讨浆粕气流成网,其最终目的是将浆粕纤维与合成纤维混合成网,从而加工成非织造材料。20 世纪 60 年代,日本洪苏(Honshu)公司设计制造的香烟过滤嘴和揩拭布产品,即为浆粕纤维产品。与此同时,美国的约翰(Johnson)及他的公司 Chicopee 也开发了含有高吸水材料的妇女卫生巾。Chicopee 在芝加哥建厂,20 世纪 60 年代已发展到多条生产线,生产含有高吸水材料的婴儿尿裤,目前这些早期生产线被淘汰。而加拿大的 Scott De Site 生产线加装修改,生产出木浆纤维揩拭布,并投放市场,现在这家工厂仍在生产。

　　促进浆粕气流成网技术发展并最终取得商业成功的关键人物可能是丹麦的卡尔·克劳耶(Karl Kroyer)。他利用了早期的发明专利及日本洪苏公司的一些思路,开始使用静电方法来形成纤维素纤维网,但未能获得工业化应用。之后,他转向用气流、纤维、真空、成型系统和胶乳黏合剂等而开创出胶乳黏合的气流成网(LBAL-latex bonded air laid)技术,并于 20 世纪 70 年代初由金佰利公司投资在美国建立了一个气流成网工厂,生产低定量、高蓬松的柔软纸面巾,并结合采用气流穿透烘燥使产品成本大为降低。克劳耶研究的第一条生产线卖给了美国的 WI 研究中心。1970 年,克劳耶的第二条气流成网生产线(幅宽 1.6m)卖给了丹麦造纸商,后来这一生产线被引进到美国的 Can 公司及 Fort Howard 公司。加拿大的 Scott Paper 公司投入大量资金改造气流成网 Rando 设备,使浆粕气流成网技术在北美逐渐成熟起来。可以说,这三家公司及它们的揩拭布产品对推动浆粕气流成网技术的发展起到了关键作用。20世纪90年代,弗罗特·霍华德(Frot Howard)与美国Can公司合并,即现在的Buckeye公司。Buckeye公司于2013被出售给了美国GP(Georgia-Pacific)公司,该业务板块在2021年由Glatfelter公司收购。目前Glatfelter是全球最大的浆粕气流成网生产商。

丹麦的工程师约翰·莫斯加得(John Mosgaard)对浆粕气流成网技术提供了支持,于20世纪80年代初期创立Dan-web公司,他曾在丹麦Kroyer公司工作过,他的最大贡献就是发明了新的滚筒气流成网技术(rotary drumformer),并采用热黏合技术生产热黏合气流成网产品(TBAL-Thermally bonded air laid),还把这一技术推向了发展高峰。这种成网转鼓在世界范围内许多生产线上应用。

另一家丹麦公司M&J Fibretech采用克劳耶的带搅拌轴平面床气流成网技术,生产该公司的浆粕气流成网设备。这两家丹麦公司是当今世界浆粕气流成网设备的主要生产厂家,Dan-web和M&J浆粕气流成网机是目前非常流行的两种机型。

(二)国内外浆粕气流成网技术的发展现状

浆粕气流成网非织造材料的全球产量在20世纪90年代迅速增长,1992年为11.6万吨,2002年为35.4万吨,2005年约为45万吨。2005年之后,国外该技术新的投资放缓,万吨以上规模的新增生产线截至2020年约5条,主要在北美和欧洲,受益于无尘纸产品在复合芯体尿裤上的突破应用。中国在2008年之后新增大量无尘纸产能,但大多是低端产品生产线。综合全球无尘纸产能,2020年约85万吨。

浆粕气流成网技术2008年之前主要发展地区是北美、欧洲和日本,这三个地区的总产量和消费量占世界总产量的75%。除了这三个地区以外还有南美、中东。

北美的市场主要在美国和加拿大,这是世界范围内的最大市场。因为靠近木浆供应地及几个早期发展起来的生产厂,北美有9家浆粕气流成网厂,约20条生产线,主要集中在妇女卫生巾、揩拭布和食物垫的生产上。20世纪90年代是北美浆粕气流成网非织造材料产量迅速增长期。

欧洲是浆粕气流成网技术的发源地,德国、法国、瑞典、丹麦、土耳其等国是生产线的主要所在地。欧洲与北美形势相近,主要应用集中在妇女卫生巾、揩拭布等领域。随着可持续性发展的要求越来越高,化学纤维占比较小的无尘纸桌布和湿巾在欧洲逐渐普及,有着较好的市场前景。

亚太地区浆粕气流成网技术发展较早的主要是日本。日本有4个生产厂,不少于8条生产线,总生产能力3.5万吨,市场情况接近欧洲。日本的浆粕气流成网产品主要市场是香烟过滤嘴,另一大市场是揩拭布。

中国浆粕气流成网技术近年得到长足发展。1996年,宁夏吴忠公司引进3000t Dan-web二手设备,并首先在国内生产出产品。2001年,英国BBA在天津投资建立博爱(中国)膨化芯材有限公司(天津BBA),引进了第一条M&J的浆粕气流成网生产线。2003年,广西侨虹公司从丹麦引进Dan-web生产线。2008年之后,无尘纸以其兼具较好的吸湿和蓬松性能,随着复合芯体在纸尿裤中的突破应用,在中国发展迅速,不过大多集中投资热黏合无尘纸工艺。目前,我国浆粕气流成网非织造材料生产企业约有 40 个,其中规模较大、生产能力超过 6000t/年规模的企业有十几个,主要厂商见表 1-9-1。规模较小的约 30 个。2020 年,中国浆粕气流成网非织造材料总生产能力约 25 万吨。

表 1-9-1 我国生产能力超过 6000t/年规模的企业

企业名称	产能(t/年)	设备情况
天津博爱膨化芯材	22000	M&J Fibretech 1 条,EPS 1 条
广西侨虹新材料	10000	Dan-web 1 条
广东华亨	50000	国产线 7 条
上海亿利德	7000	M&J Fibretech 1 条
广东洁新	15000	自制 7 条
上海中丝	6000	EPS 1 条
宁波奇兴	8000	自制 3 条
福建泉州长荣	6000	国产线 2 条
福建博源	40000	国产线 6 条
天津德安	6000	国产线 2 条
总计	170000	—

廊坊玉龙、丹东丰蕴、上海森绒、浙江雪达、常州豪峰、嘉兴申新、河南新大、福建泉州、广东东莞、高明等都有大小不同的生产线。

二、浆粕气流成网技术所用原料

(一)浆粕

气流成网技术所用的主要原料就是短纤绒毛浆,它是用木材一类的纤维制成的浆粕纤维,尤以松木为上乘,世界上很多国家都生长,美国佛罗里达佐治亚州南部约有百万亩,欧洲也种植。除此之外,茶叶、竹纤维、豆腐渣、废纸、皮革纤维、烟叶纤维等也可作为其原料。

(二)复合纤维

气流成网工艺中用来黏结浆粕纤维的低熔点纤维一般都用复合纤维,多数为 PE/PP 或 PE/PET 复合纤维,根据不同应用可以是皮芯、偏心或并列三种形式的,PE 在外层。复合纤维作为一种黏结纤维,先开松然后喂入成网系统,再与木浆纤维及主体纤维混合。

(三)高吸水剂

高吸水物质即 SAP(super absorbent powder),一般是粉末或颗粒状的,有的还利用高吸水纤维(SAF)来提高产品的吸水性能。它们的吸水能力是其自重的 10~100 倍,当然也要看吸收液体的种类及吸收时间。这种吸水剂广泛用于浆粕气流成网生产线中,用来生产卫生巾、尿布、成人失禁垫、运动裤中的芯吸材料。它可以减少木浆纤维的用量,使产品更灵巧,包装运输费降低。一般 SAP 在成型头区域与短纤浆混合。

(四)乳胶

浆粕气流成网工艺中使用的乳胶即黏合剂主要是聚丁二烯、聚丙烯腈及其他的聚合物,多数情况是以液态喷洒或泡沫形式加入。

黏合剂的用量、种类对最终产品的性能影响很大,如悬垂性、强力、弹性、吸湿性、外观、柔软性、手感、防菌、防腐蚀性等。

三、浆粕气流成网工艺

浆粕气流成网非织造工艺过程大致需要经过三步:第一步将浆粕和纤维开松,第二步是通过成型头气流成网,第三步是黏结加固纤网。目前国内外浆粕气流成网大多是采用丹麦的Dan-web 及 M&J 两种设备的生产工艺流程,其中 Dan-web 生产线流程如图 1-9-1 所示。

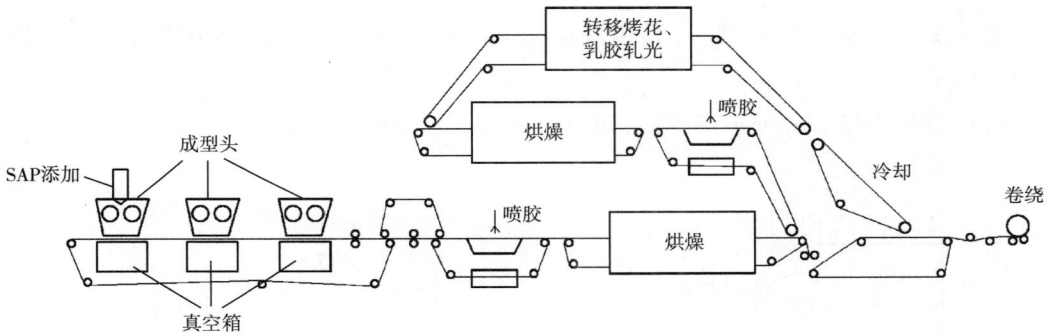

图 1-9-1　Dan-web 生产线流程图

湖北省通山轻工机械有限公司和宁波奇兴无纺布有限公司生产的设备及南宁侨虹新材料有限责任公司引进的浆粕气流成网机都属于这种类型。这类设备能实现浆粕纤维与常规纤维混合成网,以及浆粕纤维与热熔纤维成网,并能实现黏合粉黏合、热熔纤维黏合、热轧黏合及喷洒胶粉剂的黏合,另外还可以施加 SAP 高吸湿剂。

M&J Fiberech 型浆粕气流成网设备最早由当时天津 BBA 有限公司(2012 年 Fitesa 全资收购了 BBA-Fiberweb 全球资产)引进中国,它的生产线流程如图 1-9-2 所示。

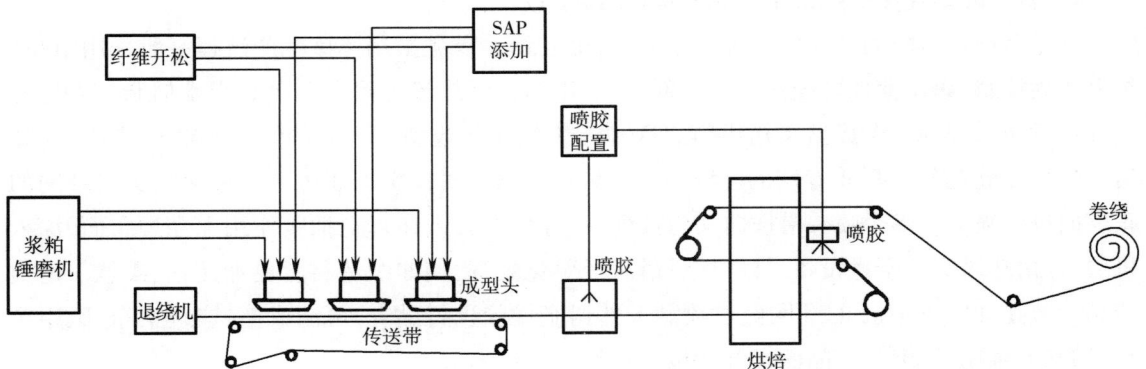

图 1-9-2　M&J Fiberech 生产线流程图

(一) 浆粕和纤维的开松

浆粕气流成网非织造材料的主要原料为绒毛浆粕(或棉绒浆粕),根据工艺和产品的不同,有的需要混有一部分双组分黏合纤维,有的高吸湿用品还混有一部分高吸液聚合物(SAP)或高吸液纤维(SAF)。

浆粕开松磨碎一般原料是以浆粕板形式存在,必须首先把它打松散,再磨碎成松散的极短的纤维,然后送入成型头进行成网。纤维分离机将浆粕分离成单纤维,需要混入双组分热黏合纤维的,纤包需经过预开松处理,然后经过计量系统喂入成型头。加入高吸液材料也需经过专门的喂入系统进入成型头进行混合。各个组分的多少,可以根据产品的需要增减或不用。

(二) 成型头气流成网

上述物料输入成型头后通过成型头的打散机构使纤维混合物呈悬浮状态,由于成型头上有风压、输网帘下有负压,在两者的联合作用下,纤维流通过筛网均匀沉降于输网帘上形成纤网。

成网系统主要靠一个成型头,利用气流引进成网。Dan-web 是利用筛鼓进行成网,如图 1-9-3 所示。

M&J 的成型头与 Dan-web 的不同,如图 1-9-4 所示。

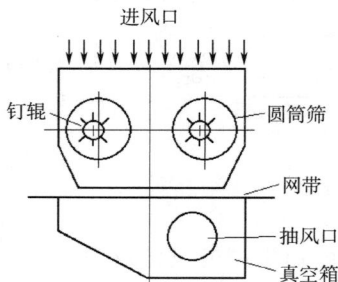

图 1-9-3　Dan-web 的成型头　　　　　图 1-9-4　M&J 的成型头

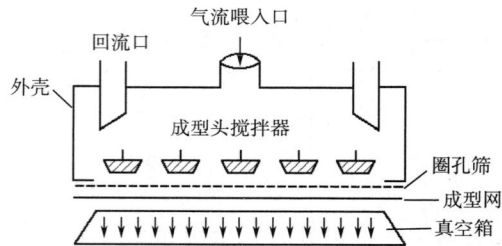

(三) 固网

成型头形成的纤网要经过一定的热压和机械压紧后再进行固结和后处理,才能制备浆粕气流成网非织造材料,目前的固网方式主要有以下几种。

1. 黏合剂固网(latex bonded air laid,LBAL)

这是目前用得较为广泛的一种固网方法,由 Kroyer 首先采用。该生产流程一般采用 100% 绒毛浆为原料,以水溶性乳胶作为胶黏剂,一般用两台纤维粉碎机和一台高吸水树脂(SAP)开包计量输送系统为一个成型头箱供料。这种方法是使从成型头出来的纤网先经过热紧压(如需要时可以轧花),然后将专用的乳胶经稀释后在压缩空气作用下通过专用雾化喷头对纤网的正反面进行喷洒。多个喷头沿横向均匀排列,被雾化的胶乳在真空抽吸作用下穿过布面,深入里层,并由热风穿透干燥设备予以烘干,最后经熟化处理,使非织造材料更加蓬松、柔软。这类产品一般是 $40\sim70\text{g/m}^2$ 的纤网经过喷洒天然树脂橡胶进行黏合,可制成擦拭布、桌布、医用产品、妇女卫生用品、肉类产品的保湿和包装制品。

2. 热黏合固网或热熔黏合固网（thermally bonded air laid, TBAL）

该固网方法最早由 Dan-web 采用,后来 M&J 设备也有采用。这实际上是在木浆纤维中混入一定量的双组分复合纤维（即 ES 纤维,多为 PE/PET 或 PE/PP 复合纤维）,中间也可加入高吸液材料 SAP 或 SAF 以提高产品的吸液性能,一般用热风穿透设备使热熔纤维在加热过程中产生表面熔化和流动,形成与木浆之间的热黏合点,从而黏合成纸。这类产品适合 $50 \sim 120 \mathrm{g/m^2}$ 的纤网,产品多用于吸湿卫生用品、复合芯体包覆、地板擦拭材料和医用服装。

3. 多效固网（multi-bonded air laid, MBAL）

这种固网方法是 20 世纪 90 年代初期开始采用的,把产品强度高、不易掉粉末的 LBAL 和柔软性好、吸水性强的 TBAL 结合起来,这种固网方法兼有前两种固网方法的优点。目前 M&J 或 Dan-web 的设备都以这种固网工艺为基础,原来单纯采用 TBAL 或 LBAL 工艺的经过改装,也可改成多效固结工艺。在这种改造后的设备,根据产品的要求可以采用多效的也可采用某一单一工艺。采用多效固结工艺时,可以在混入一定量热黏合纤维进行热熔固结的同时,喷洒少量的胶乳,这样将有利于切边废料的回收利用。采用多效固结,大大丰富了气流成网产品的品种,满足了多方面的需要。

4. 热轧点黏合固网

对于一些较薄的浆粕气流成网产品,还可通过热轧点黏合进行固网,用刻花热压辊进行热轧黏合,也有人称这种方法为 X—黏合法、氢键黏合法及高压点黏合法。由于温度、压力的作用纤维在轧点处熔融,从而实现热黏合加固。这是一种具有特殊风格的产品,也有一定市场。

5. 水刺固网

这种技术是最近几年才发展起来的,但发展很快,已形成商业化的专用设备。其中 M&J Fibretech 与 Rieter Pefojet 合作形成的专用设备称为 Airlace-2000 及 Airlace-3000,Dan-web 与 Fleissner 合作开发形成的生产线称为 Aquapulp。这几种浆粕气流成网水刺设备是将由纤维分离机处理后的浆粕纤维输入成型头后形成的浆粕气流成网纤维网铺置在梳理的、经过预水刺和真空吸水的纤网上,最后经第二道水刺予以固网。由于梳理成网的纤网是长纤维的,因此强度很高,而复合上的绒毛浆吸湿性和柔软性又特别好,制备的成品比一般的浆粕气流成网非织造材料有更高的使用价值。如其梳理成网的纤维是涤纶,则其最后产品的性能完全可和涤纶、黏胶纤维的水刺布相媲美。由于浆粕纤维比黏胶纤维价格便宜,因此最终成本相对较低,这正是这种固网方法具有很大生命力的原因所在。

还可以将纺粘非织造材料和绒毛浆纤维复合固网,以提高浆粕气流成网非织造材料的强度。

四、浆粕气流成网非织造材料应用及潜在市场分析

（一）应用

浆粕气流成网非织造材料具有吸收能力强（如胶黏型产品能吸收自身重量的 $8 \sim 10$ 倍的水）、透气性高、柔软性好、湿强度高、无静电（胶黏型产品）、无掉毛掉粉、可压花或染色或印刷、可层压或复合、可添加多种纤维或粉末物质等特点,从而实现了干法纸的功能化,因此,已在日常生活、医疗、装饰、服饰、汽车等方面获得了广泛的应用。

　　日常生活领域可用于干湿纸巾、餐巾、清洁用布、厕所用纸、桌布、卸妆用纸、婴儿尿布、失禁垫、超薄型卫生巾及卫生棉、纸尿裤等;医疗卫生领域可用于手术服、面罩、一次性手术床单、敷裹与包扎材料、吸湿纱巾、医护棉等;装饰与服饰领域可用于衬料、鞋衬、合成革基布、服装的絮料和填料、墙布、装潢布、台布、地毯衬布等;汽车工业领域业及其他方面有绝缘材料、涂层基布、车内壁面料(代替毛毯做绝热防潮用)、工业擦拭布、吸油吸墨和吸音材料、过滤材料(气体、空气、液体)、香烟过滤嘴、包装材料(水果或易损物)、电缆绝缘材料、禾苗生长基垫等。图1-9-5是浆粕气流成网产品应用比例。

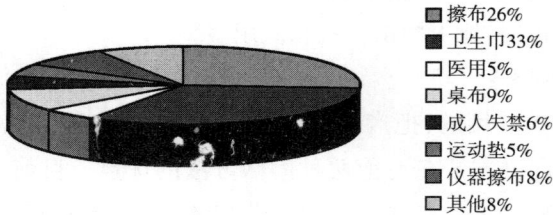

- 擦布26%
- 卫生巾33%
- 医用5%
- 桌布9%
- 成人失禁6%
- 运动垫5%
- 仪器擦布8%
- 其他8%

图1-9-5　浆粕气流成网产品应用比例

(二)市场分析

　　浆粕气流成网的终端产品在扩大,主要原因是其蓬松性、强吸水性、柔软性好、成本较低、经济又卫生。浆粕气流成网非织造材料市场的未来发展将体现在以下方面。

1. 卫生巾、儿童尿片及成人失禁垫

　　浆粕气流成网非织造材料产品因为兼具蓬松和吸湿的特性,一直在妇女卫生用品、儿童纸尿裤和成人失禁产品中获得广泛应用。尤其是复合芯体的纸尿裤设计在中国首创并开始逐步普及后,无尘纸作为包覆层,开始大量应用在纸尿裤中。卫生材料应用依然是浆粕气流成网产品的主要方向。

2. 擦拭布

　　INDA研究和统计主管IanButler称,非织造居家擦拭布销售上升的势头得益于新款地板清洁擦拭布、抗菌擦拭布、抛光擦布以及各式新产品的推出,非织造居家擦拭布因此被推上了市场销售第一的位置。据INDA对居家清洁擦拭布市场的分析显示,地板清洁擦拭布占据了50%的擦拭布市场份额,而消毒硬面擦拭布的强势发展也是一大看点,该类擦拭布的市场销售额在2018年超过了8亿美元。

3. 食品包装材料

　　据专家分析,进入21世纪以来,用于食品包装的非织造产品的产量已增长了10倍,特别是吸液性垫材方面更为突出。气流成网生产技术对于超吸液材料可有效地用于食品包装,为市场提供新产品,是一个理想的推动因素。

五、浆粕气流成网技术的发展趋势

(一)产品向复合方向发展

　　非织造材料的成网技术和固结技术不断地互相交叉、互相渗透,使非织造材料的产品更加丰富多彩,技术水平不断提高。浆粕气流成网产品向复合化的方向发展也是一种必然趋势。含

有两三层或多层三明治结构的产品可以具有不同性能的优点,如强力、蓬松性、柔软性、吸水能力等。

气流成网复合产品可以方便地在气流成网设备上采用多成型头完成,各组成型头可以独立地混有多种新纤维、新材料,特别是功能性的纤维和材料,使之赋予各层以不同的功能,然后几层同时一次固结。复合产品能显著改善性能的应变性,成本合理,表面涂层可控,并可添加活性试剂。

下面结合几个实例来说明。

1. 湿巾、擦拭布

我国很多湿巾是由100%胶合或热合的浆粕气流成网做成。这类产品由于含有胶黏剂,对人体健康有一定的危害;此外,作为擦拭布用时,短的木浆纤维易出现掉毛现象。

目前,很多的擦拭布都采用梳理网—浆粕气流成网—梳理网(CAC)制作。图1-9-6是丹威开发的气流成网设备,复合产品的表层采用梳理网,内层采用吸水性好的木浆纤维,用水刺来增加产品强力。

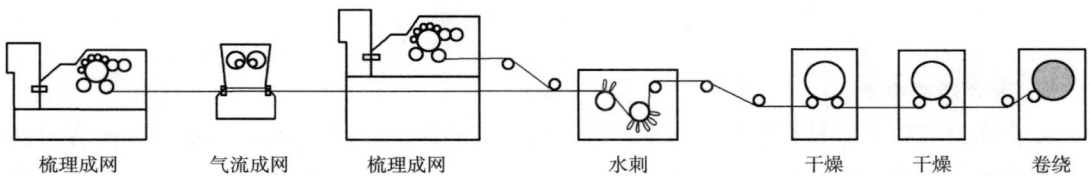

图1-9-6 梳理成网—浆粕气流成网—梳理成网(CAC)工艺流程

另外一种复合产品生产工艺是纺粘—浆粕气流成网—纺粘,即SAS,如图1-9-7所示。SAS相对于CAC的技术优势,主要在于生产速度和生产效率。纺粘和气流成网两种技术的生产速度和效率非常接近,SAS生产线上可获得很高的产量及独特的产品均匀度,因此SAS生产线是一种非常有效的配置。此外,SAS可生产各种擦拭巾产品,不需要涂胶而无尘屑,产品有良好吸水性、强力、耐磨性和很高的生产速度。生产线具灵活性,并且不容易沾灰,可以减少停机清理的时间,同时水刺时绒毛浆纤维损失较少。

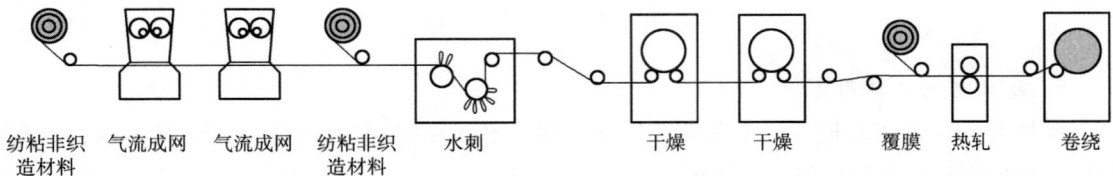

图1-9-7 纺粘—浆粕气流成网—纺粘(SAS)工艺流程

2. 手术服、防护服

还有一种复合方式为纺粘—熔喷—气流成网—纺粘(SMAS)。这种材料有很高的强度、防护性能和吸水能力,适合制作手术服、防护服、手术围裙和面罩等产品。

3. 复合婴儿尿布吸收芯层

婴儿尿布是卫生吸收性产品中用量最大的,设计中芯层包括接纳层、分布层、超吸芯体、强化吸液层及增强层,如图 1-9-8 所示。每一层由一种或多种成分通过气流成网设备相应成型头混合均匀输入成网帘三维成型,并使其固结在一起,液流(尿液)在纵向上保证其达到最佳状态。

接纳层

分布层

吸收芯体

强化吸液层

增强层

图 1-9-8 复合婴儿尿布吸收芯层

4. 复合伤口敷料

复合伤口敷料不但具有常规产品那样的吸收血液功能,而且在与皮肤接触的一面有对伤口愈合有利的海藻酸钙纤维,还含有活性炭臭味抑制剂 SAP 等,能保持创口处相对干爽。这种复合结构是由多种原料在成型机上一次复合而成的,如图 1-9-9 所示。

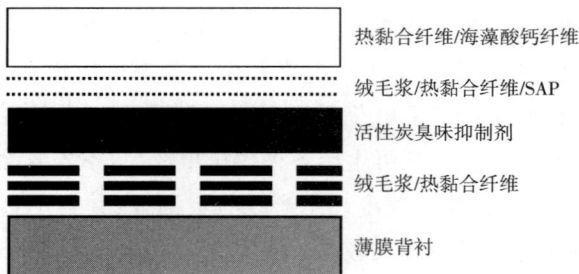

热黏合纤维/海藻酸钙纤维

绒毛浆/热黏合纤维/SAP

活性炭臭味抑制剂

绒毛浆/热黏合纤维

薄膜背衬

图 1-9-9 复合伤口敷料

5. 高档老人失禁用品

高档老人失禁用品把气流成网复合技术发挥得淋漓尽致,具有优异的接纳液流性、液流保持性、优异的臭味抑制功能,并可在线加上皮肤调整剂、杀菌剂和表面屏障层等,其结构如图 1-9-10所示。这种高性能的失禁用品,可以做成多种形式的嵌衬、垫材,其控液速率和水平可根据用途而方便地在生产中进行改变,生产工序显著减少,总的生产成本富有竞争性。

6. 农用材料

复合农用材料用于取代粗麻布的农用浆粕气流成网产品,顶层和底层为绒毛浆和黏胶纤维,具有一定的强度和保湿性;中间层为中性的钾超吸收剂,对覆盖的植物根部起到施肥作用。

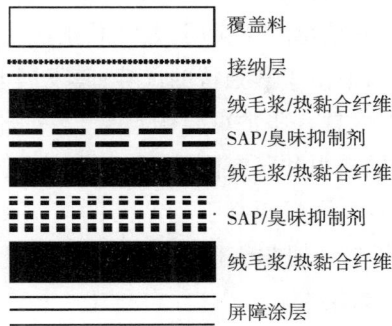

图 1-9-10 高档老人失禁用品

整个结构用生物可降解性的胶乳聚合物固结,经一定时期后,所有材质在泥土表面或在土壤中降解,其结构如图 1-9-11 所示。

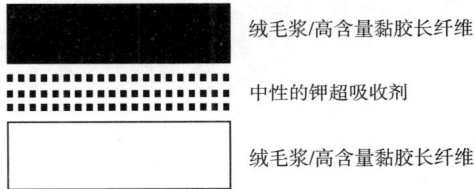

图 1-9-11 复合农用材料

通过不同的复合技术所制得的产品具有更好的耐磨性、不易掉尘、不起球,而且能够很好地提高产品的强度,降低胶乳对人体健康的危害,产品应用广泛,具有广阔的开发前景。

(二) 生产线向大型化发展

我国浆粕气流成网生产线年生产能力最大的是天津博爱膨化芯材 2.2 万吨/年,而大部分国产设备年产能力都在 1 万吨以下。采用多组成型头,增加幅宽,提高输网帘速度,能大幅度地提高生产线的生产能力。目前,国外 5 万吨/年生产能力的设备已投入生产,10 万吨/年生产能力的设备也在设计中。此外,国外一些大企业正在酝酿将浆粕气流成网生产尿布料、包装成型以及最终尿布生产线在一组生产设备上完成,即从原料到最终产品各种主要原辅料的制造一条龙生产。这种生产方式可以减少投资、降低生产费用、节省运输成本,实现更好、更确切的质量控制,加快实现产品升级。

一般的浆粕气流成网设备,包括过去的 Dan-Web 和 M&J Fibre-Tech,都只能适应 8mm 以下超短纤维的加工,因为过长的纤维,纤维间容易缠结,不易加工。因此,设计加工更长纤维长度的设备也是今后一个发展方向。丹麦 Formfiber Spike 公司展出过号称可加工 2~75mm 长度纤维的气流成网装置,据称 Formfiber Spike 的成型头单位产量比一般成型头大 10 倍,并可用于代替传统成型头。意大利 A. Celli 设计出了最新型的翼片式浆粕气流成网设备,这是一种全新的装置,实验设备幅宽 0.5m,成网很均匀,厚度变异系数为 2%,每米幅宽的产量 500kg/h 左右,横向不匀率可控制在 ±2%。

随着全球环保意识的增强,以及物质生活水平的提高,浆粕气流成网将作为非织造材料发展的一种新技术而日益受到重视并获得广泛应用,其产品正在普遍被人们接受。浆粕气流成网技术虽然在中国还处于起步阶段,但由于其独特的优势,其发展前景十分乐观。

在我国发展浆粕气流成网技术具有非常重要的意义。一是使我国轻工业有机会了解和跟踪世界先进的技术,提高自我发展能力和研究能力,发展我国自己的浆粕气流成网生产设备;二是能有效占领国内无尘纸市场份额,同时提高卫生产品的档次和竞争力,改善我国卫生产品方面"高进、低出"的局面;三是有利于我国非织造行业产业结构的调整和吸引外资,实现非织造行业发展的"市场化、国际化"的战略目标。

思考题

1. 简述浆粕气流成网的原料、成网机理及加工工艺过程。
2. 影响浆粕气流成网的因素有哪些?
3. 简述浆粕气流成网的典型产品及其应用。

第二篇　湿法非织造工艺原理

第一章　概　　述

一、湿法非织造材料简史

湿法非织造材料制造技术是各种非织造材料技术中发展最早的,起源于传统的造纸技术,而造纸术又是我国古代的四大发明之一,对人类社会的文明和文化进步做出了巨大贡献。早在东汉和帝时期,宦官蔡伦作为皇室手工业作坊负责人,将树皮、麻类、渔网、破布等加水捣成浆造纸。从西汉到魏晋南北朝,逐渐开始利用楮皮、藤皮、枸皮等长纤维作造纸原料,出现了侧理纸、有色黄麻纸、凝光纸及各种有色纸。唐朝以后,又出现了染色纸与施胶纸,而且有了质量较好的宣纸,形成了手工生产湿法造纸的雏形,从此以后,中国的造纸技术和丝绸、陶瓷一样传遍了世界五大洲。明清时期仍然沿用唐宋旧法生产,清朝末期,机制洋纸在国内开始盛行,使我国传统造纸业一蹶不振,而西方国家造纸业已经进入了工业革命时代。例如,荷兰人于1750年发明了荷兰式打浆机,1804年第一台长网造纸机在英国问世等。并且西方国家在湿法非织造材料生产领域进行了机械化生产的探索。19世纪40年代,英国人米尔本(Milbourn)先生发明了初始的斜网造纸机,而真正适用于长纤维湿法非织造材料生产的斜网造纸机或成型器则是由日本发明的,并用菲律宾马尼拉麻(俗名ABACA)长纤维在斜网成型器上生产出日本和纸。20世纪四五十年代,美国的Dexter公司发明了斜网成型器,生产袋泡茶用湿法非织造材料,即茶叶滤纸。随着合成纤维的发明和广泛使用,它又被扩大到利用或掺和合成纤维生产各种长纤维特种纸。随着近代干法非织造材料的兴起和走向市场,真正意义上的湿法与干法非织造材料技术几乎同时发展并开始了它新的一页。

湿法非织造材料的发展过程是与造纸、纺织、化工、机械、自动控制等行业的发展密切相关的,原材料已从单一的韧皮纤维发展到今天常用的合成纤维、复合纤维等功能性纤维;装备已从单一的圆网和单层斜网成型器,发展到双层和复合式斜网;从普通的接触式烘缸干燥发展到高效率的穿透式干燥和红外线干燥;工艺技术已从简单的长纤维造纸技术发展到具有特种功能、不同用途和系列的湿法非织造材料,制造技术日趋成熟。发展至今,湿法非织造材料已成为非织造材料领域中不可或缺的一部分。

二、湿法非织造材料的定义及其与造纸的区别

(一)湿法非织造材料的定义

湿法非织造材料又名湿法非织造布或湿法无纺布,其英文名为wet-laid nonwoven,寓意是以水作为介质的纤维成型的非织造形式。国际非织造材料协会的定义是：湿法成网是由水槽沉积、悬浮的纤维而制成的纤维网，再经固网等一系列加工而成的一种纸状非织造材料。通俗地讲，湿法非织造材料是水、纤维或可能添加的化学助剂在专门的成型器中脱水而制成的纤维网状物，再经物理或化学处理及加工后而获得某种性能的非织造材料。

（二）湿法非织造材料与造纸的区别

湿法非织造材料起源于长纤维造纸技术，所以它沿用了许多造纸的工艺和制造设备，而且它与纸的外观和某些性能十分相似。由于近代非织造材料技术的日新月异，不同领域或者交叉学科的运用，产品更趋于专业化和系列化，与传统造纸的区别也越来越大。主要体现在以下几个方面。

1. 纤维原料长度的区别

一般造纸用的纤维长度为 1~3mm，而湿法非织造材料所用纤维长度是 5~10mm，最长的纤维可达 20mm 以上。造纸仅用纤维素纤维原料，而湿法非织造材料可采用在其成型长度范围内的任何种类的纤维原料。

2. 纤维间增强方式的区别

由于造纸纤维采用纤维素纤维，抄造前纤维须经打浆，使纤维切断、帚化、纵向分丝、纤维表面微纤维化，使暴露在纤维表面的羟基量增多，而形成大量的氢键，显著提高了纤维间的结合力，使纸张在干燥后获得较好的强度性能。而对于湿法非织造材料，如果有纤维素纤维存在，纤维间增强的方式与造纸相同，如果是非纤维素纤维成型，纤维加固是靠外加黏合剂或加纤维黏合剂完成，其原理与化学黏合固网方法相同。

3. 纤维成型机理的区别

造纸与湿法非织造材料成型机理的相同之处在于，一是将纤维悬浮液变成湿纤维层，二是脱掉悬浮液中约95%以上的水分。这两个作用是相互依存和关联的，在脱水的过程中形成湿纤维层，在成型中进一步地脱水，最后达到使液态的纤维悬浮液变为固态的均匀湿成型层。区别之处在于成型的浓度有高低，造纸的成型浓度一般在 0.1%~1%，而湿法非织造材料的成型浓度一般在 0.01%~0.1%。

4. 最终成品性能的区别

由于湿法非织造材料所用的纤维比纸用纤维长得多，且靠黏合剂黏合加固、加强，不像造纸过程加有大量的填料，所以湿法非织造材料在强度、柔软度、悬垂性等方面要比纸好，湿法非织造材料多布感，少纸感，性能更接近纺织品。

三、湿法非织造材料的主要优缺点

（一）主要优点

（1）生产速度高、产量大。湿法非织造材料的生产速度可达到 300m/min 以上，工作宽度可达到 5m，是非织造材料领域中生产速度最高的，特别适合大批量产品的规模化生产。

（2）纤维种类的适应能力强。不仅可以利用造纸的长纤维原料，而且可充分利用各种不同类型及规格的纺织短纤维。可适应长度一般在 20mm 以下的无法纺纱的天然纤维、化学纤维、特种木浆粕、棉浆粕等,这不仅可以作为化学纤维的补充,而且可作为黏合剂的辅助手段,以获得某种性能。

(3)纤维结构和成网匀度好。纤维在水中分散均匀,杂乱排列,三维分布。湿法成型的非织造材料各向同性效果显著,大部分湿法非织造材料产品的结构比纸蓬松,故特别适合过滤材料的特性要求。

(4)生产品种多、应用领域广阔。由于原材料选用的范围广,设备几乎能适应 $10 \sim 200 \mathrm{g/m^2}$ 范围内的非织造材料领域,尤其是各种后加工工艺的应用,使它不仅能适用于规模化产品的生产,而且品种多样。

(二)主要缺点

(1)一次性投入大,工艺流程复杂,对原材料及成品的输送和存放、操作、质量控制要求较高。

(2)配套工程要求高,轻度环境污染不可避免,生产过程需消耗大量的水、电、气等,须配备白水处理系统、污水处理系统。

(3)由于工艺流程长,更换品种时间长,适合于大批量连续生产,同一设备上经常性更换品种的灵活性不如干法非织造材料。

四、湿法非织造材料的分类及其应用领域

湿法主要有斜网、圆网和其他成网方式。由于其用途的特殊性和多样性,可以分为食品工业用品,如茶叶过滤、咖啡过滤、抗氧剂和干燥剂的包装、人造肠衣、高透气度滤嘴棒成型材料等;家电工业用品,如吸尘器过滤袋、电池隔离膜、电解电容器膜、空调过滤等;内燃机及建材工业用品,如各种内燃机(飞机、火车、船舶及汽车)的空气、燃油和机油过滤材料及建筑防护基材等;医疗卫生行业用品,如手术服、口罩、床单、手术器械的包覆、生物检测、医用胶带基材等。

思考题

1. 湿法非织造材料的定义是什么?
2. 湿法非织造材料与造纸有哪些不同?
3. 湿法非织造材料的优缺点是什么?
4. 湿法非织造材料有哪些应用领域?

第二章　湿法非织造材料的原料

第一节　纤维原料的选用

湿法非织造材料的原料主要包括纤维原料和化学黏合剂。由于湿法非织造材料对纤维原料的处理是依靠纤维在水中的分散与悬浮,完全不同于干法非织造材料的开松与梳理过程,因而湿法非织造材料生产对纤维原料的要求便不像干法那样严格。理论上讲所有一切可称之为纤维的固形物质,只要能(或经过适当处理)在水中均匀分散与悬浮,均可作为湿法非织造材料的纤维原料。在湿法非织造材料中,黏合剂的作用非常重要,其种类非常丰富,湿法非织造材料的强度主要靠它提供。纤维原料的选用因湿法非织造材料以水为介质,要求纤维能在水中均匀分散,不易絮凝和成团,在整个输浆和成网中都应良好悬浮。

影响纤维在水中分布状态的因素很多,主要有以下几点:

一、纤维的长细比

纤维的长细比是指纤维的长度和其径向最大尺寸之比。长细比越大,纤维在水中越难分散,越易成团。通常纤维的最佳切断长度与线密度存在以下关系:

$$切断长度 = 5×线密度^{1/2} \tag{2-2-1}$$

二、纤维的长度分布

纤维的长度分布越窄,在同样条件下越易于对纤维控制,使纤维较易分散;同时应极力避免尽管是少量但却过长的纤维出现,如化学纤维切断过程中的连刀料等,过长纤维在纤维分散过程中起纤维桥的作用,将本已分散开来的纤维又纠缠在一起。

三、纤维的湿模量

纤维的湿模量越大,其在水中的刚度越大,越易分散,如玻璃纤维、碳纤维等较易于湿法成网。

四、纤维的卷曲度和类型

纤维的卷曲度越大、卷曲的类型越复杂,纤维间越易纠缠,在水中越难分散,如三维立体卷曲的纤维很难分散。

五、纤维的化学结构与表面状态

纤维的化学结构主要是指纤维分子与水的结合性能,结合性能越强,纤维的吸湿性越好,纤维在水中的溶胀能力越强,纤维的分散性越好。纤维的表面状态主要指纤维的表面摩擦性能,纤维表面摩擦系数越大,纤维越易纠缠,在水中越难分散。可以对纤维进行适当的表面处理,或在成浆中加入吸湿剂、分散剂等,以改善纤维的分散性能;也可加入适当助剂,提高水的黏度,固定纤维并阻止其相互纠缠。纤维能否在水中均匀分散和良好悬浮还取决于纤维在水中的浓度。显然越难分散的纤维,其浓度应越低,用水量也越大。实际生产过程中,成网时纤维浆的浓度和纤维长细比有以下关系。

设成网浓度为 C,纤维线密度为 D(dtex),纤维长度为 L(mm),纤维的用量为 G(g),用水量为 W(L^3),则:$C = D/L^2$。又知 $C = G/W$,当纤维的长度增加,则 C 要降低,即用水量加大,这有一定的限度,水源、输送管道和泵的功率等方面都受影响,所以湿法非织造材料加工纤维的长度受到一定的制约,长度一般应在 30mm 以下。

第二节　常用纤维原料

湿法非织造材料所用的纤维原料包括纤维素纤维、矿物纤维、化学纤维或其他特种纤维。世界各国非织造材料所用纤维随各国的资源不同、产品的最终用途不同、采用的设备不同而没有统一的标准,但大部分还是以纤维素长纤维为主。

一、天然植物纤维

造纸用纤维素纤维属于植物纤维的一种,由于其在湿法非织造材料中占有特殊的地位,因而在此单独加以阐述。顾名思义,造纸用纤维素纤维是造纸工业的传统原料,它像所有植物纤维一样,是不同长度的纤维混合物,它是用一年生草本植物或木材通过化学或机械分解作用,除去原料中非纤维性物质,并使纤维彼此分离(称为制浆)后再经漂白或进行改性而制成。其基本成分是纤维素,尚含有少量的木质素、半纤维素和树胶等。目前市场上销售的造纸用纤维素纤维以浆粕或浆板的形式存在,其纤维素含量一般在 80% ~ 90%,若再进一步除去木质素等伴生物,使纤维素含量达到 90% 以上,则称为甲种纤维素或纯纤维素。它们大多以针叶树或阔叶树制得,以针叶树制得的纤维素长 2~4mm,粗 0.02~0.07mm,以阔叶树制得的纤维长约 1mm,粗约 0.03mm。在湿法非织造材料生产中,应根据产品工艺要求选用甲种纤维素或造纸用纤维素纤维,这两种纤维的分散性好。选用甲种纤维素的产品,洁白而柔软,但成本较高,如丝光化浆和棉浆粕等。

根据原料的不同,制浆的原理和方法也不同,一般可分为化学浆(如碱法制浆、亚硫酸盐法制浆)、机械制浆、生物制浆等,而碱法制浆又分为石灰法、烧碱法和硫酸盐法三种。各制浆方法所得到的纤维素纤维浆粕的特性均不一样。一般来说,石灰法制浆所得到的纤维素浆粕较硬而脆;烧碱法制浆所得到的纤维素浆粕洁白而柔软,吸水性强,不透明度高,但强力稍差;硫酸盐法制浆所得到的纤维素浆粕强度高,但色泽较深,通常需要进一步漂白;亚硫酸盐法制浆所得到的纤维素浆粕有较高的白度,且强度高。机械法制浆所得到的纤维素浆粕强度较低,耐久性差,但不透明度好,产品光滑而富有弹性。一般纤维素纤维浆粕由化学制浆而成,并在湿法非织造材料生产中占有很大的分量,许多湿法非织造材料产品多是适当混用一定量的纤维素纤维和其他纤维而制成的。

由于木材纤维和其他非木材纤维已在造纸工艺技术中有所详细论述,在此着重介绍常用于湿法非织造材料中具有代表性的长纤维原料,如马尼拉麻、韧皮类纤维等。

(一)马尼拉麻纤维

马尼拉麻属于蕉麻,英文名叫 abaca,它的学名为 musa textilis luois nee。它盛产于菲律宾,曾经在印度尼西亚、马来西亚及我国的海南省移种,但由于受土壤、气候、地理环境等因素的影响,目前,只有厄瓜多尔进行商业化移种成功。从外观上看,它与香蕉树并无两样,高达 10m 以上,直径可达 50cm。目前,菲律宾马尼拉麻纤维产量占全世界的 70% 以上,其余的基本上产于厄瓜多尔。马尼拉麻主要用于制作绳子、工艺品和进行湿法非织造材料的生产。马尼拉麻纤维用手工或机械从树叶的根茎里剥离出来。手工剥离是将马尼拉麻叶鞘窄条放在齿形刀下,刀上施压,再用手将纤维从叶鞘中拉出。转轴机械剥离是一种半机械方法,叶鞘经机械剥离法分离纤维,其制得率低,价格也低于手工剥离。可以说马尼拉麻纤维是当今世界湿法非织造材料生产最主要、最传统的原料之一,不管是自制浆,还是商品浆,其制浆方法基本上采用碱性亚硫酸钠—AQ 法,而漂白方法正从传统的次氯酸盐漂白转向符合环保要求的无元素氯漂白(ECF)和全无氯漂白(TCF)。

以目前世界上最大的、质量最好的、品种最多的马尼拉麻纤维制浆厂 ISAROG 制浆造纸有限公司(Pulp & Paper Co. Inc.)为例,其制浆工艺流程大致为:

马尼拉麻纤维的分级、拣选→立式蒸锅→倒料池→三段抽提洗涤机→黑浆池→ESKO 振动筛→鼓式脱水机→浆池→抽提洗涤机→螺旋输送机→漂白机→真空圆网洗涤机→成浆池→高位箱→ESKO 振动筛→分配箱→高浓除沙器→冲浆泵→低浓除沙器→圆网浆板抄造机(成型、压榨、干燥)→切浆板机→打包

不同种类、不同用途的马尼拉麻纤维的制浆工艺条件不尽相同,主要区别在蒸煮、漂白及纤维的不同配制上,湿法非织造材料的生产需要根据其品种的不同特性,合理地选择马尼拉麻纤维。

马尼拉麻纤维的形态特征:纤维粗细均匀,纤维壁薄,端部钝尖,胞腔宽而明显,不中断,纤维壁上横节纹稀少,纤维的断面多为不规则的椭圆形或具圆角的多角形,浆料中常有导管分子和薄壁细胞。

常用纤维长度为 2.0~6.0mm,宽度为 6.6~22μm,平均长度为 4mm,平均宽度为 16.8μm。

(二)桑皮纤维

桑皮纤维取之于桑树之皮,桑树系多年生木本植物,桑科,桑属。据悉,全世界桑树约有 12 种,我国主要有 5 种,分别为白桑、紫桑、黑桑、麻桑、倭桑,其中前 3 种多产于四川、河南、广东、江苏、浙江等蚕桑地区,多用于栽培饲蚕,叶肥厚,后 2 种为野生植物,不宜饲蚕。

桑皮是由桑树幼嫩茎秆或枝条韧皮层部剥取而得到的内皮层。上千年来,桑皮是优良的传统长纤维造纸原料,是古时有名的书画纸、窗户纸、浙江皮纸和伞纸,以及近代生产的打字蜡纸、

茶叶滤纸等的原料。湿法非织造材料的生产大多采用桑皮原料。当国外许多湿法非织造材料生产厂家大量采用马尼拉麻纤维时,中国的桑皮已被广泛运用于长纤维造纸,而且是目前桑皮利用得最好的国家。

(1)桑皮纤维的制造工艺流程。在手工制浆时期,主要利用石灰法在地窖里除去桑皮的非纤维物质。目前,桑皮制浆方法主要是硫酸盐法和蒽醌亚硫酸盐法。由于桑皮的特性,制浆得率较低,黑浆得率仅25%左右,而漂白损失又很高,占绝干浆6%左右,主要原因是桑皮中的果胶以及半纤维素成分含量较高。其工艺流程简要如下:

拣皮、取梢→切皮→浸皮→除杂、除沙→加液、蒸煮→喷放、洗涤→打浆→洗涤、筛选→加液、漂白、洗涤→成品浆

(2)桑皮的纤维形态特征。桑皮纤维较马尼拉麻纤维略粗,呈圆筒形,中央有沟管,有时非常明显,有时仅呈狭线状,纤维上多平行之纵纹裂痕,横纹稀少,但甚明显,排列也较规则,有时纤维中端有突出之节,其色甚暗。此外有薄膜状细胞,重叠而成不规则形,其上形成各式纵横细纹。

(三) 丝光化纤维

所谓的丝光化就是用氢氧化钠溶液对木或棉纤维进行碱处理,以提高纤维的纯度,使甲种纤维素含量大大提高,其他半纤维素和非纤维素成分被除去,经过"丝光化"处理的纤维,纤维膨胀,几乎成为圆柱状,表面平滑,胞腔变小,纤维弯曲增加而扭曲度减小。在干法造纸或过滤材料的制造中,以其极好的松厚性和透气性,既可提高过滤材料的效率,又可提高未经化学处理的湿法非织造材料的吸收性能,为其深加工创造条件。

二、化学纤维

化学纤维属非天然纤维范畴,是经过化学加工而制造出来的纤维,主要用于纺织工业,也可作为造纸行业干法纸和湿法非织造材料的主要原料。与天然纤维相比,化学纤维的长度、线密度一致性好;纤维的强度、伸长率、耐磨性等要优于天然纤维,湿法非织造材料可根据其产品用途来选择纤维原料。

化学纤维可分为再生纤维和合成纤维两大类。

常见的再生纤维有黏胶纤维、铜氨纤维、醋酸纤维、Lyocell纤维等,均由天然的植物原料,如木材、棉短绒等加工而成。

合成纤维的品种很多,常见的有锦纶、涤纶、腈纶、维纶等,它们均由煤、石油、天然气等加工制成。由于原料及制造工艺不同,纤维的性质和断面形状各不相同。根据使用要求,各种化学纤维有长丝和短丝两种,长丝多供纺织,短丝除纺织外还用于干法和湿法非织造材料生产,而湿法非织造材料所用短丝一般不超过10mm。下面仅介绍几种在湿法非织造材料中纤维的应用情况。

(一) 聚乙烯醇缩甲醛纤维

聚乙烯醇缩甲醛纤维又称为维纶。维纶分长丝和短纤两大类,其性能接近棉花,有"合成棉花"之称,密度在$1.26\sim1.30g/cm^3$,小于棉纤维,是现有合成纤维中吸湿能力最好的纤维,在

标准大气压条件下回潮率为 5% 左右,其比电阻较小,因此抗静电能力较好。维纶与植物纤维以及水有着较好的亲和性,无须添加任何分散剂即可上网成型,而且加工后具有很好的湿强度,既可提高产品的强度,又可提高单位产量。维纶的强度为 32.5 ~ 57.2cN/tex,高强纤维可达 79.2cN/tex,断裂伸长率为 12% ~ 15%。弹性较其他合成纤维差,织物保形性较涤纶差,但较棉纤维高,且耐磨性较好。维纶有较好的耐碱性,但不耐强酸,对一般的有机溶剂有较好的抵抗能力。维纶的耐光、抗老化性较天然纤维好,但较涤纶、腈纶差,织物易起皱。维纶的染色性能较差,其色谱不全,湿法纺丝色泽不够鲜艳,干法纺丝的纤维较为鲜艳。聚乙烯醇的耐水性很差,在热水中剧烈收缩,甚至会溶解,因此在加工过程中常常进行缩甲醛处理制成维纶,以提高其耐热水性。其缩醛度在 30% 时,纤维的耐热水温度可提高到 115℃,但羟基减少 30%,使纤维的吸湿及染色性能降低。维纶的导热能力较差,从而使其有良好的保暖性。

维纶是早期主要与棉花混纺制成服用纺织品,也可代替部分棉花制作床上用品、针织内衣、装饰用布、帆布、工作服、渔网、窗帘等。目前,维纶取得深度开发,使用领域越来越广,其中高强高模纤维是维纶的特色品种。随着对可生物降解材料的应用越来越广泛,未经缩甲醛处理的聚乙烯醇水溶性纤维的应用也越来越多,因其可在 80 ~ 93℃热水中溶解,溶于水后无味、无毒,水溶液呈无色透明状,在较短时间内能自然生物降解。

维纶作为湿法非织造材料的原料主要有两种类型:一种是高熔点纤维,主要用于提高强度和非织造材料的透气性,如汽车过滤器用材、医用绷带基材、育苗用布等;另一种是低熔点纤维,与其他高熔点纤维掺用后湿法成网,经过烘缸表面温度,使低熔点的纤维熔化,产生黏结作用。目前有 35℃、60℃、90℃、120℃等不同熔点的纤维可供选择。

(二)聚丙烯纤维

聚丙烯纤维又称丙纶,具有以下特点:

1. 质轻

聚丙烯纤维的密度为 0.90 ~ 0.92g/cm³,是所有化学纤维中密度最小的,比锦纶低 20%,比涤纶低 30%,比黏胶纤维低 40%,因此很适合做冬季服装的絮料或滑雪服、登山服等的面料。

2. 强度高、弹性好、耐磨、耐腐蚀

丙纶强度高(干态、湿态下相同),是制造渔网、缆绳的理想材料;耐磨性和回弹性好,强度与涤纶和锦纶相似,回弹率可与锦纶、羊毛媲美,比涤纶、黏胶纤维大得多;丙纶的尺寸稳定性差,易起球和变形,抗微生物,耐虫蛀;耐化学药品性优于一般纤维。

3. 具有电绝缘性和保暖性

聚丙烯纤维电阻率很高($7 \times 10^{19} \Omega \cdot cm$),导热系数小,与其他化学纤维相比,丙纶的电绝缘性和保暖性最好,但加工时易产生静电。

4. 耐热及耐老化性能差

聚丙烯纤维的熔点低(165 ~ 173℃),对光和热的稳定性差,所以,丙纶的耐热性、耐老化性差,不耐熨烫,但可以通过在纺丝时加入抗老化剂来提高其抗老化性能。

5. 吸湿性及染色性差

聚丙烯纤维的吸湿性和染色性在化学纤维中是最差的,几乎不吸湿,其回潮率小于 0.03%。

线密度小的丙纶具有较强的芯吸作用,水汽可以通过纤维中的毛细管来排除。制成服装后,服装的舒适性较好,尤其是超细丙纶,由于比表面积增大,能更快地传递汗水,使皮肤保持舒适感。由于纤维不吸湿且缩水率小,丙纶织物具有易洗快干的特点。

丙纶的染色性较差,颜色淡,染色牢度差。普通染料均不能使其染色,有色丙纶多数是采用纺前着色生产的。可采用原液着色、纤维改性,在熔融纺丝前掺混染料络合剂。

近几年来,丙纶在干法非织造材料和干法造纸中的卫生材料中的应用极为广泛,在湿法非织造材料中已应用于过滤材料、医用材料、家用装饰材料、食品工业的复合包装材料等领域。

(三)聚酯纤维

聚酯纤维又称为涤纶。聚酯是一类性能出色、用途广泛的热塑性聚合物,由于其具有优良的力学性能和加工性能,强度高、耐气候性能强、综合性能好,近年来已成为熔喷非织造材料的重要原料之一。

聚酯纤维分子链为线性结构,具有高度的立构规整性,由于没有大的支链,分子易于沿着纤维拉伸方向取向而平行排列并高度取向。链节或重复单元由一个苯环、两个酯基和两个亚甲基构成。两个亚甲基是柔性链;苯环使分子链的刚性增大,熔融熵减小,结晶速率减缓,所以按传统的熔体纺丝法得到的初生纤维一般为非晶态,但经过拉伸取向可诱导快速结晶,不仅取向度高,而且结晶度也高。

聚酯纤维分子链通过酯基相连,其化学性质多与酯基有关,如在高温和水存在下或在强碱性介质中容易发生酯键的水解,使分子链断裂,聚合度下降。所以聚酯纤维纺丝成型过程中必须严格控制水分含量,一般要求切片的含水率小于 50mg/kg。

聚酯纤维对酸(尤其是有机酸)很稳定,但在室温下不能抵抗浓硫酸或浓硝酸的长时间作用,对一般非极性有机溶剂有极强的抵抗力,即使对极性有机溶剂在室温下也有相当强的抵抗力,且耐微生物作用、耐虫蛀,不受霉菌等影响。聚酯纤维具有良好的耐热性,软化点为 238 ~ 240℃,一般工业产品用 PET 的熔点在 255 ~ 260℃。PET 可在较宽的温度范围内保持其良好的力学性能,在 -20 ~ 80℃ 的温度范围内受温度影响较小,长期使用温度可达 120℃,且能在 150℃ 使用一定时间。

(四)芳香族聚酰胺纤维

芳香族聚酰胺纤维又称为芳纶,全称为聚苯二甲酰苯二胺纤维,是一种新型合成纤维。根据其化学结构的不同,芳纶主要分为两种类型,一类是间位芳纶(MPIA),另一类是对位芳纶(PPTA)。

1. 间位芳纶

间位芳纶全称为聚间苯二甲酰间苯二胺纤维,美国的商品名为 Nomex,我国称为芳纶 1313,是由间苯二胺和间苯二甲酰氯低温缩聚而成。从结构上看,间位芳纶分子是由酰胺基团相互连接间位苯基所构成的线型大分子。在它的晶体里氢键在两个平面上存在,如格子状排列,从而形成了氢桥的三维结构。由于氢键的作用强烈,使间位芳纶化学结构稳定,具有以下几项优越性能:

(1)优异的耐热性。可在 200℃ 下长期使用,具有良好的尺寸稳定性。

（2）超强的阻燃性。属于本质阻燃纤维，极限氧指数（LOI 值）≥28%，不会在空气中自燃、融化或产生熔滴；遇到极高温度时，纤维会迅速膨胀碳化，形成特有的绝热层，用其生产的防护面料表现出极佳的阻燃性能。

（3）杰出的电绝缘性。用芳纶制成的芳纶纸可使机电产品的耐温绝缘性能达到 H 级（180℃）。

（4）优良的化学稳定性。耐大多数化学物质的侵蚀，能耐高浓的无机酸，常温下耐碱性能较好。

（5）良好的力学特性。间位芳纶的低刚度高伸长的特性使其能够用常规的纺织机械进行加工，其短纤可加工成多种织物或非织造材料。

间位芳纶具有的优良性能使其成为航天航空、军工消防、电子通信、节能环保、石油化工等高科技产业领域不可或缺的基础材料。但由于自身结构的问题，间位芳纶也存在某些缺点，与其他高性能纤维如聚四氟乙烯（PTFE）、聚苯硫醚（PPS）等相比，容易断裂。这是由于聚间苯二甲酰间苯二胺中的酰胺键中的 C—N 键较 C—F 键、C—S 键的电负性要小，而间位芳纶的键之间未形成共轭效应。通常情况下，酰胺键比较稳定，在酸性和碱性条件下都不容易分解，芳纶结构中的苯环对酰胺键之间存在着空间位阻，使酰胺更难水解，在强碱或强酸的高温条件下酰胺键才会水解断裂。这一特性使间位芳纶在电厂烟气除尘应用领域受到限制。

2. 对位芳纶

对位芳纶全称为聚对苯二甲酰对苯二胺，美国杜邦公司商品名为 Kevlar，我国称为芳纶1414。对位芳纶具有超高强度、高模量、耐高温、耐酸耐碱、重量轻等优良性能。纤维强度为19.35cN/dtex，模量为 441~882cN/dtex，其强度是钢丝的 5~6 倍，模量为钢丝或玻璃纤维的 2~3 倍，韧性是钢丝的 2 倍，而重量仅为钢丝的 1/5 左右，玻璃化温度在 300℃以上，在 560℃高温下不分解、不熔化，180℃空气中放置 48h 后强度保持率为 84%，而且具有良好的绝缘性和抗老化性能，具有很长的生命周期。具有低密度、优良减震性、耐磨、耐冲击、抗疲劳、低膨胀、低导热、不燃、不熔等突出的热性能，可用于防护材料、建筑结构加固材料等。对位芳纶还可以用于代替石棉制造摩擦材料，用于缆绳和传送带等。

对位芳纶作为特种纤维，在航天、航空、交通、通信等领域获得了广泛的应用。目前，其产品用于防弹衣、头盔等占 7%~8%，航空航天材料、体育用材料约占 40%；轮胎骨架材料、传送带材料等约占 20%左右，高强绳索等方面约占 13%。

（五）聚酰亚胺纤维

聚酰亚胺是一类以含酰亚胺环为结构特征的高性能聚合物材料，具有优异的电性能及良好的耐辐射与耐温等一系列性能，可作为高性能纤维、特种工程塑料、高温复合材料及高温涂料等应用于国防、军工及民生等诸多领域。

聚酰亚胺纤维是指其分子主链由酰亚胺环、苯环或其他五元、六元环连接的一类合成纤维。其化学结构不仅主链键能大，而且能够通过芳环间的 π—π 作用提高分子链间的分子间作用力。因此，当聚酰亚胺纤维受到诸如热、高能辐射等外力作用时，纤维所吸收的能量往往低于使纤维分子链断裂所需的能量，而使聚酰亚胺纤维表现出诸多优异的性能。与其他有机纤维相

比,聚酰亚胺纤维具有如下特殊性能:

(1)优良的热稳定性。聚酰亚胺纤维的耐热性能十分优异,开始分解的温度通常都在500℃以上。其中由对苯二胺与联苯二酐合成的聚酰亚胺的热分解温度甚至可以达到600℃,是迄今为止所报道的热稳定性最好的高分子材料之一,能够在短时间内承受555℃高温而保持各项物理性质基本不变。

(2)良好的耐低温性。聚酰亚胺纤维可以承受极低的温度而不发生脆断。例如在-269℃的液氮中仍然可以保持一定的柔性,可作为在极寒条件下的工程纤维材料使用。

(3)高强高模特性。聚酰亚胺纤维的强度最高可达 5.8~6.3GPa,模量最高可达 280~340GPa,超过绝大多数其他高性能纤维。

(4)低吸水性。在20℃条件下,聚酰亚胺干纤维的吸湿率仅为0.65%,远低于干 Kevlar 纤维的4.56%。

(5)介电性。聚酰亚胺纤维中的极性基团结构对称且大分子主链呈刚性,因此在一定程度上限制了极性基团的活动性,故纤维主体具有良好的电绝缘性。其介电常数为3.4。而含氟元素的聚酰亚胺纤维介电常数可以下降到2.5左右。

(6)阻燃性及化学试剂稳定性。聚酰亚胺纤维为阻燃性材料,部分纤维的极限氧指数可达38%,且发烟率极低。同时纤维对有机溶剂相对较为稳定,具有优异的耐化学腐蚀性。

需要指出的是,除了特殊的化学结构,聚酰亚胺纤维所具备的优异性能还与其分子链沿纤维轴向的取向度及横向的二维排列方式密切相关。聚酰亚胺纤维通常为半结晶型聚合物,通过热拉伸处理,纤维的结晶区与无定形区都会沿着纤维轴向进行取向。为了得到高性能的纤维材料,则需要高的结晶度与取向度,因此必须控制拉伸过程中的结晶速率。结晶速率太快,不利于纤维的拉伸,从而不利于微晶的取向。此外,纤维在热拉伸过程中的工艺参数差异也会引起结晶度的改变,导致晶区尺寸和形态的变化,对纤维的综合性能影响颇大。

(六)聚苯硫醚纤维

聚苯硫醚(PPS)纤维是由荷兰首次研制成功,并于1983年开始批量投入生产。聚苯硫醚以硫化钠和二氯苯为原料,在 N-甲基吡咯烷酮或含碱金属羧酸盐的有机极性溶剂中缩聚制得,熔点285℃,呈琥珀色。聚苯硫醚是以苯环在对位上连接硫原子而形成刚性主链,由于大 π 键存在,所以性能极其稳定,有线型、交联型和直链型三种。聚苯硫醚纤维由聚苯硫醚经熔融纺丝制得,是一种新型特种热塑性纤维。

聚苯硫醚纤维的制备过程与涤纶的纺丝过程相似,所不同的是在纺丝过程中会有含硫化合物释放出来,因而所用设备要选用特种钢材制造,同时须将纺丝系统密闭,并安装排风装置。未经拉伸的初生纤维具有较大的无定形区,在高温下进行拉伸,可使聚合物分子沿纤维轴方向较整齐地排列,提高了大分子的取向度。在130~230℃温度下对拉伸纤维进行热处理,可使结晶度大幅度增加,使得纤维具有较好的力学性能。拉伸后的纤维经卷曲、切断制成短纤维。

聚苯硫醚纤维具有出色的耐高温性。将其置于火焰中时虽会发生燃烧,但一旦移去火焰,燃烧会立即停止,表现出较低的续燃性和烟密度。在正常的大气条件下不会燃烧,在氮气气氛下,500℃以下时基本不发生分子链的裂解。

聚苯硫醚纤维还具有突出的化学稳定性,耐腐蚀性仅次于聚四氟乙烯纤维。只有强氧化剂(如浓硝酸、浓硫酸)才能使纤维发生剧烈的降解。它同时还具有很好的耐有机试剂的性能。

聚苯硫醚纤维织物可长期地暴露在酸性环境和高温环境中使用,主要用作热空气或腐蚀性介质的过滤材料,如工业上燃煤锅炉袋滤室的过滤织物。在湿态酸性环境中,接触温度为150~200℃下,其使用寿命可达三年左右。用该纤维制成针刺毡带用于造纸工业的烘干设备上,是较为理想的耐热和耐腐蚀材料。

聚苯硫醚纤维除了在过滤领域有突出优势外,其单丝或复丝织物还可用作除雾材料、造纸机干燥用布、缝纫线、各种防护布、电绝缘材料、耐热衣料等材料;此外,聚苯硫醚纤维可制成长纤增强复合材料,用于军工、航空航天等领域。用主要成分为氟气、氧气和氮气的混合物来处理聚苯硫醚纤维织物,特别适合用于电化学储能装置的隔离材料。

(七)黏胶纤维

黏胶纤维(viscose fiber)分为黏胶长丝和黏胶短纤。黏胶纤维属再生纤维素纤维。它是以天然纤维素为原料,经碱化、老化、磺化等工序制成可溶性纤维素磺酸酯,再溶于稀碱液制成黏胶,经湿法纺丝而制成。采用不同的原料和纺丝工艺,可以分别得到普通黏胶纤维,高湿模量黏胶纤维和高强力黏胶纤维等。普通黏胶纤维具有一般的力学性能和化学性能,又分棉型、毛型和长丝型,俗称人造棉、人造毛和人造丝。高湿模量黏胶纤维具有较高的聚合度、强力和湿模量。高强力黏胶纤维具有较高的强力和耐疲劳性能。

黏胶纤维具有良好的吸湿性,在一般大气条件下,回潮率在13%左右。吸湿后显著膨胀,直径增加约50%,所以织物下水后手感发硬,收缩率大。黏胶纤维的化学组成与棉相似,所以较耐碱而不耐酸,但耐碱耐酸性均较棉差。黏胶纤维的染色性与棉相似,染色色谱全,染色性能良好。此外黏胶纤维的热性能也与棉相似,密度接近棉,为 $1.50 \sim 1.52 \mathrm{g/cm^3}$。

黏胶纤维是最早投入工业化生产的化学纤维之一。由于吸湿性好,穿着舒适,可纺性优良,常与棉、毛或各种合成纤维混纺、交织,用于各类服装及装饰用纺织品。高强力黏胶纤维还可用于轮胎帘子线、运输带等工业用品,是一种应用较广泛的化学纤维。

(八)Lyocell 纤维

Lyocell 纤维,俗称天丝、莱赛尔,是一种用 N-甲基吗啉-N-氧化物(NMMO)溶剂将纤维素溶解后制成纺丝液并通过湿法纺丝而制备的一种再生纤维素纤维。由于其独特的性能,自开发以来已被广泛地应用于纺织行业,它在合成革基布和医用卫生领域的应用前景十分广阔。近年来其在非织造行业中也开始应用,在湿法非织造材料中的应用研究已初见成效,其在电池隔膜材料、医用材料、过滤材料、热敏版纸基材中的优越性越来越大。其主要特性有:

(1)优良的亲水和分散性。由于 Lyocell 纤维是一种纤维素纤维,在水中的特性与植物纤维相同。与 Lyocell 纤维相比,黏胶纤维的横截面呈锯齿形,这使黏胶纤维的两端切断处有粘连现象,成型过程分散困难,导致最终成品的均匀度不好。Lyocell 纤维克服了合成纤维普遍的亲水性差、难于分散的缺陷。

(2)极易原纤化。由于纤维的长分子链具有高结晶度和定向排列,纤维可以当作由微细纤维束组成,这使 Lyocell 纤维很容易通过打浆原纤化成小于 $1\mu m$ 的细纤维,根据需要,通过打浆度来控制纤维的原纤化程度。纤维原纤化后,赋予了非织造材料最重要的特性,如抗张强度、撕裂强度、吸湿性、透气性、俘获粒子的能力会大大地提高。

(3)良好的湿强度和低的出网部含水率。在湿法非织造材料生产过程中加入少量的Lyocell纤维,可明显提高其湿强度,减少湿断头,尤其在开式引纸或布的成型器上,对提高车速很有帮助。另外,低的出网部含水率,可大大提高产量,大幅度地节约干燥所需的能源。

(4)纤维纯度高,单丝强度好,适应性广。Lyocell纤维可被制成各种长度和直径,以满足不同用途非织造材料的需要,这是天然纤维难以做到的。由于制造过程中未发生化学反应,保持了原有纤维素分子的性能,而且纺丝过程中纤维高度取向,从而使纯度和单丝强度比一般合成纤维要高。由于其纯度高,在制浆过程中无须筛选和净化设备,同时对制造纯度高的湿法非织造材料也免去了除离子、灰分等过程的污染,性能极为优越。

(5)可生物降解,符合环保。该纤维在有氧或无氧的条件下均可以降解,不会给环境造成二次污染。表2-2-1列举了Lyocell纤维与其他纤维性能的比较。

表2-2-1 Lyocell纤维与其他纤维性能的比较

种类	线密度(dtex)	干强度(cN/tex)	干伸长率(%)	湿强度(cN/tex)	湿伸长率(%)	湿模量(N/mm²)	吸湿性(%)	保水性(%)
Lyocell纤维	1.7	420~440	14~16	370~410	16~18	270	11.5	65
聚酯纤维	1.7	420~520	25~35	420~520	25~35	210	0.5	3
棉	1.7	230~250	7~9	270~310	12~14	100	8.0	50
黏胶纤维	1.7	230~250	20~25	100~120	25~30	50	13.0	90
高湿模量黏胶纤维	1.7	380	11	260	12	110	12.5	90

三、无机纤维

用于非织造材料生产的无机纤维主要有玻璃纤维、石棉纤维、碳纤维/活性碳纤维、金属纤维等。

(一)玻璃纤维

玻璃纤维(glass fiber)是指高温熔融状玻璃,在拉力、离心力或喷吹力的作用下形成的极细的纤维状或丝状的玻璃材料,是一种性能优异的无机非金属材料,且种类繁多。其主要成分为二氧化硅、氧化铝、氧化钙、氧化硼、氧化镁、氧化钠等。根据玻璃中碱含量的多少,可分为无碱玻璃纤维(氧化钠0~2%,属铝硼硅酸盐玻璃)、中碱玻璃纤维(氧化钠8%~12%,属含硼或不含硼的钠钙硅酸盐玻璃)和高碱玻璃纤维(氧化钠13%以上,属钠钙硅酸盐玻璃)。玻璃纤维的特点是强度高,其抗拉强度可达1000~3000MPa;弹性模量比金属略低,为$(3~5)\times10^4$MPa;密度小,与铝接近,是钢的1/3左右;比强度、比模量比钢高;熔点高,软化温度可达550~750℃;化学稳定性好,不吸水,不燃烧,尺寸稳定,隔热,绝缘等。

在湿法非织造材料生产中,玻璃纤维已被广泛应用。由于其具有良好的绝缘性、耐磨性和尺寸稳定性,并具有高强、耐高温和耐腐蚀等特性,在防水材料、绝缘材料、过滤材料和增强材料中作基材或基布。

用于湿法非织造材料生产的玻璃纤维主要选用 E 型(即无钎型)和 G 型(即中钎型),长度为 6~50mm,直径为 9~19μm(线密度 1.6~6.4dtex)。过滤材料通常采用直径为 1~5μm 的超细纤维。玻璃纤维的刚度大,因而可以使用较大的长径比,但由于其吸湿性差,纤维在使用前必须进行特殊处理。通常的办法是在纤维的悬浮液中加入表面活性剂和分散剂,这些化学助剂可作为保护性胶团,以防止纤维在开始使用阶段彼此之间靠拢凝聚成团状。非离子表面活性剂、羧甲基纤维素(CMC)、羟甲基纤维素(HMC)等作为玻璃纤维的分散剂已被广泛采用。

(二) 石棉纤维

石棉纤维是天然纤维状的硅质矿物的泛称,是一种被广泛应用于建材防火板的硅酸盐类矿物纤维,也是唯一的天然矿物纤维,其基本成分为水合硅酸镁($3MgO \cdot 3SiO_2 \cdot 2H_2O$)。石棉纤维的类型有 30 余种,但工业上使用最多的有三种,即温石棉、青石棉、铁石棉。石棉纤维具有如下特点:

(1)比重和容重都较小。比重平均为 2.75,容重为 1600~2200kg/m³,是很好的轻质材料。

(2)导热性低。导热系数为 0.198~0.244W/(m·K)。

(3)导电率低。其寿命比铸铁管长,机械强度高,能承受较大压力,是一种较好的电绝缘材料。

(4)化学性质稳定。虽不耐酸,但在矿物水中比混凝土管耐久。

石棉纤维以其特有的化学、物理特性被广泛应用于各种行业。在建筑上主要用石棉纤维来制作石棉板,石棉纸防火板,保温管,窑垫及保温、防热、绝缘、隔音、密封等材料。国防上石棉与酚醛、环氧等树脂黏合,可以制成火箭抗烧蚀材料、飞机机翼、油箱、火箭尾部喷嘴管及鱼雷高速发射器,船舶、汽车、飞机、坦克、舰船中的隔音、隔热材料。石棉与各种橡胶混合压模后,还可做成液体火箭发动机连接件的密封材料。在湿法非织造材料中,石棉纤维通常不需预处理可直接用于湿法非织造材料的生产。

(三) 碳纤维/活性碳纤维

碳纤维(carbon fiber,CF)是一种含碳量在 95% 以上的高强度、高模量新型纤维材料。碳纤维质量比金属铝轻,但强度却高于钢铁,并且具有高硬度、高化学稳定性、耐高温等特性。碳纤维具有碳材料的固有本征特性,又兼有纺织纤维的柔软可加工性,是新一代增强纤维,使其在航空航天、土木工程、军事、赛车等领域的应用备受关注。

碳纤维属脆性材料,断裂伸长率小,只有部分可挠性,比强度高、导电、导热,耐高温和耐化学腐蚀,可制作导电材料、静电消除材料、高压电保护层和防火衣等。碳纤维由于其优异的性能,在湿法非织造材料中具有重要的应用,最典型的就是碳纤维纸。碳纤维纸是以碳纤维为原料,通过湿法成型、树脂浸渍、碳化—石墨化等一系列工艺制备而成,具有较高的导电、导热和透气性能,被用于氢燃料电池的气体扩散层、电磁屏蔽、加热材料等众多领域。此外,活性碳纤维是碳纤维中的一种特殊纤维,其主干分布有大量的直径在 0.5~50nm 的微孔,孔的深度大多大于其自身直径,在孔内可吸附大量的有害气体。湿法活性碳纤维产品常用来作为气体过滤材料,被广泛应用于火力发电厂、化工厂、金属冶炼厂及汽车等交通工具的废气排放处理。使用一段时间后,还可以经再生处理,对活性碳纤维进行脱附而再循环利用。

(四)金属纤维

金属纤维是指金属含量较高,而且金属材料连续分布的、横向尺寸在微米级的纤维形材料。将金属微粉非连续性散布于有机聚合物中的纤维不属于金属纤维范畴。金属纤维一般均达微米级,且具有良好的力学性能,不仅断裂比强度和拉伸比模量较高,而且可耐弯折、韧性良好;具有很好的导电性,能防静电,如钨纤维用作白炽灯泡的灯丝,同时它也是防电磁辐射和导电及电信号传输的重要材料;具有耐高温性能;不锈钢纤维、金纤维、镍纤维等还具有较好的耐化学腐蚀、空气中不易氧化等性能。

金属纤维与有机、无机纤维相比,具有高的弹性、高的耐磨性及良好的通气性、导电性、导磁性、导热性、自润滑性、烧结性,应用范围广阔,具体如下:

(1)离合器、刹车片摩擦材料。金属纤维作为摩擦材料广泛用于汽车、矿山、锻压机械所用的制动器,此类主要为金属短纤维,直径 $20\sim300\mu m$,长度 $2\sim30mm$。

(2)导电材料。随着微电子技术和各种电子显示技术的发展,防止微波辐射和电磁波干扰是一个极重要的问题。电磁波的污染除了威胁人类的健康和破坏生态环境外,还会使电子仪器工作失常,造成信息传送失误,使控制系统失灵。以金属纤维为填料制成的屏蔽材料具有良好的抗电磁波干扰能力,可以制成各种电器外壳。

(3)不锈钢纤维与合成纤维或天然纤维混纺制成微波防护服、高压带电作业服。

(4)金属纤维压制并烧结成各种多孔体,可以制成过滤板、过滤器用于净化气体、液体和过滤细菌,还可以制作汽车消声器、铜纤维多孔材料热交换器。

(5)铸铁纤维结合剂的金刚石砂轮。

(6)用钢纤维制成的纤维轴承同传统的用粉末冶金制成的轴承相比有良好的自润滑性,适用于真空、高温或者无供油状态环境下使用。

湿法非织造材料中使用金属纤维主要是利用其导电性能,可开发生产电子屏蔽材料和抗静电材料等。

四、动物纤维

动物纤维很少用于湿法非织造材料中,只有当需要某些特殊性能时才利用它们,下面将简要介绍羊毛和蚕丝纤维。

(一)羊毛纤维

羊毛纤维的主要成分为含硫的蛋白质,其结构一般可分为表层、外层和内层。表层为不规则的鳞片状结构,此为羊毛的主要特征。外层为羊毛的主体,内层也称髓心层,为蜂窝状结构。羊毛纤维的粗细差异很大,一般为 $10\sim70\mu m$,同一根纤维上粗细也不一样。

羊毛一般不用于非织造材料,但可加入某些非织造材料或纸中,以提高美观或防伪能力。

(二)蚕丝纤维

蚕丝纤维也属动物蛋白纤维,它是由蚕体成熟后分泌丝素而形成蚕茧,蚕丝的长度一般有数千米,丝的直径为 $10\sim20\mu m$,经过缫丝将数根丝合并后,可直接供织造用。

　　非织造材料一般不直接用蚕丝作原料,而是将其废丝经脱胶切成适当的长度,在卫生材料或化妆品行业用作基材。

第三节　常用化学助剂

　　湿法非织造材料制造过程中所用的化学助剂主要分过程助剂和功能性助剂两大类。过程助剂有分散剂、消泡剂、防腐剂、网和毛毯清洗剂等;功能性助剂有干强剂、湿强剂、黏合剂、浸渍剂等。

　　随着湿法非织造材料品种的增多,新材料的需求不断加大,对化学品的依赖性也越来越大。下面就几种常见的化学品的性质和具体应用介绍如下。

一、纤维分散剂

(一)纤维分散剂的作用机理

　　纤维分散剂的作用机理是减少纤维的絮聚,改进成型质量,得到均匀的成品。就纤维悬浮液来讲,单位体积的纤维含量越高,纤维与纤维间越易于发生相互接触、碰撞、缠绕,其结果是纤维絮聚难以分散,纤维越长越容易絮聚。纤维悬浮液是一种类似胶体物质的混合液,既有促进絮聚的共同因素,也有阻止絮聚使纤维分散的共同因素,纤维表面带负电,吸附着一层水分子,吸附水分子越多,纤维悬浮液稳定性越好,不易絮聚。在生产中为防止纤维絮聚并促进分散,主要通过纤维悬浮液的流动性加以控制,在上网前后增强纤维浆料的流动和湍流。实际上长纤维悬浮液的絮聚倾向要大于纤维的分散,它主要通过网前箱的特殊设计,尽量采取有利于纤维分散的措施。但当这些措施无济于事的时候,纤维分散剂的使用就显得尤其重要。目前最常用的分散剂有聚丙烯酰胺和聚氧化乙烯。

(二)聚丙烯酰胺

　　它既可以由非离子聚丙烯酰胺水解制得,也可以通过丙烯酰胺和丙烯酸以一定比例共聚得到。作为分散剂使用的一般是它的钠盐,由于分子链中含有部分羧基,对带负电荷的纤维素有分散作用。

　　作为纤维分散剂的聚丙烯酰胺其相对分子质量在 300 万以上,属阴离子型聚合物,其不仅能提高浆料的黏度,有利于纤维的悬浮,而且能提高非织造材料的干、湿强度。

(三)聚氧化乙烯

　　聚氧化乙烯(polyethylene oxide,PEO),是目前国内外应用较为广泛的纤维分散剂。熔点 $66 \sim 70 \, ℃$,热分解温度 $423 \sim 425 \, ℃$,水溶液 pH 值 $6.5 \sim 7.0$,属非离子型聚合物。聚氧化乙烯作为纤维的分散剂,具有较高的黏性、水溶性好、润滑性好等特点。它还有助留、增强作用,适应 pH 值范围宽,能改善非织造材料的柔软性和光滑程度。一般用作分散剂 PEO 的相对分子质量大于 300 万,相对分子质量越低用量越大,小于 50 万时,会完全失去分散效果。PEO 在高剪切力和高温下会发生分子链降解,导致黏度降低和分散能力下降,这在使用中要特别注意。

二、增强剂和黏合纤维

在湿法非织造材料的生产中添加增强剂或黏合剂的方法主要有两种:一种是在纤维成网之前加入,另一种是在纤维成网之后加入,也就是通常所说的湿法非织造材料的后加工黏合。

(一)湿增强剂

有纤维素纤维存在时,在成网之前加入的化学助剂主要是湿强剂,它一方面赋予产品具有湿强的功能,如茶叶过滤、香肠的包装材料等。另一方面对湿纤网提供足够的湿强度,保证纤网有足够的牵伸应力,使之顺利进入下一道工序。目前主要采用两种不同类型的湿强剂,一种是聚酰胺环氧氯丙烷,另一种是三聚氰胺甲醛树脂,可根据不同品质和用途进行选择。

(二)黏合纤维

黏合纤维也和湿强剂一样在纤维成网前加入,这不仅有助于纤维成网带来,而且可赋予最终产品不同的性能,目前这类黏合纤维主要有维纶、双组分纤维(ES 纤维)以及低熔点聚丙烯纤维等。比如,在电池隔离材料中加入水溶性的聚乙烯醇,不仅可增加它的挺度,而且可增加它的强度和电离性能。又如,在茶叶过滤材料中加入 SWP 浆(一种亲水性的多分歧状聚烯烃类纤维)或 ES 纤维,可提高其热封性能。再比如,在玻璃纤维材料中加入聚乙烯醇水溶性纤维,除可大大提高其强度外,还能使它的品种多样化。本节将以 ES 纤维和芳纶沉析纤维为例,简要介绍黏合纤维在湿法非织造中的作用。

1. ES 纤维

ES 纤维,是日本智索公司研发出来的聚烯烃系纤维的一种,即双组分皮芯结构复合纤维,由两种具有不同熔点的切片通过双螺杆挤出机熔融挤出,采用复合纺丝方法而制成。皮层部分熔点低且柔软性好,芯层部分则熔点高、强度高。这种纤维常见的是外层用聚乙烯(熔点 110~130℃),内层用聚丙烯(熔点 160~170℃),截面形式为"皮芯型""并列型"。ES 纤维在纤网中既作主体纤维,又作黏合纤维。由于两组分的熔点不同,这种纤维经过一定温度下加热,皮层部分熔融而起黏结作用,芯层不熔仍保持纤维状态,同时具有热收缩率小的特征。该纤维特别适合用于热风穿透工艺生产卫生材料、保暖填充料、过滤材料等产品。

ES 纤维是一种理想的热黏合纤维,它主要用于热黏非织造材料加工。对于湿法非织造材料来说,ES 纤维与天然纤维、人造纤维、纸浆等混合后,通过湿法非织造加工工艺,可以大大提高非织造材料的强力,当成型后的纤维网进行热黏合时,低熔点组分在纤维的交叉点上形成熔融黏着,而冷却后非交叉点的纤维仍保持原来的状态,这是一种"点状黏合"而不是"区黏合"的形式,因而产品具有蓬松性、柔软性、高强度、吸油、吸液等特点,是非常优异的湿法非织造材料用黏合纤维。

2. 芳纶沉析纤维

芳纶沉析纤维是在高剪切力作用下,芳纶树脂溶液以细流的形式注入沉析液中析出得到的,一般呈膜状或纤条状,具有优良的力学性能、化学稳定性、阻燃性以及突出的耐高温性和绝缘性能。芳纶沉析纤维作为高性能芳纶纸材料的关键原材料,起着填充短切纤维和黏结作用,其质量分数通常为50%以上,它的结构与性能对纤维在湿法成型过程中的纤维成型和产品强度等至关重要。芳纶沉析纤维在水中容易分散,且具有微观膜状结构,与短切纤维互混后,能够在湿法抄造过程中形成均匀的纸页结构,并在高温轧光过程中产生本体熔融,牢固黏结增强短切纤维,从而赋予湿法非织造材料优异的强度和介电性能,因此被作为黏结纤维大量应用于芳纶纸的制备中。间位芳纶沉析纤维作为黏结纤维,也可用于其他湿法非织造材料的制备,例如,在聚酰亚胺短切纤维中添加少量的芳纶沉析纤维,可用于提高聚酰亚胺湿法非织造材料的强度和可抄造性。

思考题

1. 湿法非织造材料的原料选用原则是什么?
2. 影响湿法非织造材料纤维原料在水中分散的因素有哪些?
3. 何谓长细比? 何谓丝光化?
4. 试列举湿法非织造材料常用的纤维原料。
5. Lyocell 纤维有何特点?
6. 湿法非织造材料常用的化学助剂有哪些?

第三章　湿法非织造材料原料的制备

第一节　备料的目的与作用

湿法非织造材料的生产过程一般是从原料准备开始的,俗称备料。即将纤维以及所需的化学添加剂以水为介质制成悬浮物,利用机械力或流体的剪切力的摩擦作用,将其分散成单根纤维,除去杂质,使其适合成网并达到产品性能要求的过程。

对于化学纤维来讲,在备料之前,供应厂家已经根据用户的需要生产出不同长度和细度的纤维原料。在成网前对纤维做机械处理效果不大,其主要任务是让纤维能与其他纤维在水中充分地、均匀地混合和保持相对的稳定性。

对于不同性质的植物纤维来讲,除了按品种的不同选择基本的纤维种类以外,还可以通过打浆的方式对纤维进行机械处理,以达到成型的目的。图 2-3-1 为一种典型的湿法非织造材料的生产备料工艺流程。

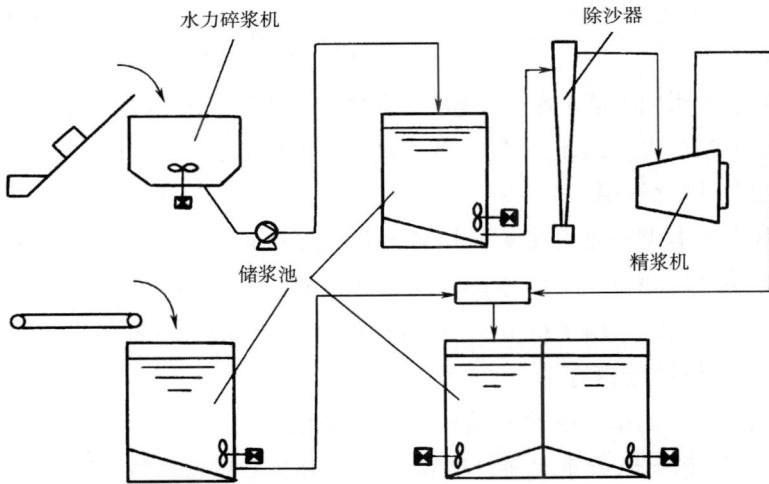

图 2-3-1　一种典型的湿法非织造材料的生产备料工艺流程

从图 2-3-1 可以看出,纤维 A 和(或)纤维 B 分别被自动称量输送带喂入储存有一定水量的水力碎浆机中,被充分碎解并达到一定浓度后,按规定的比例混合并被放入储浆池中。然后被泵送到除沙器,以除去纤维中较纤维重的沙粒等杂质,同时被送入精浆机或盘磨机,将纤维进行机械处理即打浆并按一定的浓度储存。在成网前经筛选机除去比纤维体积大的纤维束或非纤维物质,这样就基本上完成了湿法非织造材料的生产备料工序。故备料的主要内容有打浆与碎浆、净化与筛选、输送与储存、添加化学品等工艺过程。

第二节　打浆与碎浆

一、打浆的目的和作用

对于植物纤维湿法非织造过程,往往会对纤维进行打浆处理。打浆的目的是利用机械力的作用处理纤维,使其达到适应成网抄造的要求,生产出预期的、满足性能要求的湿法非织造材料。

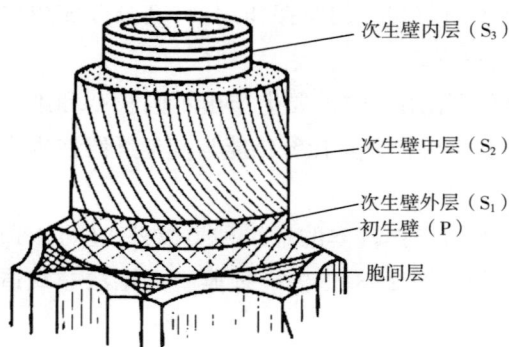

图 2-3-2　植物纤维细胞壁结构示意图

植物纤维的细胞壁分为胞间层(M)、初生壁(P)和次生壁(S),其结构如图 2-3-2 所示。

打浆对植物纤维的作用如下:

(1)细胞壁的位移与变形。打浆的机械作用使 S_2 层中的细纤维同心层产生弯曲,发生位移和变形,使细纤维之间的孔隙增大,水分子容易渗入。

(2)初生壁和次生壁外层的破除。用于湿法成型的植物纤维一般存在有一定数量的 P 层,影响着纤维溶胀。同时,它和 S_1 层中的木质素含量较多,能透水而不能溶胀,并紧紧地束缚在 S_2 层上,使 S_2 层中的细纤维得不到松散和溶胀,影响纤维的结合力。因此,需要在打浆过程中通过机械作用把 P 层和 S_1 层破除,以利于纤维的溶胀和细纤维化作用。

(3)吸水溶胀。在打浆初期纤维的 P 层和 S_1 层未破除以前,纤维的润胀很慢,经打浆 P 层和 S_1 层被破除,水分子大量渗入纤维素的无定形区,使纤维溶胀作用加快。纤维溶胀以后,其内聚力下降,纤维内部组织结构变得疏松,其直径可以膨胀增大 2~3 倍,有利于纤维的细纤维化,进而提高非织造材料的强度。

(4)细纤维化。纤维的细纤维化包括外部细纤维化和内部细纤维化。外部细纤维化是指纤维纵向产生分裂两端帚化,纤维表面分丝起毛,分离出大量的细纤维、微纤维、微细纤维,从而大大增加了纤维的外比表面积,促进了氢键结合。纤维的内部细纤维化是指在纤维发生溶胀之后,在次生壁同心层之间彼此产生滑动,使纤维的刚性削弱,塑性增加,纤维变得柔软可塑。

(5)切断。切断是指纤维横向发生断裂的现象,是由于纤维受到打浆设备的剪切力和纤维之间相互摩擦作用造成的,其可以发生于纤维的任何部位。

(6)混合作用。在间歇式打浆过程中,可以与其他纤维、黏合剂等混合。

二、打浆与湿法非织造材料的关系

大多数湿法非织造材料的物理性能取决于打浆,通过打浆不仅增加了纤维之间的结合力,降低了纤维的平均长度,而且提高了湿法非织造材料的抗张强度、耐破度、紧度、挺度和伸长率,但降低了湿法非织造材料的透气度和撕裂度。

三、植物纤维的结合力及其影响因素

湿法非织造材料的强度主要由纤维间相互的结合力、纤维本身的强度和长度、纤维的排列以及黏合剂共同产生的。其中纤维间的结合力是最基本的强度,而纤维间的结合力又主要是靠打浆产生。纤维经打浆,受到切断、揉搓、扭曲、分丝、帚化、压溃、细纤维化等作用后使纤维细胞壁产生了不同程度的移位和变形,细胞的初生壁和次生壁被破除,纤维有可能被切断,从而吸水、溶胀及细纤维化。

打浆使纤维的柔软性和可塑性大大增加了,同时其比表面积也大大增加,在湿纤网中,由于纤维与纤维间存在着大量的水分子,纤维素上的羟基彼此之间通过水分子形成氢键结合,此时的水分子起着桥梁作用,称为水桥,这时纤维间的结合力还很弱,脱水成型时,水分蒸发,这时靠水的表面张力将纤维紧紧拉拢,为纤维间的氢键结合创造条件,当水分完全蒸发后,相邻的纤维素分子的羟基距离小于 0.255~0.275nm 时,纤维间直接形成氢键结合,所以越干的纤网氢键的结合就越强。

湿法非织造材料的打浆应避免纤维的切断,尽量保持纤维的长度,以疏解为主,使湿法非织造材料具有吸收性好、透气度大、撕裂度和耐破度好、尺寸稳定、变形性小等优点。但由于纤维长,易结团,成网均匀度差,表面粗糙且易起毛。

通常衡量打浆程度强弱的指标叫打浆度或叩解度。用打浆度仪来测试浆料脱水的难易程度或滤水性能的指标,它综合反映了纤维被切断、溶胀、帚化、分丝、细纤维化等的程度。其测试方法是:称取 2g 绝干浆,用水稀释至1000mL,在20℃条件下通过80目的铜网,测量从肖伯氏测定仪侧管排出来的水量,称为滤水量,打浆度 = (1000−滤水量)/10。打浆度是从造纸沿用至湿法非织造材料的过程控制的一个物理量,可衡量浆料成型过程中的滤水程度,同时也可一定程度地预知湿法非织造材料成品的物理性能,如抗张强度、耐破强度、过滤性能、深加工性能等。在测定打浆度的同时,湿重也可测定,它是指在肖伯氏测定仪测试打浆度时,测定挂在湿重架上的纤维重量。它间接表示了纤维的平均长度。纤维越长,挂在湿重架上的纤维越多,也就是湿重越大。

影响打浆的因素是很多的,主要有打浆的比压、打浆浓度、打浆温度、流量、打浆机械的刀材和刀型。

第三节　打浆设备

打浆是利用打浆设备中转刀(或飞刀)与定刀(底刀)之间的机械、剪切、摩擦、水力冲击等作用,对纤维进行疏解、切断、压溃、帚化与纵向分丝,从而达到湿法非织造材料成型的要求,获得湿法非织造材料预期的质量。

一、打浆设备的分类及基本要求

打浆设备通常可分为两种,一种是间歇式的,另一种是连续式的。间歇式一般多为槽式打浆机,在湿法非织造材料生产中以荷兰式打浆机为主,另外还有伏特式。连续式的打浆机主要有锥形精浆机和盘磨机等,后者在未来湿法非织造材料生产中的应用会越来越多。

打浆设备的基本要求:

(1)磨浆作用状态良好,有效发挥纤维强度的潜能,当纤维通过磨区时要增加纤维的撞击概率,浆料纤维形态经机械整理后符合产品需要。

(2)磨齿、齿沟形态随打浆工艺的不同要求而有区别,磨浆间隙(定、动齿面)能调节。

(3)磨浆机构、磨浆腔体耐磨。

(4)磨浆机构、磨浆腔体结构对称,有利于高速运行状态下的受力均匀,确保机构稳定。

(5)减少磨浆净能量输入,降低空载能量输入,节能低耗。

(6)体积小,结构简单,维修操作性良好,设备维修和保养成本低。

二、间歇式打浆机

间歇式槽式打浆机由槽体(包括山形部)、飞刀辊、罩盖、底刀组、洗鼓、机械传动以及升降装置等组成。图 2-3-3 和图 2-3-4 为荷兰式打浆机。其浆槽是由钢筋混凝土制成,浆槽内壁用水泥或用涂料进行光滑处理,有的内壁衬有瓷砖,以使浆料清洁和流畅。浆槽中有一道中心隔墙,将浆槽一分为二并形成一条循环的通道,在打浆辊之前称为打浆沟,在此之后称为循环沟。在此之间,即刀辊后面有一个山形坡,沿着槽体向下形成一定坡度,打浆机工作时,浆料经飞刀与底刀接触被打浆后,被飞刀抛越山形坡,然后借山形的高度形成山形部前后落差,使浆料流向槽底,再经过飞刀与底刀之间的推力,由于飞刀辊不停地转动及浆槽本身有一定的坡度,使受处理的浆料在池内沿箭头所示的方向循环运动。当浆料经过飞刀辊与底刀之间的间隙时,两刀片对纤维进行搓磨、剪切,从而使浆料被不断地循环和打浆。

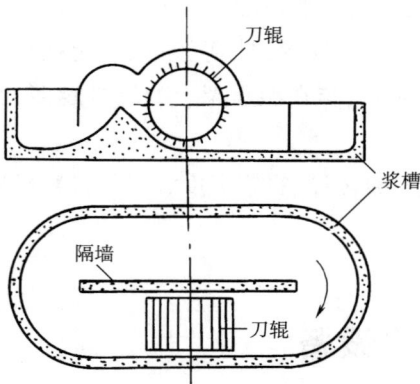

图 2-3-3　荷兰式打浆机示意图

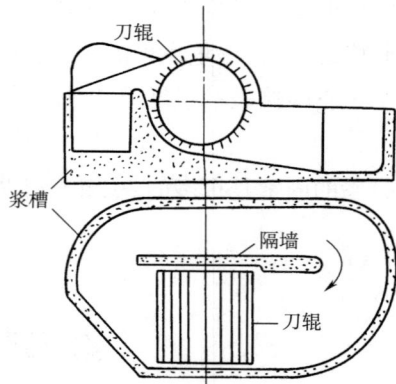

图 2-3-4　改良荷兰式打浆机示意图

三、连续式打浆机

自荷兰式打浆机发明以来,打浆设备不断改进,相继出现多种多样的打浆机,但多是间歇式的,打浆效能之低,已无法适应造纸工业日新月异的发展。近几十年来,在打浆工艺和设备上进行了一系列的改进,湿法非织造材料的生产也得到了应用,并逐步以连续式打浆替代了间歇式打浆。其中最有代表性的、适应湿法非织造材料打浆的设备是锥形精浆机。它具有打浆效率高、占地面积小、能耗低、劳动强度低、自动化程度高等优点,为打浆的高浓化、连续化、自动化控制提供了保证。

目前,湿法非织造材料的生产主要采用以锥形精浆机为主的连续式打浆,这是由它的长纤维打浆性质所决定的。锥形精浆机主要有低速、高速、水化、内循环式和大锥度精浆机等多种形式。可以把锥形精浆机看作是一台将飞刀辊封闭在中央而底刀分布在外周的间歇式打浆机与两台离心式浆泵的组合体。它主要由两端装有叶轮的刀辊和均匀分布在刀辊四周的定子刀及其加压装置以及外壳等组成,如图2-3-5所示。当电动机带动转子旋转时,转子上的进料叶轮就把浆料均匀地分布到转子四周进行打浆,然后通过送料叶轮把已打好的浆料经出浆管送到下一台设备或混料桶中。它是利用外界压力对定子刀进行加压打浆的。底刀固定在长方形的底刀匣中,通过外界压力使其向刀辊作径向移动而达到调压目的、产生打浆作用。目前在湿法非织造材料的生产中选用循环式精浆机,主要是考虑到它能保持最大的通过量,在转子内腔受高速离心力的作用,使部分浆料可以循环并被打浆,它帚化作用大,疏解能力强,切断作用小,打浆的效能和打浆度可以通过控制循环量和打浆压力来调节和控制。根据品种的不同及产量的不同,可以单台循环使用,也可以多台串联循环使用。

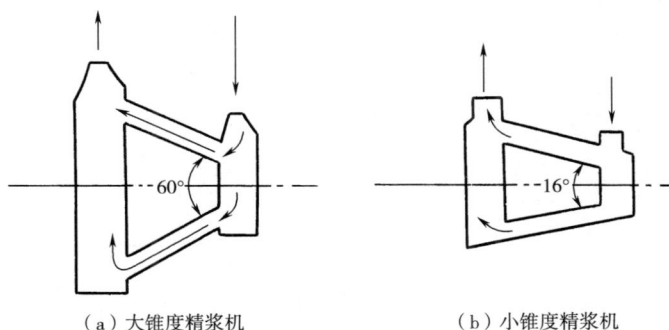

（a）大锥度精浆机　　　　　　　（b）小锥度精浆机

图 2-3-5　锥形精浆机示意图

四、水力碎浆机

水力碎浆机主要用来处理纤维浆板或回收纤维,为进一步打浆做准备。它具有疏解能力强、占地面积小、效率高、耗能低、产量大等特点,是不切断纤维的一种良好的打浆辅助设备。水力碎浆机的主要部件是装有叶片和刀片的转盘以及装有筛板和底刀的槽体,如图2-3-6所示。当转盘由电动机带动回转时,一方面其上的刀片强烈地撞击与它相接触的、经过润湿的浆团或纤维束;另一方面其上的叶片产生强力涡旋,从而在转盘轮缘周围形成一个速度很高的湍流区,而接近槽体内壁处的速度则较低,于是就产生了水力剪切作用,使纤维物料相互摩擦。这两方面的结果,最终使物料得到碎解,使纤维得到疏解。在湿法非织造材料的生产中,它还可以作为不同纤维的混合槽或化学品的添加槽。

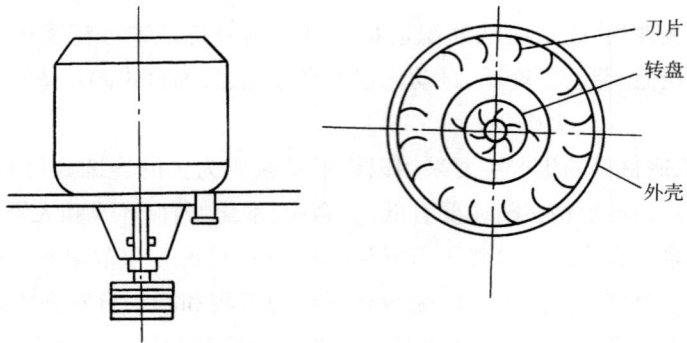

图 2-3-6　立式水力碎浆机示意图

思考题

1. 湿法非织造材料生产工艺中备料的含义是什么？
2. 备料的目的及作用各是什么？
3. 打浆的定义、目的、作用是什么？影响打浆度的因素有哪些？
4. 常用的打浆设备有哪些？

第四章　纤维物料的流送和准备

湿法非织造材料的生产是连续性的,首先要将已打完浆的物料稳定地、连续不断地、干净地送向湿部,同时还要把浆料稀释成适合上网浓度的、均匀的纤维悬浮液,并把纤维浆料通过输送管道送入湿法成网机中的浆料流送设备中。流送系统的范围是从贮浆槽到流浆箱,并在浆料循环回路中对浆料进行计量、稀释,必需的抄造助剂混入及在浆料最后进入成型网前进行筛选与净化,如图2-4-1所示。有时也把浆槽和精磨机认为是流送系统的组成部分。尽管贮浆槽的浆料已十分干净,但大多数流送系统还是用筛浆机和除砂器进一步清除浆料中的杂质。图2-4-1的流送系统简图是一个单冲浆泵系统,冲浆泵是整个流送系统循环圈内浆料流送动力的唯一来源。

浆料流送系统是湿法成网机的起始部分,其作用是把纤维浆料均匀而稳定地流送到成型网上,为湿法非织造材料的均匀成网提供必要的前

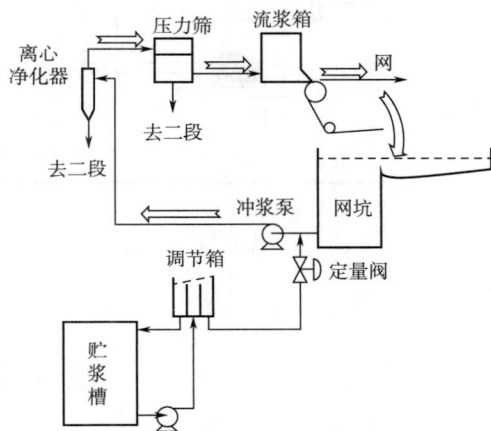

图 2-4-1　湿法流送系统

提。为保证均匀成网,浆料流送设备必须满足下列条件:

(1)在一定的车速下,送上成型网的纤维量应保持稳定,其偏差应不超过非织造产品定量的允许偏差值;

(2)保证浆料中各组分的配比稳定;

(3)保证浆料浓度、温度、酸碱度等工艺条件稳定;

(4)供浆纤维量可按车速的变动或产品定量要求进行调节;

(5)保证浆料的精选质量。

流送系统可分为开启式、半封闭式和封闭式三种。开启式、半封闭式流送系统只用于低速机,而封闭式流送系统常用于中高速机。封闭式流送系统采用密闭形式的设备进行配浆、精选和除气,在整个流送过程中是不与空气接触的,以避免带入空气,而在浆料中引起泡沫。流送系统因机器的规格、车速、产品种类和产量的要求而有多种流程,但其基本流程(或基本环节)都是相同的,其基本流程如图2-4-2所示。

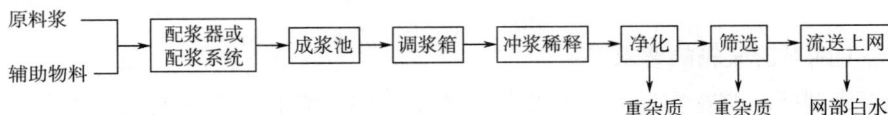

图 2-4-2　流送系统的基本流程

图 2-4-3 显示了用于高速机并装有除气器的全封闭浆料流送系统,该流送系统配置的流浆箱为白水稀释可控水力式流浆箱。

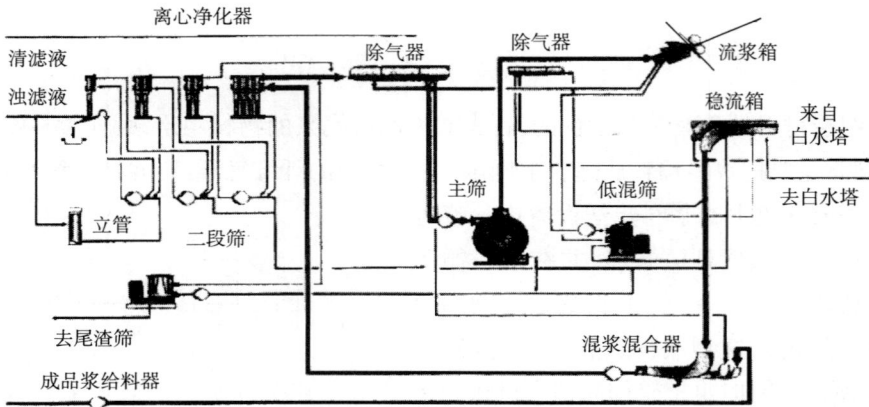

图 2-4-3 用于高速机并装有除气器的全封闭浆料流送系统

第一节 流浆箱

流浆箱是湿法成型工艺的心脏,它的独特用途是将圆管内的浆流转变为薄而均一的布满成型网全宽的浆流,而且要求这些纤维悬浮液不产生絮聚和浆道(条痕)。流浆箱对非织造材料均匀度的影响很大,如果从流浆箱出来的浆流不稳定,就难以形成均匀的湿态非织造材料,并会对后续纠正产生较大的压力。流浆箱能否很好地达到此目的,关键在于流送系统和流浆箱的设计。

一、向流浆箱供浆的方式

(1)由高位箱向流浆箱供送浆料。当筛选设备为圆筛浆机时,将筛后的浆料流送到集浆箱中,用泵送到高位箱,再由高位箱向流浆箱输送浆料;当机前筛选设备为旋翼筛时,可以利用浆料由旋翼筛出来所具有的余压把浆料送到高位箱去,再由高位箱靠位差送到流浆箱。高位箱供浆具有静压头稳定且可调、供浆量稳定等优点,比较适应于中低速湿法成型设备。

(2)由冲浆泵向流浆箱直接供浆。由泵直接供浆可满足车速的提高,并适应大范围工作车速的供浆需要,供浆的调节和操作都很方便。由冲浆泵向流浆箱直接供浆的方式,其浆料流送系统一般采用全封闭流送系统。

二、浆料上网对流浆箱的要求

(1)沿着成型网的幅宽均匀地分布浆料。要求上网的浆料沿着纸机的幅宽形成一个横截面形状为矩形的浆流,并且沿着矩形横截面的全宽和全高各点的速度和湍动的分布是均匀一致的,上网的浆流必须是稳定的,没有扰动、横流和大的涡流。

（2）有效地分散纤维,防止絮聚。要求上网的浆料必须是均匀分散的纤维悬浮液,并且尽可能地保持浆流中的纤维无定向排列的现象。

（3）按照工艺要求,保证浆速与网速相适应的协调关系,并且要便于控制和调节。

（4）各流道要平滑,避免在流送过程中,浆料可能发生的挂浆现象,并且便于清洗。

（5）在结构上,应有足够的刚度,并在充分满足工艺要求的情况下,尽量做到结构简单、制作容易、操作和维修方便。

三、流浆箱结构

流浆箱由布浆器(浆料的分布装置)、堰池(浆料的整流装置)和堰板(上网装置)三个主要部分组成。图2-4-4是气垫式匀浆辊流浆箱的基本组成。布浆器将浆料均匀稳定地布到流浆箱全横幅方向上,匀整元件把浆流中可能有的流态缺陷和分散不匀的纤维进行匀整,使之成为适当湍动状态的均匀浆流。箱体是各元件的支承与组合体,也发挥溢流、除沫作用。上网装置最后加速浆流使其达到上网要求的速度,并控制上网浆流的截面面积及控制浆流在网上的落浆点。

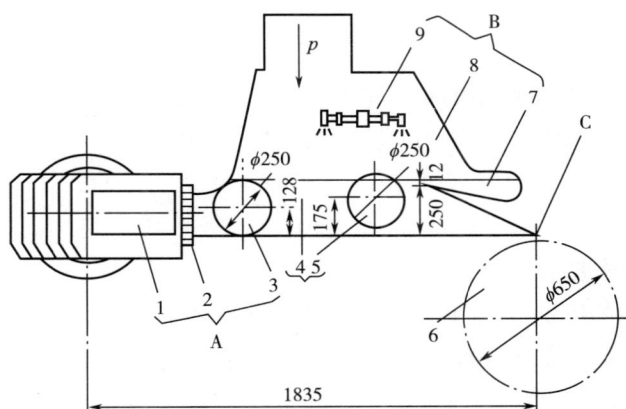

图2-4-4 气垫式匀浆辊流浆箱

A—布浆器　B—堰池　C—堰板　1—方锥形总管　2—孔板(均布元件)　3—匀浆辊(布浆器的整流消能装置)
4—堰池　5—匀浆辊(整流元件)　6—胸辊　7—溢流槽　8—箱体　9—旋转喷水管

四、流浆箱分类及特点

目前用于各种类型湿法非织造设备的流浆箱有多种型式,但是,迄今为止,流浆箱还没有一套较完善而确切地表达其结构特征和功能特征的分类和命名。但从它的三个组成部件来看,按流浆箱箱体内配置的主要匀整装置的型式与箱体基本型式相结合的分类方法是比较合适的。

按流浆箱箱体结构型式可把流浆箱归纳为敞开式、封闭式、水力式(满流式)、满流气垫结合式、可控水力式五种基本类型,表2-4-1列举了各类型流浆箱的特点。

表 2-4-1　流浆箱类型及特点

流浆箱类型	特点
敞开式	用箱内浆位来控制上网浆料的速度(浆速),通常通过调节箱内堰板的高度来控制
封闭式	以压缩空气调节箱内浆料面上方的空气压力(或抽真空减压)来调节上网浆料的速度(即浆位不变,而变更空气垫压头,可以得到适当的浆料压头)
水力式 (或称满流式)	①浆料流送过程中充满流浆箱 ②用冲浆泵的输浆压力、高位箱的浆位或气垫稳浆箱的空气压力来调节上网浆料的速度 ③不能吸收浆料的脉动,需要在进浆系统中设脉冲衰减装置(如气垫稳浆箱) ④特殊结构的满流式流浆箱可作为多层流浆箱
满流气垫结合式	在一般满流式流浆箱的基础上,增设气垫稳定室和溢流装置,可以稳定箱内浆料压力,消除脉动和排除泡沫
可控水力式	在水力式流浆箱增设白水稀释浓度控制

第二节　布浆装置

布浆装置又称布浆器。流浆箱的布浆主要包括展开浆流和匀布浆流。布浆装置的作用是沿着湿法非织造材料横幅全宽提供压力、速度、流量和上网固体物质量(绝干)均匀一致的上网浆料流。

一、布浆装置的具体要求

(1)进浆总管应是等压管,保证浆料沿湿法非织造设备全幅宽能形成稳定的等压分布。

(2)浆料由总管转向经布浆元件各孔眼流至流浆箱堰池的过程中,各流股必须具有相同的压力损失,以确保浆料均匀分布,且各流股对总管浆流的不稳定性不敏感。

(3)不变形、不锈蚀、尺寸精确、内壁光滑不挂浆,易清洗;防止纤维束、尘埃、泡沫、空气聚集。

(4)应设有压力调节与控制的装置。

二、布浆装置的组成

传统的布浆装置由布浆总管(一般采用矩形锥管或圆锥管)、布浆元件块等模块组成,而现代流浆箱的布浆装置则增设了稀释水浓度控制(调节)系统。

布浆总管的作用在于导入浆料流并使其沿网部横向尽可能地均匀分布,其往往通过特殊的变截面设计,使浆料流实现横向均匀分布。图 2-4-5 为布浆总管示意图。在布浆总管设计中,一般分为矩形锥管(也称方锥形总管)和圆形锥管(也称圆锥形总管)两大类(图 2-4-6),目前用得较多的是矩形锥管。为了在总管内获得不变的压力,考虑到沿途管的摩擦损失,总管的后壁从理论计算得到的是一条抛物线形的曲线,这种结构的总管在设计上和制造上要求都很高。为了使布浆总管压力恒定,并防止纤维束、尘埃、泡沫、空气等聚集到末端,布浆总管必须有一定的回流量,改变回流量,能够改变总管压力和布浆元件后的速度分布情况,因而要很好地控制。一般回流量为 5%~15%。

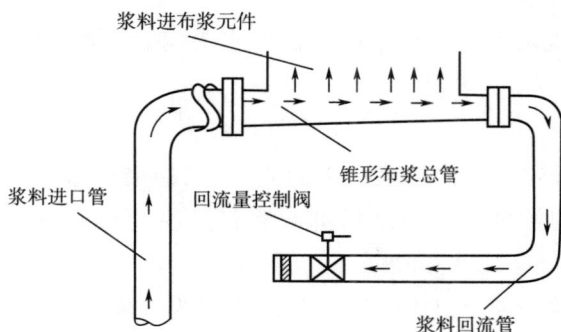

图 2-4-5　布浆总管示意图

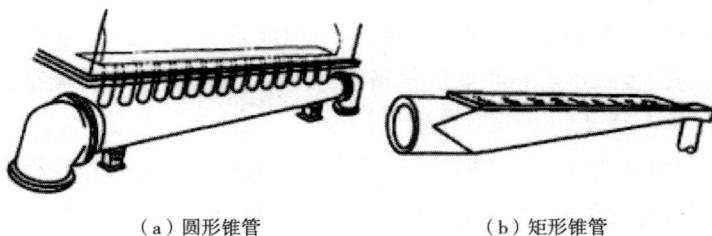

（a）圆形锥管　　　　　　　　　（b）矩形锥管

图 2-4-6　布浆总管截面设计类型

第三节　匀整装置

一、匀整装置的作用

(1)消除浆流中的缺陷,使浆料流速分布均匀;

(2)使动能过大、流速过高的浆料降低动能和流速;

(3)消除或抑制尺度过大的湍动和涡流,产生有利于防止纤维絮聚和促进纤维絮聚团束解散的高强微湍动流型,有效地分散纤维,防止絮聚,使上网的浆料均匀分散;

(4)消除浆流中的横流,使其顺利送往上浆装置中。

二、匀整装置的分类

为了达到上述的匀整要求而配置的匀整装置,根据其作用原理的不同,可分为以下几类:

(1)通过改变流道的几何形状和尺寸进而达到浆料均匀混合的目的;

（2）匀整装置作为增加浆流流阻的组件，浆流通过这些组件过程中，其能量重新分布、转换，并在这一过程中完成对浆流的匀整要求；

（3）给浆流引入合适的附加微湍动，强化匀整作用。

三、匀整装置的结构组成

匀整装置是配置在流浆箱本体中的主要部件，主要包括排栅、导流片、孔板、匀浆辊、管束、阶梯扩散器等。

（一）排栅、导流片

排栅是横向排成一排的、竖立在浆流中的立柱，它的剖面形状可以是圆形、花瓣形或水滴形。一般情况下，排栅被装在孔板之后抑制浆料过高的动能，使浆流流道截面缩小一半左右。

导流片组是用许多平行薄片组成的一种格架，可视为一种片状的排栅。浆流通过由一系列薄片组成的狭窄浆道时，由于流体受到大面积摩擦，产生很强的剪切作用，足以使浆料中的纤维均匀分散，同时也抑制了浆流中的横流和无规则的流动，从而完成对浆流的匀整作用。

导流片组在流速低的流浆箱中往往仅作为抑制横流的一种措施而装设在喷浆口附近的流道中，它可以单独装设，但容易在成型网上的浆流中形成条纹（浆道）。导流片也可以和孔辊配合使用在速度较高的孔板式锥形布浆器流浆箱中，往往把导流片组与排栅结合使用。

（二）孔板

孔板作为浆流的匀整装置，是一种置于流道中产生流阻的元件。把孔板置于速度分布不均匀的流道中，当浆流流经孔板时，由于受到阻力，流速减低，动压头转为静压头，同时，出现横向的压力坡度，使浆流沿孔板散流。浆流速度的大小与浆料受到的阻力和生产的静压头成正比关系。流速较大的浆流经过孔板后压力增加较大，浆流扩大而使其流速降低；流速小的浆流流过孔板后，压力相应较小，浆流被压缩而流速增加。因此，孔板能够使浆料流速在整个通道断面上均匀分布，即达到速度均匀化。

（三）匀浆辊

匀浆辊又称为孔辊，是中空的薄壁滚筒，辊面上钻有按一定规律排列的孔。辊面有孔部分的长度相当于流浆箱本体或喉部的内净宽度。浆流通过匀浆辊的流动可近似地看作通过两个孔板的流动。浆流在通过匀浆辊时首先是向辊中心流入，然后由中心沿半径方向流动，浆流通过孔辊后，在两孔之间形成强烈的小旋涡，使浆流处于微湍流状态，从而使浆流中纤维分散，避免了纤维的絮聚。影响匀浆辊匀整性能的因素包括孔辊的辊径、孔辊的孔径、开孔率、孔辊的壁厚、孔辊与箱壁或流道壁的间隙、孔辊的位置尺寸和孔辊的转速及转向。

（四）管束

管束可视作为特殊的孔板，即以成组的管子排列成有规律的管束来连接上下游的元件。管束可以设置在布浆器之后，它就是锥管布浆器的多排支管组。也可以设置在上浆装置闸口收敛流道之前，使浆流上网前具有较佳的湍流状态。

管束的匀整机理是使浆流通过较小的管径和较大的管壁摩擦面积、较长的摩擦时间而产生小尺度的湍动和较大的摩阻来起匀整浆流的作用。而且,由于浆流被分为细小而平行的小股流,消除了浆流中的错流、偏流、横流和大涡流。控制好管束中管子内的浆流速度,使浆流处于完全湍流的状态是充分发挥管束匀整浆流作用的关键。

(五)阶梯扩散器

阶梯扩散器也是一种特殊的孔板,沿其轴线方向孔径成台阶状递增,孔中每一段流道末端都为突扩截面,如图2-4-7所示。浆流每经一次截面突扩处都要引起一次剧烈的湍动混合交换并产生与该处台阶尺寸相应的涡流。由于台阶尺寸比较小,所产生的涡流也将是小尺度的涡流,小涡流和管中主浆流的激烈混合就产生湍动强度高和湍动度小的湍动。直到阶梯扩散器的最后一段孔之后,浆流已具有充

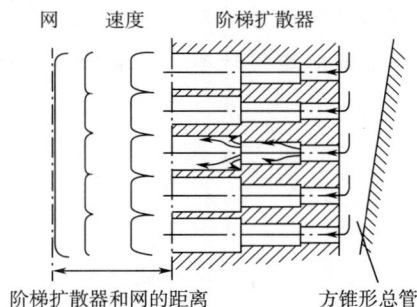

图 2-4-7　阶梯扩散器

分强而尺度符合设计结构的微湍动,并在距孔口某一距离处达到沿流道全高和沿流浆箱横向全幅流速均匀分布的状态。

用于流浆箱中的阶梯扩散器是一种性能优良的匀整元件,它具有下列特征:

(1)比其他匀整元件更能使浆流沿设备幅宽均匀分布。

(2)产生微湍流以分散纤维的网络和絮聚团,为湿态纤网成型提供有利条件。

(3)可不用再设置其他的匀整元件,并省去其他不必要的部件,使流浆箱结构简单。

第四节　上网装置

上网装置又称上浆装置,主要是指流浆箱上的唇板,其作用是使浆料流以最适当的角度喷射到成型部最合适的位置,并控制浆料流上网的速度,使之适应车速的变化和工艺的要求。

对浆流上网装置的要求,概括起来有下列几点:

(1)为了使上网浆流具有所需要的流速并保持稳定,应设置浆流压头(如流浆箱内浆位的高度、气垫的压力)的调节和控制系统。

(2)唇板的开口高度在全幅宽上应能做整体调节,用于控制上网的流量;同时开口高度应有局部细微调节机构,用以补偿浆流差异,使上网浆流在幅宽上趋于一致。

(3)控制和调节唇板喷出浆流的方向和着网时的位置(喷射角和着网点)。

(4)由于浆流在喷口区有很大的加速度甚至发生陡缩的情况,唇板的结构形式应有利于形成合理的形状和强度的流体剪力场,用以促进浆流中纤维的分散,并使纤维不发生定向排列的现象。

(5)唇板的缘口应光滑平直。锐利的刀口有助于控制喷出浆流的轨迹,刀口有圆角时,会使浆流"飘动",呈现不稳定的状态。唇板上有微小的凹凸不平、机械损伤或附着物时,都会敏

锐地反映到喷出的浆流上,使浆流中呈现不正常的流动状态。

思考题

1. 湿法非织造材料工艺中浆料流送设备须满足哪些条件?
2. 湿法非织造材料工艺中浆料的匀整装置有哪些?

第五章 湿法成网

第一节 湿法成网原理

湿法成网的纤维浆料是纤维在水中的悬浮液,其中还包括一些非纤维性的物质,如黏合剂、增强剂等添加剂。湿法非织造材料的成网过程是纤维悬浮液在成型网面上脱水和沉积的过程,脱水过程基本上是一过滤过程,此时纤维由于成型网的机械拦阻而沉积在网面上,水和一些细小的物质则会通过成型网的网眼流走,随着脱水过程的进行,留在成型网帘上的纤维基层便会增厚,过滤速度降低,由于纤维的堵塞,微细物质的积留也相应地增加。另一方面,纤维悬浮液中的纤维因脱水和沉积到成型网上的过程是一随机过程,如果纤维悬浮液中纤维的品种和长细度不同,则在沉积过程中会发生自然选分和定向现象。

纤维的定向主要是由于浆料与成型网之间的速度差异,纤维受到成型网运动的牵伸作用而造成的。在纤维沉积开始时,由于网面清洁或是沉积在网面上的纤维层很薄,滤水快,纤维沉积时没有一定的方向排列,纵横向都比较均匀。随着湿纤维网的加厚,滤水作用减弱,纤维就越来越多地呈纵向排列。当成型网面将要离开浆料液面的地方,纤维沿纵向排列的情况尤其显著。因此湿法成型的纤维网,其上下层纤维的组织状态是不同的,纤维网上层的纤维纵向排列较多,而下层的纤维则纵横排列均匀,因而湿法非织造材料纵向强力大于横向。

纤维的选分现象,则是由于细小纤维有较大的比表面积和较强的吸附作用,较易于沉积和附着在网面的纤维层上造成的,因而湿法成型纤维网的组成也不同,在纤维的下层,主要以细小的纤维为主。选分现象是造成湿法成网的纤维有明显的两面性的原因之一。

第二节 湿法成网系统

随着湿法成型技术的不断进步,利用矿物纤维、金属纤维及合成纤维等特种纤维的湿法成型技术也得到了长足的发展。特别是近年来合成纤维的湿法成型势头迅猛,基于合成纤维的优异功能,一些具有声、光、电和电磁波相关性能的非织造复合材料正在深刻影响着人们的生活。基于这些特种纤维(主要是合成纤维)的特性,其湿法成网更需要成型装备的发展和革新。

与植物纤维成网不同,非植物纤维的湿法成型有其固有的特性。对于合成纤维来说,湿法成型所需解决的关键问题是:合成纤维于液相中的良好分散;纤维之间良好的结合;在湿法成型网案上形成易于后加工的湿纤维网。

在非植物纤维中,应用较多的为合成纤维。研究表明,合成纤维的湿法成型有以下特性:

(1)纤维较长。与植物纤维相比,合成纤维长度较长,且长宽比大,纤网成型时易于絮聚和沉积。

（2）纤维憎水性强。基于合成纤维的化学特性，大部分合成纤维在水中不易分散。

（3）滤水速度快。与植物纤维相比，合成纤维保水性较差，致使滤水快速。

（4）纤维间无结合力。多数合成纤维在打浆时无法分丝帚化和细纤维化，且合成纤维表面无羟基集团，因此无法产生氢键而形成致密的湿态纤网。

（5）纤维密度差较大。在纤网成型时，密度小的合成纤维易漂浮于液面，产生絮聚；而密度大的合成纤维则易于沉积，影响分散。

基于合成纤维的纤网成型特性，需要对合成纤维浆料进行高度稀释才能获得良好的分散和成型。一般合成纤维的成型浓度约 0.05%，这样就造成了一系列问题：稀释水增加带来了浆料总量的增加，同时使得输送管径、浆泵功率和浆池容量大大增加，从而造成了较高的浆料输送系统的投资和输送费用。超低的成型浓度意味着有大量的浆流从流浆箱唇板流出，因而流浆箱唇板开度将达到 40~150mm，这就使普通长网成型设备的网案控制变得非常困难。此外，超低浓度的浆料在普通的长网成型设备上成型，湿纤维网的匀度也无法控制，也不能调节纤维的取向。合成纤维上网成型时，成型区的初始段应缓慢脱水，而不能像传统成型那样迅速成型。基于上述的种种原因，普通的长网结构已经难以适应合成纤维的湿法成型了，斜网成型器等新型装备应运而生。

一、斜网成型器概述

斜网成型器（inclined wire former），有的设备生产厂家称为 inclined wire wet end、non-woven former、deltaformer 等。从其外形看，它的流送和流浆箱与长网网部有相似之处，不同之处在于：长网造纸机网案几乎与地面底轨平行，而斜网网案则是与底轨形成一定的角度，且无案辊、案板等脱水元件。

对斜网成型器可以简单地描述如下：它是一个倾斜的无案辊长网网案浸入流浆箱内，采用真空脱水原理，使纤维在倾斜的网案上脱水成型。网案网面与底轨形成的夹角度数就是斜网的斜度。可以认为，它是长网与圆网的"嫁接"，兼容了长网、圆网纤网成型的特点，适用于长纤维纸和湿法非织造材料的成型，特别是多种纤维的混合成型。

斜网成型器是湿法非织造材料成型部的一种新的结构形式，成型过程实质上是一个成型及其脱水的过程。也就是说，在成型之前，要先在纤维中加入大量的水，制成均匀的纤维悬浮液，使纤维在水中自由地分散，然后，通过脱水作用使纤维彼此错综交织而成型。

网部是成型器的主要部分。网部的主要作用是形成均匀的湿纤维网，并脱去纤维悬浮液中绝大部分水。形成均匀的湿纤维网，就是要求纤维均匀分散，纵横交织，整个纤网的定量、厚度、紧度、匀度、强度和其他有关的性能指标均匀一致。由于通常成型器的上网浓度只有 0.1%~1%，而离开网部湿纤维网的干度可达到 18%~22%，网部的脱水量占总脱水量的 95%~98%。所以，成型器网部的结构形式，既关系到所形成非织造材料的品质，又影响着网部脱水的能力。

二、斜网成型器的沿革

斜网成型器的雏形始见于 19 世纪 40 年代,是英国人米尔本(Milboun)为生产纸板而设计的。但在发明以后相当长的一段时间里,几乎无人问津。后来,日本人采用马尼拉麻长纤维浆生产高品质的"和纸",为解决一般长网或圆网生产长纤维的困难,选用了类似的斜网成型器,并取得成功。尽管当时这种斜网成型器不尽完善,然而,它能使流浆箱内浆料浓度大大降低,在 0.025% 左右,可使长纤维能均匀悬浮,能防止纤维的絮聚,保证了成型纤网的匀度,并提高了脱水效率。斜网成型器在生产湿法非织造材料上优于长网或圆网的特性才逐渐被人们所认识。美国著名的湿法非织造材料生产厂家 Dexter 公司在 20 世纪 50 年代对斜网成型器做了改进和完善,成功地用来生产茶叶滤纸、打字蜡纸原纸、肠衣纸原纸等湿法非织造材料,并获得了该项的专利。

随着科学技术的发展,对湿法非织造材料性能提出了特殊的要求,如防油、防火、防水、耐酸碱、耐光照等性能,于是,单纯的植物纤维已不能适应现代湿法非织造生产的需要。因此,一些非植物纤维逐渐应用于湿法非织造材料的生产,如无机纤维、合成纤维、金属纤维。斜网成型器可以单独地用工业纤维或者配以一定数量的植物纤维。因而,在现代湿法非织造生产设备中,它取得了特殊地位并得到了广泛应用。由此,也推动了斜网成型器的不断变革和完善。

据了解,世界上专业从事斜网成型器研究和生产的厂家有芬兰的 Valmet Sandyhill 公司,德国的 NBM 和 VOITH 公司,芬兰的 Ahlstrom 公司和日本的大昌铁工所等。把斜网成型器用于生产湿法非织造材料的厂家有美国的 Dexter 公司,芬兰的 Ahlstrom Filtration 集团公司,德国的 Gessner 公司、J. C. Binzer 公司和 S&H 公司,意大利的 Bosso 公司,英国的 Crormpton 公司,日本的三木制纸,中国的杭州新华集团有限公司等。

三、斜网成型器的成型机理

(一)概述

斜网成型器虽然与一般的长网成型器一样,是使纤维悬浮液在网上逐步脱水而形成湿成型网。但是,它的成型机理不同于一般的长网,长网一般用于造纸。

斜网成型器的进浆结构和长网成型器较为相似,但原理不同。图 2-5-1 为斜网成型器结构示意图。纤维通过冲浆泵的输送产生一定的压头,然后由阶梯扩散器将充分分散的纤维悬浮液送入堰池内,同时产生足够的微湍流并保持至上网。斜网成型器无案辊,其成型区几乎也是它的脱水区域,整个成型脱水区较长网短得多。纤维的成型既不像长网成型器那样喷浆成型,也不像圆网成型器那样挂浆成型,而是纤维处于充分悬浮状态,在网上脱水后,垂直沉积。也就是说,纤维在网上成型时很少受到网前进方向上的外力而改变纤维的方向,仅受到在垂直方向的较大的真空抽吸力,使斜网成型器在较短的区域内可大量地脱水并形成均匀的湿态纤维网。

(二)斜网成型器的进浆系统及控制

综上所述,纤网在斜网成型器中成型全部是在悬浮液状态中进行的。因此,在实践中要充分发挥斜网成型器独特的优点,研究和重视进浆系统的设计,选择合理的控制方法,这是十分重要的。

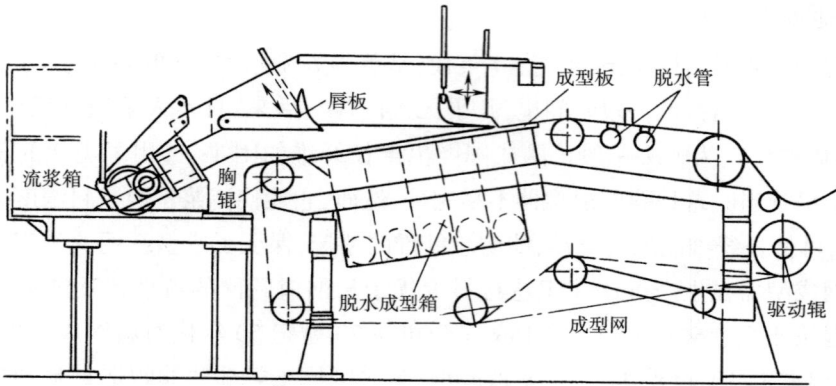

图 2-5-1 斜网成型器结构示意图

1. 进浆系统的特点

(1)进浆浓度在临界浓度以下,一般采用的浓度为 0.005%~0.1%。

(2)进浆的流送量大。以 5t/天的茶叶滤纸生产线为例,其冲浆泵的流量须选择 15000L/min 以上。

(3)有较大的回流量。为了使总管压力稳定并防止纤维束、空气等聚集到末端,总管必须有一定的回流量,一般回流量应控制在 8%~10% 之间。

(4)采用白水封闭循环。除小部分水分由非织造材料带入压榨部外,网部产生的大量的白水应采用封闭循环回用。

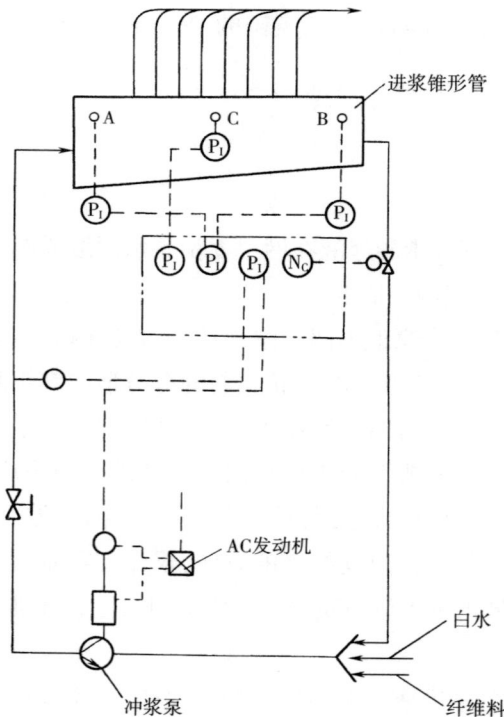

图 2-5-2 斜网成型器进浆系统控制原理简图

2. 进浆系统的控制

进浆系统流量的控制通常是采用控制压力的方法进行。图 2-5-2 是一个典型的斜网成型器进浆系统控制原理简图。

对进浆系统压力的控制,一般有两种方法,一是仪表显示控制;二是人工目测控制。

(1)仪表显示控制。图 2-5-2 中 A、B 两处为压力传感器。在保持总管流量不变的前提下,来调节回流量的大小,使 A、B 两处的压力平衡,保证进浆沿着成型器全幅的压力相等且稳定。

(2)人工目测控制。将图 2-5-2 所示的 A、B 两处连通,采用水平仪的工作原理,使 A、B 之间的压力平衡,同样以控制回流量的方法来保证进浆的稳定性和均匀性。

对两种方法的选择,可根据生产厂家的条件以及产品的要求予以确定。

(三)斜网成型器的纤网形成和脱水

斜网成型器在临界浓度下成型和脱水,且大多是生产长纤维或工业纤维的特种纸或湿法非织造材料。因此,为保证纤网成型的均匀和大量的脱水,其结构形式基本具备两大特点:一是高效率的流浆箱,二是能够产生高强度微湍流的流浆箱。这是因为虽然纤网成型在网上,而实际上又在流浆箱中进行。这就要求流浆箱既能有效地、分散地脱去大量的水,又要保证纤网成型的质量,因此,真空脱水系统就至关重要了。

1. 斜网成型器的流浆箱

斜网成型器的流浆箱一般均采用阶梯扩散器的流浆箱。通常是纤维悬浮液由方锥管从侧面进入阶梯扩散器,在通过阶梯扩散器时,使纤维悬浮液在堰池中沿成型器横向均匀地分布,并产生微湍流,以分散纤维的絮聚。图2-5-3所示为纤维悬浮液浆料进入流浆箱阶梯扩散器的速度流动曲线。由图可知,纤维悬浮液进入阶梯扩散器不仅改变了流送方向,而且流动速度也迅速增加。然而,经过二级及三级扩散后,使纤维悬浮液的动能变为静能,产生了高强度的微湍流,直至保持到堰池上网。

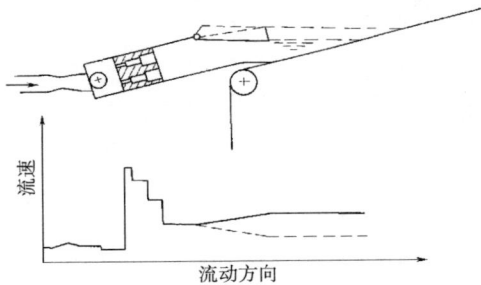

图2-5-3　纤维悬浮液浆料进入流浆箱阶梯扩散器的速度流动曲线

阶梯扩散器的设计,要根据纤维形态、上网浓度、流动速度及阶梯扩散器本身的结构(形状大小、阶梯数量)而定。一般先在计算机上进行模拟,然后进行实验加以验证,以保证设计的阶梯扩散器满足产品质量的需要。

斜网成型器的流浆箱有开放式和封闭式两种(图2-5-4)。在低车速的情况下,宜选择开放式,开放式对车速的适应范围较广,且容易操作,但是如车速较高,还是选择封闭式为宜,这样成型的均匀度较为理想。

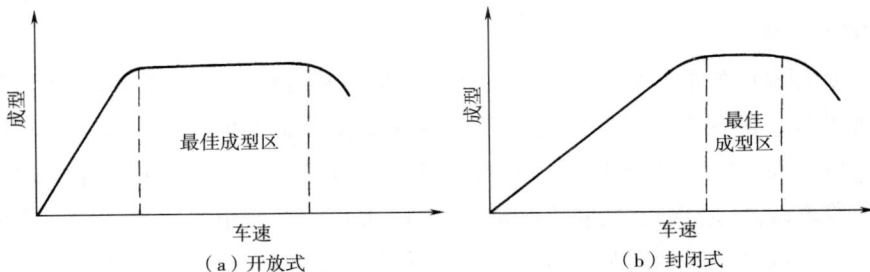

图2-5-4　开放式和封闭式斜网成型器成型与流速关系示意图

2. 斜网成型器的真空系统

斜网成型器的真空系统与成型存在着"特殊"关系。所谓"特殊",是指它不同于一般长网成型器,一般长网成型器的真空系统几乎纯粹是脱水作用,而斜网成型器的真空系统还担负着控制纤网的成型。图 2-5-5 所示是一个典型的斜网真空系统。从理论上来讲,为了保证纤网的良好成型,各真空水箱的脱水量应该是相等的,以保证纤维分批连续地均匀分布在网面上。但在实际操作中,各吸水箱的脱水量可能会出现差别。一般在出成型区的最后一个吸水箱,除具有脱水功能外,还兼有固定湿纤网的作用,以保证湿纤网能顺利地传递到压榨部。由于前面吸水箱有控制网部纤网成型的功能,故常选用低压真空风机。而湿纤网进入最后一个吸水箱,已经出了成型区,可以采取强制脱水,一般是选用高效率的真空泵。

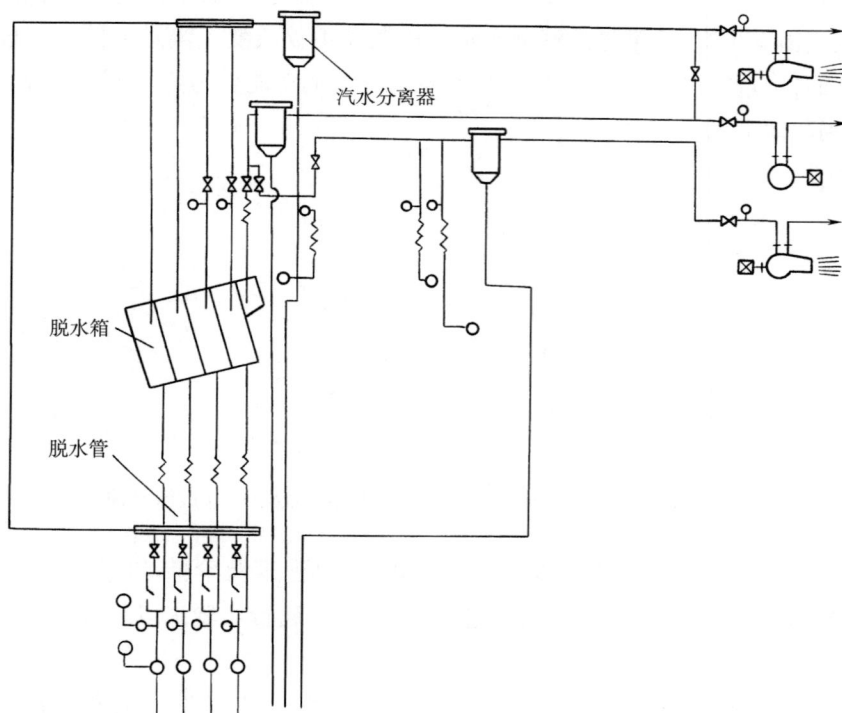

汽水分离器

脱水箱

脱水管

图 2-5-5　斜网成型器真空系统控制原理图

斜网成型器的吸水功能较强,虽然脱水区比一般长网纸机要短得多,但出网部的干度仍然可以达到 20% ~ 25%。

(1)斜网成型器的斜度。斜网成型器的斜度是指斜网与水平底轨之间的"夹角",一般均在 10° ~ 30° 之间选择。斜网斜度的选择视纤维原料种类和产品品种而定。对纤维较短且打浆度较低的浆料,由于脱水较快,脱水区可以较短,斜度可以适当大些,脱水箱的个数也可以相应减少。反之,打浆度较高,脱水较慢,脱水区需长些,脱水箱的个数也可以增加些。在相同的打浆度下,纤维较长,浓度较低,则因脱水量较大成型区要加长,斜度也应该选择小些。选择合适的斜网斜度,是斜网操作成功的关键。在实际应用中,大部分斜网成型器采用可调节倾斜角的设计,如图 2-5-6 所示,从而可适用于不同的浆料和纤维制品的生产。

(2)流浆箱侧面和网面的密封。由于网浸入流浆箱内,流浆箱的侧面与网面需要采用特殊的密封技术。通常有水封和密封片两种。水封方法是借助水压在流浆箱两侧产生一定的静压头,以防止流浆箱浆料向两侧溢出。密封片方法是选用特殊材料固定在流浆箱的两侧,

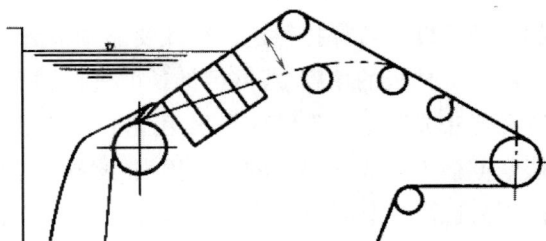

图 2-5-6 可调节倾斜角度的斜网成型器

以挡住浆料从流浆箱两侧溢出。选用水封方法更为可靠、实用。

四、斜网成型器的工艺设计和应用

斜网成型器与长网成型器相比较,其设计原理不一样。图 2-5-7 所示是通过实验室内模拟试验和实际应用得出的斜网成型器上网浓度、车速、定量、产量和脱水量之间的模拟图,在斜网成型器的设计和长纤维特种纸的生产中得到了广泛的应用。

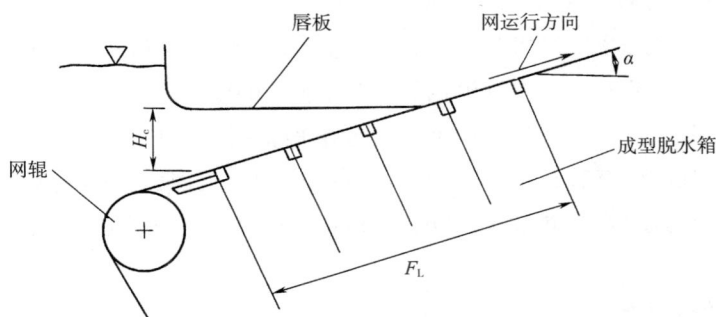

图 2-5-7 实验室内模拟试验斜网成型器示意图

对斜网式湿法成网的研究工作表明:

(1)成网帘的倾斜是必要的,倾斜式网帘与水平式网帘相比具有较大的横截面,允许在浆速不变时通过大量的水并从网帘上滤去。

(2)成网料桶中悬浮浆的压力很高,会给悬浮浆与成网帘相交处的密封造成麻烦,必须引起重视。

(3)脱水迅速的纤维应尽可能快地铺到成网帘上。

(4)难以脱水的纤维要求有较长的成网区。

(5)成网帘的倾斜角度以 10°~15° 为佳。它适应大部分湿法非织造材料生产的要求。对于可迅速脱水的纤网(例如玻璃纤维网),倾斜角度可以增加。这样缩短了成网区的长度,通过配以适当的水量,可使成网器的结构紧凑。

(6)纤网中纤维的排列可以适当控制。一般情况下,如果成网帘的运动速度与悬浮浆的输

送速度一致,则纤维呈杂乱排列。如果两者差异很大,则纤维呈一定的纵向排列。实际生产时成网的运动速度一般保持恒定。因此要靠调节悬浮浆的输送速度来控制纤维排列。这可通过改变成网帘与挡板的角度、成网区的长度进行调节。

现在湿法成网工艺都倾向于采用循环水路,因为只要用少量水就可以进行循环,循环泵只要补偿摩擦损失和成网料桶的压力损失,这样可以大大节约能源。但是,循环水路系统中聚集的空气不易逸出,因而易导致操作困难。另外,当生产厚纤网时,在凝网帘上的压力差会增加,会造成泵中出现空穴的危险。

五、斜网成型器的适用性

1. 适合于长纤维及其混合纤维在低浓状态下的成型

长纤维浆料在储存和输送过程中,常因纤维细长(长宽比大)而缺乏足够的挺度,在纤维间相互碰撞和接触时,细长、柔软的纤维易絮聚。这就需要长纤维在上网时有足够的空间保持其悬浮状态,以防止絮聚。斜网成型器正是为满足长纤维及其混合纤维上网特殊要求而设计的,它通常可以适应长度 3~25mm 的长纤维和上网浓度在 0.05%~0.1% 的成型。一般长网和圆网局限在 0.1%~1% 的上网浓度,且对生产长纤维亦比较困难。

2. 保证了成品较好的均匀度及透气度

只有在高度稀释状态下的纤维悬浮液,才能保证细长纤维有充分的自由舒展。这样就要求斜网成型器及时大量地脱水。网在堰池内可产生 200~500mm 高的成型屏障,且整个脱水和成型基本同步进行,多次地、长时间地使纤维在充分舒展情况下在网上成型。不像长网和圆网是在短时间、短距离内成型,有着长网和圆网起不到的作用。正因为斜网成型器具有与众不同的特点,所以成型纤网匀度佳,并能满足对透气性能的特定要求,如汽车过滤材料、咖啡过滤材料等。

3. 特别适用于纵横拉力比小的湿法非织造材料的成型

众所周知,长网和圆网造纸机所抄成的纸,纵横拉力比大,一般在(2.5~5):1,仅适用于抄造一般用途的纸张。而如茶叶滤纸、肠衣纸、汽车过滤纸等长纤维湿法非织造材料,成品要求其纵横拉力比越小越好。由于斜网成型器的成型和脱水原理特殊,它既不像长网造纸机那样喷浆成型,又不像圆网造纸机那样挂浆成型。而是通过真空脱水的抽吸作用将纤维"沉积"在网上,在网的运行过程中,无较大的外力改变纤维的自由排列。成型网的纤维在网上排列无明显的方向性,并能在网上的各个方向上均匀分布,这就达到了成网纵横向拉力差别小的目的。一般的纵横拉力比在(1.1~2.8):1,可以满足某种长纤维湿法非织造材料特性的要求。

六、斜网成型器的种类及其发展

最初发明的斜网成型器,其斜度比一般的长网造纸机稍微大些,且角度固定,如图 2-5-8 所示。这种成型器车速低,在网上液面所产生的压头比一般的长网造纸机稍大些。浆料在网上的向前速度靠多堰板控制,完全是开放式的,而且是自然脱水,但仍适合于麻类等长纤维和合成纤维的悬浮液的生产。随着更多合成纤维的利用及非织造材料工业的发展,低浓成型的应用日益增加,现在已发展出了不同结构及适用性强的斜网成型器。图 2-5-9 所示是一种改良的不带堰板控制液位、有固定角度、网下靠真空吸水箱脱水的斜网成型器。在此基础上又改进形成了图 2-5-10 所示的具有开式流浆箱并可调节斜网角度的成型器,以能生产不同类型的纤维。为了使流速和网速一致,控制纤维悬浮液上网的均匀性,又改进设计了如图 2-5-11 所示的斜网成型器,它采用了堰板控制浆速的装置,同时又借鉴了长网造纸机多孔阶梯扩散技术,可控制浆液的速度及湍流的形式。

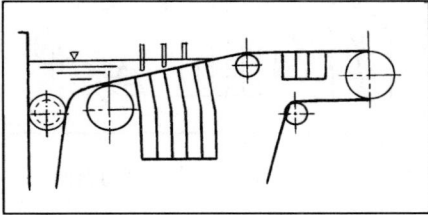

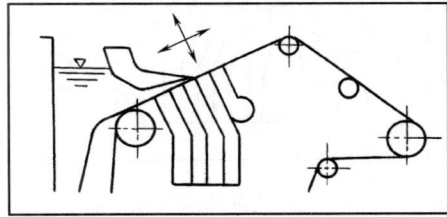

图 2-5-8　原始的斜网成型器　　　　　图 2-5-9　有真空脱水及固定角度的斜网成型器

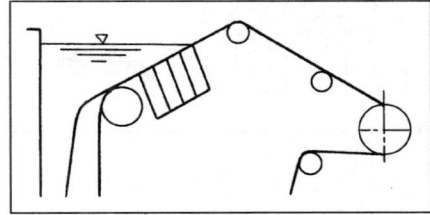

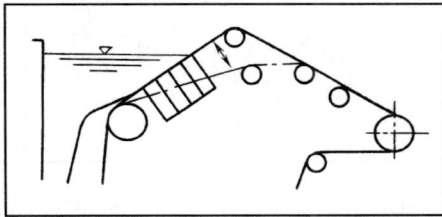

图 2-5-10　有开式流浆箱并可调斜网　　图 2-5-11　控制浆速、网速同步的,有固定
角度的成型器　　　　　　　　　　　角度的斜网成型器

上述斜网成型器的设计大多是单层上浆。随着双层和三层成型器的开发利用,促进了过滤材料工业的发展,也促进了耐用非织造材料和复合材料的发展。先进的斜网成型器可利用合成纤维和热塑性树脂的复合技术,如图 2-5-12 和图 2-5-13 所示。

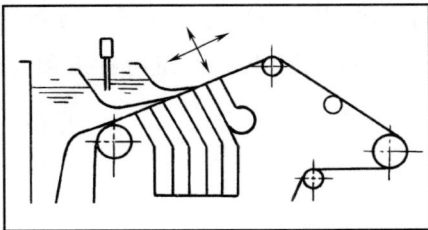

图 2-5-12　用于生产双层纤网的斜网成型器图　　图 2-5-13　用于生产三层纤网的斜网成型器

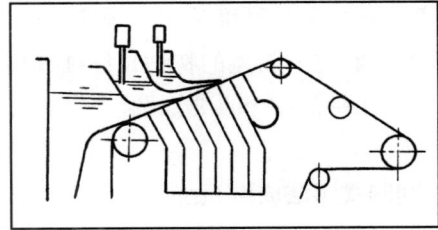

液压式流浆箱应用于斜网成型器,提高了成型器的车速且改善了纤网的匀度,其结构如图 2-5-14 所示,双层液压式网前箱的斜网成型器如图 2-5-15 所示,三层式液压流浆箱的斜网成

型器如图 2-5-16 所示。图 2-5-17 所示为一种变化的斜网成型器,可用于生产双层复合纤网。由此可见,多层斜网成型器已经符合生产特种非织造材料,特别是长纤维材料的需要,它易使低浓度长纤维脱水,适合生产多层特种纸的需要。液压式流浆箱配上斜网成型器,保证了在较高车速下成型网的结构和对匀度的控制。

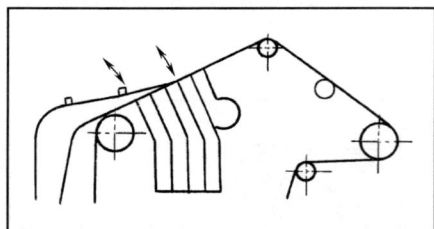

图 2-5-14　液压式流浆箱的斜网成型器图　　图 2-5-15　双层液压式流浆箱的斜网成型器

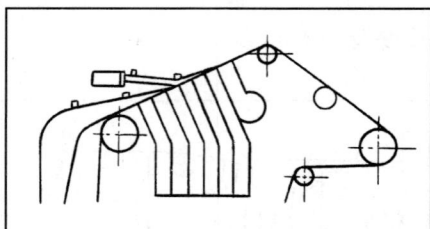

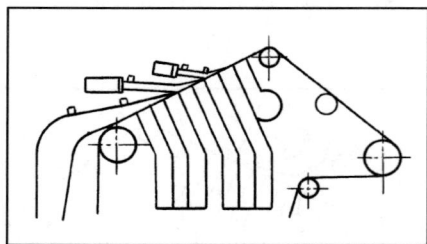

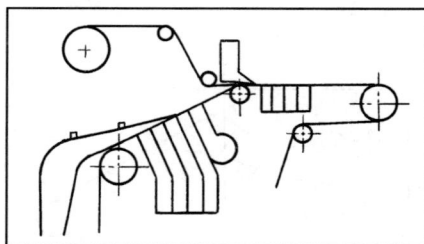

图 2-5-16　三层式液压流浆箱的斜网成型器　　图 2-5-17　三层纤网夹有中间基层的斜网成型器

斜网成型器在长纤维特种纸、湿法非织造材料生产领域中的应用有着越来越明显的优势,它已成为国际上先进的湿法非织造材料生产厂家不可缺少的设备,有着广阔的应用和发展前景。

斜网成型器设计合理,结构紧凑,体积较小,适应范围大,操作简便。它适用于合成纤维、矿物纤维、金属纤维等混合浆料的成型。它对不同性质的纤维能多层上浆、复合成型,能生产不同功能和用途的特种纸和湿法非织造材料。

随着我国特种长纤维纸和湿法非织造材料种类的拓宽、规模的扩大、质量和档次的提高,引进、消化并吸收这一新型的特种长纤维成型器技术,已成为赶超世界长纤维特种纸和湿法非织造材料生产水平的一个重要课题。

七、圆网式湿法成网系统

圆网的纤网成型过程基本上是一个过滤过程。在圆网机上,网笼内的白水不断排出,并与网笼外的浆位形成一定压差,由此产生的过滤现象使纤维附着到网面上,随着网笼的回转而不断地形成湿态纤网。随着圆网上纤维层的增厚,过滤阻力迅速加大,过滤速度逐渐变慢,纤维也越来越少地沉积到网面上。从成网原理来讲,圆网式湿法成网与斜网式湿法成网形成一体,所不同的主要是成网帘的形状,前者为圆形网,后者为一倾斜的平帘,倾斜式可以看作是曲率很大的圆网式湿法成网。

在圆网上的湿态纤网成型过程中，无论是在何种型式的网槽上，都不同程度地发生纤维的定向、选分和洗脱的现象。纤维的定向主要是由于浆料与网笼之间的速度差异，纤维受到网笼回转时的牵引作用而造成的。纤维选分现象是由于细小纤维有较大的比表面积和较强的吸附作用，较易于沉积和附着在网面的纤维层上面造成的。纤维被洗脱的现象是指网笼的网面上已经沉积的纤维，由于受到网槽内浆料的冲洗作用，部分地重新回到纤维悬浮液中的现象。

图 2-5-18 为典型的圆网式湿法成网机（Rotoformer）。纤维悬浮浆由管道经分散辊输入成网区，用一块可以调节的挡板来控制成网区空间的大小，成网帘为回转的圆网滚筒。纤维悬浮浆经抽吸箱的作用而使纤维凝聚于圆网表面，水则被吸入抽吸箱，进入滤水盘。为了保持圆网表面的清洁，由三只喷水头进行冲洗。回转滚筒中有一固定的吸管对准圆网表面，帮助纤维离开圆网，并转移至湿网导带上成网。悬浮浆在成网区中的高度可由溢流螺栓调节。

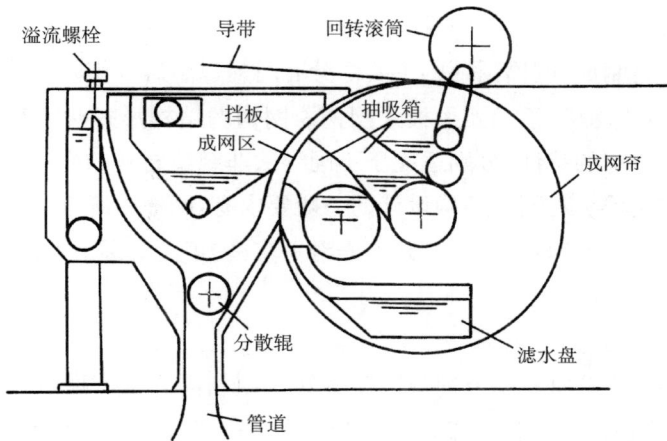

图 2-5-18　典型的圆网式湿法成网机

湿态纤网在圆网上的成型过程十分复杂，所受到的力也很多，如重力、离心力、水位差引起的压力、水的表面张力、湿态纤网与铜网之间的附着力、与浆液之间的摩擦力，以及白水和浆流的冲击力等。影响湿态纤网成型的因素也很多，其中主要的有浆料的打浆度、浓度、网槽的形式、上浆压力（白水的水位）、形成弧长、车速等。

（一）网笼

圆网式湿法成型网称为网笼，它被安放在流浆箱的堰池中。圆网式湿法成型系统要求网笼滤水均匀，转动时不在网槽中产生过大的搅动，同时应具有足够的刚度和精确的几何尺寸。由于网笼为圆形弧面结构，为保证成网的均匀性，堰池的形状相应地应改为弧槽与其相配，弧形的堰池称为网槽，如图 2-5-19 所示。

圆网笼按结构分为普通网笼、片式网笼、抽气网笼、真空网笼；按材质分为普通网笼、全铜网笼、不锈钢网笼。网笼的里网一般用 8~16 目，主要是用来分散伏辊的压力，保持面网平整；面网相对比较致密，用来过滤纤维形成湿态纤网，一般为 40~100 目。

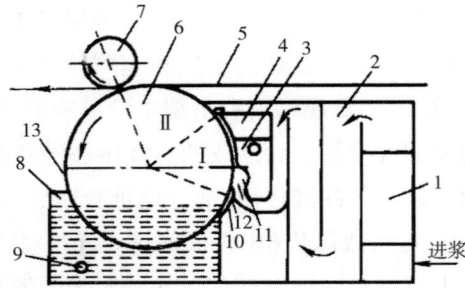

图 2-5-19　圆网湿法成网机网部

1—扩散器　2—流浆器　3—活动弧形板　4—溢流槽　5—毛毯　6—网笼　7—伏辊　8—白水槽　9—白水排出口
10—定向弧形板　11—匀浆沟　12—唇板　13—喷水管　Ⅰ—上浆区　Ⅱ—脱水区

(二) 网槽

网槽结构常用木材制成,网槽圆环的主要部分有时衬以金属和塑料材质。网槽的形式主要包括顺流式网槽、逆流式网槽、活动弧形板式网槽。网槽的结构形式对产品产量和质量的影响很大。各种网槽都有一定的特性,分别适应于不同湿法非织造材料的生产。应该根据具体的生产要求来设计或选用网槽。对网槽结构设计的一般要求有:网槽中纤维均匀分散,不结块;网槽中浆料在幅宽上有均匀的流速;网槽的各浆道光滑平直,转角处要圆滑过渡,防止挂浆和沉浆现象;便于清洗和检修。

1. 顺流式网槽

顺流式网槽的圆环内纤维流动方向与网笼旋转方向相同。浆流通过支管布浆器或锥形布浆器等布浆装置进入网槽,先在流送部分(翻浆箱)充分地混合,促使纤维均匀分散,并除去泡沫,然后溢过喷板流入网笼槽内。喷板和网笼的网面之间的距离是可以调节的,用以控制进入网槽浆料的流速。顺流式网槽的特点是有很大的脱水弧长,可以使用浓度较低的浆料,形成的湿法非织造材料的匀度较好,紧度较大,也较平滑。其结构比较简单,可通过喷板和唇布进行适度的调节,清洗方便。

2. 逆流式网槽

逆流式网槽基本部件跟顺流网槽相同,但浆流与网笼旋转方向相反。在湿态纤网开始成型的地方,浆料浓度最大。网笼的转动对浆料有一定搅动作用,使纤维有一些交缠,所以湿法非织造材料的纵横拉力强度的比值较小。逆流式网槽的特点是对浆料要求不严格,对性质相差悬殊的浆料均可用同一结构的网槽,易于操作和控制。网槽结构简单,没有溢流和唇布,清洗方便。缺点是成网匀度低,车速不能太高。顺流网槽生产的产品比逆流网槽有更好的均匀度,而逆流网槽则能生产更高定量的产品。

3. 活动弧形板式网槽

活动弧形板式网槽的翻浆箱部分中,在靠近弧形板处设有气泡格(或称排气格),以排出浆料之中的空气。浆料自翻浆箱首先进入浆流的定向浆道,以控制浆料上网的方向和稳定浆流。

随后,浆料进入网槽的定速浆道,即活动弧形板和网笼组成的浆道,借以控制浆料的流速,适应车速和湿法非织造材料定量的要求。

活动弧形板式网槽的特点是可调节性较大,适用于生产品种多变的情况;浆料上浆压头较大,相应地有较大的脱水能力;但白水浓度大,纤维流失较多,纤网靠网的一面较粗糙。活动弧形板式网槽是目前应用较广的一种网槽结构型式。

(三)伏辊

圆网笼是由毛毯的运动带动而转动的。伏辊以一定的压力把毛毯压在网笼上,对网笼上的湿态纤网有初步的压紧和脱水的作用,并使毛毯把纤网完整地从网面揭起。纤网附着在毛毯上运行,或是去下一个网笼,或是去压榨进一步脱水。

伏辊的安装位置影响纤网的脱水效果。通常伏辊相对网笼中心的铅垂线有一定的偏移,伏辊朝毛毯移动方向偏离中心,并压到网笼直径的约 1/4 处,这样使毛毯能够首先与网面接触,依靠毛毯的张力形成对纤网的预压作用。为了使伏辊挤出的水分顺利排除,防止倒流,在毛毯进入伏辊的部位设置挡水帘,把水分从毛毯两侧引出。

八、复合成网系统

在湿法非织造材料中加入纱线、长丝或其他均匀带有较大孔隙的薄型柔性材料,可增加产品强力,改善产品性能,该系统称为复合成网系统。纱线一般利用斜网式湿法成网机在成网过程中加入,如图 2-5-20 所示。

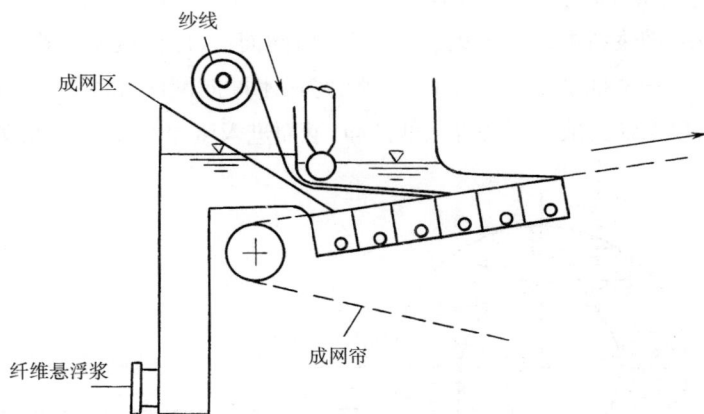

图 2-5-20　加入纱线的斜网式湿法成网

纤维悬浮浆由管道输入成网区,纱线退辊后引入成网区的中间。因此,在成网帘上形成的纤网中就加入了纱线。

九、侧浪式成型器

侧浪式成型器是 20 世纪 60 年代初在浙江温州蜡纸厂发明成功的,可作为中国湿法非织造材料实现机械生产的标志,而杭州新华集团有限公司是目前拥有侧浪式成型器最多的企业,其结构如图 2-5-21 所示。侧浪式成型器发明的主要目的是充分利用木本类长纤维原料,如桑树皮、构皮、三桠皮等生产各类湿法非织造材料,即传统意义上所称的各类韧皮长纤维纸,如铁笔蜡纸基材、打字蜡基材、非热封茶叶滤纸基材等。这类产品的定量在 $9 \sim 13 g/m^2$。

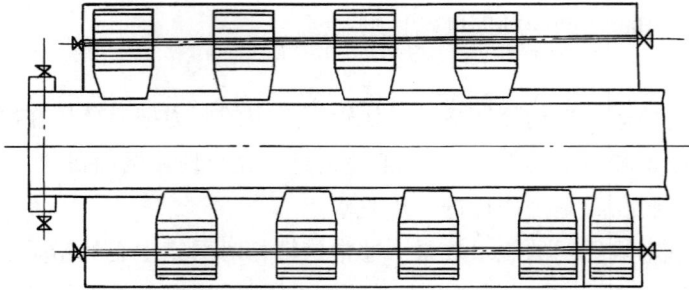

图 2-5-21 侧浪式成型器平面示意图

侧浪式成型器的主要成型机理是在手工抄纸的基础上演变而来的,手工"打浪"的目的是使纤维在成型网帘上重叠交织,多次成型,以此达到纤维纵横均匀排列。纤维悬浮物从成型器网部两侧的垂直方向,即在长网成型器的网部运行方向的两侧,各设置一只浆槽,槽内安装回转式打浪器若干只,凭借打浪器内的浪斗,把浆料提升到一定的高度,通过滤板的倾斜角把浆料以一定的流速喷向网面。

打浪器的排列互不对称,避免了浆料的冲突,也保证了两侧浆槽内液面的平衡。通过均衡排列的喷浆元件俗称浪斗横向上浆,在网部向前运行过程中通过案辊多次脱水成型,同时,凭借浆料在网面上的快速流动,把浆料中的纤维束、浆疙瘩冲出网面,以保证成型的均匀。另外,在湿法成型的最后阶段,设计了一个推水器,利用网下白水,将白水冲向网面,最后把成型过程中浆料内的纤维束等杂质冲出,以保证已成型湿态纤网的洁净,继而进入压榨部和干燥部,如图 2-5-22 所示。

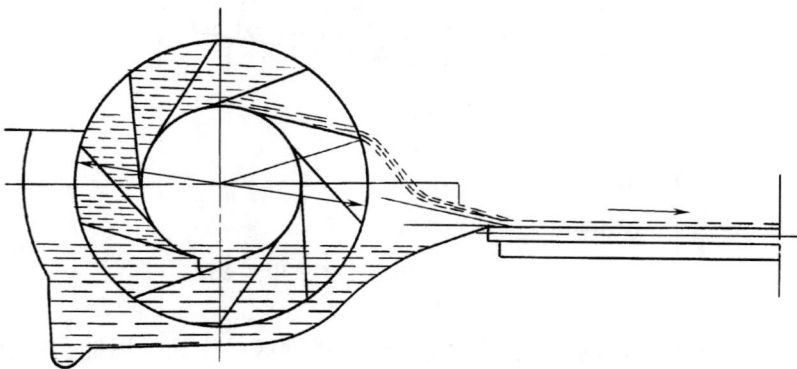

图 2-5-22 侧浪式成型器横截面示意图

侧浪式成型器能在 0.02%~0.03% 的低浓状态下成型,依靠高分子分散剂保持纤维的分散状态,边脱水边成型。由于它在成型网的横向上浆,使最终成品纵横拉力比非常接近,其适用纤维的长度比斜网成型器长,投资少,操作简便。其主要缺点是生产效率较低,耗用分散剂,产品的强度、透气度、均匀度等均不如斜网成型器。

思考题

1. 浆料在成网过程中发生的选分和定向现象是如何造成的？两种现象对纤网的具体影响是什么？

2. 何谓斜网成型器？斜网成型器的成型机理是什么？

3. 斜网成型器的进浆系统有何特点？

4. 简述斜网成型器的结构特点。

5. 斜网成型器的设计要求有哪些？

6. 与其他成型器相比，斜网成型器的优势有哪些？

7. 斜网成型器的种类有哪些？各有何特点？

8. 圆网成型器与斜网成型器的区别是什么？

第六章 干　燥

第一节　干燥的原理和作用

　　湿法非织造材料的生产工艺过程一般不像造纸那样在成网和干燥之间通过压榨脱除水分来节约能源或对纸页起修饰作用。一般情况下，根据品种的不同性质，在不破坏从湿部引入的纤网或改变其性质的前提下，尽量通过压榨最大限度地脱除水分。当然，有的产品是绝对不能压榨的，如过滤材料、起皱材料、玻璃纤维成品等，压榨部只起传递湿态纤网的作用。这部分的工艺和设备可参阅有关造纸书籍，在此不多介绍。本节主要介绍湿法非织造材料的干燥生产工艺和设备。

一、干燥及热处理的作用原理

　　干燥及热处理的作用主要有以下几个方面：压榨后蒸发湿态纤网中的水分；提高湿法非织造材料的性能；进行热定形或热黏合处理；在干燥间配以施胶或浸渍，赋予湿法非织造材料特殊性能。

二、干燥及热处理与湿法非织造材料的关系

(一) 力学性能

　　进入干燥部的湿态纤网中存有三种不同形式的水分，即游离水、毛细管水和结合水。干燥一开始，蒸发的首先是游离水，其次为纤网微孔中的毛细管水，最后才是存在于纤维细胞壁中部的结合水。

　　经过干燥的湿法非织造材料，其柔软性、塑性及强度发生了变化，并且产生了收缩现象。干燥初期，纤维间可以自由移动，蒸发出游离水水分后，由于水的表面张力作用，纤维相互靠拢，当水分大于60%以上时，纤维结合力不明显，一旦干度达到某一临界值，一般达到55%以上时，湿法非织造材料中的纤维产生氢键的结合，随着水分的进一步除去，干度的不断提高，它的力学性能迅速增长。湿法非织造材料在受热蒸发并脱水的过程中，它被干布或干网压在或衬托在干燥器表面而向前牵引，故纵向无法自由收缩，相反被拉长。而其横向很容易收缩，最终湿法非织造材料的纵向抗张强度加强，它的韧性也同时增加，干燥后的尺寸稳定性也得到改变。故干燥不仅改变了湿法非织造材料的力学性能，而且会影响其密度、吸收性、透气性、表面平整度等。干燥方式也与其性能密切相关。如快速升温的高强化干燥，将会增加湿法非织造材料的松厚性、孔隙率、吸收性和透气性，同时减少其密度、机械强度、透明度等；反之，缓慢升温的低温干燥，其效果恰好相反。湿法非织造材料的过度干燥，一方面，使植物纤维的可塑性减少，同时，由于纤维素产生氧化降解，其强度受到影响；另一方面，长时

间的加热干燥将使纤维素聚合度下降,α-纤维素含量减少。故干燥的方式和工艺一定要视产品的特性而选择。

(二)伸长和收缩

湿法非织造材料在干燥时的收缩能取决于纤维的种类、化学组成、纤维的排列及成型方式等。

干燥过程中主要是在厚度上产生收缩,干态比湿态厚度大大减少,而横向与纵向的收缩,与设备和牵引方式有关,但不如厚度上的收缩明显,而且纵向又不如横向。在干燥过程中的收缩越大,则成品的伸长率越大,吸湿变形性也越大。湿法非织造材料的伸长和收缩还与干燥部的牵引力大小和干网的松紧密切相关。牵引力越大,成品的纵向伸长率越小,但它的横向伸长率有所提高。

(三)从湿部到干部的传递

为了避免湿断头,从湿部到压榨部或直接到干燥部的设计,往往从网部伏辊处采用引布毛毯传递,有开放式和封闭式引布两类。选择何种传递方式,取决于车速、产品的定量及纤维结构等因素。

开放式传递适用于中低速成型产品的生产,在湿法非织造材料的生产中应用较为普遍,开放式引布主要有人工传递、真空吸引和压缩吹移等方式。湿态纤网从网上剥离下来引入干部的时候,网面或网帘与湿态纤网的受力主要有黏着力、表面张力、离心力、重力、惯性和张力等,要克服以上的力,剥离时需要能量的消耗。故开放式引布的主要任务是减少断头,提高车速。具体措施有:

(1)设计时尽量增加剥离角;

(2)尽量增加网部的真空,以降低剥离湿态纤网的水分;

(3)尽力减少湿态纤网被黏附网或辊的各种附着力。

封闭式传递适用于高速和薄型产品的生产。真空吸引辊装在伏辊上方或真空伏辊两个真空室之间,一般装在湿部成型网之前,接触到真空伏辊与传动辊之间的一段网上,以尽量使成型网速度与毛毯速度一致。真空传递的最大优势是它不仅能提高车速,而且能减少断头。

第二节 干燥的形式及其设备

一、接触式普通烘缸干燥

(一)接触式普通烘缸干燥原理

湿法非织造材料的普通接触式干燥,水分是在受热的烘缸表面蒸发的,它从烘缸的壁上获取热量而使温度上升,水蒸气又被干毯吸收再通过干毯蒸发。水分的蒸发与非织造材料的表面温度、水蒸气压力、周围环境空气的温度、烘缸的传热和干燥通风情况有关。如湿法非织造材料的表面蒸汽压大于周围环境空气的蒸汽压时,水分就会在布的表面汽化而逸到周围空气中去,与此同时,形成布的内部温度与表面温度差,使水分由内而外扩散。所以接触式普通烘缸干燥的过程实际上是一个汽化和扩散的组合。

(二) 干燥过程的三个阶段

湿法非织造材料在汽化和扩散整个综合干燥过程中,若热源足够,多烘缸接触式的干燥在湿法非织造材料生产中还被广泛采用。其全部过程可分为三个阶段,即升温阶段、恒温干燥阶段和降速干燥阶段。

1. 升温阶段

进入干燥部的湿法非织造材料的温度为 $10 \sim 30℃$,视室温而异。这一阶段必须将湿法非织造材料加热至蒸发温度,加热不能过快,否则会破坏湿法非织造材料的组织,引起纤维间结合力下降,影响到成品的机械强度。此时烘缸传递给湿法非织造材料的热量是用来提高其温度的,水分变化不大。由于湿法非织造材料的厚度不大,此时温度上升很快,这一阶段是比较短暂的。

2. 恒温干燥阶段

当湿法非织造材料被加热到相当于蒸发温度时,即进入了恒温干燥阶段,此时的特点是湿法非织造材料绝对湿度的降低与干燥时间呈正比,湿法非织造材料内部水分扩散的速度大于外部扩散速度,其表面有足够水分汽化,干燥的速度决定其对外的扩散。湿法非织造材料的表面是被水分所包围的,其表面温度等于蒸发温度。在这期间,湿法非织造材料蒸发水分最多的过程是在大多数烘缸上进行的,干燥时间占总干燥时间的 $50\% \sim 60\%$。

3. 降速干燥阶段

湿法非织造材料达到一定的干度时,其内部水分向表面扩散的阻力增大,当湿法非织造材料表面水分蒸发速度大于内部的扩散速度时,蒸发速度开始下降,从而进入了一个降速干燥阶段。

湿法非织造材料的干燥速率很大程度上取决于烘缸内部蒸汽性质及干燥部通风的能力。不断地排除烘缸内部的空气和冷凝水,保持烘缸内外表面清洁,使烘缸传热正常,保持干毯的干燥和张紧程度,经常保持供汽阀门的畅通,这对提高干燥效率是十分重要的。

多接触式干燥缸的数量可根据不同品种而不等,各个干燥缸的温度也是不同的,可根据工艺要求进行调节。把烘缸温度调节成由低到高并逐步上升到最后,几只烘缸略微下降的烘缸温度连起来的曲线叫干燥曲线,或叫烘干曲线。合理地设置和控制干燥曲线,是保证质量、节约能源和有利于干燥的重要条件之一。

二、气流干燥器干燥

气流干燥器是采用对流原理设计的干燥装置,它的热量传递是以空气作为介质,它先把热量传递给空气,使干燥的空气达到一定的高温,然后使空气充分地接触被干燥物,并将能量传递给干燥物,使水分得到蒸发。气流干燥器一般可分为以下几种形式:平板式热风干燥器(图 2-6-1)、拱式热风干燥器(图 2-6-2)、气垫式热风干燥器(图 2-6-3)。

下面以气热式热风干燥器为例介绍气流干燥器的结构和原理。

气垫式干燥器是被干燥的湿法非织造材料不接触干燥器的干燥形式,它可以单侧布置,但

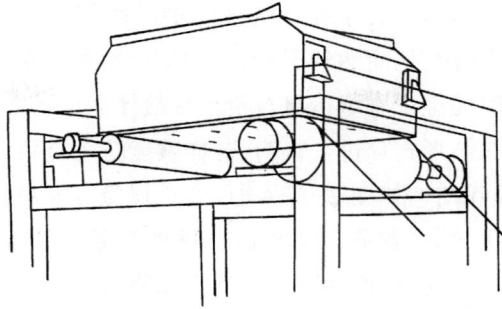

图 2-6-1　平板式热风干燥器示意图

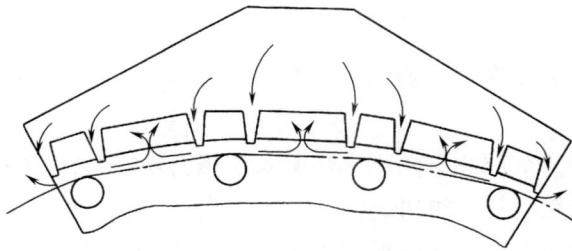

图 2-6-2　拱式热风干燥器示意图

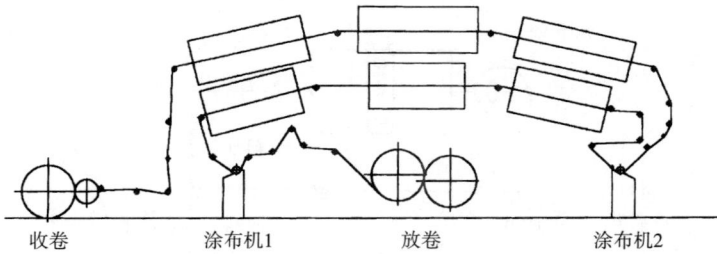

收卷　　　　　涂布机1　　　　放卷　　　　涂布机2

图 2-6-3　气垫式热风干燥器示意图

大多数气垫式干燥器为双侧即上下的布置。双侧布置的气垫式干燥器可再分为对应排列和交错排列,如图 2-6-4 所示。气垫式干燥器的喷嘴形式也有气浮式和气翼式两种。

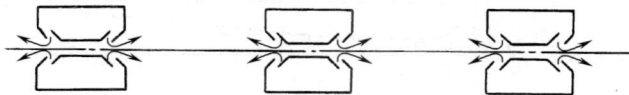

（a）对应排列式

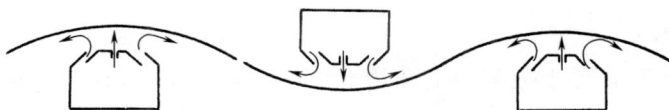

（b）交错排列式

图 2-6-4　两种喷嘴形式示意图

气浮式的喷嘴是对称交错布置的,干燥空气从喷嘴的两侧喷出,由于产生了"附壁现象",横向气流给干燥物带来摩擦作用,从而达到了最佳的热和质的传递,同时把干燥物支撑在某一位置。喷嘴的这种设计形状,使湿法非织造材料全幅在最佳运行状态下达到最大限度的热量交换,湿法非织造材料能以正弦波形式穿过气垫箱,这样就能防止皱褶和卷曲,能获得最佳的运行稳定性。气翼式干燥器的喷嘴结构如图 2-6-4 所示,干燥空气从喷嘴一侧喷出后随非织造材料运行方向一起向前进,由于"附壁现象",非织造材料将被定位在离喷嘴一定距离处。这种喷嘴结构给予非织造材料以极佳的稳定性和较广泛的干燥能力。

气垫式干燥器的空气循环是通过循环风机轴向抽吸穿过空气加热器的干燥空气,再把它吹送到气垫箱内完成的。具有代表性的空气循环系统如图 2-6-5 所示。空气循环系统主要的组成部分如下:

(1)循环风机。它决定了喷出干燥热空气的体积量,而此体积量取决于喷嘴的开口和所需的喷送速度。

(2)热交换器。供气系统可以利用许多热源来加热循环空气,常见的有高压蒸汽蛇形管和燃油交换器等,可以将干燥空气加热到最高温度 200℃。

(3)排湿风机。通过它将一定数量的近饱和空气排出,在热交换器内引入并补充干空气。

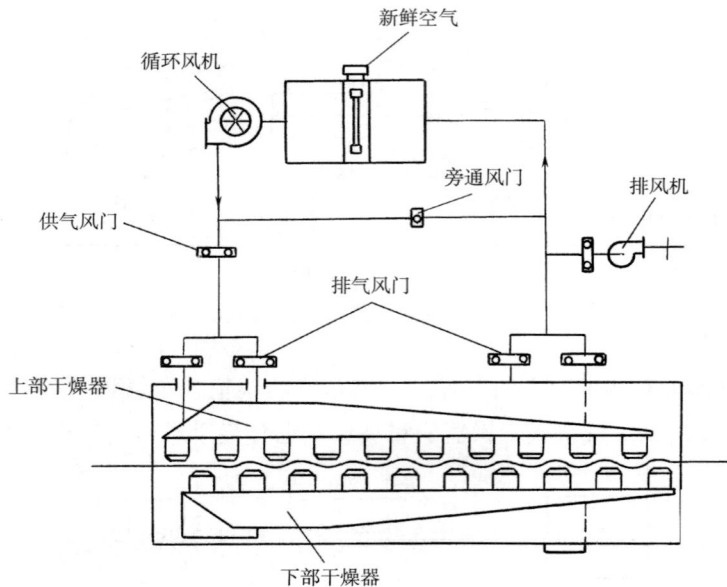

图 2-6-5　气垫式干燥器的空气循环系统示意图

三、热风穿透干燥

热风穿透干燥采用空气对流的原理,让热空气经主风机的抽吸作用把热量直接传递给纤维网来蒸发水分,从而保证了高效的热质交换。图 2-6-6 所示为热风穿透干燥过程中热风的流程。它可以精确地进行温度控制和温度分布均匀性的调节,再通过微机控制来达到高效节能的目的。

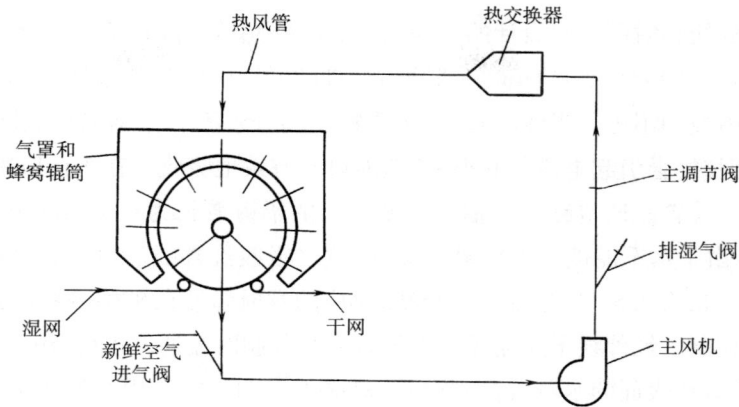

图 2-6-6　热风穿透干燥中热风的流程

　　热风穿透干燥系统的主要构件是蜂窝状滚筒。德国 FLEISSNER 公司采用的是传统的打孔滚筒和高科技、高开孔率的链接状滚筒,而芬兰 VALMET HONEYCOMB 公司采用的是焊接式的蜂窝状滚筒,多是在不破坏材料强度和刚度的前提下使它获得高的开孔率,高的开孔率可以获取高的干燥效率。当含有水分的纤维网传递到滚筒,通过热风干燥真空区域时,纤网由不锈钢网罩支撑,这个真空区域由滚筒内部装配的真空密封装置来确立。通过烘缸罩传送到滚筒内的热风,在主风机形成的真空作用下穿透纤维网,并从滚筒的端部抽出,同台风机同时完成烘缸罩供气和滚筒排气的功能。热空气穿过纤维网后,少部分潮湿的空气被排出系统外,同样体积的干燥空气被补充进系统,而大部分热空气被加热后再循环利用。

　　在热风穿透干燥区域内,纤维网经历了三个截然不同的阶段:预热阶段、恒速干燥阶段、降速干燥阶段。在预热阶段,大量的热量以对流的方式传递给纤维网,对纤维网和水分进行加热,少部分热量用来蒸发水分。当纤维网的温度逐渐达到饱和状态时,就进入了恒速干燥阶段。这时全部的热量用来蒸发纤维网中的水分,纤维网的温度不再升高。当纤维网的含水率接近临界含水量时,干燥速度开始下降,从而进入了降速干燥阶段,此时纤维网吸收热量,温度升高,残余的水分也蒸发掉了。如果纤维网有热融或热黏合纤维存在,在降速干燥阶段的主要任务是固网。

　　在热风干燥过程中的热质交换与时间延续的相关过程中,选择最佳的工艺参数十分重要,如干燥温度、热风流量、排气含湿量等的设定和控制。

　　(1)干燥温度(热风温度)。热力学规律表明,热风温度越高,纤维网的干燥效率越高,在实际生产过程中,热风的温度取决于热空气的加热方式及纤维原料的热性能。

　　(2)热风流量(热风速度)。热风速度受循环风机速度的限制,循环风机在滚筒内部产生较高的吸气压力,使大量热风穿透密度较高的纤维网,当热风流量增加时,干燥速度也将提高。但是,在增加热风速度时,必须考虑到设备对压力、风机对允许电流的最大限制。

　　(3)排气含湿量。经验表明,排气的最佳含湿量是20%~30%,含湿量在此范围内可以保证较高的干燥速度和较低的能耗。

四、辐射式干燥

这是利用红外线辐射原理而设计的干燥设备。红外光谱的波长范围是 $0.7\sim1000\mu m$,但其有效可干燥的波长范围为 $0.7\sim11\mu m$,一般可分为近红外、中红外和远红外几种。由于红外线是一种可发射电磁波的不可见光线,当其与构造物质的分子固有振动频率在同一范围内,红外线对物质进行照射时,会引起电磁的共振,其热能可被有效地吸收。在工业应用中,有燃气或电能两种红外线发生装置。通常红外线辐射设备发出的辐射波长为 $0.7\sim1.0\mu m$,并扩展至波长为 $8\mu m$ 的热能。由于水不能被红外辐射所穿透,故水吸收红外线后可达到被加热的目的。液态水很容易吸收波长为 $2.5\sim3.3\mu m$ 的红外线,对应的发射温度在 $870\sim600℃$ 范围内,其发射温度用加热强度来控制。红外线干燥器还必须配备一套强制对流通风系统,用于除去表面附着的热气,以将非织造材料表面的水蒸气及时排除,提高干燥的效能。用红外线干燥系统所能获得的水蒸发速率在 $45\sim90kg/(m^2\cdot h)$。

红外线干燥器具有设计紧凑和高能量输出的优点,它紧靠干燥物体,其效果显著。当表面水膜还未遭到干燥气流的过多干扰时,湿态纤网中的大量水分能有效吸收红外线的辐射能量,这会使水与纤维网的温度一起上升,而不至于失水而引起局部表面过快干燥从而引起起皱现象。在高速干燥器的装置中红外线干燥已广泛采用。

湿法非织造材料实际生产过程中,纤网的干燥形式配置中常采用单一或组合的干燥形式。同时在干燥的区间内有涂布或施胶装置以增加湿法非织造材料的强度。

思考题

1. 干燥的原理、作用各是什么?
2. 干燥的形式有几种?
3. 详细阐述接触式干燥的过程。
4. 简述气流干燥器的形式及优势。

第七章 几种主要湿法非织造材料生产与应用

第一节 食品工业用湿法非织造材料

一、概述

湿法非织造材料生产与应用技术应用于食品行业主要有袋泡茶、咖啡和香肠的制作材料等,三者制造的工艺流程几乎相同,可以说能在同一条生产线上生产,只不过是后加工技术有所不同。下面就以袋泡茶过滤材料(习惯上也叫茶叶过滤纸)为例介绍该类产品,非织造材料行业把它称为最典型的、最传统的湿法非织造材料产品,而且湿法非织造材料的技术发展也从此开始。

茶叶过滤纸是专供自动包装机包装袋泡茶的专用包装材料,也可用于包装中成药、咖啡等。该材料具有较高的湿强度和快速扩散茶叶抽提物的性能,同时符合食品卫生要求,对人体安全无害且无异味。按包装封口方式,茶叶过滤纸可分为非热封型和热封型两种。非热封型茶叶过滤纸是用钉书钉机械封口,封口手续较烦琐,包装机投资较大,钉书钉易生锈,影响茶水品质,但非热封型茶叶过滤纸包装的袋泡茶比热封型的美观,所以还有一定的市场,英国市场多是非热封型的。热封型茶叶过滤纸的一面含有热熔性化学纤维,当受热时该纤维熔融,冷却后实现封接。包装机结构简单,效率高,价格低,因此目前袋泡茶普遍使用热封型茶叶过滤纸。

袋泡茶源于海外,从 1920 年开始作为商品化产品逐渐流行于欧美,进而推广至整个世界。其所用的茶叶过滤纸的生产企业多是当今世界湿法非织造材料的龙头企业。美国 Dexter 公司是世界上最早且最大的茶叶过滤纸生产厂家,英国 Crompton 公司于 1938 年从 Dexter 购得茶叶过滤纸的专利后开始生产茶叶过滤纸。我国也涌现了一批茶叶过滤纸制造商,如浙江新华集团有限公司、浙江凯恩特种材料股份有限公司、兴昌新材料科技股份有限公司、河北阿木森滤纸有限公司等。随着人们消费水平的提高,茶叶过滤纸的需求量也日益增大,2022 年全球茶叶过滤纸的收入大约 426.7 百万美元,预计 2029 年达到 520.2 百万美元,2023~2029 年间,预计年复合增长率达 2.9%,市场前景广阔。

二、工艺流程及产品应用

(一)非热封型茶叶过滤袋

国外非热封型茶叶过滤袋材料的原材料有大麻、黄麻、剑麻、马尼拉麻、构皮、三桠皮等。普遍采用马尼拉麻浆混配针叶木浆或上述另外几种浆。随着化学纤维工业的发展,化纤厂可生产出符合湿法非织造行业要求的各种化学纤维。化学纤维的长度、线密度可根据需要进行调节,以满足湿法非织造材料的各种性能要求。化学纤维没有植物纤维的纤维束、杂质等缺陷,而其价格又比马尼拉麻浆便宜。因此化学纤维越来越多地被用于生产非热封型茶叶过滤纸,尤其是黏胶纤维。在生产设备方面,国外普遍采用斜网成型器,它具有匀度好、生产效率高的优点。其使用的分散剂是非离子型的,可以加入湿强剂,也可以用机施胶增强一步法生产非热封型茶叶过滤纸。

(二)热封型茶叶过滤袋

热封型茶叶过滤纸是随着热封包装机的发明而产生的。在制造过程中,其中一面掺入黏合纤维,如聚丙烯、聚烯烃、ES 复合纤维等,通过包装机封口装置的热量,使热熔纤维熔融产生黏合作用,当被折叠后湿法非织造材料的两内侧在封口线上时,热熔纤维相互之间产生了黏结,达到了封口的目的。热封包装机的发明,使袋泡茶的包装丰富多彩,有方形的、圆形的、长形的,有水印的或有花纹的。包装袋的大小根据需要也在不断变化。虽然非热封型泡茶袋作为传统的红茶袋还依然存在,但由于热封型袋泡茶包装的多样性和包装效率的提高,它仍将是今后发展的趋势。

国外袋泡茶滤纸采用植物纤维和热塑性化学纤维来生产。PP 纤维因价格低廉而最早被广泛使用。但由于 PP 纤维的密度比水小,纤维不亲水,使纤维在水中容易上浮、分散困难、与植物纤维难以混合,最终导致纸张匀度差,目前只有在少数低档产品中使用。鉴于 PP 纤维的缺陷,已开发出了复合纤维(双组分纤维,如 ES 纤维),即一根纤维由芯层和外壳组成,外壳材料具有熔点低、亲水性好的特点,芯层主要起加强作用,外壳和芯层共同调节密度。复合纤维的这些特点使其广泛地被应用在热封型茶叶过滤纸中,产品质量明显比使用 PP 纤维的好,但复合纤维的价格要高于 PP 纤维。不管是 PP 纤维还是复合纤维,纤维表面光滑,不像植物纤维一样可以分丝帚化,因此纤维之间自身交织强度很差。为了克服这一缺陷,国外又开发出了聚烯烃SWP 类的合成浆,它由高分子化合物制成,具有上述两种纤维的优点,又具有植物纤维的分丝帚化性能,使合成浆纤维之间、合成浆与植物纤维之间有较好的交织强度。

第二节　能源领域用湿法非织造材料

湿法非织造材料有较为独特的性能,在能源领域已得到广泛的应用。本节将以内燃机过滤材料、湿法电池隔膜材料和氢燃料电池气体扩散层为例介绍湿法非织造材料在能源领域的应用。

一、内燃机过滤材料

内燃机过滤材料的"三滤"按用途和性能不同可分为空气过滤、机油过滤和燃油过滤三大类,同一类中也可分为重负荷、中型、轻型及微型车辆用滤清器等系列产品。空气过滤的主要目的是将空气中的尘埃杂质即固体悬浮物滤除,使进入燃烧器的空气燃烧完全并且保护燃烧器等气缸器械。机油过滤的主要目的是将机油润滑过程中磨损气缸的杂质颗粒滤走。燃油过滤的目的是滤去燃油中的杂质，使其充分燃烧。虽然"三滤"的过滤对象各不相同，但其主要指标均为过滤效率、寿命和精度等，而这些性能则取决于过滤介质，即湿法非织造材料。

该三类产品所用的原材料主要有木浆、丝光化纤维、化学纤维和玻璃纤维等。从工艺技术来区分，可分为固化和非固化两大类型。固化型滤材主要采用了水溶性或溶剂型的酚醛树脂浸渍处理，在滤器的制作过程中，通过一定时间、一定温度达到树脂的分子交联，使滤器具有较好的强度和尺寸稳定性。非固化型滤材主要采用水溶性的丙烯酸类树脂，浸渍后即可达到滤器所需的性能要求，也就是说，在其制造过程中胶黏剂分子已经自交联，它与前者相比具有节能、安全、环保等优势，是今后该类产品的发展趋势。从纤维原料的选用趋势来看，它将从目前的植物纤维发展到应用合成纤维和玻璃纤维，以达到高精度过滤的需求。纤维的线密度决定了过滤性能的大小，世界上已开发出了 $3\mu m$ 以下的纤维，所生产出的过滤材料过滤精度高达 99.99%，有的甚至高达 99.9999% 以上。

二、湿法电池隔膜材料

随着便携电子设备、可穿戴设备、电动汽车、储能设备的迅猛发展，对电池的性能要求越来越高。在电池结构中，电池隔膜是最重要的内层组件之一，也是在电池制备过程中对技术要求最高的一种高附加值材料。以锂电池为例，锂电池隔膜的生产成本占到了整个电池生产成本的 10%～14%，对于某些高端电池，电池隔膜的生产成本甚至占到了总成本的 25% 左右。电池隔膜的主要作用有两个方面：将电池的正、负极分隔开来，避免两级接触而发生短路；提供离子传输的通道，可以使电解质离子顺利通过电池隔膜而实现电池的放电功能。隔膜不参与任何电池反应，但它对电池的综合性能起着至关重要的作用。

湿法电池隔膜主要是以纤维素纤维或合成纤维为原料，通过湿法非织造工艺制备得到的性能优异的纤维基电池隔膜。常用的湿法非织造电池隔膜主要包括纤维素纤维隔膜和纤维素纤维/合成纤维复合隔膜。

湿法非织造技术制备的电池隔膜提供较高的孔隙率，保证隔膜具有较大的离子电导率，提高电池的使用性能，已经成为电池行业研究的重点，未来有望取代聚烯烃类锂离子电池隔膜。当前，湿法电池隔膜面临的最大问题是如何均匀稳定地调节孔隙和提高超低定量隔膜的机械强度，过高的孔隙率势必降低隔膜的机械强度，而不均匀的孔径分布极易造成隔膜和电极之间不均匀的电流密度，这些问题均会对电池的安全性造成巨大的威胁，仍需要进一步的试验研究。

目前，湿法电池隔膜的制备尚处于研究阶段，虽然取得了良好的结果，但是距离真正投入生产尚需要一段时间。加快其产业化和工程化开发技术是研究人员当前的主要任务。

三、氢燃料电池气体扩散层

燃料电池作为继水力、风力、核能之后的第四代发电技术，具有很好的应用前途。氢燃料电池具有能量转化效率高、无污染、无噪声的优点，被视为最有潜力的燃料电池。目前已被广泛应用到汽车、军事应用及航空航天领域。在氢燃料电池中，气体扩散层是极其重要的组成部分，尽管它不直接参与化学反应，但它在燃料电池中作为催化剂层的支撑、水汽传输的路径和电子转移的载体而起着至关重要的作用。常用的气体扩散层材料主要包括碳纤维纸、碳纤维布、炭黑纸等，其中基于湿法非织造技术所制备的碳纤维纸是最具产业前景的。

碳纤维纸的湿法工艺是以水为介质，主要包括纤维分散、上网成型、树脂浸渍和碳化-石墨化等步骤。尽管湿法工艺过程复杂、难度较大，但制得的碳纤维纸具有合适的强度、高匀度、高透气性、高导电导热性能，能够满足氢燃料电池对"水—热—电—气"平衡的要求。因此，基于湿法非织造技术所制备的碳纤维纸是未来氢燃料电池气体扩散层的最佳选择。

对于碳纤维纸的研究，国外机构研究起步较早，工艺较成熟，性能较好。全世界中可以批量生产高性能碳纤维纸的企业有日本东丽公司、德国 SGL 公司及加拿大 Ballard 公司等少数公司。其中 SGL 与 Ballard 公司碳纤维纸柔韧性较好，可以弯曲成卷，便于生产与应用，但导电性不及东丽碳纤维纸。东丽碳纤维纸表面平滑、孔隙率高、透气性好，但脆性较大、无法卷曲，增加了碳纤维纸生产难度。总的来说，碳纤维纸的市场基本是由日本等国家垄断。

与国外相比，我国在碳纤维纸领域的研究较晚，燃料电池用碳纤维纸仍依赖进口，严重制约了我国在新能源方面的发展。国内碳纤维纸的研究单位主要包括中南大学、天津科技大学、北京化工大学、华南理工大学、武汉理工大学等。生产企业中台湾碳能公司生产的碳纤维纸的应用较为广泛，其价格较低，性价比较高，可作为东丽碳纤维纸很好的替代品之一，碳能公司的碳纤维纸型号也较为丰富，但是与国外生产的碳纤维纸相比透气性能和导电性能均有待于进一步提高。

因此，研究开发具有自主知识产权的湿法非织造碳纤维纸对于打破国外垄断具有重要的战略意义和现实意义。

第三节　环境领域用湿法非织造材料

高性能膜材料是新型高效分离技术的核心材料，已经成为解决海水淡化、污水处理等环境科学领域问题的研究热点和关键材料之一。湿法非织造材料在高性能膜材料中具有不可替代的关键作用，在环境科学领域得到了广泛的应用。本节以分离膜支撑体为例介绍湿法非织造材料在环境领域中的应用。

膜分离技术是以选择透过性膜为介质，通过在膜两侧施加推动力（如浓度差、压力差或电位差等），促使原料侧的组分选择性地穿过膜从而实现对混合组分的液体或气体分离、分级、提纯及浓缩的技术，其技术核心是分离膜。分离膜是能够分隔两相并限制和传递不同物质的介质，它可以是固态或液态的、对称或非对称型的、均相或非均相的、中性或带电荷的。

大多数分离膜通常较薄，在分离过程中膜单体的机械强度低、尺寸稳定性差、缺乏支撑力，在压力驱动过程中极易造成膜孔的塌陷，影响膜的过滤性能。提高铸膜液的浓度和增加膜的厚度虽然可以提高分离膜的力学性能，但是不可避免地会增加跨膜阻力，降低膜的通量，严重影响膜的分离性能。因此大多分离膜（如超滤膜、纳滤膜和反渗透膜等）都是由分离膜支撑体和聚合物多孔膜（聚砜膜、聚醚砜膜等）组成。分离膜支撑体是一种织物材料，通常位于膜的底层与膜紧密贴合,可分为针织物支撑体、机织物支撑体、编织物支撑体以及非织造支撑体四大类。而非织造支撑体可以是湿法、静电纺、纺粘、熔喷等非织造材料,其中湿法非织造材料具有均匀度高、表面平滑、孔径和强力可调控等优势,是国际上分离膜支撑体的主要材料。良好的分离膜支撑体通常需要具备较高的孔隙匀度、优异的力学性能、一定的平滑度和适宜的亲水性。

湿法非织造材料以高匀度、纤维原料适应性广等优势获得了高度关注。日本东丽、旭化成株式会社、日东电工株式会社等均重点开发湿法非织造材料的分离膜支撑体,并在纤维材料、成网技术、热轧技术、膜支撑评价方法等方面开展了系统研究,形成了完整的研发和应用体系,代表了分离膜支撑体的技术方向。我国在这方面的相关研究滞后,产品完全依赖进口,已严重制约了我国膜产业的发展。

近年来,我国分离膜产业的迅速发展,分离膜支撑体的市场需求急剧增加,国内多家企业对支撑体的研究和生产做了探索:常州市康捷特种无纺布有限公司以湿法非织造技术开发了三层热轧复合支撑体;上层为 ES 复合纤维,下层为 COPET/PET 涤纶复合纤维,中层为 PET、ES 和 COPET/PET 复合纤维的混合纤维。制备过程包括原料纤维的亲水处理、湿法成网、烘干处理、热轧复合、冷却收缩、热轧致密化等,但由于其生产过程复杂、可控性差、产品批次稳定性差,所生产的产品仍停留在低端应用。广东宝泓新材料股份有限公司尝试了多种支撑体的制备技术,最终在生产上选择了以常规 PET 纤维和低熔点 PET 纤维混合的湿法成网—热轧固结的技术路线,但目前产品尚未取得市场应用的突破。此外,浙江清澜膜技术有限公司、浙江凯恩特种材料股份有限公司、山东泰鹏环保材料股份有限公司、莱州联友金浩新型材料有限公司等也开展了相关尝试,但仍未获得满足市场需求的合格产品。部分高等院校也针对该问题进行了集中攻关研究,最具代表性的是天津工业大学和天津科技大学联合团队,主要聚焦纤维国产化、湿法成型技术、后处理等工艺过程,在一些关键理论和技术中已取得实质性突破,正在进行产业化发展。

综上所述,湿法非织造材料已成为分离膜支撑材料中非常重要的关键材料之一,也是我国的环境领域所面临的"卡脖子"技术之一,重视湿法成型技术,加快湿法非织造材料的快速发展已成为当下亟待解决的重要任务。

第四节　国防军工领域用湿法非织造材料

湿法非织造材料在国防军工领域应用广泛,在一些重要装备中具有不可替代的关键作用。本节将以湿法生产的芳纶纸(蜂窝)和玻璃纤维纸为例介绍非织造材料在国防军工领域的应用。

一、芳纶纸(蜂窝)

芳纶纸主要由沉析纤维和短切纤维按一定比例混合打浆后湿法成型及热轧而成。它不但具有优良的力学性能,还具有较好的热稳定性、阻燃性、电绝缘性和耐辐射性,是航空、航天、国防、电子、通信、环保、化工和海洋开发等领域中的重要基础材料。尽管芳纶纸在电器绝缘领域应用最多,但是其在高性能电子器材等方面也具有重要的作用。近年来随着通信工业、卫星通信技术的快速发展,对雷达天线设备的小型化、轻型化、高可靠性提出更高的要求。由于芳纶纸材料的优异性能,使其在雷达天线领域中有着广阔的应用前景,如机载、舰载和星载雷达天线罩,雷达天线馈源功能结构件,轻型天线支撑结构,高架天线及拉索等方面都具有应用前景。

芳纶纸蜂窝是芳纶纸经涂胶、叠合、热压、切边、拉伸、定型、浸胶、固化等一系列复杂工艺而制作成的特殊结构蜂窝芯材,是芳纶增强的高强度和高模量先进复合材料。芳纶纸蜂窝芯材具有天然蜂巢的六边形结构,用其制备成的夹层结构具有比强度高、比刚度大、结构稳定性强、隔音、隔热、阻燃、燃烧时发烟量少且毒性小等优点,已经广泛应用于国防军工领域。芳纶纸蜂窝芯材与面板结合制成夹层结构后,可作为理想的结构件之一,用于飞机的多个重要部位,包括襟翼、副翼、垂尾前缘、方向舵、鸭翼、机身、桨叶等,芳纶纸蜂窝芯材在国内外部分机型上的具体应用部位见表 2-7-1。

表 2-7-1 芳纶纸蜂窝芯材国内外部分机型具体应用部位

机型	应用部位	蜂窝类型
F/A-18E/F	方向舵、平尾	对位芳纶纸蜂窝
F-35	襟翼、副翼、平尾前缘、垂尾前缘、方向舵	间位芳纶纸蜂窝
A320、A340	方向舵襟翼导轨整流罩、腹部整流罩等	
A380	方向舵、襟翼导轨整流罩、底板及内饰等	
B767、B787	升降舵、方向舵、发动机整流罩、机翼翼尖等	
ARH-70	桨叶、前机身	

二、玻璃纤维纸

玻璃纤维纸(玻纤毡),是高性能的特种工业用纸,由超细玻璃纤维经湿法工艺生产。具有纸质松软、过滤指数高、耐酸碱、耐火、化学及物理性能相对稳定的特点,广泛用于军工、化工、医药、交通、科研等领域。这种纸的制备方法与普通造纸有一些差别,它是采用 100% 玻璃纤维(主要成分是 SiO_2,直径 $0.3\sim0.5\mu m$ 以下),经轻度打浆,加胶黏剂,或者配加部分化学木浆,在长网造纸机或圆网造纸机上抄造而成。常见的玻璃纤维纸有超细玻璃纤维过滤纸、玻璃纤维电池隔膜纸、玻璃纤维覆铜版纸。其中超细玻璃纤维过滤纸是过滤纸中一种新型高科技产品。它的主要用途是作为气体、液体的净化滤纸。另外,它还能隔离病毒、细菌等微生物,在医疗卫生、电子工业、军工装备及科研方面都有举足轻重的作用。

玻璃纤维空气过滤纸的制造工艺相对植物纤维纸简单。玻璃纤维不需要打浆,只需要分散即可,而且湿法生产时不需要压榨。工艺流程是:

玻璃纤维→分散→贮浆池→浆泵→抄前池→调浆箱→沉砂盘→冲浆池→浆泵→稳浆箱→流浆箱→网部→烘房→卷取→分切

玻璃纤维纸目前主要是用于过滤材料的制备,是其在国防军工领域应用最为广泛的方向。核化生防护器材的滤烟层采用高效玻璃纤维过滤纸(HEPA),滤除呈气溶胶状的固体微粒和液态液滴。滤烟层对有害气溶胶的过滤过程与气溶胶微粒的化学组成关系不大,主要与气溶胶微粒的物理性质和运动特点有关,过滤纸对气溶胶微粒的过滤机理主要包括:惯性效应、拦截效应和扩散效应等。以气溶胶状态通过呼吸道使人员中毒的毒剂,以目前毒性最高、最难防的气溶胶毒剂为例,其一般常见浓度为 0.1mg/L,其允许剂量为 4×10^{-4} mg · min · L^{-1},如果 30min 内透过滤烟层的毒剂不超过允许剂量,则要求滤烟层的穿透率应不大于 0.01%。空气中散布的典型的生化气溶胶颗粒大小为 $1\sim10\mu m$,高效玻璃纤维过滤纸可提供超过 99.9999% 的过滤效率,可提供足够的防护能力。根据军用防护器材的需求,我国的科研人员成功研制了 G115 型过滤纸,其是高效玻璃纤维过滤纸,应用于我军的防毒面具滤毒罐和过滤吸收器,基本满足了军用防护器材的需要。

一般玻璃纤维过滤纸都有一个共同的弱点,即容尘量低、使用寿命短,高效滤器的使用寿命一般为一年或半年,短的只有几个月,甚至十多天就得更换,而这些滤器的更换程序很麻烦,且价格也贵。有时可以在高效滤器前装上一个中效或初效滤器,以延长高效滤器的使用寿命,但是仍然存在装拆更换麻烦、占地面积大等一系列问题。因此,研制容尘能力较大的高效滤纸和高容尘量的中效滤纸,是满足现代化战争的亟须解决的关键问题之一。

思考题

1. 湿法非织造材料的应用领域有哪些?
2. 从以上湿法非织造材料的应用分析它的发展前景。

参考文献

[1] 杜晨辉, 夏磊, 刘亚, 等. 闪蒸纺超细纤维非织造布应用研究[J]. 非织造布, 2008, 16(2): 27-30.

[2] J. E. 阿曼特罗特, R. A. 马林, L. R. 马沙尔. 形成均匀分布材料的方法: CN1768170A[P]. 2006-05-03.

[3] 任元林, 程博闻. 闪蒸非织造布工艺研究及应用的进展[J]. 产业用纺织品, 2006, 24(2): 1-4, 14.

[4] SHIN H, SIEMIONKO R K. Flash spinning solution: US, 6303682[P]. 2001-10-16.

[5] J. V. 米维德, C. 施米茨, J. 马蒂伊尤, 等. 丛丝片材: 中国, 112549713A[P]. 2021-03-26.

[6] C. 施米茨, J. 范米尔维德, O. 斯科普亚克, 等. 闪蒸纺丝方法: 中国, 113005543A[P]. 2021-06-22.

[7] WAGGONER J R, ROSE A P, STARKE C W, et al. Plexifilamentary strand of blended polymers: US6096421[P]. 2000-08-01.

[8] C. 施米茨, J.范米尔维德. 闪蒸纺丝方法、纺丝混合物及其用途: 中国, 100335687C[P]. 2007-09-05.

[9] R.A.马林, L.R.马歇尔. 闪蒸纺制的薄片材料: 中国, 1379830A[P]. 2002-11-13.

[10] M.G.魏恩伯格, G.T.迪, T.W.哈丁. 包含亚微米长丝的闪纺纤网及其成形方法: 中国, 101080525A[P]. 2007-11-28.

[11] 冷纯廷, 李旭阳, 张旭. 闪蒸法非织造布的应用现状及前景[J]. 产业用纺织品, 1998, 16(8): 27-28.

[12] 庄毅, 张玉梅, 王华平. 闪蒸纺丝技术[J]. 合成纤维工业, 2000, 23(6): 26-28.

[13] 吴卫星, 袁晓燕. 闪蒸非织造布的研究进展[J]. 天津工业大学学报, 2004, 23(4): 98-100.

[14] 孙晓慧, 郭秉臣. 闪蒸法非织造布的生产与应用前景[J]. 非织造布, 2006, 14(6): 8-11.

[15] 阚泓, 王国建. 闪蒸法非织造布专利技术分析[J]. 纺织科技进展, 2019(9): 28-33.

[16] 罗章生, 徐俊勇, 罗铮. 一种喷嘴及设有该喷嘴的闪蒸法纺丝设备: 中国, 110904517A[P]. 2018-09-14.

[17] 罗章生. 一种闪蒸纺丝设备及其纺丝方法: 中国, 107740198B[P]. 2017-09-08.

[18] 程博闻, 夏磊, 西鹏, 等. 一种闪蒸纺制超细纤维的设备和方法: 中国, 101173374A[P]. 2008-05-07.

[19] 夏磊. 闪蒸超细纤维非织造布的制备及功能化研究[D]. 天津: 天津工业大学, 2011: 21-30.

[20] MCGINTY B, MILDLOTHINAN V. Flash-spun productes: US, 9844176[P]. 2004-02-26.

[21] SHIN H.Flash spinning solution and flash-spinning process using straight chain hydrofluorocar-bon co-solvents: US, 6046118[P]. 2004-5-21.

[22] SCHWEIGER T A. Flash-spinning process and solution: US, 20020000686[P]. 2002-01-03.

[23] XIA L, XI P, CHENG B W. High efficiency fabrication of ultrahigh molecular weight polyethylene submicron filaments/sheets by flash-spinning[J]. Journal of Polymer Engineering, 2016, 36(1): 97-102.

[24] XIA L, XI P, CHENG B W. A comparative study of UHMWPE fibers prepared by flash-spinning and gel-spinning[J]. Materials Letters, 2015, 147: 79-81.

[25] XIA L, XI P, CHENG B W. The application of central composite design in flash spinning[J]. Advanced Materials Research, 2011, 332/333/334: 471-476.

[26] ZHANG D, XIA L, XI P, et al. The application and researches of flash spinning nonwoven[J]. Advanced Materials Research, 2011, 332/333/334: 683-686.

[27] HOFFMAN K, SKRTIC D, SUN J R, et al. Airbrushed composite polymer Zr-ACP nanofiber scaffolds with im-

proved cell penetration for bone tissue regeneration[J]. Tissue Engineering Part C, Methods, 2015, 21(3): 284-291.

[28] BOLBASOV E N, STANKEVICH K S, SUDAREV E A, et al. The investigation of the production method influence on the structure and properties of the ferroelectric nonwoven materials based on vinylidene fluoride−tetrafluoroethylene copolymer[J]. Materials Chemistry and Physics, 2016, 182: 338-346.

[29] TOMECKA E, WOJASINSKI M, JASTRZEBSKA E, et al. Poly(l−lactic acid) and polyurethane nanofibers fabricated by solution blow spinning as potential substrates for cardiac cell culture[J]. Materials Science & Engineering C, Materials for Biological Applications, 2017, 75: 305-316.

[30] PASCHOALIN R T, TRALDI B, AYDIN G, et al. Solution blow spinning fibres: New immunologically inert substrates for the analysis of cell adhesion and motility[J]. Acta Biomaterialia, 2017, 51: 161-174.

[31] XU X L, ZHOU G Q, LI X J, et al. Solution blowing of chitosan/PLA/PEG hydrogel nanofibers for wound dressing[J]. Fibers and Polymers, 2016, 17(2): 205-211.

[32] BONAN R F, BONAN P R F, BATISTA A U D, et al. Poly(lactic acid)/poly(vinyl pyrrolidone) membranes produced by solution blow spinning: Structure, thermal, spectroscopic, and microbial barrier properties[J]. Journal of Applied Polymer Science, 2017, 134(19).

[33] LIU R F, XU X L, ZHUANG X P, et al. Solution blowing of chitosan/PVA hydrogel nanofiber mats[J]. Carbohydrate Polymers, 2014, 101: 1116-1121.

[34] YANG NILSSON T, ANDERSSON TROJER M. A solution blown superporous nonwoven hydrogel based on hydroxypropyl cellulose[J]. Soft Matter, 2020, 16(29): 6850-6861.

[35] GAO Y, XIANG H F, WANG X X, et al. A portable solution blow spinning device for minimally invasive surgery hemostasis[J]. Chemical Engineering Journal, 2020, 387: 124052.

[36] SHI L, ZHUANG X P, TAO X X, et al. Solution blowing nylon 6 nanofiber mats for air filtration[J]. Fibers and Polymers, 2013, 14(9): 1485-1490.

[37] LEE J G, KIM D Y, MALI M G, et al. Supersonically blown nylon−6 nanofibers entangled with graphene flakes for water purification[J]. Nanoscale, 2015, 7(45): 19027-19035.

[38] SINHA−RAY S, SINHA−RAY S, YARIN A L, et al. Application of solution−blown 20-50 nm nanofibers in filtration of nanoparticles: The efficient van der Waals collectors[J]. Journal of Membrane Science, 2015, 485: 132-150.

[39] KHALID B, BAI X P, WEI H H, et al. Direct blow−spinning of nanofibers on a window screen for highly efficient $PM_{2.5}$ removal[J]. Nano Letters, 2017, 17(2): 1140-1148.

[40] WANG H L, LIN S, YANG S, et al. High−temperature particulate matter filtration with resilient yttria−stabilized ZrO_2 nanofiber sponge[J]. Small, 2018, 14(19): e1800258.

[41] WU X H, CAO L T, SONG J, et al. Thorn−like flexible $Ag_2C_2O_4/TiO_2$ nanofibers as hierarchical heterojunction photocatalysts for efficient visible−light−driven bacteria−killing[J]. Journal of Colloid and Interface Science, 2020, 560: 681-689.

[42] CHENG B W, LI Z J, LI Q X, et al. Development of smart poly(vinylidene fluoride)−graft−poly(acrylic acid) tree−like nanofiber membrane for pH−responsive oil/water separation[J]. Journal of Membrane Science, 2017, 534: 1-8.

[43] JU J G, SHI Z J, FAN L L, et al. Preparation of elastomeric tree−like nanofiber membranes using thermoplastic

polyurethane by one-step electrospinning[J]. Materials Letters, 2017, 205: 190-193.

[44] WANG Y F, CHAO G Q, LI X J, et al. Hierarchical fibrous microfiltration membranes by self-assembling DBS nanofibrils in solution-blown nanofibers[J]. Soft Matter, 2018, 14(44): 8879-8882.

[45] 冯晓苗, 李瑞梅, 杨晓燕, 等. 新型碳纳米材料在电化学中的应用[J]. 化学进展, 2012, 24(11): 2158-2166.

[46] 靳瑜, 姚辉, 陈名海, 等. 静电纺丝技术在超级电容器中的应用[J]. 材料导报, 2011, 25(15): 21-26.

[47] JIA K F, ZHUANG X P, CHENG B W, et al. Solution blown aligned carbon nanofiber yarn as supercapacitor electrode[J]. Journal of Materials Science: Materials in Electronics, 2013, 24(12): 4769-4773.

[48] SHI S J, ZHUANG X P, CHENG B W, et al. Solution blowing of ZnO nanoflake-encapsulated carbon nanofibers as electrodes for supercapacitors[J]. Journal of Materials Chemistry A, 2013, 1(44): 13779-13788.

[49] ZHAO Y X, KANG W M, LI L, et al. Solution blown silicon carbide porous nanofiber membrane as electrode materials for supercapacitors[J]. Electrochimica Acta, 2016, 207: 257-265.

[50] DENG N P, KANG W M, JU J G, et al. Polyvinyl Alcohol-derived carbon nanofibers/carbon nanotubes/sulfur electrode with honeycomb-like hierarchical porous structure for the stable-capacity lithium/sulfur batteries[J]. Journal of Power Sources, 2017, 346: 1-12.

[51] TONG J Y, XU X L, WANG H, et al. Solution-blown core-shell hydrogel nanofibers for bovine serum albumin affinity adsorption[J]. RSC Advances, 2015, 5(101): 83232-83238.

[52] 张方, 徐先林, 王航, 等. 聚乙烯亚胺纳米纤维的制备及其胆红素吸附性能研究[J]. 山东纺织科技, 2016, 57(6): 6-11.

[53] KOLBASOV A, SINHA-RAY S, YARIN A L, et al. Heavy metal adsorption on solution-blown biopolymer nanofiber membranes[J]. Journal of Membrane Science, 2017, 530: 250-263.

[54] WANG N, CHEN Y, REN J Y, et al. Electrically conductive polyaniline/polyimide microfiber membrane prepared via a combination of solution blowing and subsequent *in situ* polymerization growth[J]. Journal of Polymer Research, 2017, 24(3): 42.

[55] TAO X X, ZHOU G Q, ZHUANG X P, et al. Solution blowing of activated carbon nanofibers for phenol adsorption[J]. RSC Advances, 2015, 5(8): 5801-5808.

[56] MERCANTE L A, FACURE M H M, LOCILENTO D A, et al. Solution blow spun PMMA nanofibers wrapped with reduced graphene oxide as an efficient dye adsorbent[J]. New Journal of Chemistry, 2017, 41(17): 9087-9094.

[57] 王航, 庄旭品, 王良安, 等. 纳米纤维复合型质子交换膜研究进展[J]. 电源技术, 2016, 40(12): 2486-2488.

[58] 王航, 庄旭品, 聂发文, 等. SPES/SiO$_2$杂化纳米纤维复合质子交换膜的制备与性能[J]. 高分子学报, 2016(2): 197-203.

[59] PEIGHAMBARDOUST S J, ROWSHANZAMIR S, AMJADI M. Review of the proton exchange membranes for fuel cell applications[J]. International Journal of Hydrogen Energy, 2010, 35(17): 9349-9384.

[60] LEE J R, KIM N Y, LEE M S, et al. SiO$_2$-coated polyimide nonwoven/Nafion composite membranes for proton exchange membrane fuel cells[J]. Journal of Membrane Science, 2011, 367(1/2): 265-272.

[61] MOLLÁ S, COMPAÑ V. Polyvinyl alcohol nanofiber reinforced Nafion membranes for fuel cell applications[J]. Journal of Membrane Science, 2011, 372(1/2): 191-200.

［62］ WANG H, ZHUANG X P, LI X J, et al. Solution blown sulfonated poly（ether sulfone）/poly（ether sulfone）nanofiber-Nafion composite membranes for proton exchange membrane fuel cells［J］. Journal of Applied Polymer Science, 2015, 132（38）: 42572.

［63］ WANG H, ZHUANG X P, TONG J Y, et al. Solution-blown SPEEK/POSS nanofiber-nafion hybrid composite membranes for direct methanol fuel cells［J］. Journal of Applied Polymer Science, 2015, 132（47）: n/a-n/a.

［64］ XU X L, LI L, WANG H, et al. Solution blown sulfonated poly（ether ether ketone）nanofiber-Nafion composite membranes for proton exchange membrane fuel cells［J］. RSC Advances, 2015, 5（7）: 4934-4940.

［65］ ZHANG B, ZHUANG X P, CHENG B W, et al. Carbonaceous nanofiber-supported sulfonated poly（ether ether ketone）membranes for fuel cell applications［J］. Materials Letters, 2014, 115: 248-251.

［66］ WANG H, ZHUANG X P, WANG X Y, et al. Proton-conducting poly-γ-glutamic acid nanofiber embedded sulfonated poly（ether sulfone）for proton exchange membranes［J］. ACS Applied Materials & Interfaces, 2019, 11（24）: 21865-21873.

［67］ 吴兴超, 李永胜, 徐峰. 高温超导材料的发展和应用现状［J］. 材料开发与应用, 2014, 29（4）: 95-100.

［68］ CENA C R, TORSONI G B, ZADOROSNY L, et al. BSCCO superconductor micro/nanofibers produced by solution blow-spinning technique［J］. Ceramics International, 2017, 43（10）: 7663-7667.

［69］ 吴大诚, 杜仲良, 高绪珊. 纳米纤维［M］. 北京: 化学工业出版社, 2003: 42-71.

［70］ FARQUHAR C S, EASTMAN A. Apparatus for electrically dispersing fluids: US, 692631［P］. 1902-02-04.

［71］ MORTON W. Method of dispersing fluids: US, 705691［P］. 1902.

［72］ GEOFFREY I T. Disintegration of water drops in an electric field［J］. Proceedings of the Royal Society of London Series A Mathematical and Physical Sciences, 1964, 280（1382）: 383-397.

［73］ GEOFFREY I T. The force exerted by an electric field on a long cylindrical conductor［J］. Proceedings of the Royal Society of London Series A Mathematical and Physical Sciences, 1966, 291（1425）: 145-158.

［74］ GEOFFREY I T. Electrically driven jets［J］. Proceedings of the Royal Society of London A Mathematical and Physical Sciences, 1969, 313（1515）: 453-475.

［75］ 曾敬, 陈学思, 景遐斌. 电纺丝与聚合物超细纤维［J］. 高分子通报, 2003（6）: 44-47, 57.

［76］ LAUDENSLAGER M J, SIGMUND W M. Electrospinning ［M］ //BHUSHAN B. Encyclopedia of Nanotechnology. Dordrecht: Springer, 2016: 1101-1108.

［77］ WU W, ZHAO J Q, YU Y L. Encyclopedia of Nanotechnology［M］. Berlin, Germany: Springer, 2012.

［78］ 薛聪, 胡影影, 黄争鸣. 静电纺丝原理研究进展［J］. 高分子通报, 2009（6）: 38-47.

［79］ RENEKER D H, YARIN A L. Electrospinning jets and polymer nanofibers［J］. Polymer, 2008, 49（10）: 2387-2425.

［80］ 翟培羽. 高角蛋白含量的角蛋白/PEO 纳米纤维的制备与表征［D］. 天津: 天津工业大学, 2017.

［81］ RAYLEIGH L. XX. *On the equilibrium of liquid conducting masses charged with electricity*［J］. The London, Edinburgh, and Dublin Philosophical Magazine and Journal of Science, 1882, 14（87）: 184-186.

［82］ ZELENY J. Instability of electrified liquid surfaces［J］. Physical Review, 1917, 10（1）: 1-6.

［83］ GEOFFREY I T. Disintegration of water drops in an electric field［J］. Proceedings of the Royal Society of London Series A Mathematical and Physical Sciences, 1964, 280（1382）: 383-397.

［84］ TAYLOR G. Electrically driven jets［J］. Proceedings of the Royal Society of London A Mathematical and Physical Sciences, 1969, 313: 453-475.

[85] YARIN A L, KOOMBHONGSE S, RENEKER D H. Taylor cone and jetting from liquid droplets in electrospinning of nanofibers[J]. Journal of Applied Physics, 2001, 90(9): 4836-4846.

[86] CLOUPEAU M, PRUNET-FOCH B. Electrostatic spraying of liquids: Main functioning modes[J]. Journal of Electrostatics, 1990, 25(2): 165-184.

[87] GRACE J M, MARIJNISSEN J C M. A review of liquid atomization by electrical means[J]. Journal of Aerosol Science, 1994, 25(6): 1005-1019.

[88] RENEKER D H, CHUN I. Nanometre diameter fibres of polymer, produced by electrospinning[J]. Nanotechnology, 1996, 7(3): 216-223.

[89] YARIN A L, KOOMBHONGSE S, RENEKER D H. Bending instability in electrospinning of nanofibers[J]. Journal of Applied Physics, 2001, 89(5): 3018-3026.

[90] SHIN Y M, HOHMAN M M, BRENNER M P, et al. Electrospinning: A whipping fluid jet generates submicron polymer fibers[J]. Applied Physics Letters, 2001, 78(8): 1149-1151.

[91] SPIVAK A F, DZENIS Y A, RENEKER D H. A model of steady state jet in the electrospinning process[J]. Mechanics Research Communications, 2000, 27(1): 37-42.

[92] WAN Y Q, GUO Q, PAN N. Thermo-electro-hydrodynamic model for electrospinning process[J]. International Journal of Nonlinear Sciences and Numerical Simulation, 2004, 5(1): 5-8.

[93] 万玉芹. 静电纺丝过程行为及振动静电纺丝技术研究[D]. 上海: 东华大学, 2006.

[94] KO H J, DULIKRAVICH G S. Non-reflective boundary conditions for a consistent model of axisymmetric electro-magneto-hydrodynamic flows[J]. International Journal of Nonlinear Sciences and Numerical Simulation, 2000, 1(4): 247-254.

[95] ERINGEN A C, MAUGIN G A. Electrodynamics of Continua I: Foundations and Solid Media[M]. New York, NY: Springer New York, 1990.

[96] ERINGEN A C, MAUGIN G A. Relativistic electrodynamics of continua[M] // Electrodynamics of Continua II. New York: Springer, 1990: 716-752.

[97] RENEKER D H, YARIN A L, FONG H, et al. Bending instability of electrically charged liquid jets of polymer solutions in electrospinning[J]. Journal of Applied Physics, 2000, 87(9): 4531-4547.

[98] HOHMAN M M, SHIN M, RUTLEDGE G, et al. Electrospinning and electrically forced jets. I. Stability theory [J]. Physics of Fluids, 2001, 13(8): 2201-2220.

[99] HOHMAN M M, SHIN M, RUTLEDGE G, et al. Electrospinning and electrically forced jets. II. Applications [J]. Physics of Fluids, 2001, 13(8): 2221-2236.

[100] FRIDRIKH S V, YU J H, BRENNER M P, et al. Controlling the fiber diameter during electrospinning[J]. Physical Review Letters, 2003, 90(14): 144502.

[101] 王宏, 逄增媛, 张金宁, 等. 熔体静电纺丝电场工艺参数对 PET 纤维膜形貌的影响[J]. 工程塑料应用, 2015, 43(9): 44-48.

[102] HE H W, WANG L, YAN X, et al. Solvent-free electrospinning of UV curable polymer microfibers[J]. RSC Advances, 2016, 6(35): 29423-29427.

[103] LEVIT N, TEPPER G. Supercritical CO_2-assisted electrospinning[J]. The Journal of Supercritical Fluids, 2004, 31(3): 329-333.

[104] HE H W, ZHANG B, YAN X, et al. Solvent-free thermocuring electrospinning to fabricate ultrathin polyure-

thane fibers with high conductivity by *in situ* polymerization of polyaniline[J]. RSC Advances, 2016, 6(108): 106945-106950.

[105] 卓丽云, 朱自明, 郑高峰. 多射流静电纺丝稳定性的影响分析[J]. 工程塑料应用, 2020, 48(10): 59-64.

[106] 吴元强, 许宁, 陆振乾, 等. 多针头静电纺丝电场强度分布模拟研究[J]. 合成纤维工业, 2019, 42(5): 41-45.

[107] THERON S A, YARIN A L, ZUSSMAN E, et al. Multiple jets in electrospinning: Experiment and modeling [J]. Polymer, 2005, 46(9): 2889-2899.

[108] 余韶阳, 安瑛, 谭晶, 等. 交流电静电纺丝技术的研究进展[J]. 工程塑料应用, 2018, 46(1): 115-118.

[109] 周建华, 陈锋, 丁玎. 静电纺丝技术制备纳米纤维的影响参数研究进展[J]. 科技与创新, 2019(16): 34-35, 37.

[110] 李学佳, 傅海洪, 王欣, 等. 静电纺丝工艺参数对聚酰亚胺纳米纤维形貌的影响[J]. 浙江纺织服装职业技术学院学报, 2013, 12(3): 19-22.

[111] 史同娜. 复合型高分子人工胆管的制备及性能的研究[D]. 上海: 东华大学, 2012.

[112] 卓丽云, 朱自明, 郑高峰. 环境温湿度对静电纺丝稳定喷射的影响[J]. 工程塑料应用, 2020, 48(3): 61-65.

[113] 吴玥. 引入磁场的静电纺丝技术及其对非稳态流动控制机理的研究[D]. 上海: 东华大学, 2008.

[114] XU C Y, INAI R, KOTAKI M, et al. Aligned biodegradable nanofibrous structure: A potential scaffold for blood vessel engineering[J]. Biomaterials, 2004, 25(5): 877-886.

[115] HE W, YONG T, TEO W E, et al. Fabrication and endothelialization of collagen-blended biodegradable polymer nanofibers: Potential vascular graft for blood vessel tissue engineering[J]. Tissue Engineering, 2005, 11 (9/10): 1574-1588.

[116] YANG F, MURUGAN R, WANG S, et al. Electrospinning of nano/micro scale poly(L-lactic acid) aligned fibers and their potential in neural tissue engineering[J]. Biomaterials, 2005, 26(15): 2603-2610.

[117] RAMAKRISHNA S, FUJIHARA K, TEO W E, et al. Electrospun nanofibers: Solving global issues[J]. Materials Today, 2006, 9(3): 40-50.

[118] CHEW S Y, WEN J, YIM E K F, et al. Sustained release of proteins from electrospun biodegradable fibers[J]. Biomacromolecules, 2005, 6(4): 2017-2024.

[119] LUONG-VAN E, GRØNDAHL L, CHUA K N, et al. Controlled release of heparin from poly(epsilon-caprolactone) electrospun fibers[J]. Biomaterials, 2006, 27(9): 2042-2050.

[120] QI H X, HU P, XU J, et al. Encapsulation of drug reservoirs in fibers by emulsion electrospinning: Morphology characterization and preliminary release assessment[J]. Biomacromolecules, 2006, 7(8): 2327-2330.

[121] ZHANG Y Z, WANG X, FENG Y, et al. Coaxial electrospinning of (fluorescein isothiocyanate-conjugated bovine serum albumin)-encapsulated poly(epsilon-caprolactone) nanofibers for sustained release[J]. Biomacromolecules, 2006, 7(4): 1049-1057.

[122] FONG H. Electrospun nylon 6 nanofiber reinforced BIS-GMA/TEGDMA dental restorative composite resins[J]. Polymer, 2004, 45(7): 2427-2432.

[123] MURTHY N, CAMPBELL J, FAUSTO N, et al. Design and synthesis of pH-responsive polymeric carriers that target uptake and enhance the intracellular delivery of oligonucleotides[J]. Journal of Controlled Release,

2003, 89(3): 365-374.

[124] MURTHY N, CAMPBELL J, FAUSTO N, et al. Bioinspired pH-responsive polymers for the intracellular delivery of biomolecular drugs[J]. Bioconjugate Chemistry, 2003, 14(2): 412-419.

[125] 袁志鹏. 静电纺纤维材料的结构调控及其在生物医学领域的应用[D]. 北京:北京科技大学, 2020.

[126] 姚子琪. 熔体静电纺丝直写复合材料骨-软骨多级梯度结构支架及性能研究[D]. 北京:北京化工大学, 2020.

[127] CHOI S S, LEE Y S, JOO C W, et al. Electrospun PVDF nanofiber web as polymer electrolyte or separator[J]. Electrochimica Acta, 2004, 50(2/3): 339-343.

[128] CHOI S W, JO S M, LEE W S, et al. An electrospun poly(vinylidene fluoride) nanofibrous membrane and its battery applications[J]. Advanced Materials, 2003, 15(23): 2027-2032.

[129] KIM J R, CHOI S W, JO S M, et al. Electrospun PVdF-based fibrous polymer electrolytes for lithium ion polymer batteries[J]. Electrochimica Acta, 2004, 50(1): 69-75.

[130] SONG M Y, KIM D K, IHN K J, et al. Electrospun TiO$_2$ electrodes for dye-sensitized solar cells[J]. Nanotechnology, 2004, 15(12): 1861-1865.

[131] SONG M Y, KIM D K, IHN K J, et al. New application of electrospun TiO$_2$ electrode to solid-state dye-sensitized solar cells[J]. Synthetic Metals, 2005, 153(1/2/3): 77-80.

[132] Song M Y, Ahn Y R, Jo S M, et al. TiO$_2$ single-crystalline nanorod electrode for quasi-solid-state dye-sensitized solar cells[J]. Appl. Phys. Lett., 2005, 87: 113113-113116.

[133] SONG M Y, AHN Y R, JO S M, et al. TiO$_2$ single-crystalline nanorod electrode for quasi-solid-state dye-sensitized solar cells[J]. Applied Physics Letters, 2005, 87(11): 113113-113116.

[134] DREW C, WANG X Y, SENECAL K, et al. Electrospun photovoltaic cells[J]. Journal of Macromolecular Science, Part A, 2002, 39(10): 1085-1094.

[135] 沈先磊. 树枝状纳米纤维的制备及其在锂离子电容器上的应用研究[D]. 天津:天津工业大学, 2020.

[136] 刘雍, 潘天帝, 范杰, 等. 一种用于膜蒸馏的超疏水、耐润湿和耐结垢的杂化纳米纤维复合膜的生产方法:CN111804149A[P]. 2020-10-23.

[137] 付明, 郭润泽, 刘碧桃. BiVO$_4$纳米多孔纤维光催化污水处理研究[J]. 现代信息科技, 2020, 4(18): 44-46, 50.

[138] 李玉瑶. 高孔隙率非织造纤维材料的制备及空气过滤应用研究[D]. 上海:东华大学, 2020.

[139] GIBSON P, SCHREUDER-GIBSON H, RIVIN D. Transport properties of porous membranes based on electrospun nanofibers[J]. Colloids and Surfaces A: Physicochemical and Engineering Aspects, 2001, 187/188: 469-481.

[140] SUN Y, LIU Y, ZHENG Y D, et al. Enhanced energy harvesting ability of ZnO/PAN hybrid piezoelectric nanogenerators[J]. ACS Applied Materials & Interfaces, 2020, 12(49): 54936-54945.

[141] GIBSON P, SCHREUDER-GIBSON H, PENTHENY C. Electrospinning technology: Direct application of tailorable ultrathin membranes[J]. Journal of Coated Fabrics, 1998, 28(1): 63-72.

[142] GOUMA P I. Nanostructured polymorphic oxides for advanced chemosensors[J]. Reviews on Advanced Materials Science, 2003, 5(2): 147-154.

[143] RAMANATHAN K, BANGAR M A, YUN M, et al. Bioaffinity sensing using biologically functionalized conducting-polymer nanowire[J]. Journal of the American Chemical Society, 2005, 127(2): 496-497.

[144] WANG X Y, DREW C, LEE S H, et al. Electrospun nanofibrous membranes for highly sensitive optical sensors [J]. Nano Letters, 2002, 2(11): 1273-1275.

[145] 郝婧. 新型纳米杂化复合材料制备及其吸波和电磁屏蔽性能研究[D]. 北京: 北京化工大学, 2019.

[146] 郭合信. 纺粘法非织造布[M]. 北京: 中国纺织出版社, 2003.

[147] 董纪震, 赵耀明, 陈雪英, 等. 合成纤维生产工艺学: 下册[M]. 2版. 北京: 中国纺织出版社, 1994.